改訂版

大学入試 坂田アキラの 化学［理論化学編］の解法が面白いほどわかる本

坂田　アキラ
Akira Sakata

＊　本書には「赤色チェックシート」がついています。

＊　この本は，小社より2014年に刊行された『大学入試　坂田アキラの化学［理論化学編］の解法が面白いほどわかる本』の改訂版であり，最新の学習指導要領に対応させるための加筆・修正をいたしました。

ドカン!!と天下無敵の新しい参考書日本上陸!!

なぜ Why? 無敵なのか…？
そりゃあ，見りゃわかるっしょ!!

理由その1 **死角のない問題がぎっしり♥**
1問やれば効果10倍！ いや20倍!!

ぼすー

つまり，つまずくことなく**バリバリ進める**!!

理由その2 **前代未聞！ 他に類を見ないダイナミックな解説！**
詳しい… 詳しすぎる… これぞ完璧なり♥♥

つまり，**実力&テクニック&スピード**がつきまくり！
そしてデキまくり!!

理由その3 **かゆ〜いところに手が届く用語説明&補足説明満載！**
届きすぎる！

つまり，**「なるほど」の連続! 覚えやすい!! 感激の嵐!!!**

てなワケで，本書は，すべてにわたって **最強** であ──る！

本書を**有効に活用**するためにひと言♥
本書自体，**天下最強**であるため，よほど下手な使い方をしない限り，**絶大な効果**を諸君にもたらすことは言うまでもない！

しかーし，最高の効果を心地よく得るために…

ヒケツその1 まず比較的**キソ的**なものから固めていってください！
レベルで言うなら，**キソのキソ** 〜 **キソ** 程度のものを，スラスラで

きるようになるまで，くり返し，くり返し**実際に手を動かして**演習してくださいませ♥ 同じ問題でよい

ヒケツその２ キソを固めてしまったら，ちょっと**レベルを上げて**みましょう！

そうです，**標準**に手をつけるときがきたワケだ!! このレベルでは，**さまざまなテクニック**が散りばめられております♥ そのあたりを，しっかり，着実に吸収しまくってください！

もちろん!! **くり返し，くり返し，**同じ問題でいいから，スラスラできるまで**実際に手を動かして**演習しまくってくださ――い♥♥ さらに暗記分野は㊙の特別シートでしっかり暗記してください!!

これで入試に必要な「理論化学」の知識はちゃ――んと身につきます。

ヒケツその３ さてさて，**ハイレベルを目指すアナタ**は…

ちょいムズ & **モロ難** から逃れることはできません!!

でもでも，**キソのキソ** ～ **標準** までをしっかり習得しているワケですから**無理なく進める**はずです。そう，解説が詳し――く書いてありますからネ♥ これも，くり返しの演習で，**『化学の超完璧受験生』**に変身してくださいませませ♥♥

いろいろ言いたいコトを言いましたが本書を活用してくださる諸君の**幸運**を願わないワケにはいきません！

あっ，言い忘れた…。本書を買わないヤツは**負け組決定**だ!!

さすらいの風来坊講師
坂田アキラより

も・く・じ

この本の特長と使い方

「化学」入試によく出るテーマを完全網羅。
少し厚いけど，楽しく読めてすぐ終わる！

ときどき出てくるナゾのキャラたち。すべて坂田オリジナル。
坂田先生，アナタは天才だ！

坂田先生の板書のような，ビジュアル的要素に富んだ基礎知識のまとめ。
イヤでも頭に入ってしまう！

Theme 13　お前が主役!!　気体の状態方程式

気体の状態方程式

$$PV=nRT$$

またもや新しい記号が…

このとき P → 気体の圧力（単位は Pa）　指定されています!!
V → 気体の体積（単位は L）　指定されています!!
n → 気体の物質量（単位は mol）　モル数のことですよ!!
R → 気体定数 8.31×10^3（単位は Pa・L/(mol・K)）
T → 絶対温度（単位は K）

何でこんな単位になるか??は，問題34にて…

さらに…
w → 気体の質量（単位は g）
M → 気体の分子量（分子量には単位はない!!）

とすると…

$$n=\frac{w}{M}$$

となります。

物質量(モル数) = 質量/分子量

例えば…
16(g) の水素 H_2 の物質量（モル数）は，
H_2 の分子量は 2 より
物質量(モル数) $=\frac{16}{2}=8$(mol)
となりましたね。

よって…

気体の状態方程式 バージョンⅡ

$$PV=\frac{w}{M}RT$$

この本は，「化学」の“教科書的な基礎知識”を押さえながら，計算問題を解くための“実践的な解法”を楽しく，そして記憶に残るやり方で紹介していく画期的な本です。「数学」でおなじみの「坂田ワールド」は，「化学」でも健在。これでアナタも，坂田のとりこ！

まずは R のナゾを解明しましょう!!

問題34　標準

標準状態（0℃，1.013×10^5Pa）で，1molの気体が占める体積が22.4Lであることを利用して，気体定数 R の値を有効数字3桁で求めよ。

入試によく出る問題をガッチリ収録。試験本番は，見たことのある問題だらけになるゾ！

ダイナミックポイント!!

気体の状態方程式

$$PV = nRT$$

より，

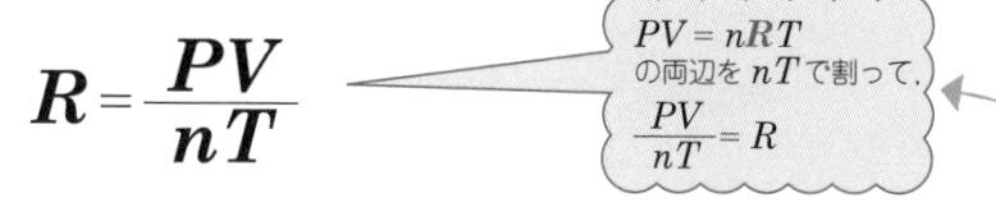

$$R = \frac{PV}{nT}$$

$PV = nRT$ の両辺を nT で割って，$\frac{PV}{nT} = R$

あとは，右辺に与えられた数値を代入すれば万事解決!!

1つの問題に対して，ここまで丁寧な解説があっていいものか……と絶句するほどのわかりやすさ＆おもしろさ！

解答でござる

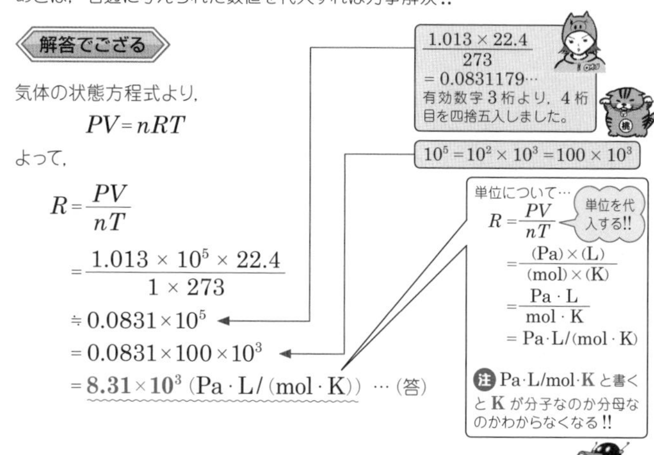

気体の状態方程式より，

$$PV = nRT$$

よって，

$$R = \frac{PV}{nT}$$
$$= \frac{1.013\times10^5\times22.4}{1\times273}$$
$$\fallingdotseq 0.0831\times10^5$$
$$= 0.0831\times100\times10^3$$
$$= 8.31\times10^3\ (\mathrm{Pa\cdot L/(mol\cdot K)})\ \cdots（答）$$

$\frac{1.013\times22.4}{273} = 0.0831179\cdots$
有効数字3桁より，4桁目を四捨五入しました。

$10^5 = 10^2\times10^3 = 100\times10^3$

単位について…

$R = \frac{PV}{nT}$　単位を代入する!!

$= \frac{(\mathrm{Pa})\times(\mathrm{L})}{(\mathrm{mol})\times(\mathrm{K})}$

$= \frac{\mathrm{Pa\cdot L}}{\mathrm{mol\cdot K}}$

$= \mathrm{Pa\cdot L/(mol\cdot K)}$

注 Pa·L/mol·K と書くと K が分子なのか分母なのかわからなくなる!!

“化学基礎”の中でも超キソの部分を速攻で復習してしまおう!!の巻

キソのキソはしっかり
押さえておかないとね!!

素晴らしいSTARTを切るために

その1 典型元素と遷移元素の居場所を押さえろ!!

周期＼族	1	2	3	4	5	6	7	8	9	10	11	12	13	14	15	16	17	18
1	H																	He
2	Li	Be											B	C	N	O	F	Ne
3																		
4			Sc									Zn						
5																		
6																		
7																		

典型元素（1・2族，13〜18族）　遷移元素（3〜12族）

典型元素

同族元素（縦列の元素）の価電子（最外殻電子）の数が等しく，化学的性質がなにかと似ている。無色のイオンや化合物が多い。

遷移元素

すべて金属である!!　縦列の同族元素より，むしろ横列の元素どうしの性質がよく似ている。価電子（最外殻電子）の数は主に2個（たまに1個）。有色のイオンや化合物が多い。

その2 金属元素と非金属元素の居場所を押さえろ!!

周期＼族	1	2	3	4	5	6	7	8	9	10	11	12	13	14	15	16	17	18
1	H																	He
2	Li	Be											B	C	N	O	F	Ne
3	Na	Mg											Al	Si	P	S	Cl	Ar
4	K	Ca	Sc									Zn	Ga	Ge	As	Se	Br	Kr
5																		
6																		
7																		

非金属元素　金属元素

アルカリ金属，アルカリ土類（どるい）金属，ハロゲン，貴（き）ガスの居場所を押さえろ!!

周期＼族	1	2	3	4	5	6	7	8	9	10	11	12	13	14	15	16	17	18
1	H																	貴ガス
2	アルカリ金属	アルカリ土類金属											B	C	N	O	ハロゲン	
3																		
4																		
5																		
6																		
7																		

貴ガスは**不活性ガス**とも呼びます。

その4　名コンビ　イオン化エネルギー＆電子親和力（しんわりょく）

イオン化エネルギーとは…

原子から電子1個を取り去って，**1価の陽イオン**にするのに必要なエネルギー。

とゆーことは…

イオン化エネルギーが**小さい** → 1価の陽イオンになりやすい。

1価の陽イオンになる苦労が少なくてすむ!!

もっと深く考えると…

貴ガス → イオン化エネルギーが**極めて大きい!!**
安定しているので，イオンになんかなりたくない!!

金属 → イオン化エネルギーが**小さい!!**
金属は基本的に陽イオンになりやすい!!

非金属 → イオン化エネルギーが**大きい!!**
水素以外の非金属は基本的に陰イオンになりたがっている!!　陽イオンなんかになりたくねぇ!!

注　水素Hは，H^+が有名なように1価の陽イオンになります。理屈からすると，イオン化エネルギーは小さいはずなのですが，小さいとも言いがたい微妙な値なんです…。かといって，大きいわけでもありません。微妙なんです

まとめよう!!

イオン化エネルギーの大小分布は…

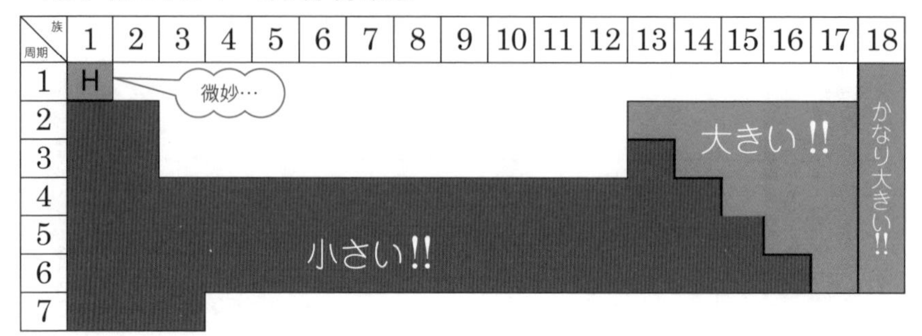

電子親和力とは…

原子が電子 1 個を取り入れて，**1 価の陰イオン**になるときに**放出する**エネルギー。

とゆーことは…

電子親和力が**大きい** ➡ 1 価の陰イオンになりやすい。

放出するエネルギーが大きい➡ 1 価の陰イオンになりたいという思いがたまっている!!
そして，その思いが大爆発!!　それがまさに**放出する**エネルギーのようなものだ。

もっと深く考えると…

貴ガス ➡ 電子親和力が**極めて小さい!!**

安定しているのでイオンなんかになりたくない!!　つまり陰イオンになる情熱もない!!

金属 ➡ 電子親和力が**小さい!!**

金属は基本的に陽イオンになりやすい!!　つまり陰イオンになりたがるわけがない!!

非金属 ➡ 電子親和力が**大きい!!**

非金属は基本的に陰イオンになりたがってます!!　陰イオンへの情熱も大きいですよ!!

注　今回も**水素H**は微妙なんですが，どちらかというと金属と同様で電子親和力は**小さい**ほうですね。

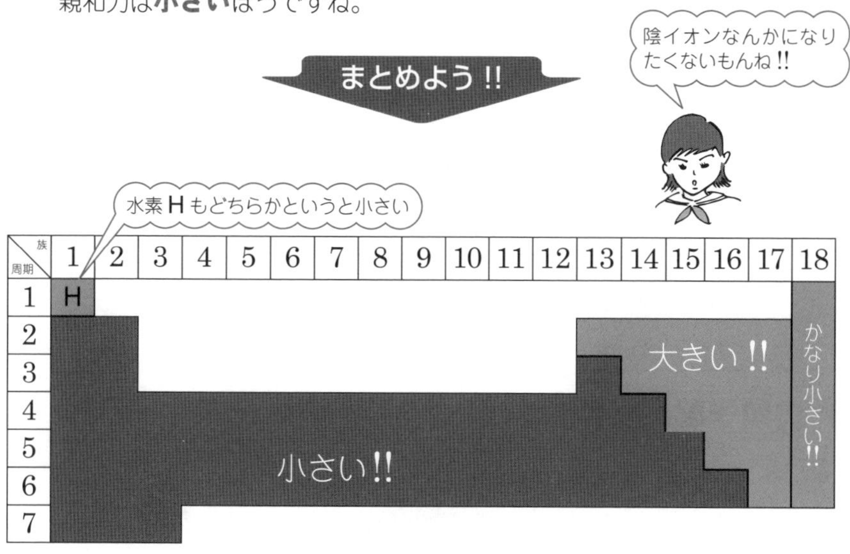

Theme 2 電子式がわからんと話にならん!!

いくつかの例を挙げて**電子式**の書き方を示します。　核じゃないぞ!!

例1　原子番号**9**番の**F**（フッ素）の場合

内側から K殻，L殻，M殻，…
電子で く る む と覚える

Fは陽子数 **9**　　電子数 **9**

ド真ん中（原子核）にある**プラスの電気**をもつ粒子

外側にある**マイナスの電気**をもつ粒子

K殻	L殻
2個	7個

Fの電子配置

今回はL殻です!!

9+
K殻
L殻

最外殻の電子(価電子)に注目して…

Fの電子式

注　必ず4方向に2個ずつペアにして書くべし!!
·F: や :F: などと書いてもOK!!

例2　原子番号**6**番の**C**(炭素)の場合

原子番号＝陽子数＝電子数

Cは陽子数 **6**　　電子数 **6**

K殻	L殻
2個	4個

Cの電子配置

今回もL殻です!!

6+

最外殻の電子(価電子)に注目して…

Cの電子式

·C·

注　C: や ·C· などと書いたらダメ!!
なるべくバラバラにすべし!!

例3　原子番号**16**番の**S**（硫黄）の場合

S は陽子数 **16**　　電子数 **16**

L殻は8個で満タン!!

K殻	L殻	M殻
2個	8個	6個

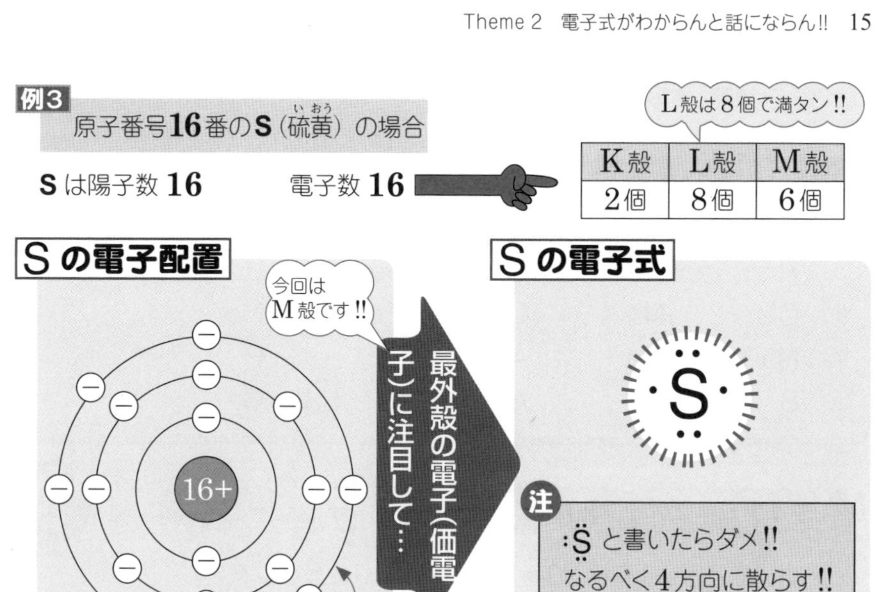

例4　原子番号**2**番の**He**（ヘリウム）の場合

He は陽子数 **2**　　電子数 **2**

K殻は満タンです!!

K殻	L殻
2個	0個

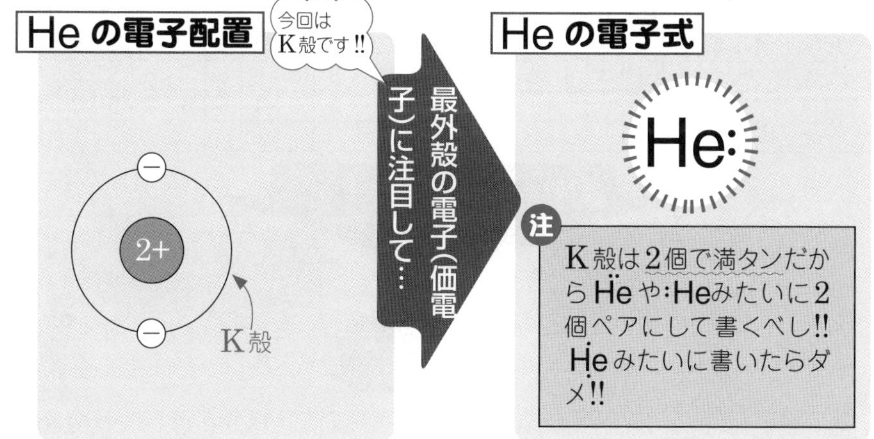

ちょっと練習してみましょう♥

問題1 キソのキソ

次の各原子の電子式を書け。

(1) H (2) He (3) Li (4) Be (5) B
(6) C (7) N (8) O (9) F (10) Ne
(11) Na (12) Mg (13) Al (14) Si (15) P
(16) S (17) Cl (18) Ar (19) K (20) Ca

ダイナミックポイント!!

そーだったのかぁーっ!!

これは，原子番号1番～20番までが順番通りに登場してます。

1	2	3	4	5	6	7	8	9	10	11	12	13	14	15	16	17	18	19	20
H	He	Li	Be	B	C	N	O	F	Ne	Na	Mg	Al	Si	P	S	Cl	Ar	K	Ca
水	兵	リー	べ	ぼ	く		の	フ	ネ	なな	まが	り	シッ	プ	ス	クラ	ー	ク	か

電子配置をまとめると…

原子番号	1	2	3	4	5	6	7	8	9	10	11	12	13	14	15	16	17	18	19	20
元素記号	H	He	Li	Be	B	C	N	O	F	Ne	Na	Mg	Al	Si	P	S	Cl	Ar	K	Ca
K殻	1	2	2	2	2	2	2	2	2	2	2	2	2	2	2	2	2	2	2	2
L殻			1	2	3	4	5	6	7	8	8	8	8	8	8	8	8	8	8	8
M殻											1	2	3	4	5	6	7	8	8	8
N殻																			1	2

最外殻の電子に注目して…

赤い数字です!!

M殻は18個で満タンですが8個まで入った段階で次のN殻へ…

いろいろと複雑な事情がありまして…

1	2	3	4	5	6	7	8	9	10	11	12	13	14	15	16	17	18	19	20
$\mathrm{H}\cdot$	$\mathrm{He}:$	$\mathrm{Li}\cdot$	$\underset{\cdot}{\dot{\mathrm{Be}}}$	$\cdot\dot{\mathrm{B}}\cdot$	$\cdot\underset{\cdot}{\dot{\mathrm{C}}}\cdot$	$\cdot\underset{\cdot}{\ddot{\mathrm{N}}}\cdot$	$\cdot\underset{\cdot\cdot}{\ddot{\mathrm{O}}}\cdot$	$:\underset{\cdot\cdot}{\ddot{\mathrm{F}}}\cdot$	$:\underset{\cdot\cdot}{\ddot{\mathrm{Ne}}}:$	$\mathrm{Na}\cdot$	$\underset{\cdot}{\dot{\mathrm{Mg}}}$	$\cdot\dot{\mathrm{Al}}\cdot$	$\cdot\underset{\cdot}{\dot{\mathrm{Si}}}\cdot$	$\cdot\underset{\cdot}{\ddot{\mathrm{P}}}\cdot$	$\cdot\underset{\cdot\cdot}{\ddot{\mathrm{S}}}\cdot$	$:\underset{\cdot\cdot}{\ddot{\mathrm{Cl}}}\cdot$	$:\underset{\cdot\cdot}{\ddot{\mathrm{Ar}}}:$	$\mathrm{K}\cdot$	$\underset{\cdot}{\dot{\mathrm{Ca}}}$

解答でござる

(1) H·	(2) He:	(3) Li·	(4) Be（上下に各1個）
(5) ·B·	(6) ·C·	(7) ·N·	(8) ·O·
(9) :F·	(10) :Ne:	(11) Na·	(12) Mg
(13) ·Al·	(14) ·Si·	(15) ·P·	(16) ·S·
(17) :Cl·	(18) :Ar:	(19) K·	(20) Ca

He としないように!!
p.15 参照!!

別に Li や ·Li などとしてもOKでーす！

内側から2番目!!
L殻が満タン!!

内側から3番目!!
M殻は，18個まで入るのだが，8個でいったん満タンにして考える。
このあたりから電子の入り方が複雑になります。
まぁ，覚えてくださいよ。

用語っすかぁ～っ!?

ここで，覚えてほしい用語があります!!

もっと例を挙げると，次の赤い電子はすべて**不対電子**でっせ。

·C·　·O·　Na·　·P·　:Cl·

なるほど!

問題2　キソのキソ

次の各原子の不対電子の個数を答えよ。

(1) N　(2) Al　(3) Si　(4) S　(5) Ar　(6) K

解答でござる

(1) **3**個　(2) **3**個　(3) **4**個

(4) **2**個　(5) **0**個　(6) **1**個

(1) ·N̈· → 3個

(2) ·Ȧl· → 3個

(3) ·Ṡi· → 4個

(4) ·S̈· → 2個（S の下に電子対）

(5) :Är:（Ar の下に電子対） 全部対!!

(6) K· → 1個

第1章

**“化学結合”のお話を
しっかり押さえてからの
状態変化を理解し
さらに固体の構造の
お話にズームイン!!**

化学基礎の
復習もしちゃえ!!

Theme 3 まず化学結合のお話です!!

原子間の化学結合には**イオン結合**，**共有**(きょうゆう)**結合**，**金属結合**の **3 種**がありまーす。さらに，共有結合の応用バージョンとして**配位**(はいい)**結合**も加えると **4 種**となります。まさに化学結合四天王ですね♥

で!! あくまでも**原子間**の結合の話ですよ!! 分子間じゃあ，ありませんよ!!

H_2O(水)を例にしましょう!!

H_2O は 2 つの H 原子と 1 つの O 原子が**原子間**で結合しています。で!! H_2O の分子どうしも**分子間**でつながっていて，温度や圧力によって，氷(固体)，水(液体)，水蒸気(気体)と変化します。

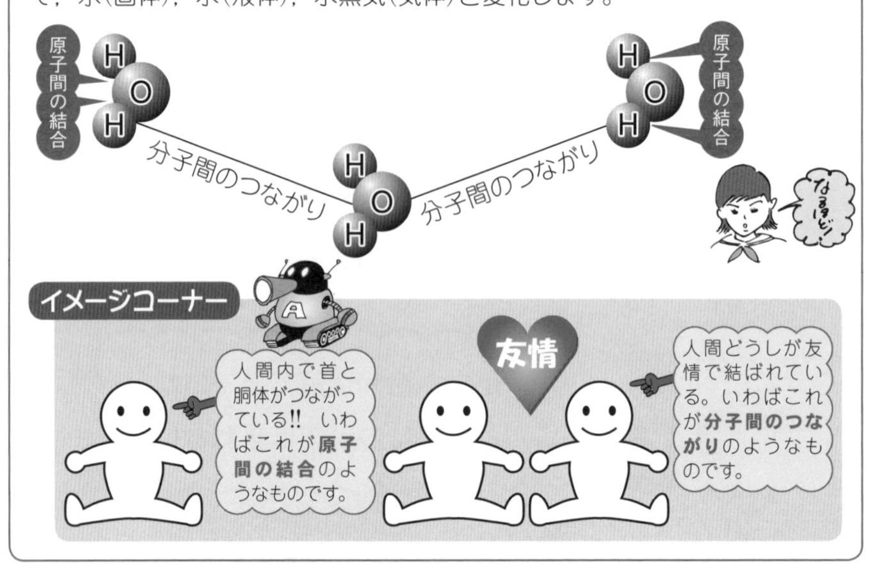

原子間の結合 その 1 イオン結合

イオン結合について学ぶ前に**イオン化**のお話の復習をしておく必要があります。そこで!! 次の **例1** と **例2** を…

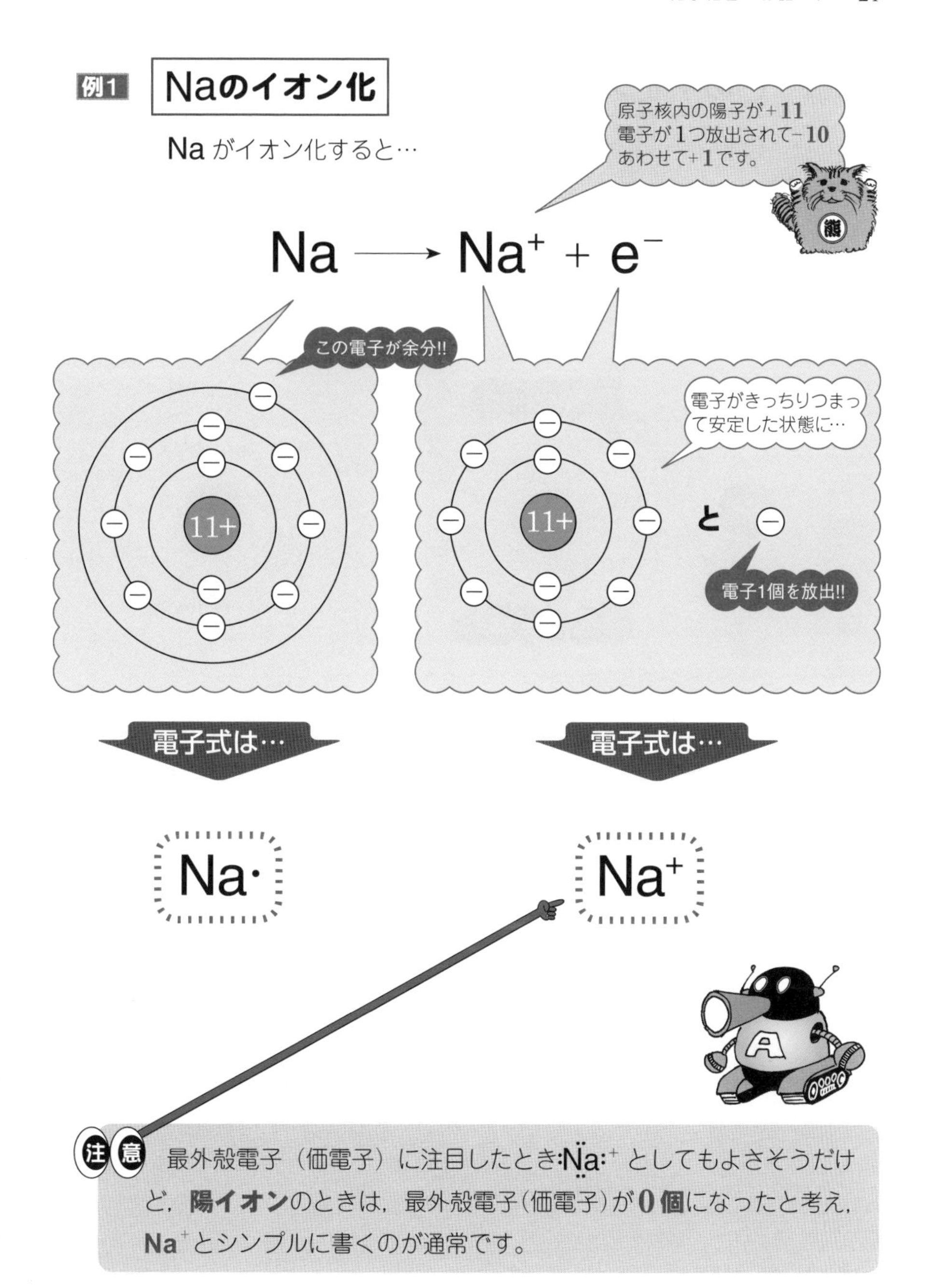

注意 最外殻電子（価電子）に注目したとき $:\ddot{\underset{..}{\mathrm{Na}}}:^{+}$ としてもよさそうだけど，**陽イオン**のときは，最外殻電子（価電子）が**0個**になったと考え，**Na**$^{+}$とシンプルに書くのが通常です。

例2 **Oのイオン化**

O がイオン化すると…

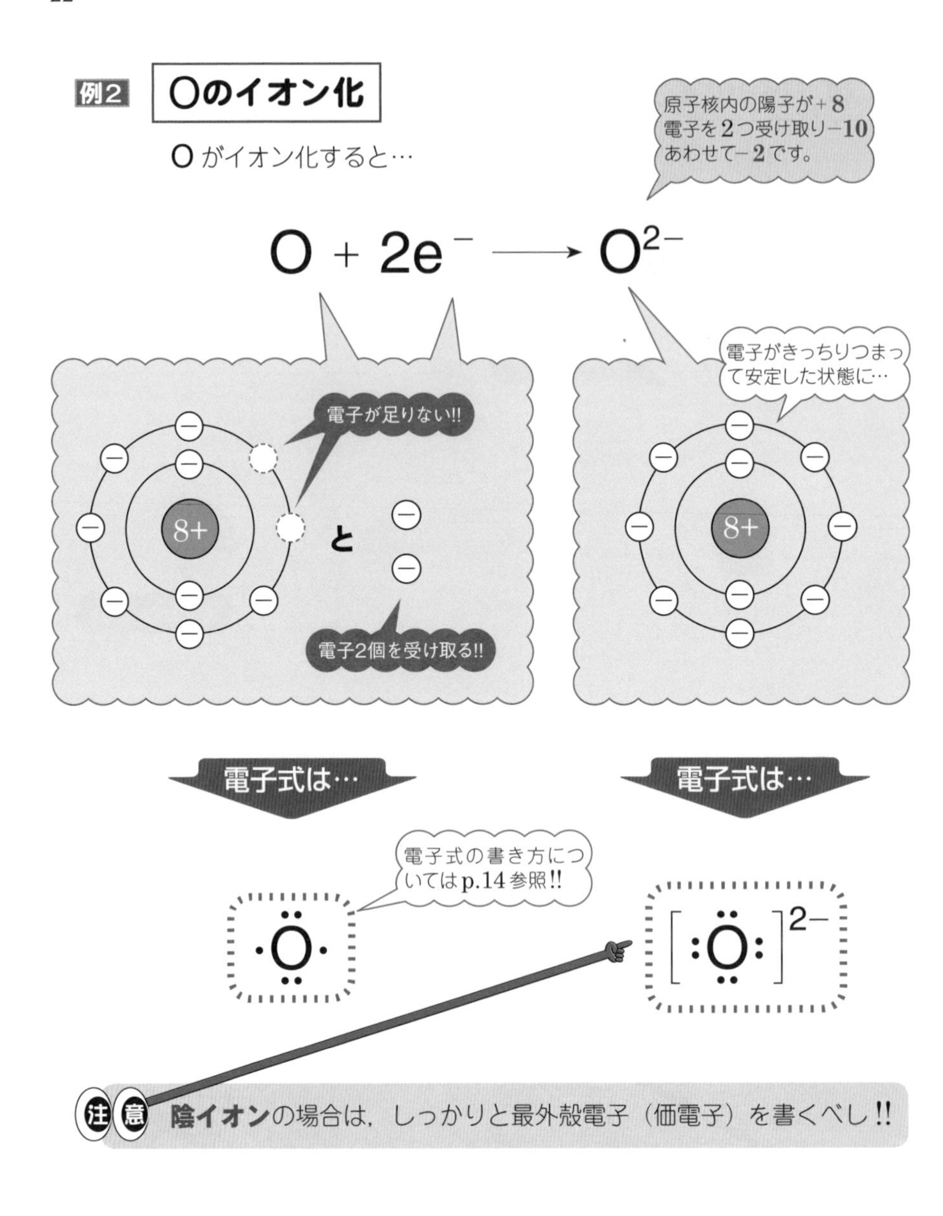

注意 **陰イオン**の場合は，しっかりと最外殻電子（価電子）を書くべし!!

では，基本的なところから練習しましょう!!

問題3　キソのキソ

次の各原子がイオン化するときの反応式を，電子を e^- として示せ。

(1)	H	(2)	Li	(3)	Be	(4)	O
(5)	F	(6)	Na	(7)	Mg	(8)	Al
(9)	S	(10)	Cl	(11)	K	(12)	Ca

ダイナミックポイント!!

周期表の短いバージョン(短周期表)でーす!!

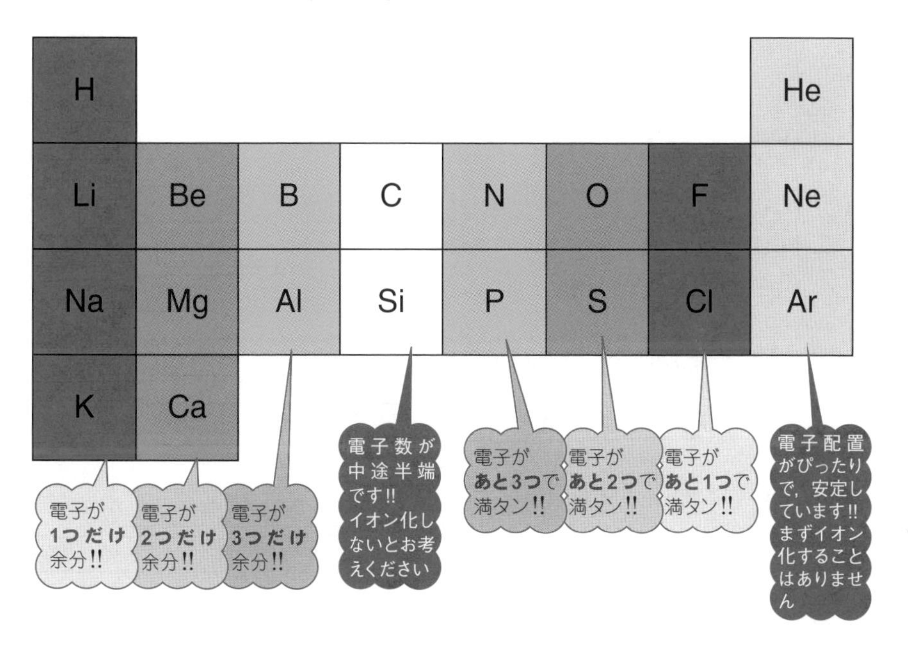

「原子がどのグループ（族）に属するか？」でイオン化のシステムも変わる!!

解答でござる

(1) $H \longrightarrow H^+ + e^-$ ← 余分な電子1個を放出して**1価の陽イオン**になる!!

$(H\cdot \longrightarrow H^+ + e^-)$ ← 参考までに電子式バージョンを…

(2) $Li \longrightarrow Li^+ + e^-$ ← 余分な電子1個を放出して**1価の陽イオン**になる!!

$(Li\cdot \longrightarrow Li^+ + e^-)$ ← 参考までに電子式バージョンを…

(3) $Be \longrightarrow Be^{2+} + 2e^-$ ← 余分な電子2個を放出して**2価の陽イオン**になる!!

$\left(\cdot Be\cdot \longrightarrow Be^{2+} + 2e^-\right)$ ← 参考までに電子式バージョンを…

(4) $O + 2e^- \longrightarrow O^{2-}$ ← 足りない電子2個を受け取って**2価の陰イオン**になる!!

$\left(\cdot\ddot{\underset{\cdot\cdot}{O}}\cdot + 2e^- \longrightarrow [:\ddot{\underset{\cdot\cdot}{O}}:]^{2-}\right)$ ← 参考までに電子式バージョンを…

(5) $F + e^- \longrightarrow F^-$ ← 足りない電子1個を受け取って**1価の陰イオン**になる!!

$\left(:\ddot{\underset{\cdot\cdot}{F}}\cdot + e^- \longrightarrow [:\ddot{\underset{\cdot\cdot}{F}}:]^-\right)$ ← 参考までに電子式バージョンを…

(6) $Na \longrightarrow Na^+ + e^-$ ← 余分な電子1個を放出して**1価の陽イオン**になる!!

$(Na\cdot \longrightarrow Na^+ + e^-)$ ← 参考までに電子式バージョンを…

(7) $Mg \longrightarrow Mg^{2+} + 2e^-$ ← 余分な電子2個を放出して**2価の陽イオン**になる!!

$\left(\cdot Mg\cdot \longrightarrow Mg^{2+} + 2e^-\right)$ ← 参考までに電子式バージョンを…

(8) $Al \longrightarrow Al^{3+} + 3e^-$ ← 余分な電子3個を放出して**3価の陽イオン**になる!!

$\left(\cdot\dot{Al}\cdot \longrightarrow Al^{3+} + 3e^-\right)$ ← $\cdot\dot{\underset{\cdot}{A}}l$でも$\cdot\underset{\cdot}{A}l\cdot$でもOK!!
ただし，$\ddot{A}l\cdot$のようにしない方がよい。

(9) $S + 2e^- \longrightarrow S^{2-}$ ← 足りない電子2個を受け取って**2価の陰イオン**になる!!

$\left(\cdot\ddot{\underset{\cdot\cdot}{S}}\cdot + 2e^- \longrightarrow [:\ddot{\underset{\cdot\cdot}{S}}:]^{2-}\right)$ ← 参考までに電子式バージョンを…

(10) $Cl + e^- \longrightarrow Cl^-$ ← 足りない電子1個を受け取って**1価の陰イオン**になる!!

$\left(:\ddot{\underset{\cdot\cdot}{Cl}}\cdot + e^- \longrightarrow [:\ddot{\underset{\cdot\cdot}{Cl}}:]^-\right)$ ← 参考までに電子式バージョンを…

(11) $K \longrightarrow K^+ + e^-$ ← 余分な電子1個を放出して**1価の陽イオン**になる!!

$(K\cdot \longrightarrow K^+ + e^-)$ ← 参考までに電子式バージョンを…

(12) $Ca \longrightarrow Ca^{2+} + 2e^-$ ← 余分な電子2個を放出して**2価の陽イオン**になる!!

$\left(\cdot Ca\cdot \longrightarrow Ca^{2+} + 2e^-\right)$ ← 参考までに電子式バージョンを…

基礎固めができたところで，本題の**イオン結合**のお話に入りましょう!!

プラスとマイナスで引き合う電気のパワーです!!

ん!?

イオン結合

イオン化した陽イオンと陰イオンが**静電気力**(**クーロン力**)により結合!! これを**イオン結合**と申します。ちなみに**金属元素と非金属元素の結合**はすべてこのイオン結合によるものです。

例1 **NaClの場合**

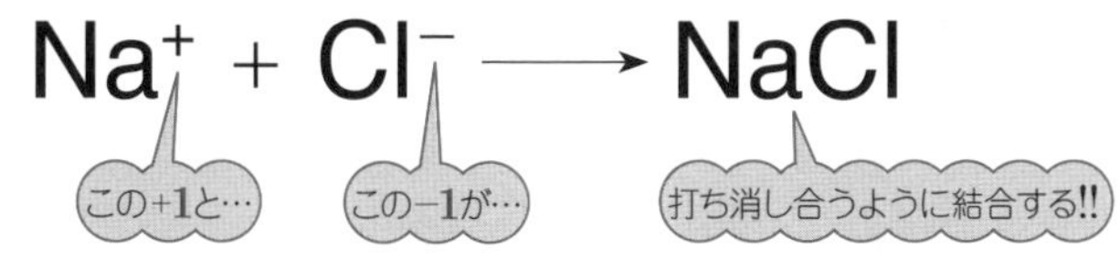

これを電子式で表現すると…

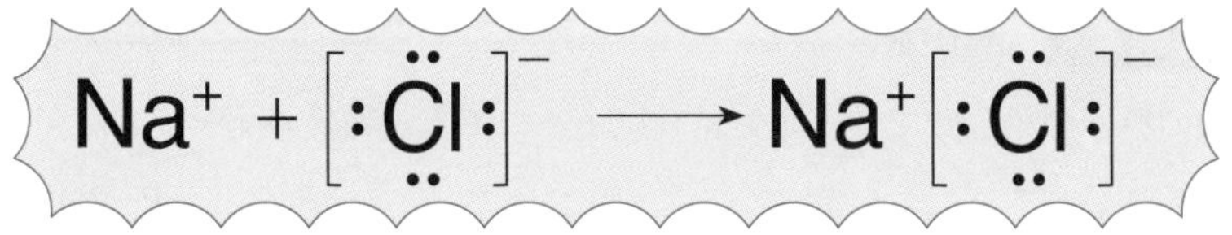

となる!!

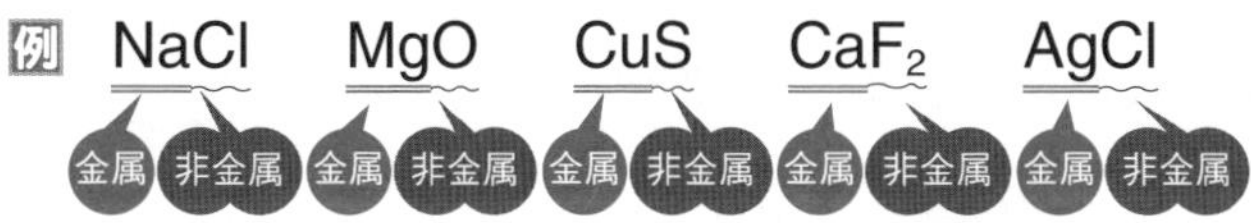

例2 CaF_2の場合

$$Ca^{2+} + 2F^- \longrightarrow CaF_2$$

この+2と… この−1が2つで−2となり 打ち消し合うように結合する!!

これを電子式で表現すると…

$$Ca^{2+} + 2\left[:\ddot{\underset{..}{F}}:\right]^- \longrightarrow \left[:\ddot{\underset{..}{F}}:\right]^- Ca^{2+}\left[:\ddot{\underset{..}{F}}:\right]^-$$

となります!!

注意 Ca^{2+}とF^-が**直接**結合しているわけだから…
$Ca^{2+}\left[:\ddot{\underset{..}{F}}:\right]^-\left[:\ddot{\underset{..}{F}}:\right]^-$などと書いてはいけません!!

F^-とF^-が結合しているみたい

ちょっと練習しましょう!!

問題4 キソ

次の原子の組合せで，イオン結合によってできる物質の化学式と電子式を例のように表せ。

p.25参照!!

例 Na と Cl
化学式…NaCl　　電子式…$Na^+\left[:\ddot{\underset{..}{Cl}}:\right]^-$

(1) K と Cl　　(2) Mg と O
(3) Na と S　　(4) Ca と Cl

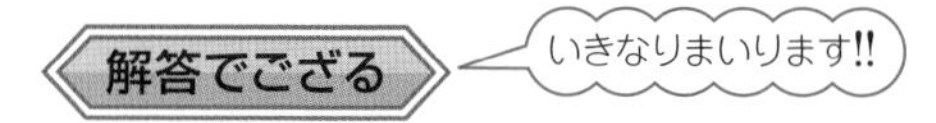

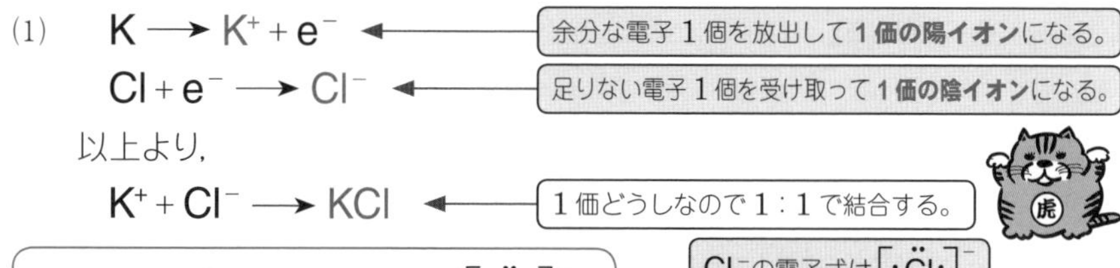

(1) $K \longrightarrow K^+ + e^-$ ← 余分な電子 1 個を放出して **1 価の陽イオン**になる。

$Cl + e^- \longrightarrow Cl^-$ ← 足りない電子 1 個を受け取って **1 価の陰イオン**になる。

以上より,

$K^+ + Cl^- \longrightarrow KCl$ ← 1 価どうしなので 1：1 で結合する。

化学式…KCl　　電子式…$K^+[:\ddot{\underset{\cdot\cdot}{Cl}}:]^-$ ← Cl^-の電子式は $[:\ddot{\underset{\cdot\cdot}{Cl}}:]^-$ **問題 3** (10)参照!!

答えです!!

(2) $Mg \longrightarrow Mg^{2+} + 2e^-$ ← 余分な電子 2 個を放出して **2 価の陽イオン**になる。

$O + 2e^- \longrightarrow O^{2-}$ ← 足りない電子 2 個を受け取って **2 価の陰イオン**になる。

以上より,

$Mg^{2+} + O^{2-} \longrightarrow MgO$ ← 2 価どうしなので 1：1 で結合する。

化学式…MgO　　電子式…$Mg^{2+}[:\ddot{\underset{\cdot\cdot}{O}}:]^{2-}$ ← O^{2-}の電子式は $[:\ddot{\underset{\cdot\cdot}{O}}:]^{2-}$ **問題 3** (4)参照!!

答えです!!

(3) $Na \longrightarrow Na^+ + e^-$ ← 余分な電子 1 個を放出して **1 価の陽イオン**になる。

$S + 2e^- \longrightarrow S^{2-}$ ← 足りない電子 2 個を受け取って **2 価の陰イオン**になる。

以上より,

$2Na^+ + S^{2-} \longrightarrow Na_2S$ ← $(+1) \times 2$と$(-2) \times 1$ つまり 2:1 で電気的につり合う!!

化学式…Na_2S　　電子式…$Na^+[:\ddot{\underset{\cdot\cdot}{S}}:]^{2-}\ Na^+$ ← くれぐれも $Na^+Na^+[:\ddot{\underset{\cdot\cdot}{S}}:]^{2-}$ などと書かないように!! p.26 参照!!

答えです!!

(4) $Ca \longrightarrow Ca^{2+} + 2e^-$ ← 余分な電子 2 個を放出して **2 価の陽イオン**になる。

$Cl + e^- \longrightarrow Cl^-$ ← 足りない電子 1 個を受け取って **1 価の陰イオン**になる。

以上より,

$Ca^{2+} + 2Cl^- \longrightarrow CaCl_2$ ← $(+2) \times 1$と$(-1) \times 2$ つまり 1：2 で電気的につり合う!!

化学式…$CaCl_2$　　電子式…$[:\ddot{\underset{\cdot\cdot}{Cl}}:]^-\ Ca^{2+}[:\ddot{\underset{\cdot\cdot}{Cl}}:]^-$ ← くれぐれも $Ca^{2+}[:\ddot{\underset{\cdot\cdot}{Cl}}:]^-[:\ddot{\underset{\cdot\cdot}{Cl}}:]^-$ などと書かないように!! p.26 参照!!

答えです!!

原子間の結合　その2　共有結合

原子間の結合四天王，**イオン結合**，**共有結合**，**金属結合**，**配位結合**のうちのひとつです。

オレの出番だ!!

…

共有結合

原子間で最外殻電子（価電子）を出し合い**共有**することにより結びつく結合を**共有結合**と申します。ちなみに**非金属元素どうしの結合**はすべてこの共有結合によるものです。

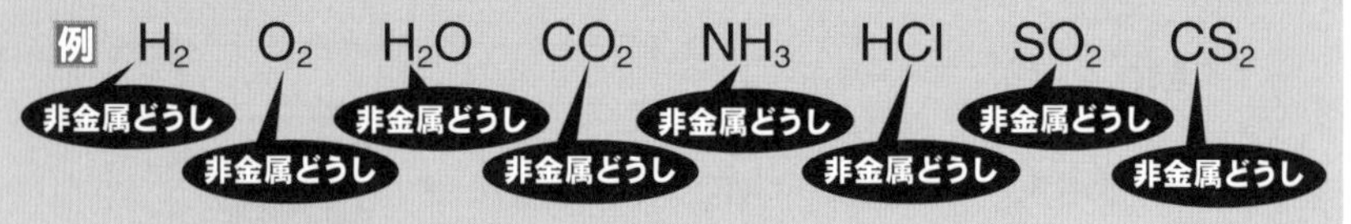

例1　H_2O の場合

共有するところがミソ

Theme 2 の電子式のお話を思い出していただきたい。

H・ と H・ と ・Ö・ が不対電子を**共有**して結合します。

不対電子　不対電子　不対電子　不対電子

そこで!!

全員が安定した状況になるためには…

このように電子を共有し合えばHは電子2個で満タン!!

Oも電子8個で満タンになります。つまり安定します。

不対電子をお互いに共有するわけだ!!

ここで覚えていただきたい名称がありまして…

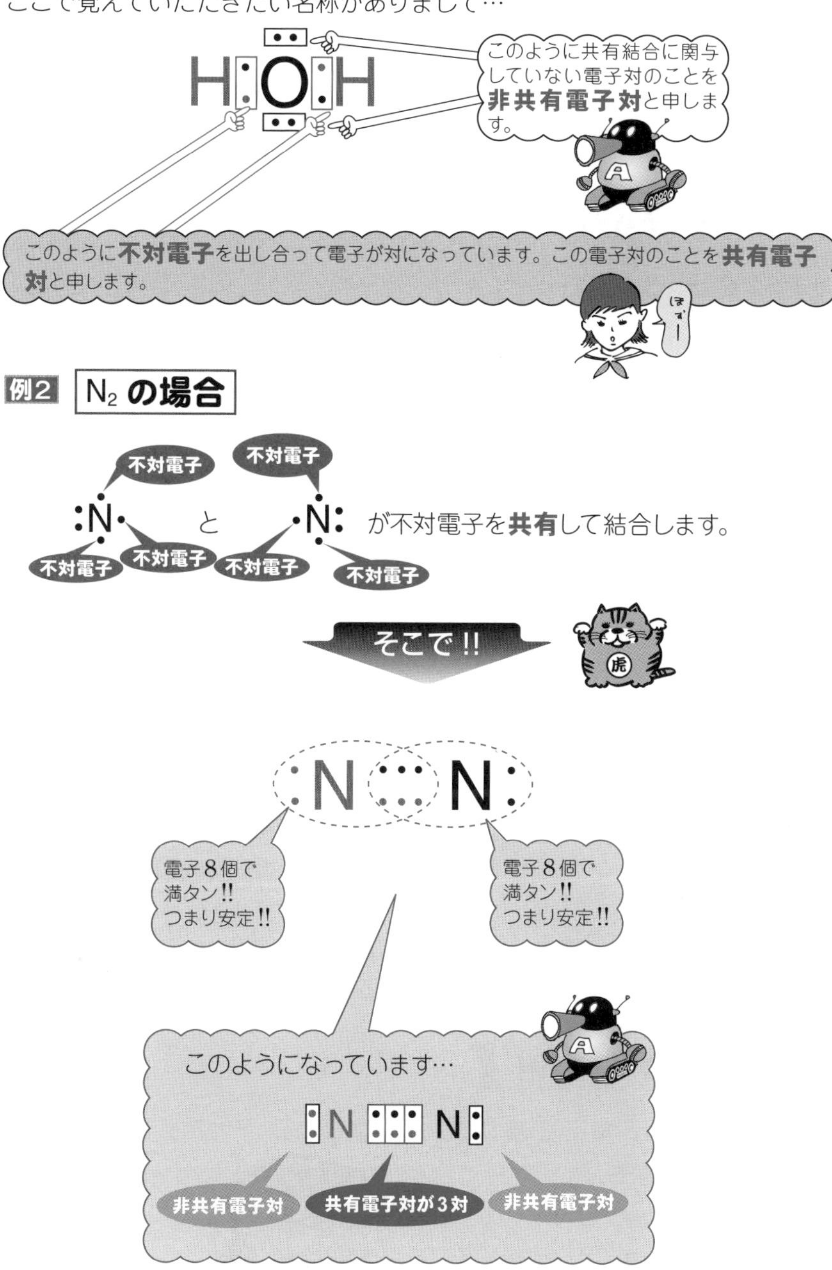

このあたりで**構造式**の書き方も押さえておこう!!

この辺で大切な大切な構造式の書き方を…

構造式の書き方!!

1つの共有電子対を**価標**（かひょう）という棒で表現したものです。

例1 の H_2O では…

例2 の N_2 では…

:N ::: N:

共有電子対が3ペア!

構造式にすると…

N≡N

3ペアなので価標も3本!! 三重結合といいます!!

では，練習です!!

問題5 キソ

次の分子の電子式と構造式を書け。

(1) 水素 H_2　(2) 塩素 Cl_2　(3) 酸素 O_2
(4) 塩化水素 HCl　(5) 硫化水素 H_2S　(6) アンモニア NH_3
(7) メタン CH_4　(8) 二酸化炭素 CO_2

ダイナミックポイント!!

水素原子(H)は，電子**2個**で満タン(安定する)。それ以外の原子は電子**8個**で満タン(安定する)。

もちろん!! 最外殻電子のお話ですよ!!

水素だけ2個か…

	電子式	構造式
(1)	H:H	H−H
(2)	:C̤̈l:C̤̈l:	Cl−Cl
(3)	Ö::Ö	O=O（二重結合）
(4)	H:C̤̈l:	H−Cl
(5)	H:S̤̈:H	H−S−H
(6)	H:N̤̈:H H	H−N−H │ H
(7)	H H:C̤̈:H H	H │ H−C−H │ H
(8)	:Ö::C::Ö:	O=C=O（二重結合　二重結合）

共有電子対
H:H → H−H

共有電子対
:Cl:Cl: → Cl−Cl

共有電子対が2対!!
O::O → O=O

共有電子対
H:Cl: → H−Cl

共有電子対　共有電子対
H:S:H → H−S−H

共有電子対　共有電子対
H:C:H → H−C−H

共有電子対が2対!!　共有電子対が2対!!
:O::C::O: → O=C=O

質問の角度を変えて…

問題6 キソ

次の分子について，非共有電子対が何対あるかを答えよ。

(1) 水 H_2O　　(2) 塩化水素 HCl
(3) 四塩化炭素 CCl_4　　(4) アンモニア NH_3
(5) 窒素 N_2　　(6) エタン C_2H_6

ダイナミックポイント!!

電子式が書ければバッチリです。前問 **問題5** は大丈夫ですかあーっ??
あと，**非共有電子対**とは共有結合に関与していない電子対のことでしたね。

解答でござる

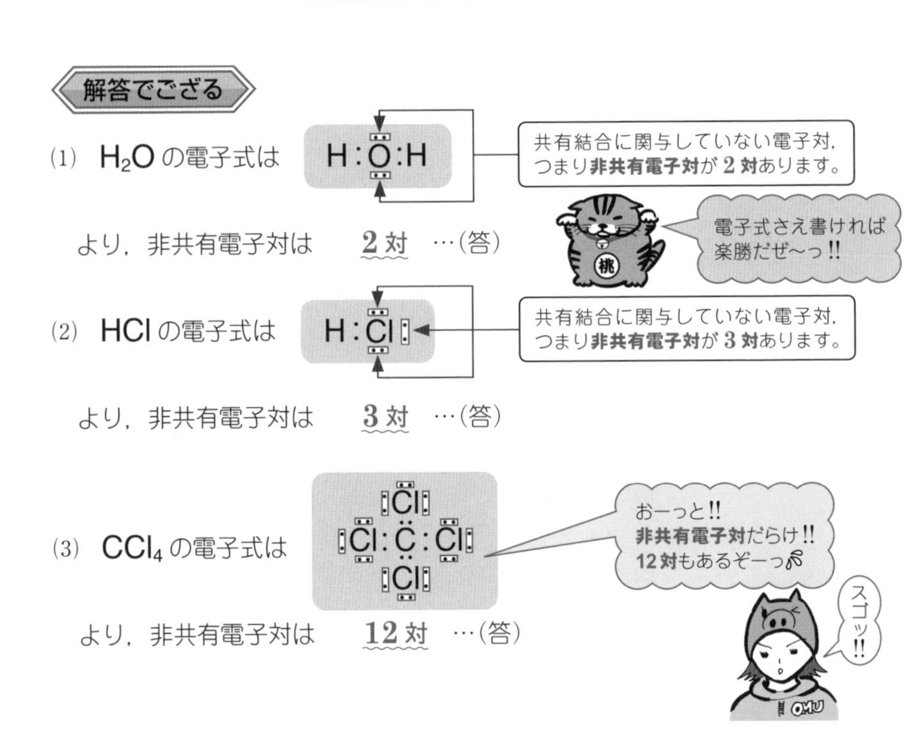

(4)　NH_3 の電子式は

```
  ‥
H:N:H
  ‥
  H
```

共有結合に関与していない電子対，つまり**非共有電子対**が **1 対**あります。

より，非共有電子対は　**1 対**　…(答)

共有結合に関与していない電子対，つまり**非共有電子対**が **2 対**あります。

(5)　N_2 の電子式は　:N:::N:

より，非共有電子対は　**2 対**　…(答)

(6)　C_2H_6 の電子式は

```
  H H
H:C:C:H
  H H
```

おーっと!!
非共有電子対がない!!

より，非共有電子対は　**0 対**　…(答)

原子間の結合　その３　配位結合

原子間の結合四天王**イオン結合**，**共有結合**，**金属結合**，**配位結合**（はいい）のうちのひとつです。

オレの出番だ!!

ちなみに，この**配位結合**は原子間の結合 その２ の共有結合の特別バージョンです!!

配位結合

原子間で一方の原子は電子を出さず，もう一方の原子が**非共有電子対**をさし出し，その電子対を**共有**することにより結びつく結合を**配位結合**と申します。電子を出し合わず，一方的に電子をさし出すところがポイントです!!

例 **アンモニウムイオン NH_4^+ の場合**

水素イオン H^+ とアンモニア NH_3 が出会います。

電子がない

この非共有電子対がポイント!!

するとと…

H^+ に，$\ddot{N}$: H（上下にHが結合）が**一方的に電子をさし出して**…

おーっ!!

あたかも電子を共有したかのような状況にします。

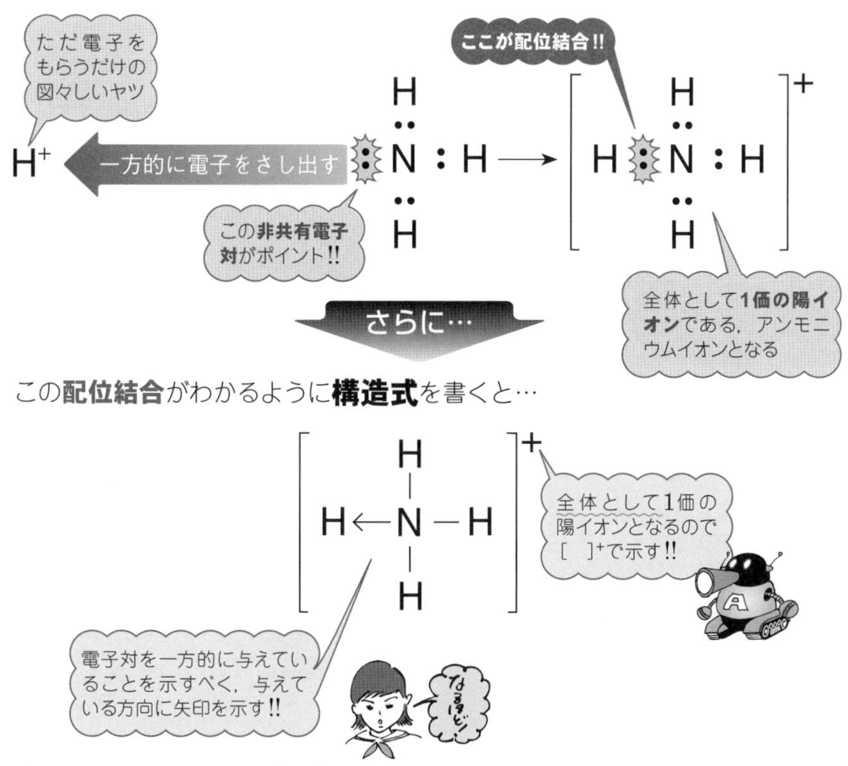

この**配位結合**がわかるように**構造式**を書くと…

少し難しいかもしれませんが…

問題7　標準

次のイオンのうち，配位結合を含むものを選べ。

(1)　硝酸イオン　NO_3^-　　(2)　オキソニウムイオン　H_3O^+

(3)　リン酸水素イオン　HPO_4^{2-}

(4)　テトラアンミン銅(II)イオン　$[Cu(NH_3)_4]^{2+}$

ダイナミックポイント!!

いちいち電子式を書いて判断するのも時間がかかる

そこで，**配位結合**を含むイオンで代表的なものは覚えておこう!!

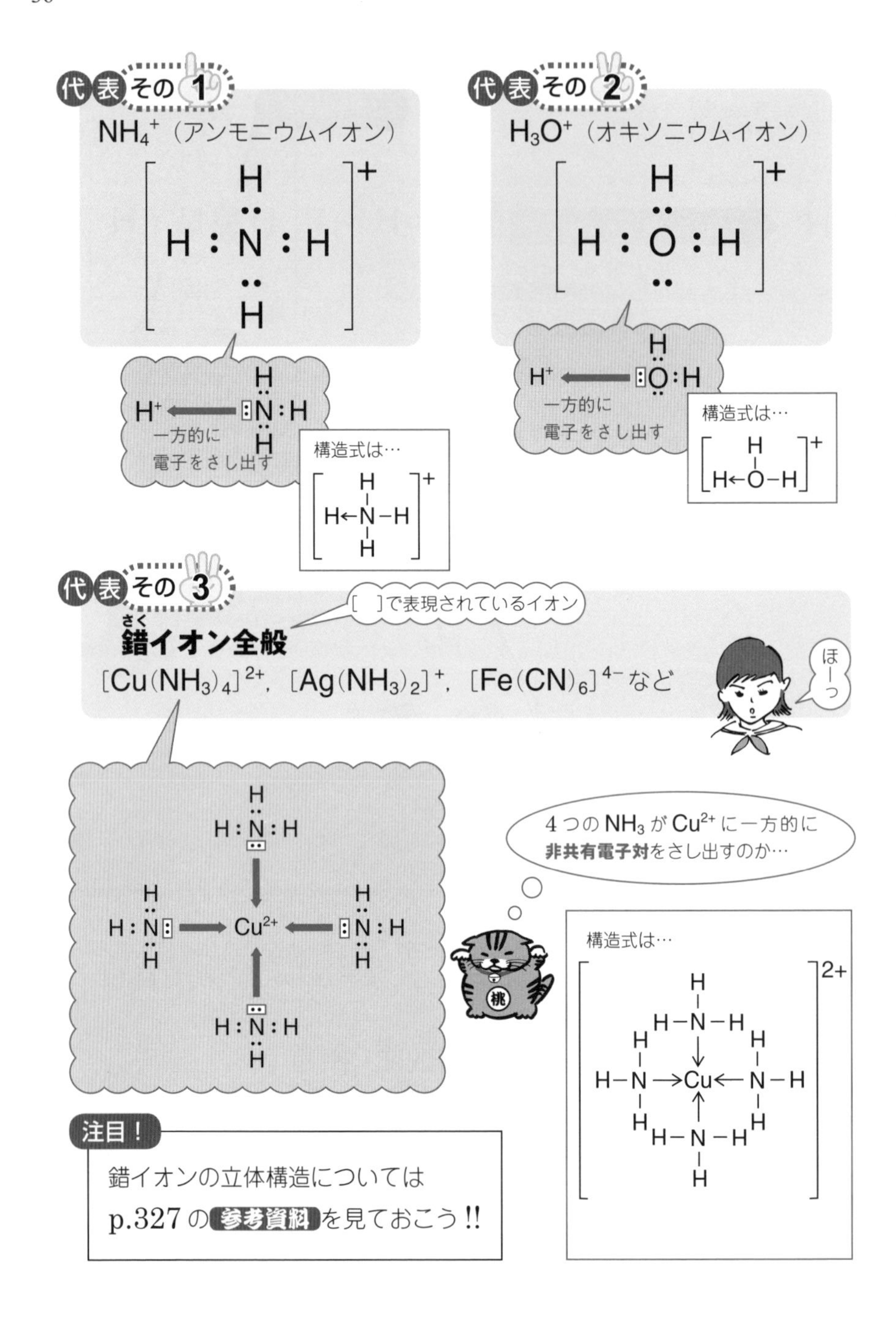
代表その1
NH₄⁺（アンモニウムイオン）
H⁺
一方的に
電子をさし出す
構造式は…
代表その2
H₃O⁺（オキソニウムイオン）
H⁺
一方的に
電子をさし出す
構造式は…
代表その3
[　]で表現されているイオン
錯イオン全般
[Cu(NH₃)₄]²⁺, [Ag(NH₃)₂]⁺, [Fe(CN)₆]⁴⁻ など
ほーっ
4つのNH₃がCu²⁺に一方的に
非共有電子対をさし出すのか…
構造式は…
注目！
錯イオンの立体構造については
p.327の参考資料を見ておこう!!

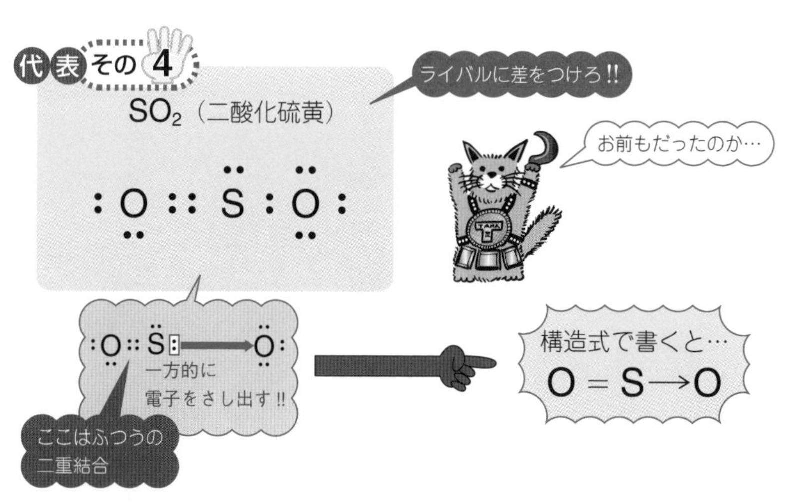

この 4 つの代表以外は配位結合を含まないと考えて OK です !!

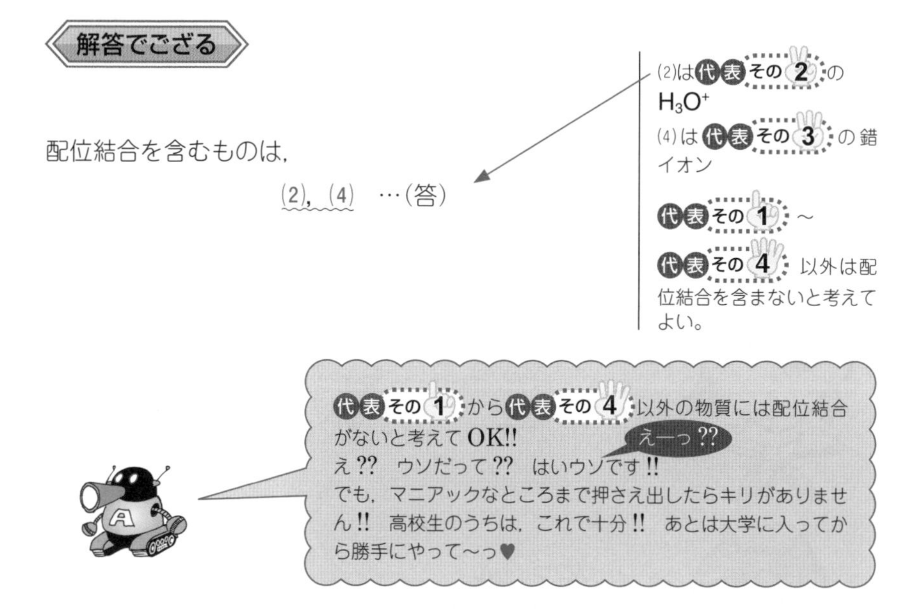

解答でござる

配位結合を含むものは，

(2)，(4)　…（答）

(2)は代表その2のH_3O^+
(4)は代表その3の錯イオン

代表その1～代表その4以外は配位結合を含まないと考えてよい。

ちょっと一言

今までの学習で，NO や CO などの結合についてつい考えてみちゃって『あれ～っ？　電子の数がおかしいなあ…』なんて悩んじゃっている人いますか？　これって難しいんだよね…。高校課程の化学じゃ説明できないんですよ。しかたないね !!

悩んでました

プロフィール

みっちゃん（17才）

究極の癒(いや)し系!!　あまり勉強は得意ではないようだが，「やればデキる!!」タイプ♥

「みっちゃん」と一緒に頑張ろうぜ !!

プロフィール

オムちゃん

5匹の猫を飼う謎の女性!

実は未来のみっちゃんです。

高校生時代の自分が心配になってしまい様子を見にタイムマシーンで……

原子間の結合　その4　金属結合

金属は全てこの結合だよ!!

原子間の結合四天王**イオン結合**，**共有結合**，**金属結合**，**配位結合**のうちのひとつです。

オレの出番だ!!

金属結合

金属原子の最外殻の一部が重なり，価電子がすべての原子に共有されてできる結合を**金属結合**という。この価電子のことを**自由電子**と呼ぶ。あたりまえだが，**金属**の結合はすべてこの金属結合です!!

金属中を自由に動き回れる!!

この自由電子が全てのカギとなる

イメージコーナー

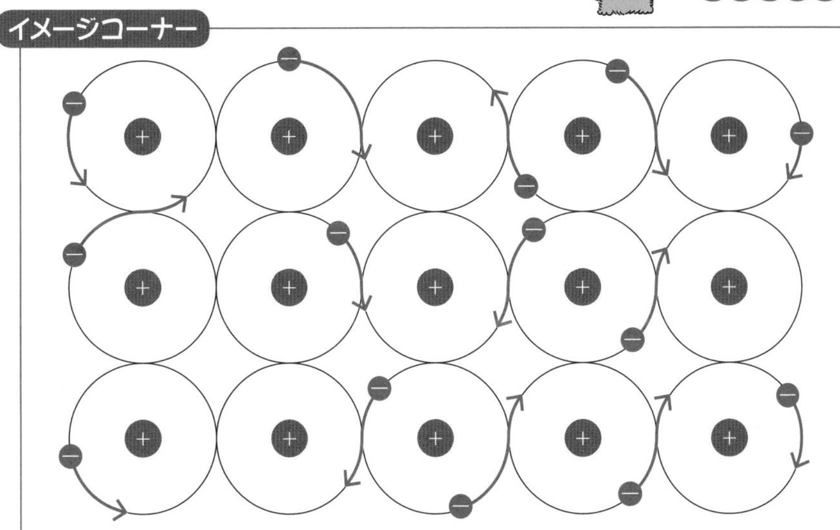

価電子⊖が金属原子⊕のまわりを自由に動き回る。

まさに**自由電子**だ!!

価電子を取って考えているので**陽イオン**となっている

ついでにこれも押さえておいてくれ!!

金属の性質

その1 **金属光沢**(こうたく)がある。

その2 **電気**と**熱**をよく通す（良導体）。

その3 **展性**(てんせい)&**延性**(えんせい)に富む。

板状，箔(はく)状にのばすことができる
例 金箔，コイン

棒状にのばすことができる
例 針金，金の延べ棒

すべて**自由電子**の存在によるものです!!

分子の極性のお話

分子限定の話だよ!!

まず，この用語を押さえておこう!!

電気陰性度

原子間の結合で原子が**共有電子対を引きつける強さ**を数値化したものを**電気陰性度**(いんせいど)と申します。

電気陰性度は，周期表で，18族(希ガス)を除いて**右上ほど大きく左下ほど小さい**!!

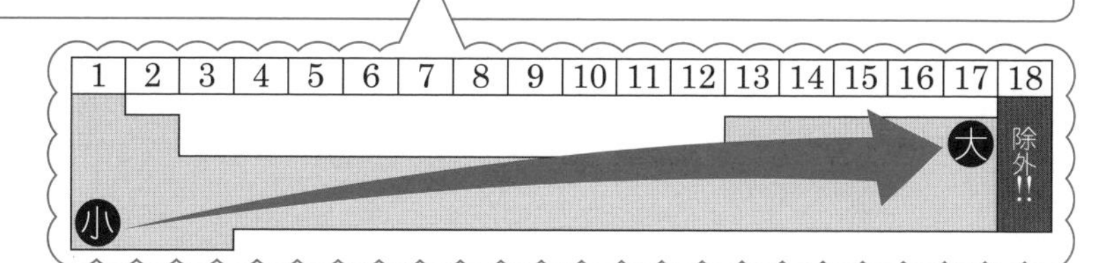

右上のほうがデカイ!!

そこで!!

電気陰性度が大きい Best4 は覚えておこう!!

陰気な人間
FON　Cl
本　気で 狂う!!
ふぉん　きで くるう

では，今からが本題です。

極　性

異なる元素の原子間の結合では**電気陰性度の大きい側に共有電子対が引っ張られ**，結合に**電荷のかたより**が生じる。この電荷のかたよりを**極性**（きょくせい）と申します。

とゆーわけで…

極性分子 なるものが存在してしまいます。

分子全体として電荷のかたよりをもつ分子です。

よく出る代表選手が **3 タイプ**あるので覚えておいてください!!

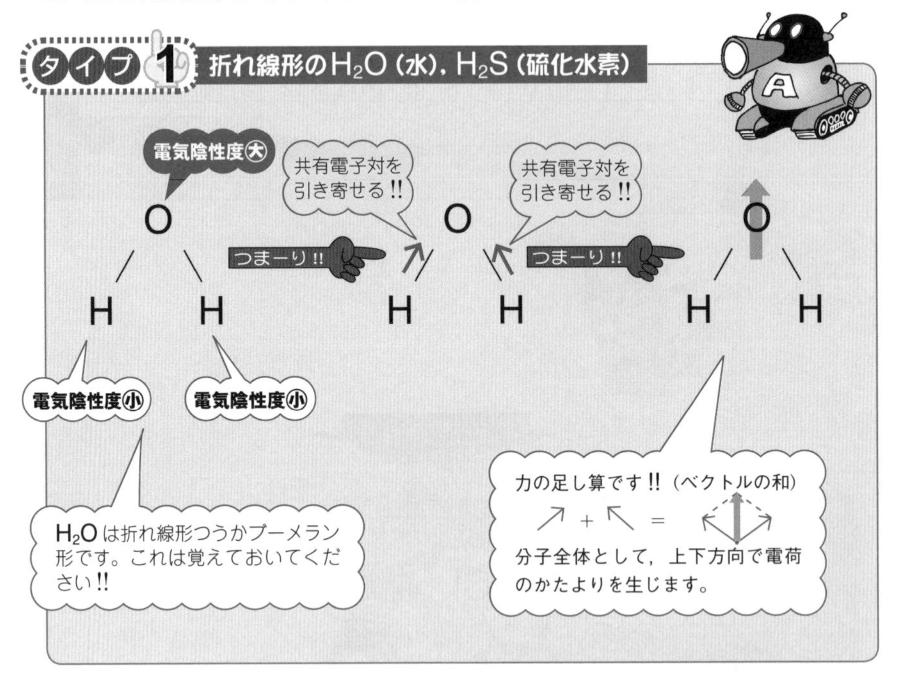

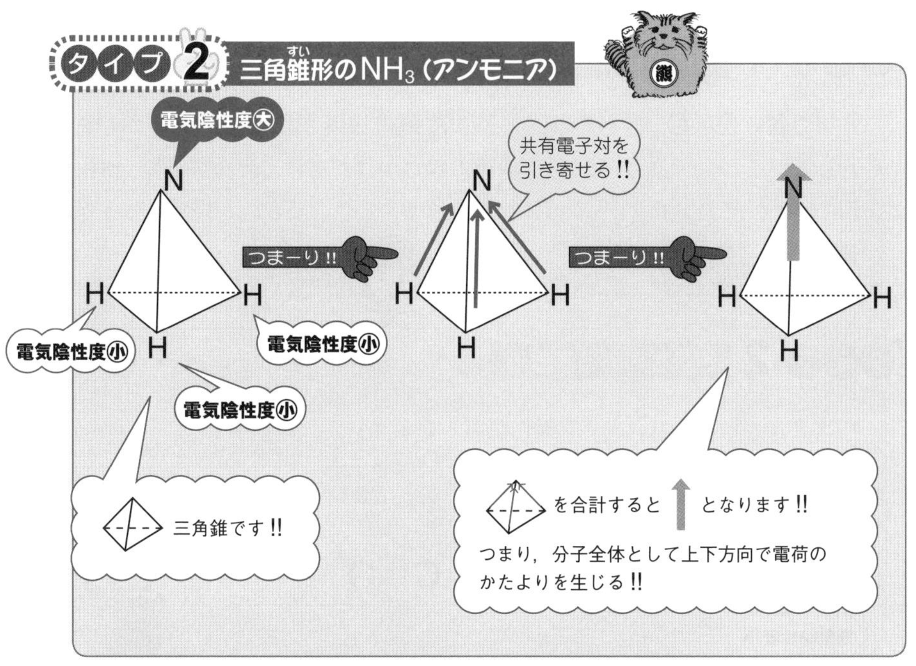

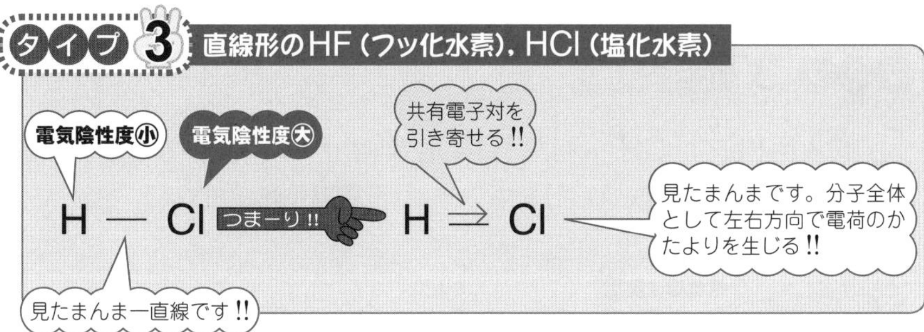

注　HF の場合も同様で，HCl の Cl が F に置き換わっただけのお話です。Cl と F は同族（ともに 17 族）でしたね。性質が似ていて当然です!!

方角で東に対して西があるように，極性分子に対して…

無極性分子 なるものも存在いたします。

これもよく出るタイプが 3 タイプあります。

タイプ 1 単体の分子

H_2, N_2, O_2, Cl_2などの単体分子は**電気陰性度が同じ原子どうし**が結合しているわけですから，当然電荷のかたよりがありません。また，He, Ne, Arなどの単原子分子もなおさらそうです!! よって，単体の分子は**無極性分子**です!!

タイプ 2 対称性のある直線形

代表例としては，CO_2（二酸化炭素）がある。

電気陰性度㊅　電気陰性度㊅

O＝C＝O　つまーり!!　O⇐C⇒O

電気陰性度㊛

共有電子対を引き寄せる　共有電子対を引き寄せる

⟵と⟶がつり合って相殺されてしまう。つまり，**無極性分子。**

タイプ 3 正四面体形

代表例としてはCH_4（メタン），CCl_4（四塩化炭素）がある。いずれも化学式がC▲$_4$で表され，Cを中心とした**正四面体形**である。

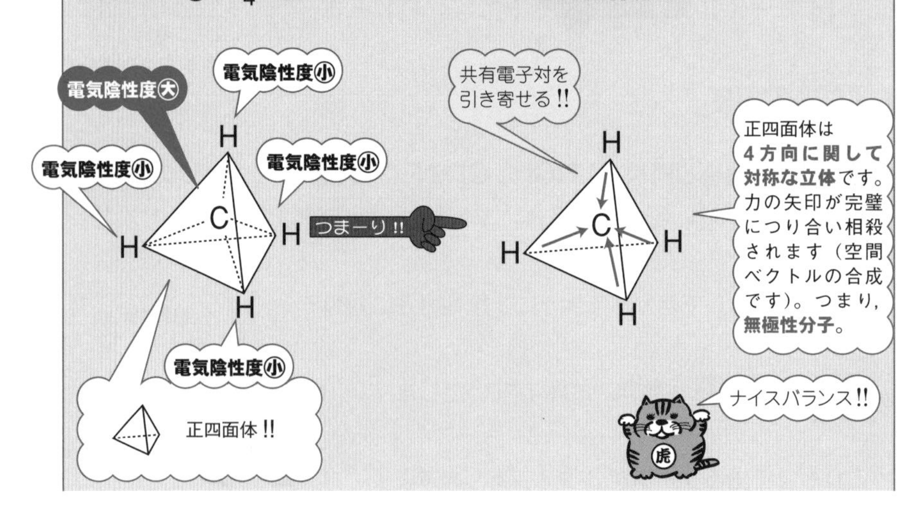

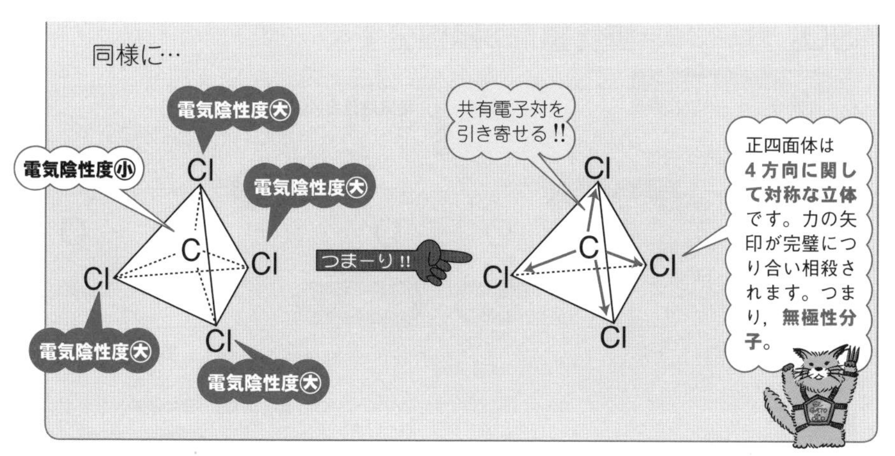

では，今からが本題です。

問題8　標準

次の(1)～(12)の分子について正しく説明しているものを，あとの(ア)～(カ)より1つずつ選べ。ただし，同じものを何度選んでもよい。

(1) O_2　(2) H_2O　(3) NH_3　(4) CO_2
(5) CH_4　(6) SO_2　(7) H_2　(8) H_2S
(9) CCl_4　(10) Ar　(11) SiH_4　(12) Ne

(ア)　直線形の無極性分子
(イ)　直線形の極性分子
(ウ)　折れ線形の極性分子
(エ)　三角錐形の極性分子
(オ)　正四面体形の無極性分子
(カ)　(ア)～(オ)のいずれでもない無極性分子

何い～

ダイナミックポイント!!

この中に新顔が!!　そーです。(6)の

（二酸化硫黄）です。

こいつは特別なヤツなので，ライバルに差をつける武器として，今覚え込んでしまってください。

SO_2 って，じつは**折れ線形**の**極性分子**なんです。

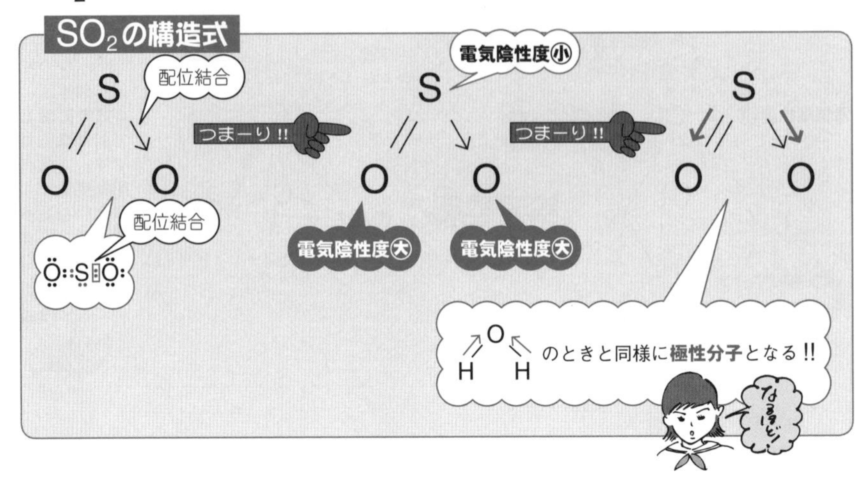

SO_2 以外はすべて学習ずみですね!!

解答でござる

(1) O_2(酸素)は，直線形の無極性分子

よって，(ア) …(答)

(2) H_2O(水)は，折れ線形の極性分子

よって，(ウ) …(答)

(3) NH_3(アンモニア)は，三角錐形の極性分子

よって，(エ) …(答)

(4) CO_2(二酸化炭素)は，直線形の無極性分子

よって，(ア) …(答)

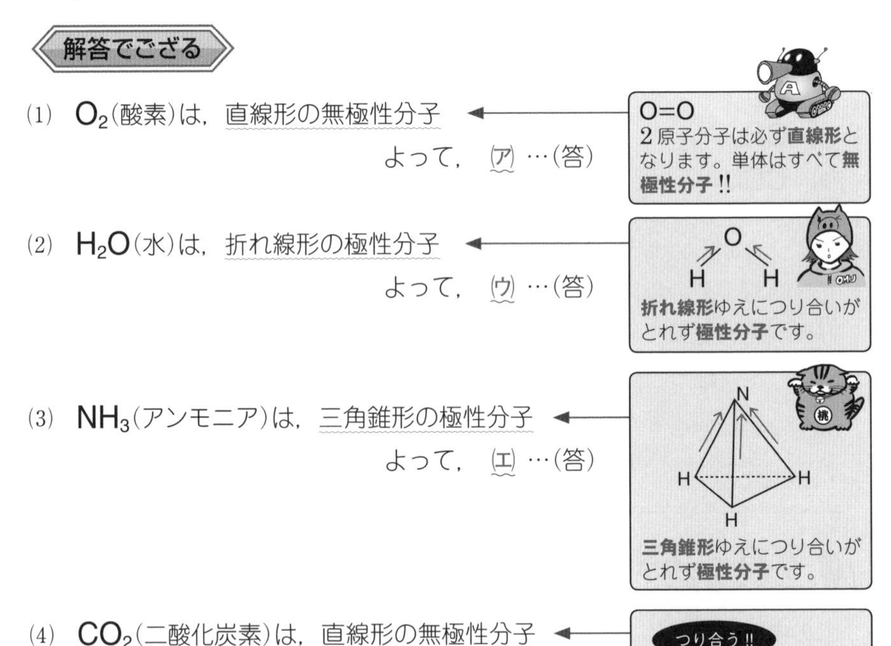

(5)　CH_4(メタン)は，正四面体形の無極性分子

よって，　(オ)　…(答)

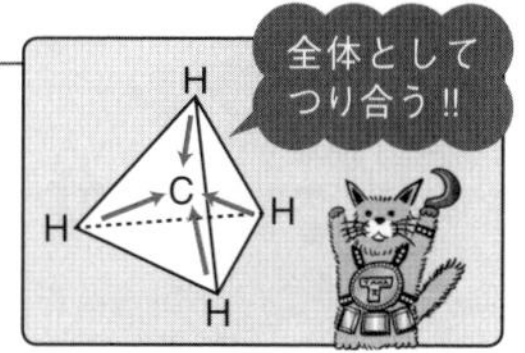

(6)　SO_2(二酸化硫黄)は，折れ線形の極性分子

よって，　(ウ)　…(答)

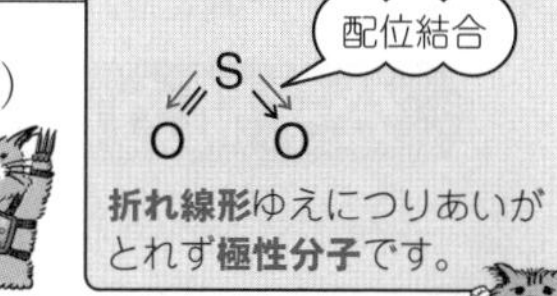

折れ線形ゆえにつりあいがとれず**極性分子**です。

(7)　H_2(水素)は，直線形の無極性分子

よって，　(ア)　…(答)

H—H

2原子分子は必ず**直線形**となります。単体はすべて**無極性分子**です。

(8)　H_2S(硫化水素)は，折れ線形の極性分子

よって，　(ウ)　…(答)

S / H H は O / H H の仲間です。OとSは同族で性質が似ていますからね!!

(9)　CCl_4(四塩化炭素)は，正四面体形の無極性分子

よって，　(オ)　…(答)

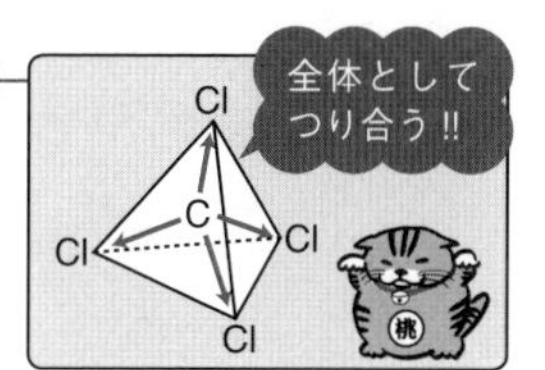

(10)　Ar(アルゴン)は1個の原子のままの単原子分子，つまり無極性分子です!!

よって，　(カ)　…(答)

分子が希ガス(He, Ne, Arなど)原子1個からなるものを単原子分子と呼びます。単原子では図形をつくれません。

直線とか折れ線とか…

(11)　SiH_4(シラン)は，正四面体形の無極性分子です。

よって，　(オ)　…(答)

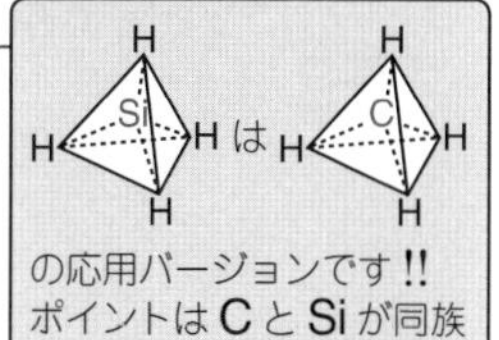

の応用バージョンです!! ポイントはCとSiが同族であることです!!

(12)　Ne(ネオン)は，単原子分子つまり無極性分子!!

よって，　(カ)　…(答)

(10)と同様!!

Theme 5 分子間力にはいろいろある!!

今回は**分子間**にはたらく引力について考えて参ろう!!

分子間力とは??

O_2分子とO_2分子は弱〜い力で引き合ってます。H_2O分子とH_2O分子もちょっと強めの（と言っても弱い!!）力で引き合ってます。このように分子間にはたらく引力をすべてひっくるめて**分子間力**と申します。

で!! この分子間力にもいろいろありまして……

分子間の引力だから分子間力ね!! 単純!

分子間力 その1 ファンデルワールス力

覚えにくい名前だなぁ

すべての分子間には弱〜い引力がはたらいています。Theme 4 で学習したように極性分子となると静電気的な引力が加わり，少し強めになります。これらを合わせて**ファンデルワールス力**と呼びます。

分子間力 その2 水素結合

水素結合って何??

なにかと水素原子がからむので，この名前がつきました。

Theme 4 で学習した極性分子のお話からの発展とお考えください!!

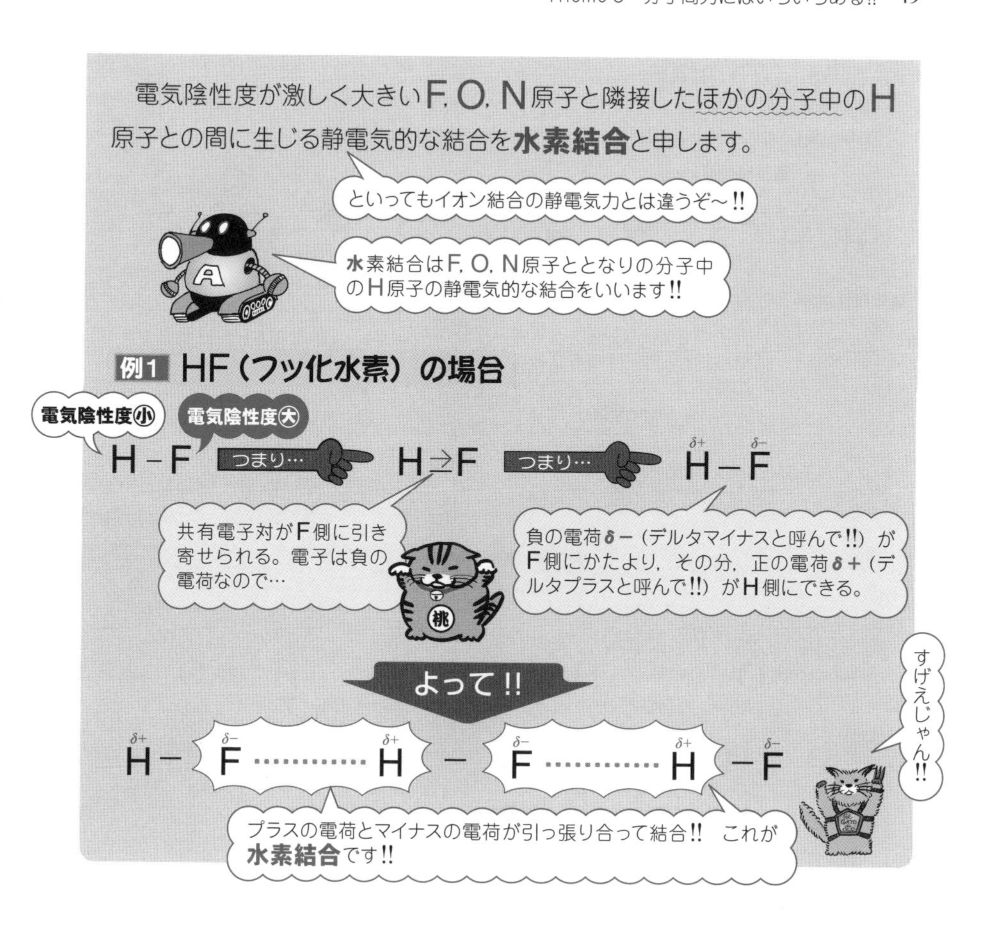
電気陰性度が激しく大きいF, O, N原子と隣接したほかの分子中のH原子との間に生じる静電気的な結合を**水素結合**と申します。
といってもイオン結合の静電気力とは違うぞ～!!
水素結合はF, O, N原子ととなりの分子中のH原子の静電気的な結合をいいます!!
例1 HF（フッ化水素）の場合
電気陰性度小
電気陰性度大
H－F
つまり…
H→F
つまり…
δ+ δ−
H－F
共有電子対がF側に引き寄せられる。電子は負の電荷なので…
負の電荷δ－（デルタマイナスと呼んで!!）がF側にかたより，その分，正の電荷δ＋（デルタプラスと呼んで!!）がH側にできる。
よって!!
δ+ δ− δ+ δ− δ+ δ−
H－F……………H－F……………H－F
プラスの電荷とマイナスの電荷が引っ張り合って結合!!　これが**水素結合**です!!
すげえじゃん!!

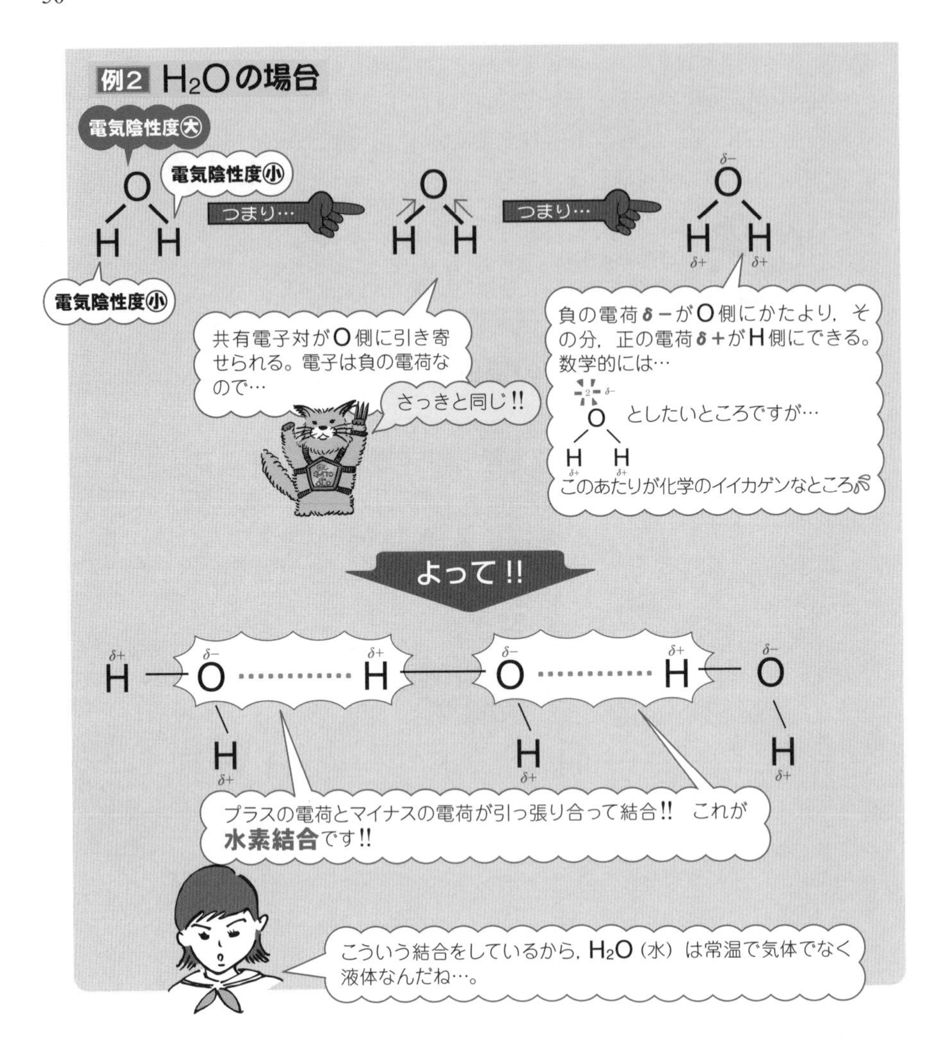
例2 H₂Oの場合
電気陰性度㊤
電気陰性度㊥
電気陰性度㊥
O
H H
つまり…
つまり…
δ−
δ+ δ+
共有電子対がO側に引き寄せられる。電子は負の電荷なので…
さっきと同じ!!
負の電荷δ−がO側にかたより，その分，正の電荷δ+がH側にできる。数学的には…
としたいところですが…
このあたりが化学のイイカゲンなところ
よって!!
プラスの電荷とマイナスの電荷が引っ張り合って結合!! これが水素結合です!!
こういう結合をしているから，H₂O（水）は常温で気体でなく液体なんだね…。

桃
虎

ここで!!　水素結合についての補足事項を…

水素結合するおもな物質

HF　H_2O　NH_3

F－H, O－H, N－HのHはとなりの分子のF, O, Nと水素結合します!!

注　HClは極性分子ですが，水素結合をもちません。つうか，水素結合の影響がほとんどありません!!　だから除外します!!

アルコール，カルボン酸など，一部の有機化合物

アルコールの代表　エタノールの場合

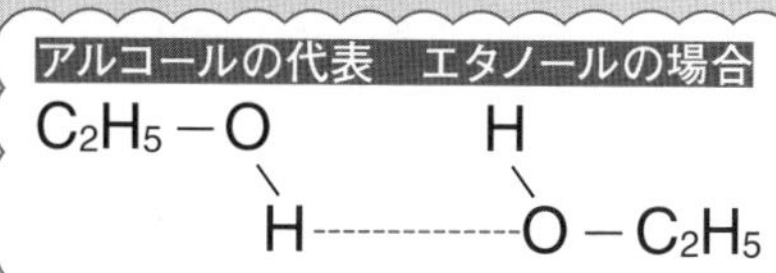

カルボン酸の代表　酢酸の場合

CH_3－C(=O)－OH ……… O=C(－CH_3)－HO（O……HO，OH……O で水素結合）

二量体といって，2分子が1セットになっています。水素結合ってすごいね!!　ちなみに，ギ酸HCOOHも二量体をつくります。

水素結合の威力

ぶっちゃけ，それほど強いわけではありません

共有結合 ＞ **イオン結合** ＞ 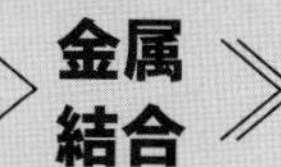

≫ **水素結合** ＞ 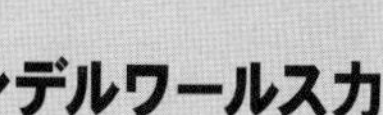

（水素結合とファンデルワールス力：**分子間力**）

Theme 3 でおなじみ，最強です!!

ファンデルワールス力よりは強いです!!　ここがポイント!!

注　この順位はあくまでも一般論!!　物質によっては例外も当然ありますよ!!

水素結合はファンデルワールス力より強いので…

ファンデルワールス力しか働いていない分子よりも，
水素結合をしている分子のほうが，
融点，沸点が高くなります!!

そりゃ，そーだ!!

あくまでも分子を構成している物質の話ですよ!! ダイヤモンド（共有結合結晶），塩化ナトリウム（イオン結晶），鉄（金属結晶）などよりも，融点，沸点が高くなるはずがないです。

なるほど!

問題9 標準

次の(1)〜(6)の物質を沸点が高い順に並べよ。

(1) He, Ne, Ar　　(2) F_2, Cl_2, Br_2
(3) HF, HCl, HBr　　(4) H_2O, H_2S, H_2Se
(5) NH_3, PH_3, AsH_3　　(6) CH_4, C_2H_6, C_3H_8

ダイナミックポイント!!

(1)〜(5)は，すべて同族元素で比較できるようにしてあります。

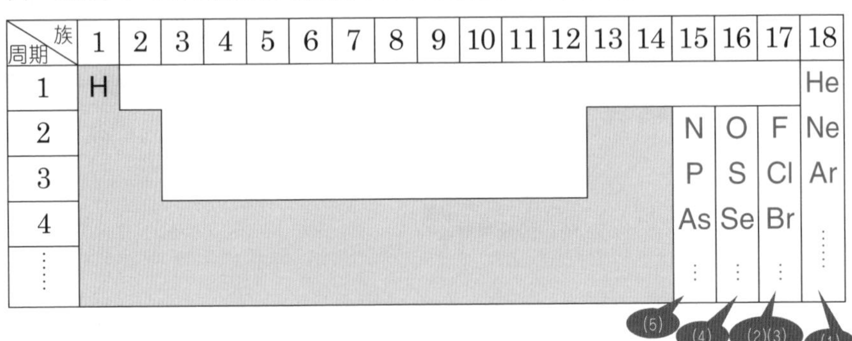

周期＼族	1	2	3	4	5	6	7	8	9	10	11	12	13	14	15	16	17	18
1	H																	He
2															N	O	F	Ne
3															P	S	Cl	Ar
4															As	Se	Br	⋮
⋮															⋮	⋮	⋮	

(6)はすべて有機化合物のアルカンです。　化学式は C_nH_{2n+2}

つまり，(1)〜(5)同様似た構造をもった集団とお考えください。

そこで!!　ポイントが2つ!!

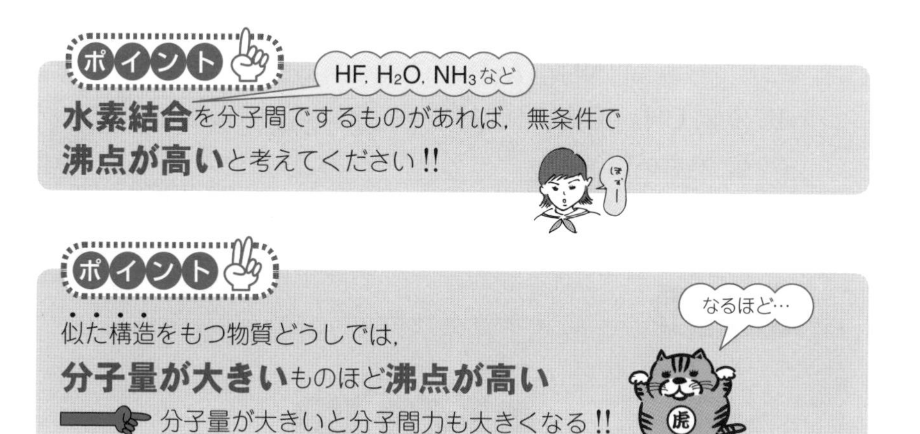
ポイント
HF, H_2O, NH_3など
水素結合を分子間でするものがあれば，無条件で
沸点が高いと考えてください!!
ほぉ〜
ポイント
似た構造をもつ物質どうしでは，
分子量が大きいものほど**沸点が高い**
分子量が大きいと分子間力も大きくなる!!
なるほど…
虎

このあたりを押さえて…

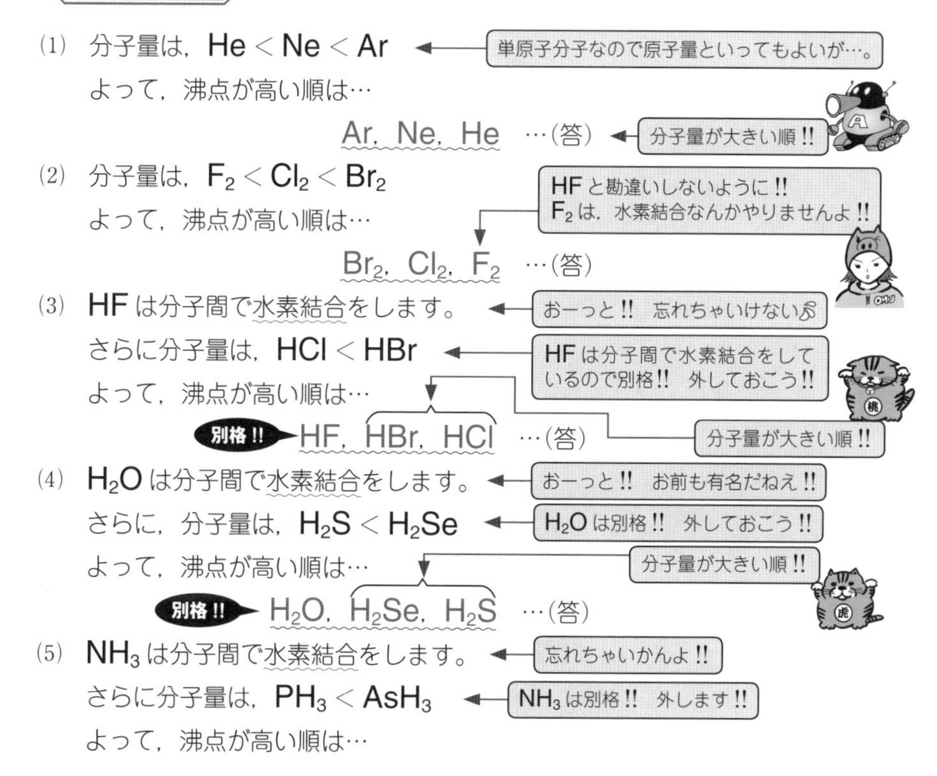
解答でござる
(1)　分子量は，He < Ne < Ar
単原子分子なので原子量といってもよいが…。
よって，沸点が高い順は…
Ar, Ne, He　…(答)
分子量が大きい順!!
(2)　分子量は，F_2 < Cl_2 < Br_2
HFと勘違いしないように!!
F_2は，水素結合なんかやりませんよ!!
よって，沸点が高い順は…
Br_2, Cl_2, F_2　…(答)
(3)　HFは分子間で水素結合をします。
おーっと!!　忘れちゃいけない♪
さらに分子量は，HCl < HBr
HFは分子間で水素結合をしているので別格!!　外しておこう!!
よって，沸点が高い順は…
別格!!　HF, HBr, HCl　…(答)
分子量が大きい順!!
(4)　H_2Oは分子間で水素結合をします。
おーっと!!　お前も有名だねえ!!
さらに，分子量は，H_2S < H_2Se
H_2Oは別格!!　外しておこう!!
よって，沸点が高い順は…
分子量が大きい順!!
別格!!　H_2O, H_2Se, H_2S　…(答)
(5)　NH_3は分子間で水素結合をします。
忘れちゃいかんよ!!
さらに分子量は，PH_3 < AsH_3
NH_3は別格!!　外します!!
よって，沸点が高い順は…

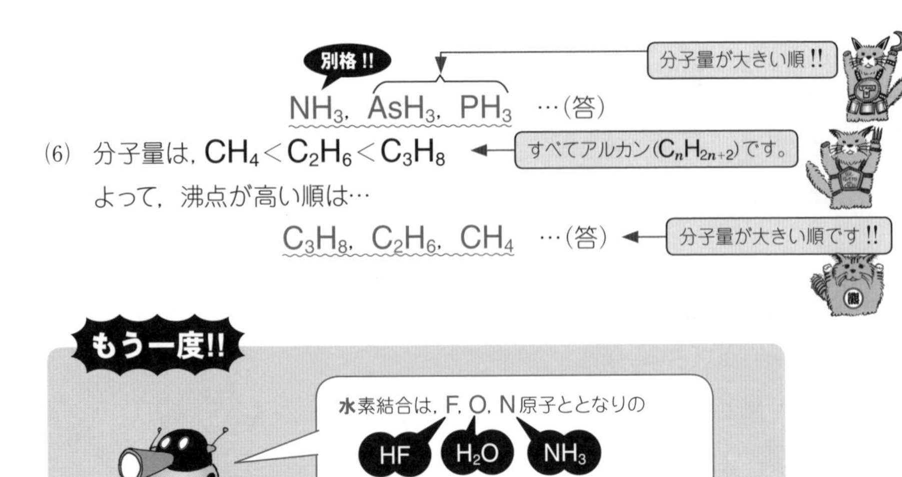
別格!!
分子量が大きい順!!
NH₃, AsH₃, PH₃ …(答)
(6) 分子量は, CH₄ < C₂H₆ < C₃H₈
すべてアルカン(CₙH₂ₙ₊₂)です。
よって, 沸点が高い順は…
C₃H₈, C₂H₆, CH₄ …(答)
分子量が大きい順です!!
もう一度!!
水素結合は, F, O, N原子ととなりの
HF
H₂O
NH₃
分子中のH原子の静電気的な結合です!!

2つのポイントを覚えておこう!!
OMU

基本的な事項は
化学基礎を復習せよ

Theme 6 結晶格子いろいろ 共有結合の結晶編

同素体です

共有結合の結晶の例としては，C(ダイヤモンド，黒鉛(グラファイト)，Si(ケイ素)，SiC(炭化ケイ素)，SiO_2(二酸化ケイ素(石英(せきえい)))が有名であることは，"化学基礎"で学習済みである。今回は結晶格子として有名な話題にズームインしてみましょう!!

C・Si・SiC・SiO_2
く さい し,く さいォー!!ォー!!

問題10 ちょいムズ

右の図はダイヤモンドの結晶格子である。

これについて次の各問いに答えよ。

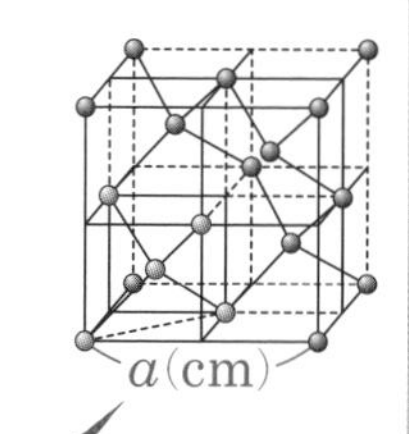

(1)　この1辺 a (cm)の単位格子内に含まれる原子の個数を求めよ。

(2)　Cの原子量をC = 12, $a = 3.6 \times 10^{-8}$(cm)，アボガドロ数を $N_A = 6.0 \times 10^{23}$ としたとき，ダイヤモンドの密度 d を有効数字2桁で求めよ。必要であれば $(3.6)^3 \fallingdotseq 46.7$ を活用してよい。

(3)　体心立方格子の充填率(じゅうてんりつ) 68%であることを参考にして，ダイヤモンドの結晶の充填率を求めよ。

一部の拡大図です!!

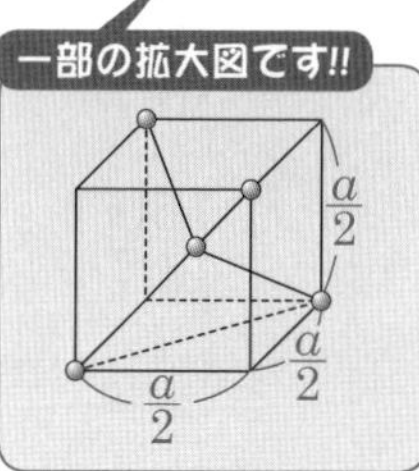

解答でござる

(1)　単位格子内の原子の個数は，

$$4 + \frac{1}{2} \times 6 + \frac{1}{8} \times 8 = \underline{8\ (個)} \quad \cdots(答)$$

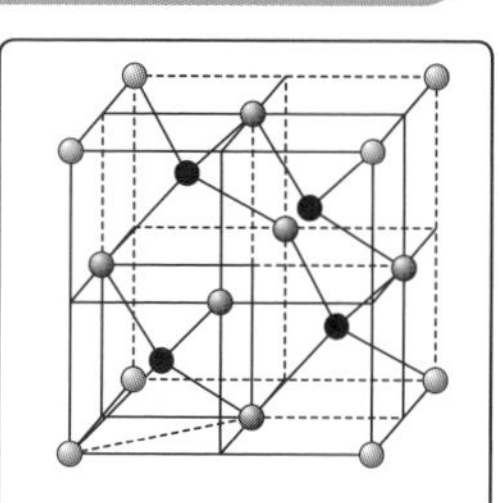

内部に●…4 (個)

面上に●…$\frac{1}{2} \times 6 = 3$(個)

頂点に●…$\frac{1}{8} \times 8 = 1$(個)

(2)　C = 12より，1molの質量は12 (g)である。

つまり，C原子の$N_A = 6.0 \times 10^{23}$個分の質量が12(g)である。

よって，C原子1個の質量は，

$$\frac{12(\mathrm{g})}{6.0 \times 10^{23}}\text{個} = 2.0 \times 10^{-23}(\mathrm{g})$$

個数で割れば1個分が求まる

一方，単位格子の1辺の長さは，$a = 3.6 \times 10^{-8}(\mathrm{cm})$である。

よって，この単位格子の体積は，

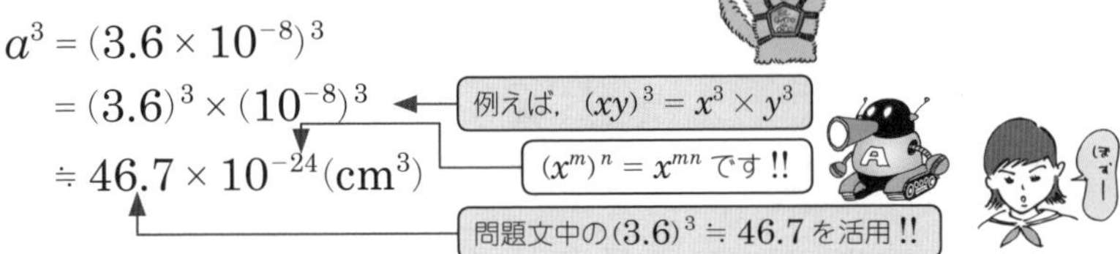

$$a^3 = (3.6 \times 10^{-8})^3$$
$$= (3.6)^3 \times (10^{-8})^3$$
$$\fallingdotseq 46.7 \times 10^{-24}(\mathrm{cm}^3)$$

(1)で，単位格子内の原子の数は8個であるから，求めるべきダイヤモンドの密度dは，

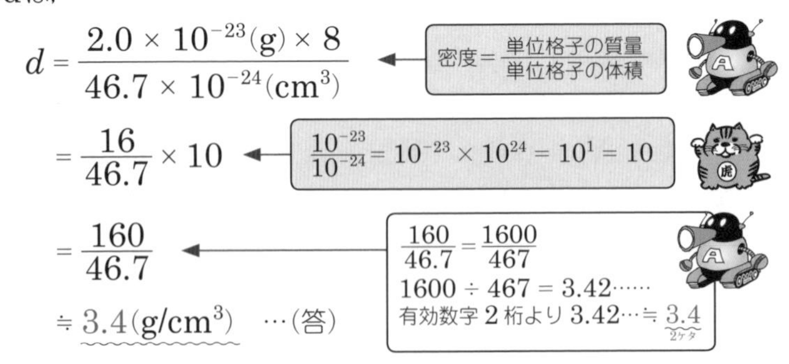

$$d = \frac{2.0 \times 10^{-23}(\mathrm{g}) \times 8}{46.7 \times 10^{-24}(\mathrm{cm}^3)}$$
$$= \frac{16}{46.7} \times 10$$
$$= \frac{160}{46.7}$$
$$\fallingdotseq 3.4(\mathrm{g/cm^3}) \quad \cdots(\text{答})$$

覚えてるぜぇ～～

(3)　まず体心立方格子について思い出してみましょう。

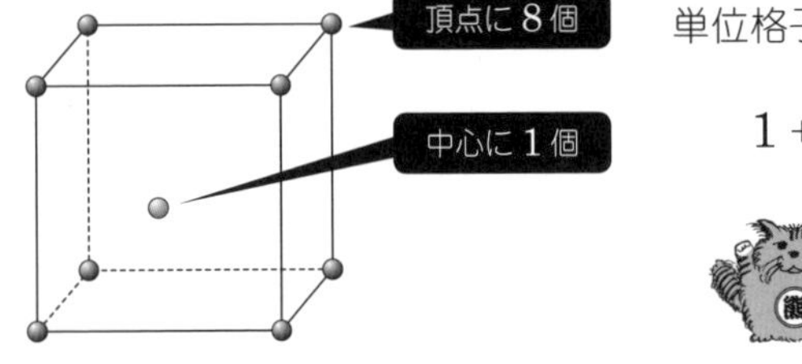

単位格子内に含まれる原子数は

$$1 + \frac{1}{8} \times 8 = 2\text{個}$$

2倍の立方体　つまり，$2 \times 2 \times 2 = 8$個分で考えてみよう!!

この16個の原子から8個取り除き，8個になったものがまさにダイヤモンドの結晶です!!

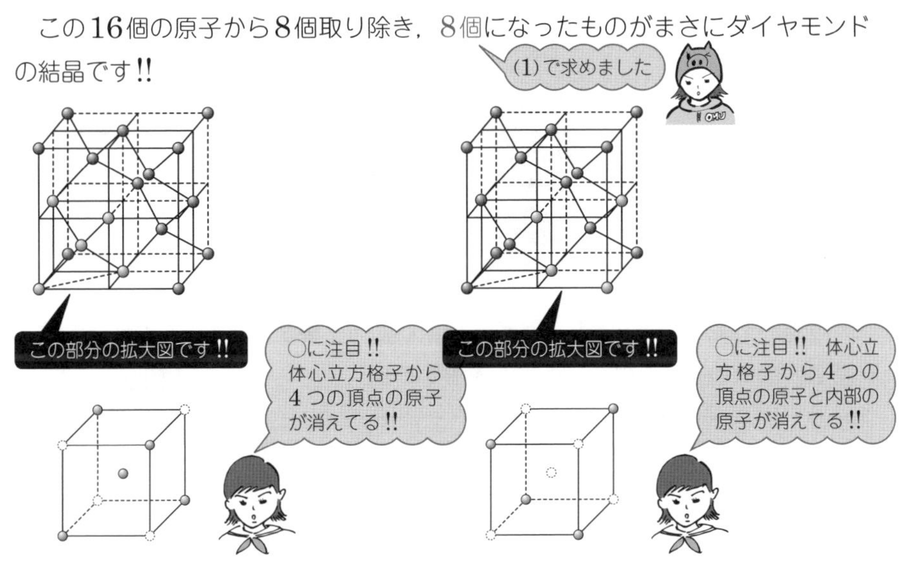

上記のような理由から，スカスカになり，16個あるはずの原子の個数が8個になってしまったわけです!!

ダイヤモンドの結晶の充填率は体心立方格子の充填率が68%であるから,

$$68 \times \frac{8}{16} = 68 \times \frac{1}{2}$$

$$= \underline{34\%} \quad \cdots (\text{答})$$

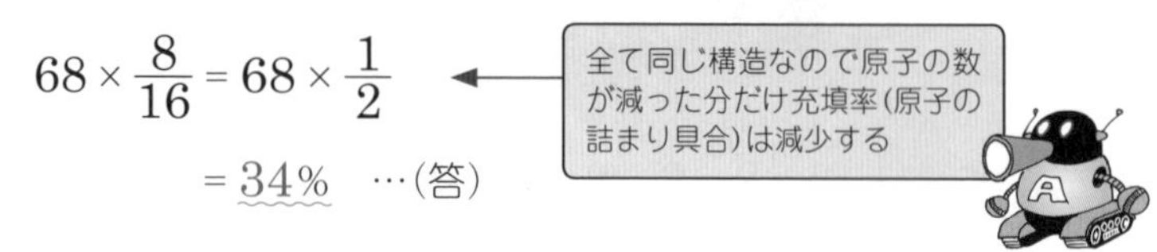

補足コ〜ナ〜

そうなの!?

ダイヤモンドの結晶の配位数は4です!!

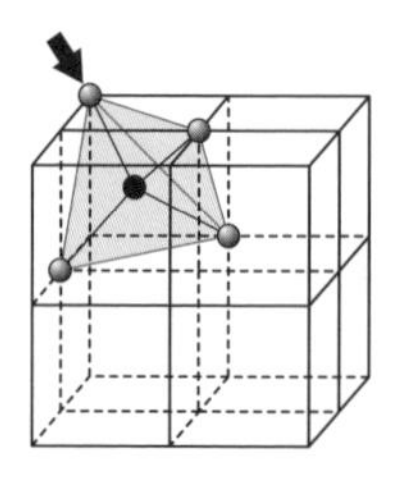

矢印➡の方向から立体を見返すと…

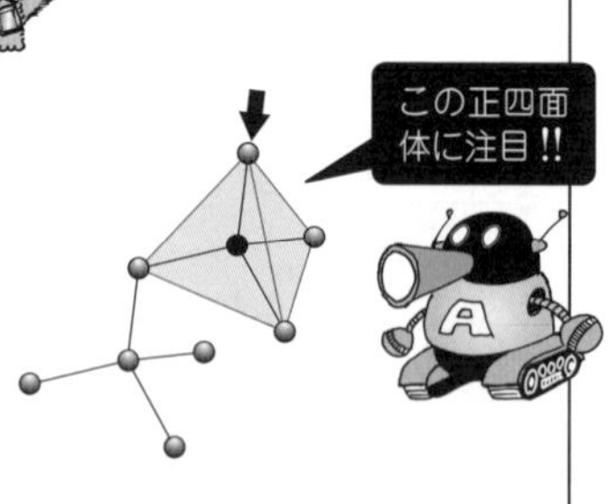

上図からもわかるように正四面体の中心に原子●があり,4つの頂点の原子●が隣接しながらのくり返しの構造である。

ちょっと言わせて

『化学基礎』ですでに学習済みですが，**分子結晶**というのもありましたね。分子結晶の代表格は，水が個体となった氷ですかねぇ……。

水 H_2O は，（O と H の模式図）のように折れ線形で，氷(固体)になると，これが規則正しく配列します。

これにより無駄に隙間ができてしまい，その結果，水(液体)のときよりも密度が低くなる!!

だから氷は水に浮くわけだ!!

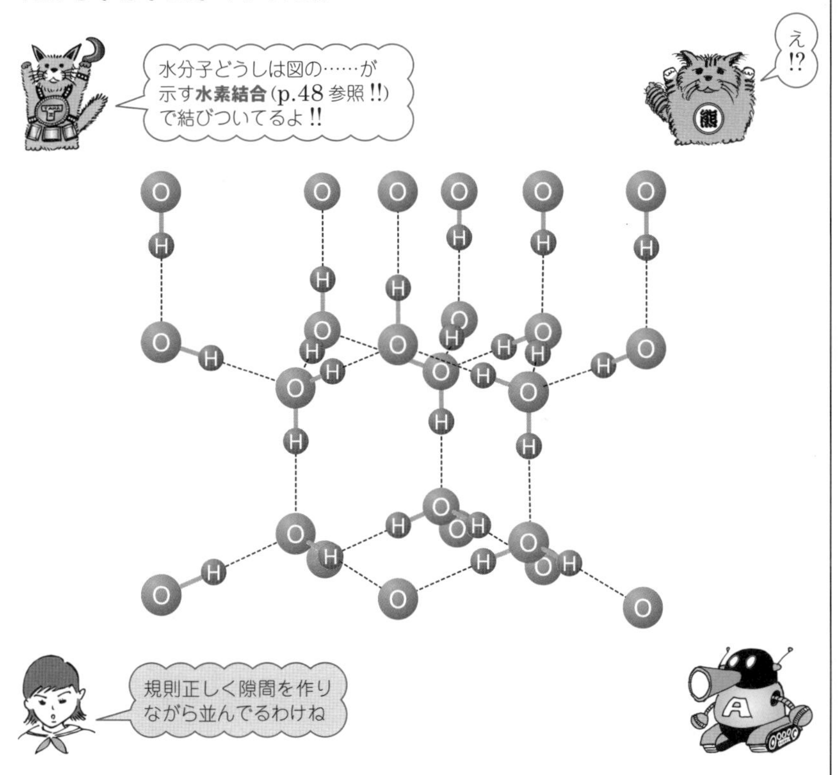

Theme 7 結晶格子いろいろ 金属結晶編

結晶中において構成粒子のつくる配列を**結晶格子**と申します。そして，その結晶格子において，最小のくり返し単位になっている配列構造を**単位格子**と呼びます。

で!! 金属結合(p.39参照!!)により構成されている。**金属結晶**に話題を限定すると，結晶格子のタイプには，『**体心立方格子**』『**面心立方格子**』『**六方最密構造**（**六方最密格子**，または**六方最密充塡**）』の代表的な3種類があります。

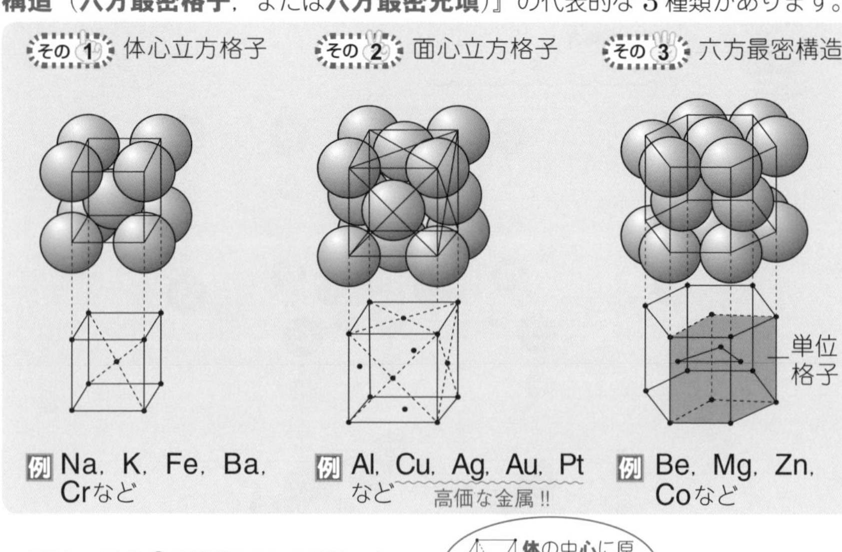

では，この3種類について詳しく…。

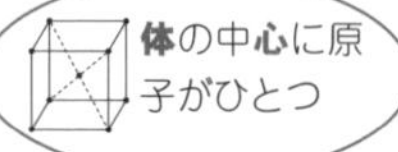

その1 体心立方格子

① **配位数** → **8個**

1個の原子が他の何個の原子と接しているか？ この個数を**配位数**という。

注 Theme 3の配位結合とは無関係ですよ!!

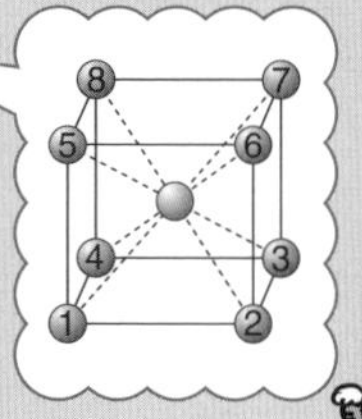

1つの原子に8つの原子が隣接してる!!

② **単位格子中に含まれる原子数** 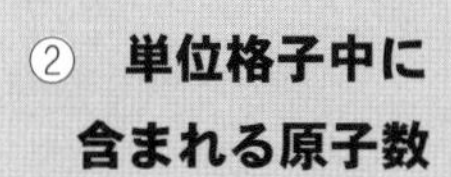 
2 個

右図からも明らかなように，

$\frac{1}{8}$ 個 $\times 8 + 1$ 個 $= 2$ 個

↑立方体の 8 つの頂点に $\frac{1}{8}$ 個ずつ!!

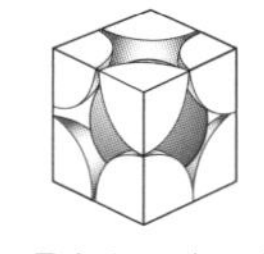

注 見えない向こう側に $\frac{1}{8}$ 個がもう 1 つ!!

③ **原子の半径 r と単位格子の 1 辺の長さ a との関係** 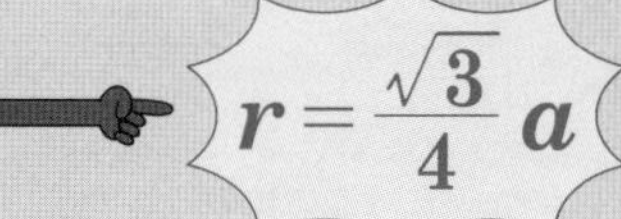

$$r = \frac{\sqrt{3}}{4}a$$

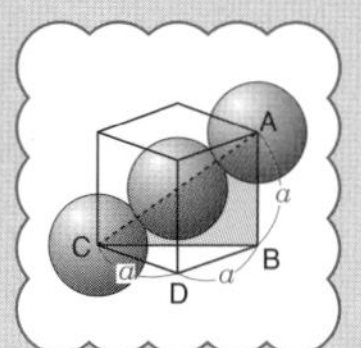

右上図で△ BCD は BD = CD = a の直角二等辺三角形である!!

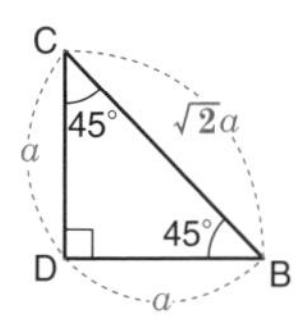

ご存知!!

$BD : CD : BC = 1 : 1 : \sqrt{2}$

$\therefore \quad BC = a \times \sqrt{2} = \sqrt{2}\,a$

さらに右図の△ABC は，∠ ABC = 90° の直角三角形である!!

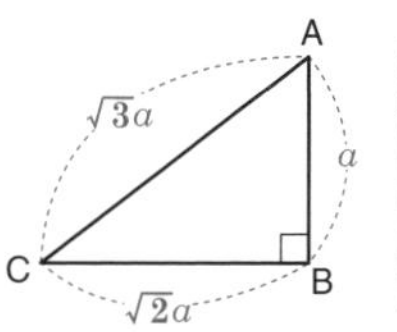

三平方の定理より，

$AC^2 = AB^2 + BC^2$

$AC^2 = a^2 + (\sqrt{2}\,a)^2$

$AC^2 = 3a^2$

$\therefore \quad AC = \sqrt{3a^2} = \sqrt{3}\,a$

このとき!!

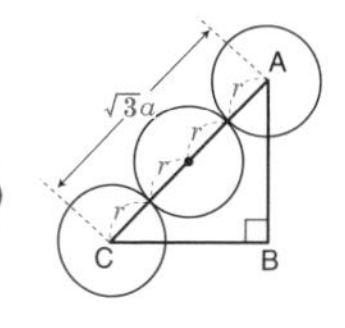

上図からも明らかなように，

$4r = \sqrt{3}\,a$

$\therefore \quad r = \frac{\sqrt{3}}{4}a$

④ **充塡率** **68%**

②参照!! 単位格子内に 2 個の原子!!

$$\frac{(\text{球}) \times 2}{(\text{立方体})} \times 100$$

%にするために 100 倍!!

球の体積の公式

$$= \frac{\frac{4}{3}\pi r^3 \times 2}{a^3} \times 100$$

$$= \frac{\frac{4}{3}\pi\left(\frac{\sqrt{3}}{4}a\right)^3 \times 2}{a^3} \times 100$$

a^3 は約分!!

$$= \frac{4}{3}\pi \times \frac{3\sqrt{3}}{64} \times 2 \times 100$$

$$= \frac{25\sqrt{3}\,\pi}{2}$$

$\sqrt{3} \fallingdotseq 1.73$

$$= \frac{25 \times 1.73 \times 3.14}{2}$$

$\pi \fallingdotseq 3.14$

$\fallingdotseq 68$（%）

面の中心に原子がひとつずつ!!

その2 面心立方格子

① **配位数** → **12個**

右図より明らか!!
1個の原子に**12**個の原子が接している!!

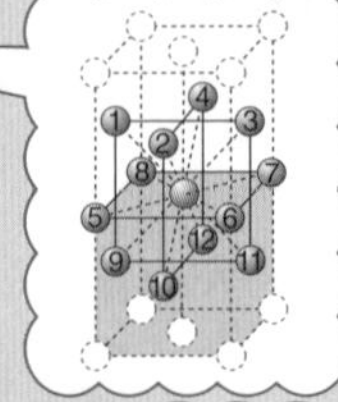

② **単位格子中に含まれる原子数** → **4個**

右図から明らかなように,

$$\frac{1}{8}\text{個}\times 8+\frac{1}{2}\text{個}\times 6=4\text{個}$$

8：立方体の8つの頂点に1つずつ!!
6：立方体の6つの面に1つずつ!!

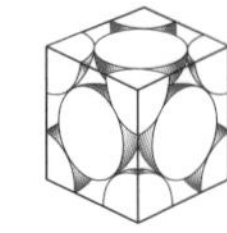

注 立方体の中心には原子はない!!

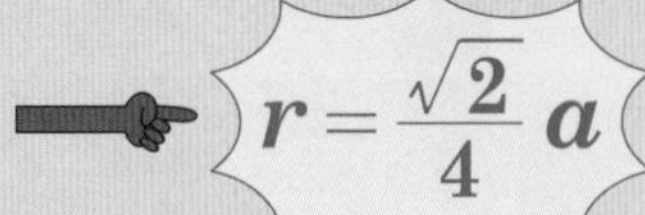

③ **原子の半径 r と単位格子の1辺の長さ a との関係** → $r=\frac{\sqrt{2}}{4}a$

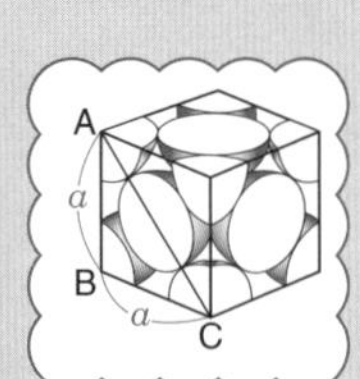

右上図で△ABCは
AB = BC = a の直角二等辺三角形
である!!

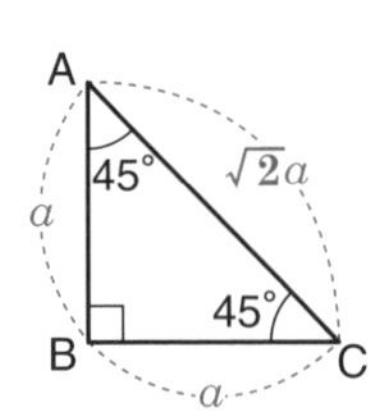

AB : BC : CA = 1 : 1 : $\sqrt{2}$

$\therefore$ AC = $a\times\sqrt{2}=\sqrt{2}a$

このとき!!

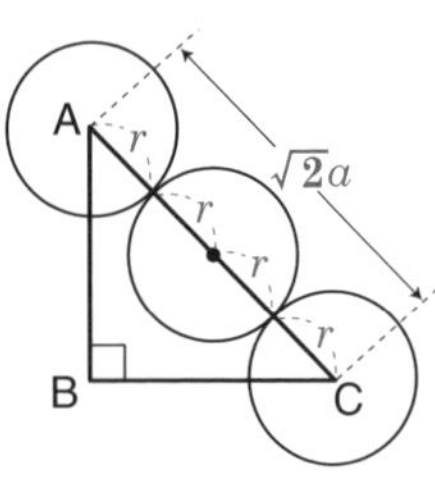

上図からも明らかなように,

$4r=\sqrt{2}a$

$\therefore\ r=\frac{\sqrt{2}}{4}a$

④　**充塡率** → **74%**

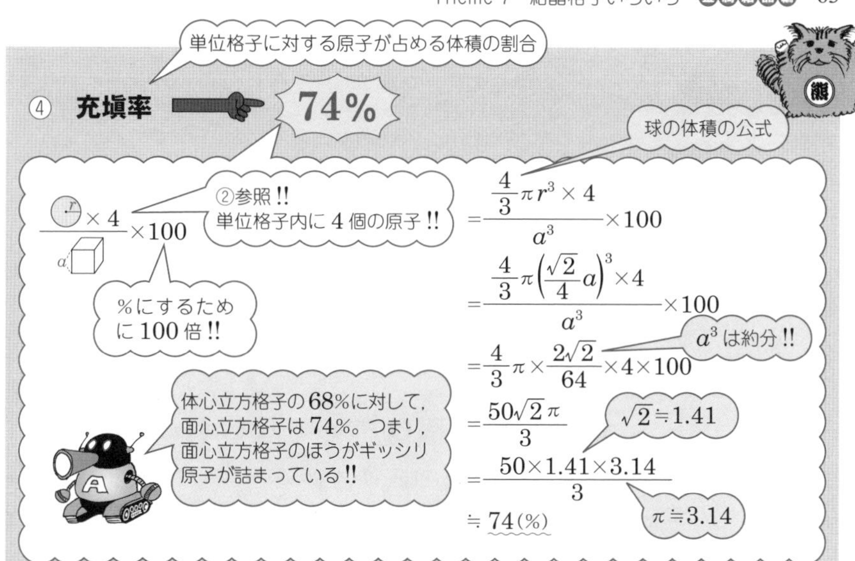

$$\frac{(\text{球})\times 4}{(\text{立方体})}\times 100$$

$$=\frac{\frac{4}{3}\pi r^3\times 4}{a^3}\times 100$$

$$=\frac{\frac{4}{3}\pi\left(\frac{\sqrt{2}}{4}a\right)^3\times 4}{a^3}\times 100$$

$$=\frac{4}{3}\pi\times\frac{2\sqrt{2}}{64}\times 4\times 100$$

$$=\frac{50\sqrt{2}\pi}{3}$$

$$=\frac{50\times 1.41\times 3.14}{3}$$

$$\fallingdotseq 74(\%)$$

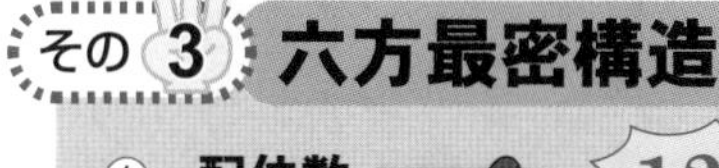

その3　六方最密構造

六方最密格子，または六方最密充塡とも呼ぶ

①　**配位数** → **12個**

右図から明らか!!　まわりに6個!!
上下に3個ずつ!!　計12個!!

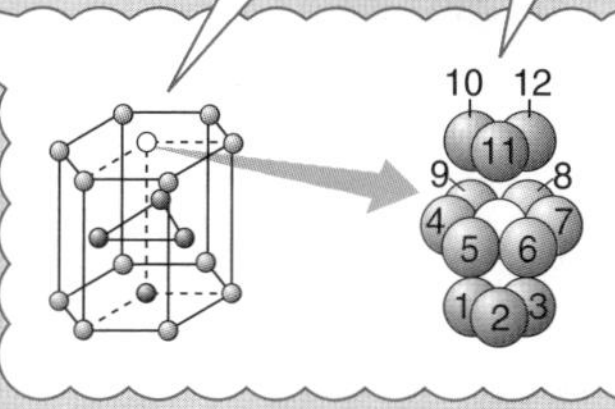

②　**六角柱の格子中に含まれる原子数** → **6個**

$$\frac{1}{6}\text{個}\times 12+\frac{1}{2}\text{個}\times 2+3\text{個}=6\text{個}$$

六角柱の12個の頂点に1つずつ（$\frac{1}{6}$個×12）
六角柱の上下の面の中央に1つずつ（$\frac{1}{2}$個×2）
中央の段に3個!!（3個）

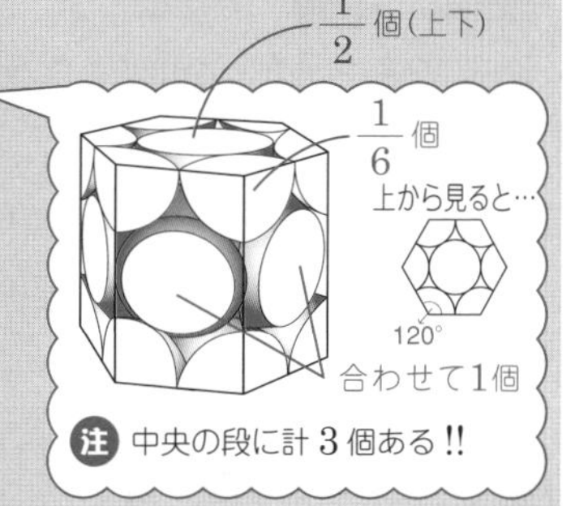

注　中央の段に計3個ある!!

参考　**充塡率** → **74%**

難しい計算になるので途中式は省略しますが，面心立方格子と同じなんです!!

六方最密構造の充塡率以外は暗記せずに自分で求められるようにしておいてね!! しかし，途中式を要求してこない問題も多いので，充塡率については，結果を覚えておくとお得♥

そこで!!

充塡率について…

体心立方格子 → 68％

面心立方格子
六方最密構造 → 74％

体心　6　8　　面心　六方　7 4
体は無敗　面はろくでなし!!
（無敗：むはい）

注 面心立方格子と六方最密構造の原子の詰まり具合は同じ!!
てなわけで，面心立方格子は立方最密構造とも呼ばれています。

密度についてもやっておかねば…

問題11 標準

原子量を M，アボガドロ数を N_A，単位格子の1辺の長さを a (cm) として，次の各問いに答えよ。

(1) 体心立方格子の密度 (g/cm^3) を求めよ。

(2) 面心立方格子の密度 (g/cm^3) を求めよ。

ダイナミックポイント!!

密度 (g/cm^3) とは，1cm^3 あたりの質量 (g) です!!
くれぐれも充塡率と混同しないようにしてください。

解答でござる

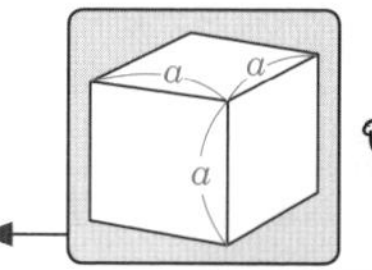

(1)　体心立方格子の体積…a^3 (cm^3) …①

体心立方格子内の原子数…**2** 個

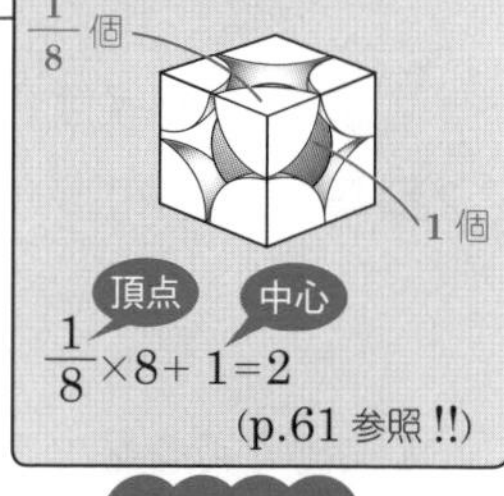

原子 1 個あたりの質量…$\dfrac{M}{N_\mathrm{A}}$ (g)

体心立方格子の質量…$\dfrac{M}{N_\mathrm{A}}\times \mathbf{2}=\dfrac{2M}{N_\mathrm{A}}$ (g)…②

①，②より，a^3 (cm^3) で$\dfrac{2M}{N_\mathrm{A}}$ (g) より，

アボガドロ数

N_A (個) あたり M (g) より，1(個) あたり$\dfrac{M}{N_\mathrm{A}}$ (g)

求めるべき体心立方格子の密度は，

$$\frac{2M}{N_\mathrm{A}}\div a^3=\frac{2M}{N_\mathrm{A}}\times\frac{1}{a^3}$$

$$=\boldsymbol{\frac{2M}{a^3N_\mathrm{A}}}\ (\mathrm{g/cm}^3)\ \cdots(答)$$

原子 **2** 個分の質量です !!
隙間(すきま)には何もない !!

例えば 3 (cm^3) で 6 (g) だったら
密度は $6\div 3=2\ (\mathrm{g/cm}^3)$
密度＝質量÷体積

(2)　面心立方格子の体積…a^3 (cm^3) …①

面心立方格子内の原子数…4 個

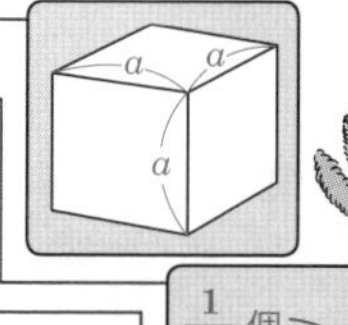

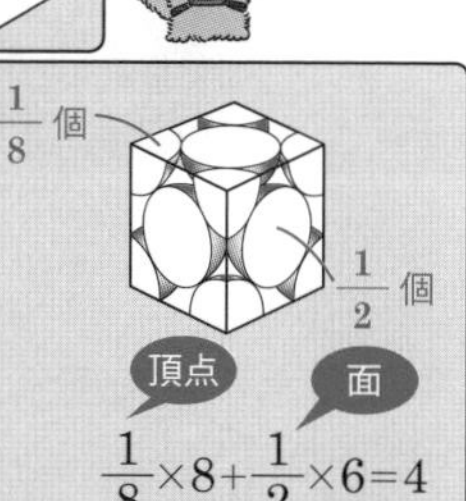

原子 1 個あたりの質量…$\dfrac{M}{N_\mathrm{A}}$ (g)

面心立方格子の質量…$\dfrac{M}{N_\mathrm{A}}\times 4=\dfrac{4M}{N_\mathrm{A}}$ (g)…②

①，②より，a^3 (cm^3) で $\dfrac{4M}{N_\mathrm{A}}$ (g) より，

求めるべき面心立方格子の密度は，

$$\frac{4M}{N_\mathrm{A}}\div a^3=\frac{4M}{N_\mathrm{A}}\times\frac{1}{a^3}$$

$$=\boldsymbol{\frac{4M}{a^3N_\mathrm{A}}}\ (\mathrm{g/cm}^3)\ \cdots(答)$$

N_A (個) あたり M (g) より，1(個) あたり$\dfrac{M}{N_\mathrm{A}}$ (g)

原子 **4** 個分の質量です !!
密度＝質量÷体積

意外に単純だぜ !!

Theme 8 結晶格子いろいろ イオン結晶編

Theme 4 の結晶格子は金属結晶だから，金属だけでした。しか〜し，今回は**イオン結晶**です。つまり，金属と非金属の結晶ですよ!!

金属と非金属の合作かあ〜!!

よく出てくる2つの例を挙げときます!!

塩化ナトリウム（NaCl）の場合

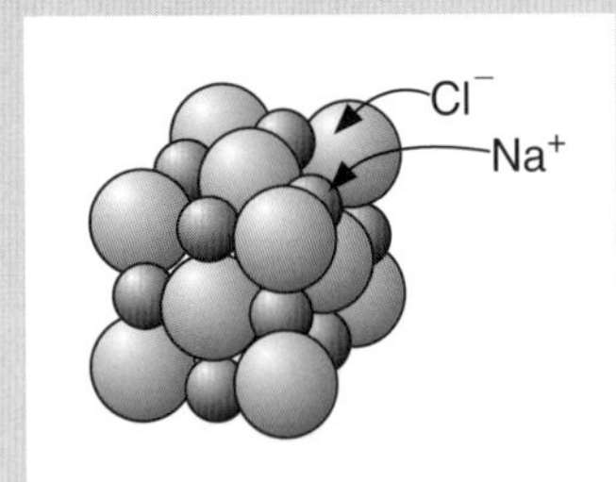

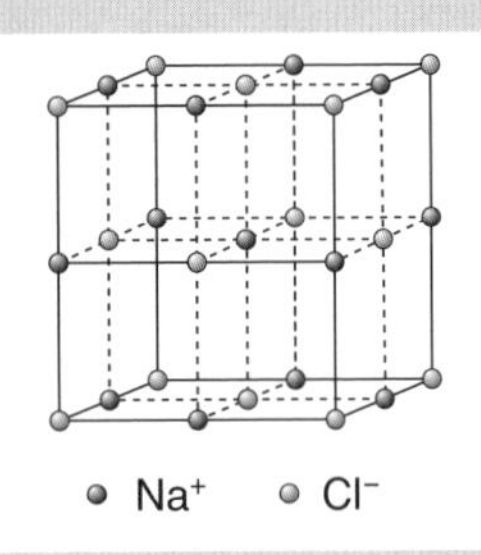

単位格子で区切ると…

$\frac{1}{8}$ 個

$\frac{1}{2}$ 個

$\frac{1}{4}$ 個

注 Na^+（●）は中心に1個あります!!

単位格子内の Na^+ の個数は…

中心に1個!!

$$\frac{1}{4} \times 12 + 1 = \mathbf{4}\ (個)$$

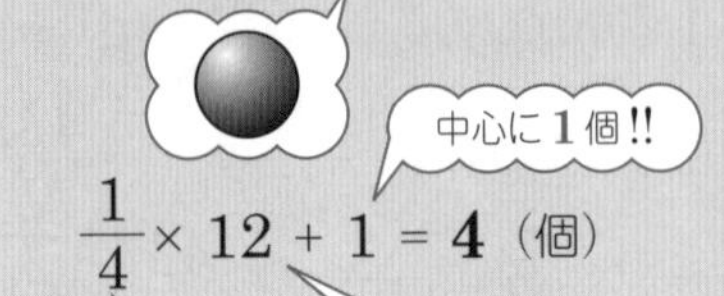

単位格子内の Cl^- の個数は…

$$\frac{1}{8} \times 8 + \frac{1}{2} \times 6 = \mathbf{4}\ (個)$$

頂点は8つ

面は6つ

各頂点に $\frac{1}{8}$ 個ずつ

各面に $\frac{1}{2}$ 個ずつ

よって!!

Na$^+$の個数：Cl$^-$の個数 = $4:4=\mathbf{1:1}$

つまーり!!

組成式とは結合している原子数の比を表したものだよ。

塩化ナトリウムの組成式は，

NaCl となることが確認できる!!

塩化セシウム（CsCl）の場合

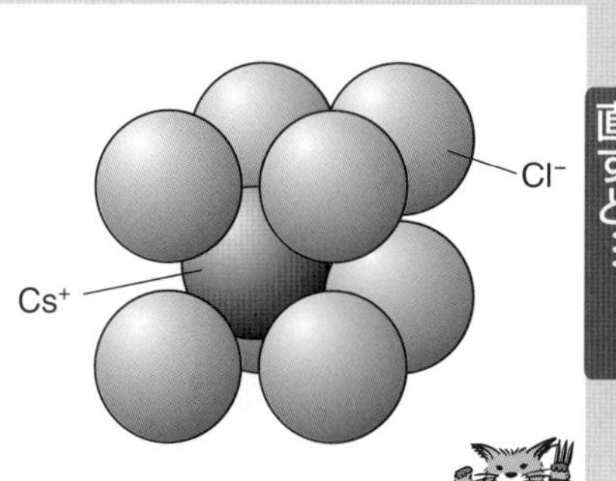

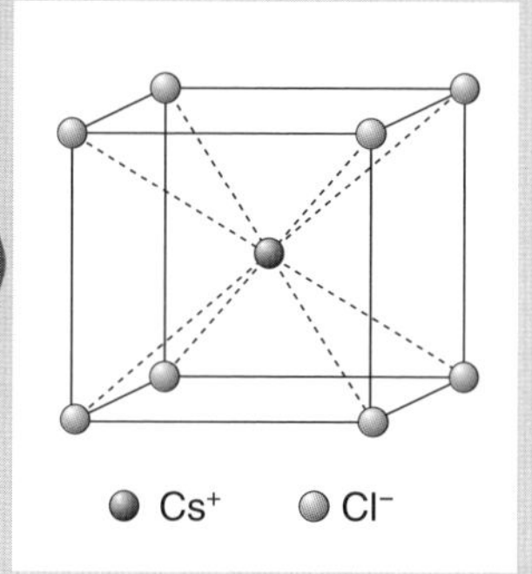

単位格子で区切ると…

$\frac{1}{8}$個

1個

単位格子内のCs$^+$の個数は…

中心に **1** 個

単位格子内のCl$^-$の個数は…

$$\frac{1}{8}\times 8=\mathbf{1}\ (個)$$

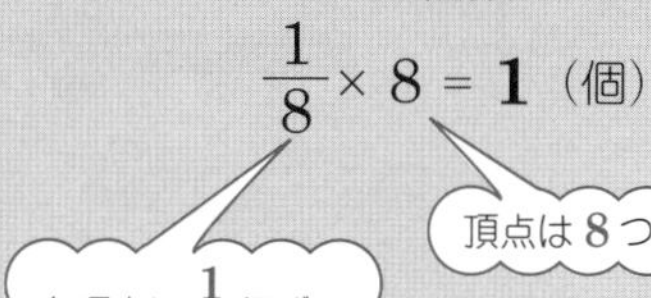

では，結晶格子から組成式を求める練習をしましょう!!

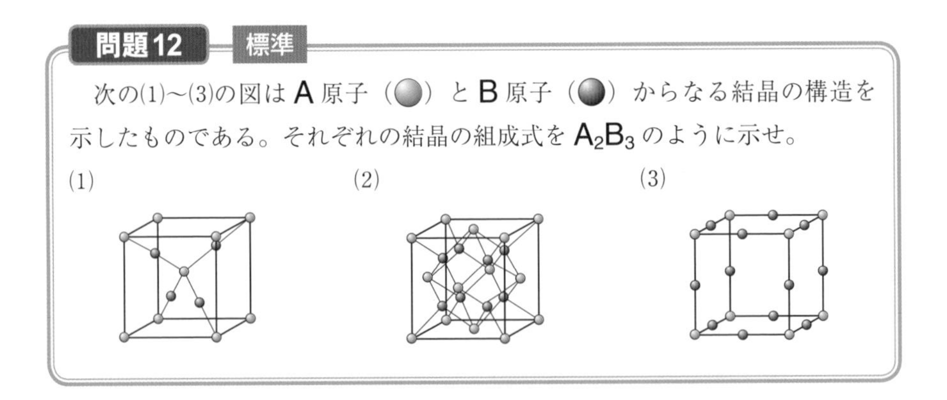

問題12 標準

次の(1)〜(3)の図はA原子（●）とB原子（●）からなる結晶の構造を示したものである。それぞれの結晶の組成式をA_2B_3のように示せ。

(1)　(2)　(3)

ダイナミックポイント!!

原子の個数の数え方さえしっかりしていれば，大丈夫!!

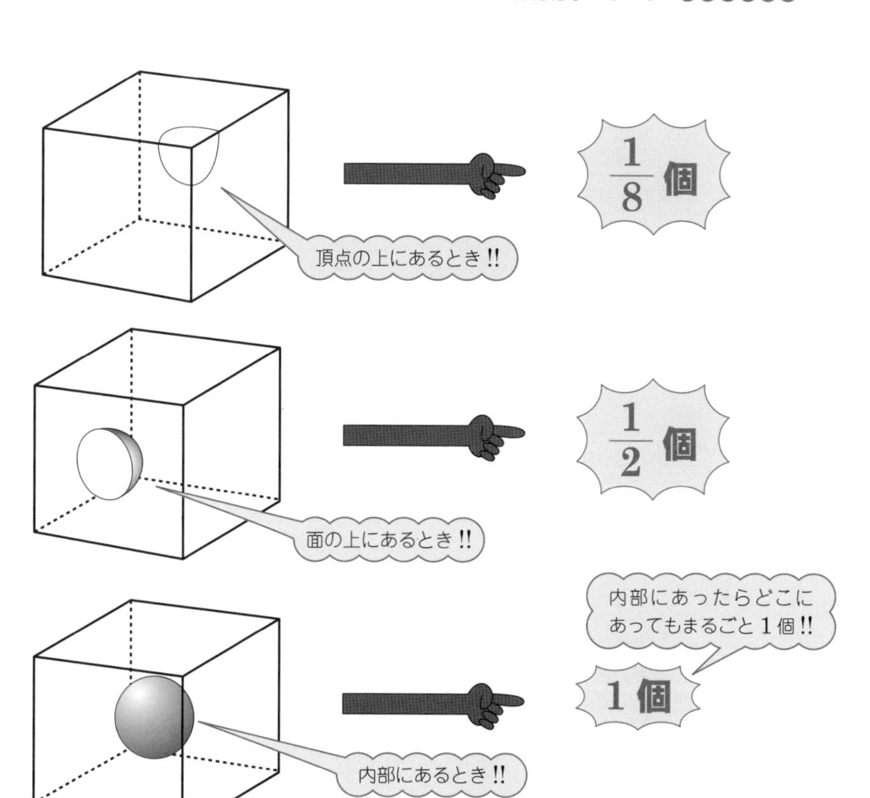

解答でござる

(1)　A 原子（●）の個数は，

$$\frac{1}{8} \times 8 + 1 = 2 \text{（個）}$$

8 つの頂点に $\frac{1}{8}$ 個ずつ　内部に 1 個

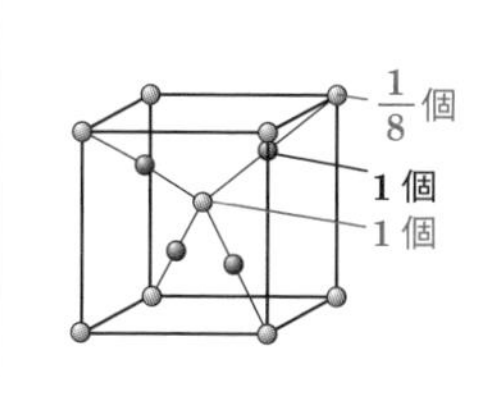

B 原子（●）の個数は，4 個
内部に 4 個

以上より，

A 原子の個数：B 原子の個数 $= 2 : 4$
$= 1 : 2$ ← 比を簡単にしました!!

よって，組成式は，AB_2 …(答) ← 1：2 より

(2) A原子（●）の個数は，

$$\underbrace{\frac{1}{8}\times 8}_{}+\underbrace{\frac{1}{2}\times 6}_{}=4\ (個)$$

8つの頂点に$\frac{1}{8}$個ずつ　6つの面に$\frac{1}{2}$個ずつ

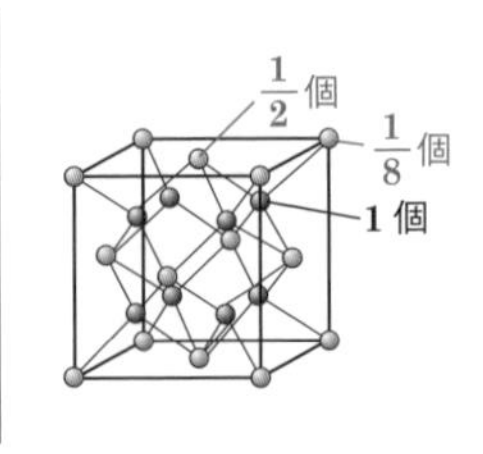

B原子（●）の個数は，8個

内部に8個

以上より，

A原子の個数：B原子の個数＝4：8

＝1：2 ◀ 比を簡単にしました!!

よって，組成式は，AB_2 …(答) ◀ 1：2より

(3) A原子（●）の個数は，

$$\frac{1}{8}\times 8=1\ (個)$$

8つの頂点に$\frac{1}{8}$個ずつ

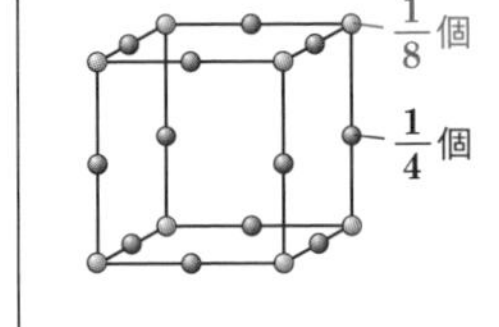

B原子（●）の個数は，

$$\frac{1}{4}\times 12=3\ (個)$$

12本の辺に$\frac{1}{4}$個ずつ

以上より，

A原子の個数：B原子の個数＝1：3

よって，組成式は，AB_3 …(答) ◀ 1：3より

ボクは安定してるよ♪

…

イオン結晶におけるイオン半径と安定性

とにかく次の2つの図をご覧あれ!!

イオンの半径が大きくなると（上図の場合は陰イオン⊖です）陽イオンと陰イオンの中心間の距離 l（上図参照!!）も**大きく**なるので静電気的な引力も**弱まる**!!

つまり，不安定になり，低い濃度でも壊れるようになり，それは**融点が低い**ことを意味する。

なるほど!

では，次の問題を考えてみてください。

問題13　標準

ハロゲン化ナトリウム NaF，NaCl，NaBr，NaI を融点が低い順に並べよ。

解答でござる

ハロゲンとは，第17族の F，Cl，Br，I，At のことである。

知ってるよ

陽イオンの Na^+（ナトリウムイオン）に対しての陰イオンの半径の大きさが問題となる。F, Cl, Br, I の順に周期表で上（小さい）から下（大きい）に行くので，陰イオンの半径の大きさは $F^- < Cl^- < Br^- < I^-$ となる。

半径が大きい方が融点が低くなるので，
融点が低い順に並べると…

NaI，NaBr，NaCl，NaF …（答）

化学反応と

の巻

Theme 9 物質の三態(固体・液体・気体)とエネルギー

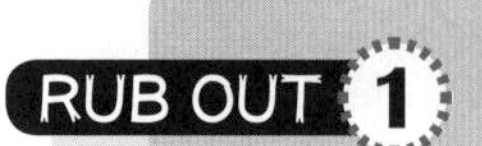

分子間力と熱運動

物質には，固体・液体・気体の3つの状態があり，これを物質の**三態**と申します。

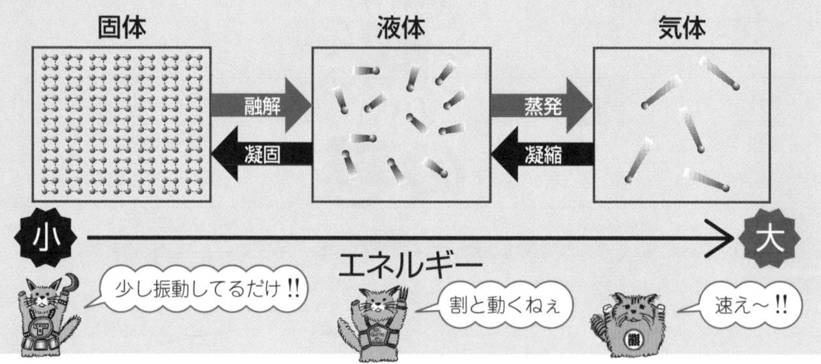

Theme 5 で学習しましたが，分子は**分子間力**という引力により引き合ってます。一方，分子は**熱運動**も行ってます。この**熱運動**と**分子間力**の力関係により状態が変化します。

上図からもおわかりの通り，加熱することにより粒子の**熱運動**が激しくなり，固体⟶液体⟶気体と変化して行くわけだ。

有名な話だね♪

ほぉ〜

水を例にしてグラフにしてみよう!!

(℃)
沸点
100
温度
0
融点
沸騰が始まる!!
融解が始まる!!
沸騰が終わり全て気体に!!
融解が終わり全て液体に!!
全て氷　氷と水が同居　全て水　水と水蒸気　全て水蒸気
時間

0(℃)と100(℃)でグラフが横ばいになるのは，物質の変化に熱エネルギーが使われてしまうので温度を上昇させる余裕がないからである!!

要するに加え続けた熱エネルギー

問題14　キソのキソ

氷を加熱したときに加えた熱量と温度の変化をグラフに示したところ，次のようになった!!

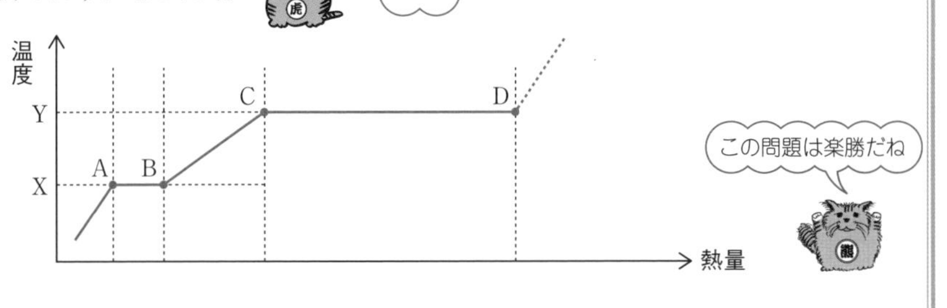

(1)　温度 X を何と呼ぶか？

(2)　温度 Y を何と呼ぶか？

(3)　AB 間では，どのような状態となっているか？

(4)　CD 間では，どのような状態となっているか？

解答でござる

(1)　**融点**または**凝固点**　　(2)　**沸点**

(3)　**氷と水が存在している**　　(4)　**水と水蒸気が存在している**

ん!?

この辺りで計算問題にTRYしてみましょう!!　そこで，準備を…

▶物質1gを1℃上昇させるのに必要な熱量（熱エネルギー）を比熱と呼び，単位は J（ジュール）/（g·℃）またはJ/（g·K）で表す。

K（ケルビン）については，p.118参照

▶1molの固体を全て液体に変えるのに必要な熱量（熱エネルギー）を**融解熱**と呼び，単位はJ/molか kJ（キロジュール）/molで表す。

重さにも g や kg があるよね

▶1molの液体を全て気体に変えるのに必要な熱量（熱エネルギー）を**蒸発熱**と呼び，単位はJ/molかkJ/molで表す。

単位は大切だね

問題15 キソ

0℃の氷27gを加熱して50℃の水にするのに必要な熱量を求めよ。ただし，氷の融解熱を6.0kJ/mol，水の比熱を4.2J/(g·℃)，水の分子量はH_2O = 18とする。

解答でござる

氷27gの物質量（モル数）は，H_2O = 18より ← 氷も水もH_2Oなので分子量は同じ

$$\frac{27}{18} = \frac{3}{2} = 1.5\text{mol}$$ ← 1molあたり18gだから18で割ればよい

よって，氷27g，つまり1.5molを全て水に変える（融解させる）ために必要な熱量は，融解熱が6.0（kJ/mol）であるから，

$$6.0 \times 1.5 = 9.0\text{kJ} \quad \cdots①$$ ← 1molごとに6.0kJだから1.5molでは，6.0 × 1.5kJ

さらに，27gの水を0℃から50℃まで上昇させるために必要な熱量は，比熱が4.2 J/（g · ℃）であるから，

$$4.2 \times 27 \times 50$$
$$= 5670\text{J}$$
$$= 5.67\text{kJ} \quad \cdots②$$

← 水1gを1℃上昇させるために必要な熱量が4.2J
↓×27　↓×50
水27gを50℃上昇させるために必要な熱量は
4.2 × 27 × 50 J

← 1kJ = 1000Jです!!　1kg = 1000gと同様

①，②より，求めるべき熱量は，

$$9.0 + 5.67 = 14.67$$
$$\fallingdotseq 15\text{kJ} \quad \cdots(\text{答})$$

← 特に問題文に注意書きがないので
問題文中の数値6.0や4.2に同調して（2ケタ）（2ケタ）
14.67の6を四捨五入して2ケタにする!!
つまり本問では有効数字2ケタである。

問題16 標準

とある物質Xの蒸気圧曲線は右に示すとおりである。

(1)　大気圧が1.0×10^5Paのとき沸点は何℃か？

(2)　大気圧が7.0×10^4Paのとき沸点は何℃か？

(3)　沸点が20℃となるときの大気圧は何Paか？

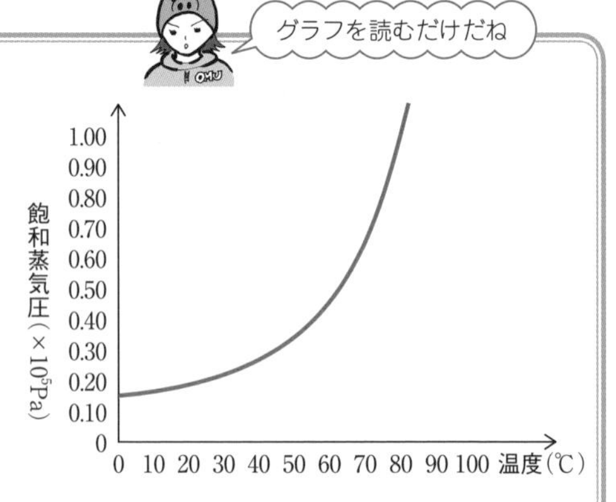

解答でござる

(1)　右図より，大気圧が1.0×10^5Paのときの沸点は，80℃ …（答）

(2)　$7.0 \times 10^4 = 0.7 \times 10^5$Pa

右図より，大気圧が0.7×10^5Paのときの沸点は，70℃ …（答）

(3)　右図より沸点が20℃となるのは大気圧が0.2×10^5Paのときで，つまり，2.0×10^4Pa …（答）

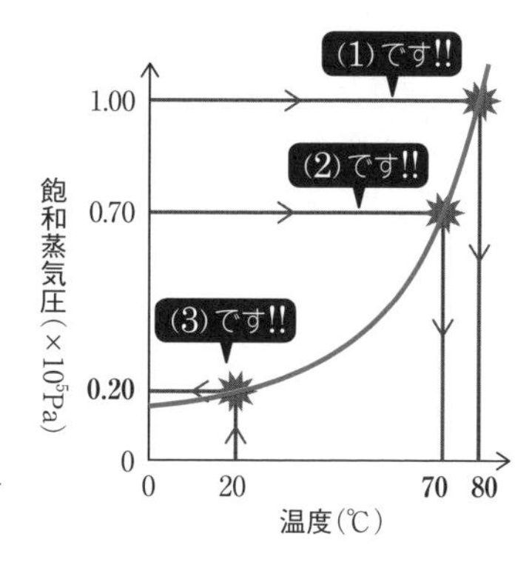

問題17　キソ

3種類の物質X，Y，Zの蒸気圧曲線は，右に示すとおりである。

X，Y，Zを蒸発しやすい物質順に並べよ。

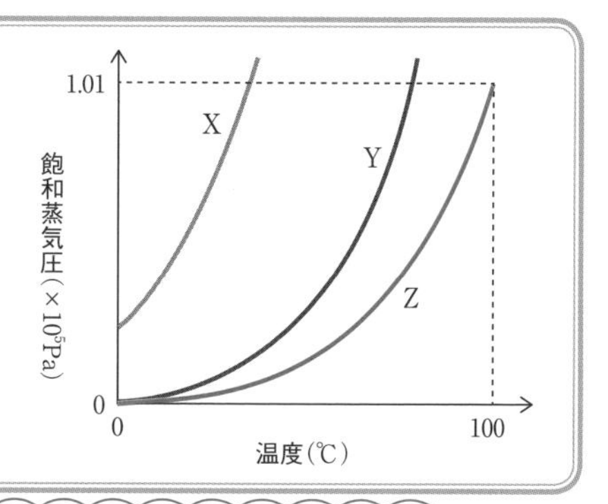

解答でござる

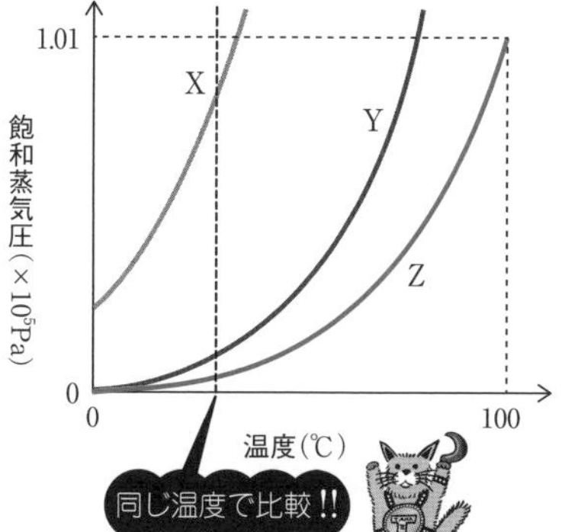

右図からもわかるように，どの温度で比較しても飽和蒸気圧の大きさの順は，X＞Y＞Zとなる。

つまり!!

蒸発しやすい物質の順は，

X，Y，Z …（答）

沸騰

飽和蒸気圧が分子が液体から気体になりたがるパワーだとしたら外圧（外からの圧力）はそれを邪魔するパワーです。

で!!　“飽和蒸気圧＝外圧”になったとき，外圧が分子が液体から気体になる威力を押さえられなくなり，液体の表面のみならず内部からも勢いよく気体が発生します。この現象を**沸騰**と呼びます。

そういう事かぁ

例えば，水の場合，温度を上げていくと，100℃で飽和蒸気圧は外圧（通常の大気圧）の1.013×10^5Paに達し，沸騰が始まります。

RUB OUT 2　圧力の存在を忘れてはいかん!!

蒸気圧

液体を放置すると液面ではドラマが起こっています!!　蒸発して気体に変わろうとする分子と，凝縮して液体に戻ってくる分子があります。両者の分子数が等しくなったとき，一見，蒸発も凝縮も止まったように見える状態になります。これを**気液平衡**と申します。

蒸発平衡とも言います

ある温度において密閉された容器で気液平衡の状態にあるとき，気体として存在する**分子の数は一定**となります。このような状態を**飽和**していると考え，このときの気体の圧力を**飽和蒸気圧**と呼びます。

単に“蒸気圧”と呼ぶこともあるよ

飽和蒸気圧は，分子が液体から気体になりたがるパワーみたいにイメージしておくと良いですよ♪

で!!　飽和蒸気圧は右図のように温度によって変化もします。一般に温度が高くなると飽和蒸気圧も大きくなります。

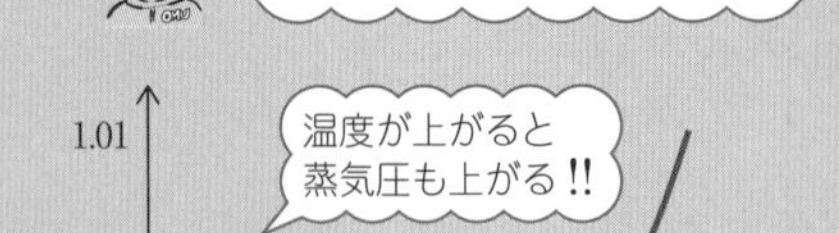

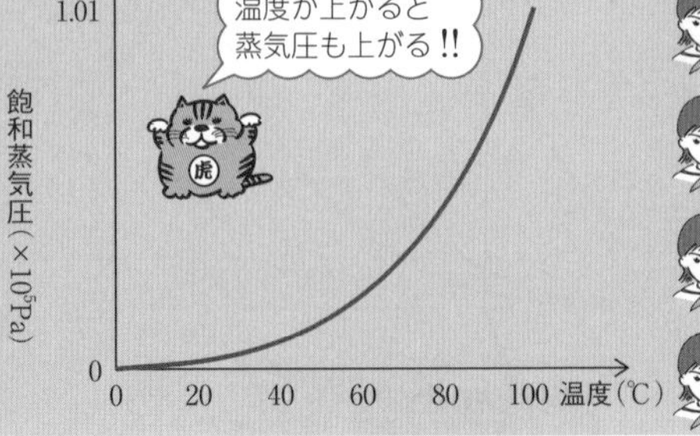

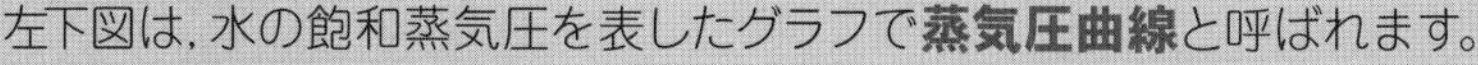

左下図は，水の飽和蒸気圧を表したグラフで**蒸気圧曲線**と呼ばれます。

RUB OUT 3　よくあるあの図

水H_2Oにしても二酸化炭素CO_2にしても，純物質は温度や圧力によってその状態（気体 or 液体 or 固体）が決まっています。その住み分けを表した図を**状態図**と呼び，ちょくちょく目にします。

水の状態図

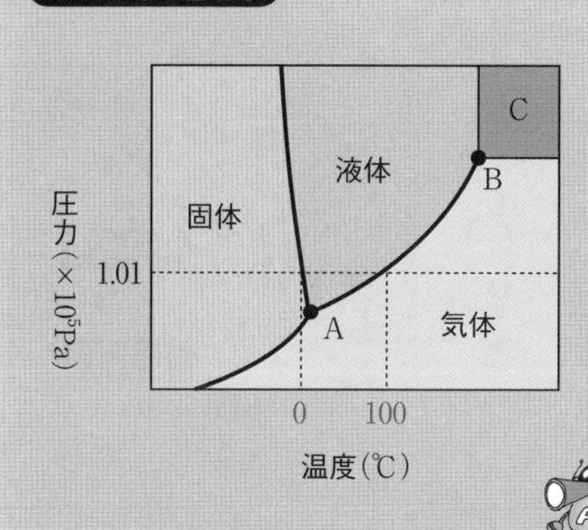

点Aを**三重点**と呼び，ここでは気体，液体，固体の3つの状態が共存しています。

点Aから点Bまで結ぶ曲線は蒸気圧曲線（液体と気体のお話）に一致し，途切れた点Bを**臨界点**と呼ぶ。

一般的な大気圧の1.01×10^5Paの下で，水は0℃で固体と液体の境目，100℃で液体と固体の境目があることがわかる。つまり融点が0℃，沸点が100℃

ちなみにエリアCの状態の物質は**超臨界流体**（液体と気体の中間的な状態です）と呼ばれ，工業などでいろいろと役に立つスゴイ奴だ!!

問題18 キソ

右の図は，とある純物質Xの状態図である。次の各問いに答えよ。

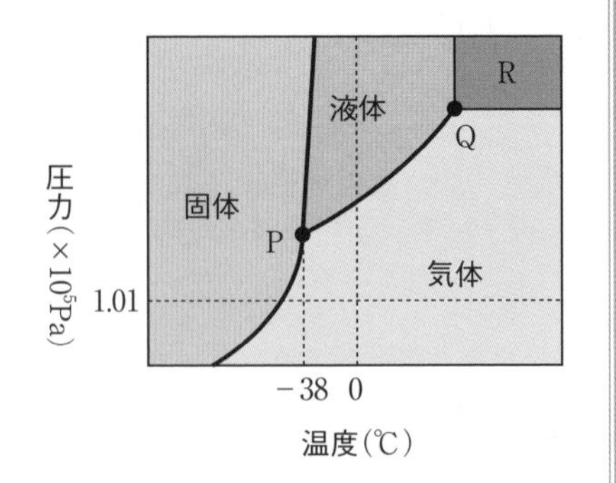

(1) 大気圧 1.01×10^5Pa の下で固体Xを加熱したとき，どのような状態変化が起こるか。漢字2文字で答えよ。

(2) 温度0℃の下で気体Xを加圧する（圧力を上げる）とき，どのような状態変化が起こるか。漢字2文字で答えよ。

(3) 点Pの名称を答えよ。　(4) 点Qの名称を答えよ。

(5) Rの領域での物質の状態を何と呼ぶか。

解答でござる

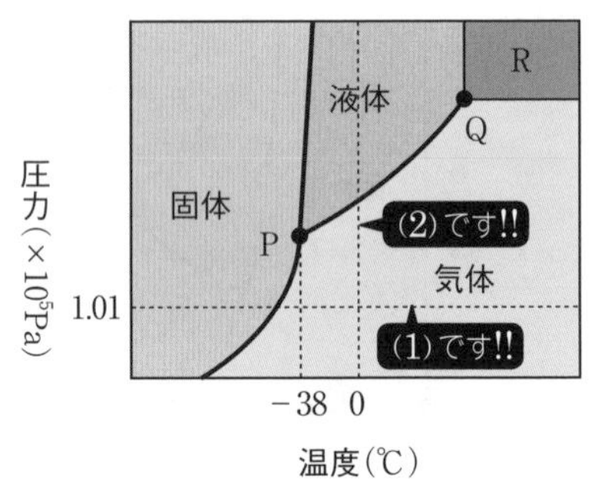

(1) 右図より，1.01×10^5Paの下で温度を上げると，固体→気体へと状態変化します。つまり，

昇華 …(答)

(2) 右図より，0℃の下で加圧する（圧力を上げる）と，気体→液体へと状態変化します。つまり，

凝縮 …(答)

(3) 点Pは，**三重点** …(答)

(4) 点Qは，**臨界点** …(答)

(5) 領域Rでの物質の状態は，

超臨界流体 …(答)

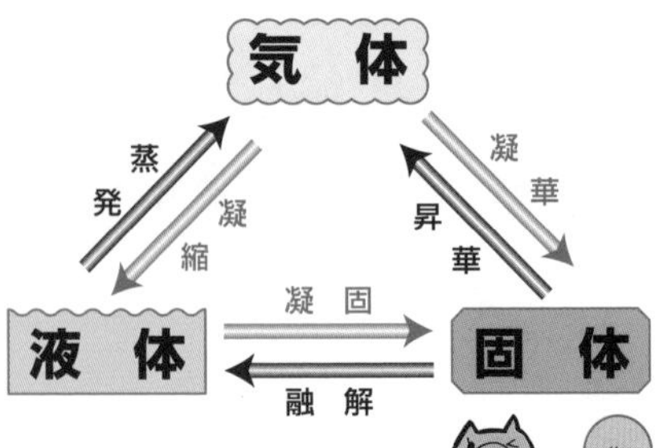

Theme 10 化学反応と熱のお話

RUB OUT 1 発熱反応＆吸熱反応

1molの炭素Cが完全燃焼して，1molの酸素O_2と結びつくと1molの二酸化炭素CO_2となり，これにともなって394kJ（キロジュール）の熱が発生する。このように熱を放出する反応を**発熱反応**と呼ぶ。

$$C + O_2 \longrightarrow CO_2 \quad (394kJ発熱)$$

一方，2molの炭素Cと2molの水素H_2の両単体から1molのエチレンC_2H_4を生成させるとき，これにともなって52kJの熱を吸収する（言いかえると，52kJの熱を外部から奪う!!）。このように，熱を吸収する反応を**吸熱反応**と呼ぶ。

$$2C + 2H_2 \longrightarrow C_2H_4 \quad (52kJ吸熱)$$

RUB OUT 2 エンタルピーって何!?

すべての物質は，それぞれ**化学エネルギー**をもっており，化学反応により，反応物（反応前の物質）が生成物（反応後の物質）に変化すると，反応物がもっている化学エネルギーと生成物がもっている化学エネルギーの差が熱として現れ，その結果，発熱反応や吸熱反応が起こるわけだ!!

このエネルギーを**エンタルピー**と呼び，記号はH，単位はJ（ジュール）で表現される。発熱反応や吸熱反応における**エンタルピーの変化量**は，記号ΔHで表され，これを**反応エンタルピー**（**エンタルピー変化**）と呼びます。要するに…

注 化学エネルギーは，濃度や圧力によって変化します。

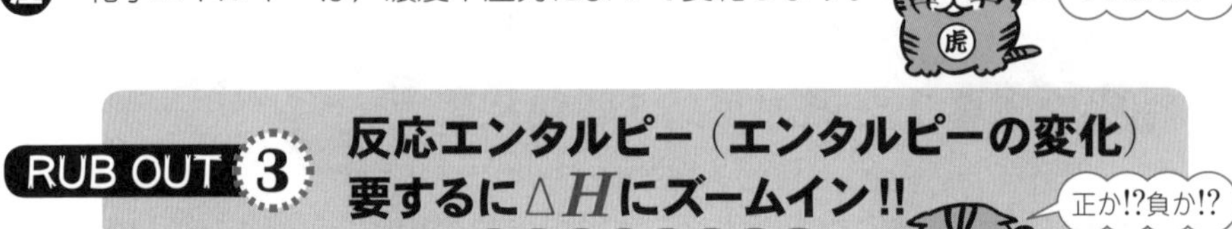

RUB OUT 3 反応エンタルピー（エンタルピーの変化）要するにΔHにズームイン!!

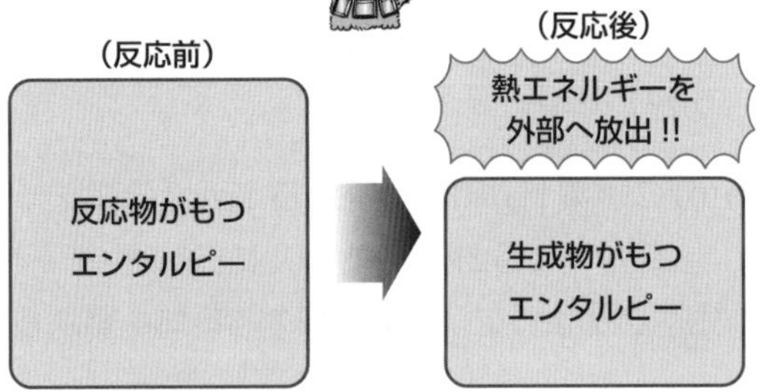

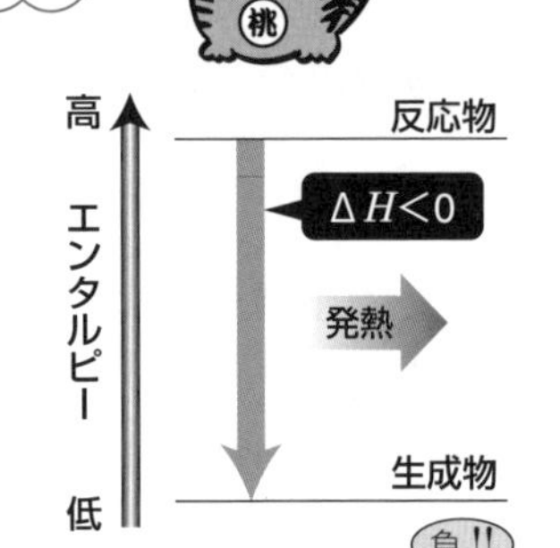

発熱反応の場合，反応エンタルピー(エンタルピーの変化)ΔHは$\Delta H<0$となる!! つまり，減少したエンタルピーの分が外部に放出される熱エネルギーとなる!!

吸熱反応の場合

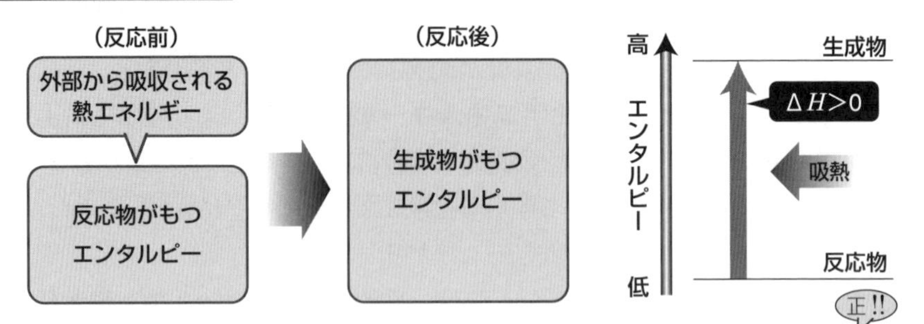

吸熱反応の場合，反応エンタルピー(エンタルピーの変化)ΔHは$\Delta H>0$となる!! つまり，外部から吸収した熱エネルギーの分がエンタルピーの増加分となる!!

RUB OUT 4　反応エンタルピー（エンタルピーの変化）の表し方

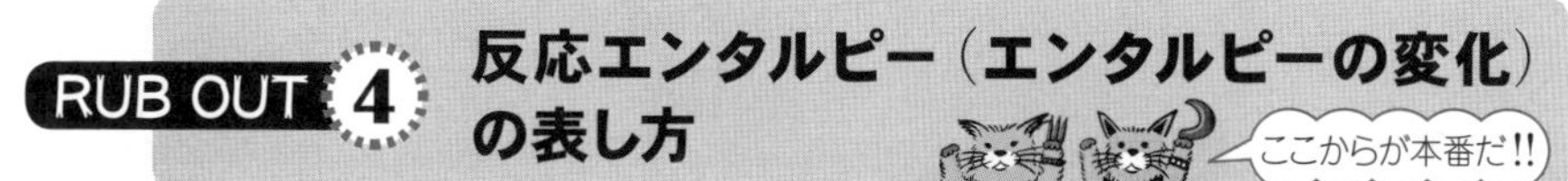

例 1

水素 H_2 1mol が燃焼すると，液体の水 H_2O が生じて 286kJ の熱エネルギーが発生する!!　これをいかに表現するのか!?

ん!?

Step 1　最初に水素 H_2 が燃焼する化学反応式を書く!!

$$2H_2 + O_2 \longrightarrow 2H_2O$$

燃焼とは O_2 と結びつくことだよ

Step 2　主役は誰だ!?　わざわざ“1mol”という縛りがある水素(H_2)が主役ってことです!!　主役の係数を1にせよ!!

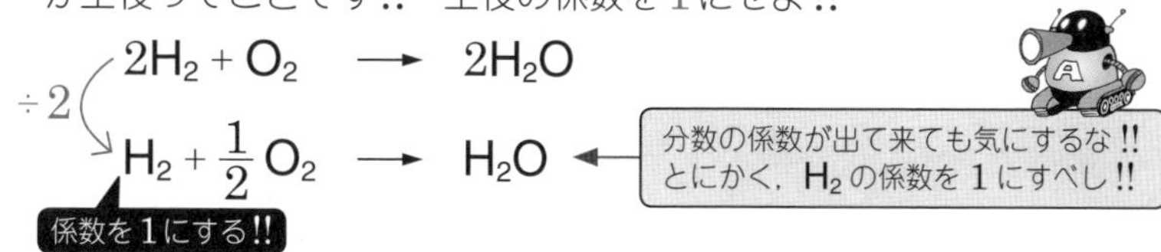

Step 3　反応エンタルピー(エンタルピー変化)ΔH を横に添える!!

$$H_2 + \frac{1}{2}O_2 \longrightarrow H_2O \quad \Delta H = -286\text{kJ}$$

発熱反応のときはマイナス!!

Step 4　全ての物質の状態もしっかり表現する!!

(気) or (液) or (固)
気体　液体　固体

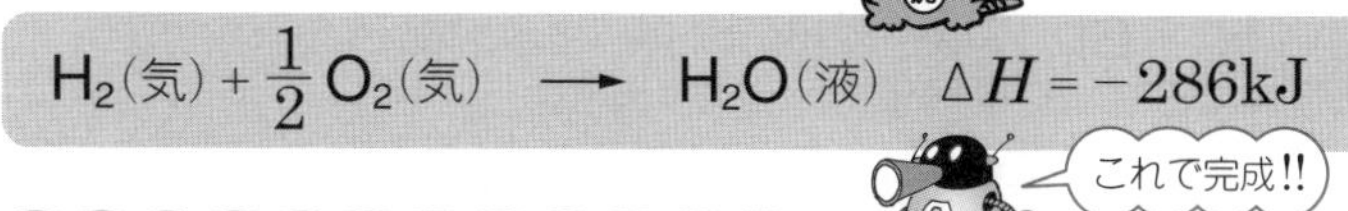

$$H_2(気) + \frac{1}{2}O_2(気) \longrightarrow H_2O(液) \quad \Delta H = -286\text{kJ}$$

これで完成!!

ちょっくら演習してみましょうか??

問題19 キソ

次の化学変化を化学反応式に反応エンタルピー(エンタルピー変化)を書き込んだ式で表せ。

(1) 1mol のメタン CH_4 を完全燃焼させ，二酸化炭素と水が生成するとき，891kJ の熱量を放出(熱量が発生)する。

(2) 水素 H_2 と塩素 Cl_2 から 1mol の塩化水素 HCl が生成するとき，185kJ の熱量を放出(熱量が発生)する。

(3) 窒素 N_2 と酸素 O_2 から 1mol の一酸化窒素 NO が生成するとき，90kJ の熱量が吸収される。

我々が快適に暮らしている状態(25℃くらい，1.013×10^5Pa)，つまり，ふつうの状態で，CO_2 は気体，H_2O は液体，H_2 は気体，Cl_2 は気体，HCl は気体，N_2 は気体，O_2 は気体，NO は気体である

解答でござる

(1) $1CH_4 + 2O_2 \longrightarrow CO_2 + 2H_2O$ ← まず，CH_4 の完全燃焼の反応式を!!

"1mol"と指示がある主役のCH_4の係数が最初から1なのでこのままでOK!!

$CH_4 + 2O_2 \longrightarrow CO_2 + 2H_2O \quad \Delta H = -891\text{kJ}$ ← 反応エンタルピー(エンタルピー変化)を書き込め!!

発熱はマイナス

状態を添えて完成!!

$CH_4(気) + 2O_2(気) \longrightarrow CO_2(気) + 2H_2O(液) \quad \Delta H = -891\text{kJ}$ …(答)

(2) $H_2 + Cl_2 \longrightarrow 2HCl$ ← まず，HCl が生成する反応式を!!

$\frac{1}{2}H_2 + \frac{1}{2}Cl_2 \longrightarrow HCl$ ← "1mol" と指示がある主役の HCl の係数を 1 にすべく全体を 2 で割る!!

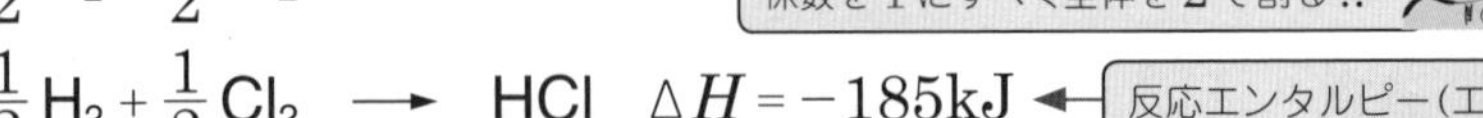

$\frac{1}{2}H_2 + \frac{1}{2}Cl_2 \longrightarrow HCl \quad \Delta H = -185\text{kJ}$ ← 反応エンタルピー(エンタルピー変化)を書き込め!!

発熱はマイナス

状態を添えて完成!!

$\frac{1}{2}H_2(気) + \frac{1}{2}Cl_2(気) \longrightarrow HCl(気) \quad \Delta H = -185\text{kJ}$ …(答)

(3)　$N_2 + O_2 \longrightarrow 2NO$ ←まず，NO が生成する反応式を書く!!

$\frac{1}{2}N_2 + \frac{1}{2}O_2 \longrightarrow NO$ ←"1mol" と指示がある主役の NO の係数を 1 にすべく全体を 2 で割る!!

$\frac{1}{2}N_2 + \frac{1}{2}O_2 \longrightarrow NO \quad \Delta H = 90\text{kJ}$ ←反応エンタルピー(エンタルピー変化)を書き込め!!

吸熱はプラス

状態を添えて完成!!

$\frac{1}{2}N_2(気) + \frac{1}{2}O_2(気) \longrightarrow NO(気) \quad \Delta H = 90\text{kJ}$ …(答)

RUB OUT 5 反応エンタルピー(エンタルピー変化)を図で表そう!!

作りたくないなぁ

反応エンタルピー(エンタルピー変化)を表した図の作り方は!?

Step 1 まず反応物と生成物がもつエンタルピーの関係を押さえる!!

$\frac{1}{2}N_2(気) + \frac{1}{2}O_2(気) \longrightarrow NO(気) \quad \Delta H = 90\text{kJ}$

反応物(反応前)　　生成物(反応後)　　正だから吸熱

$\Delta H > 0$ より，

反応物がもつエンタルピー(反応前)	<	生成物がもつエンタルピー(反応後)

となる!!

外部から熱を吸収して，反応前から反応後に向けてエンタルピー増!!

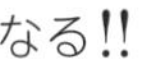

Step 2 **Step 1** でわかったことを図にまとめる!!

❶反応物の方がエンタルピーが低いので下の方に反応物を書く!!

❷生成物の方がエンタルピーが高いので上の方に生成物を書く!!

❸反応物から生成物へ矢印を書き，横に ΔH の値を添える!!

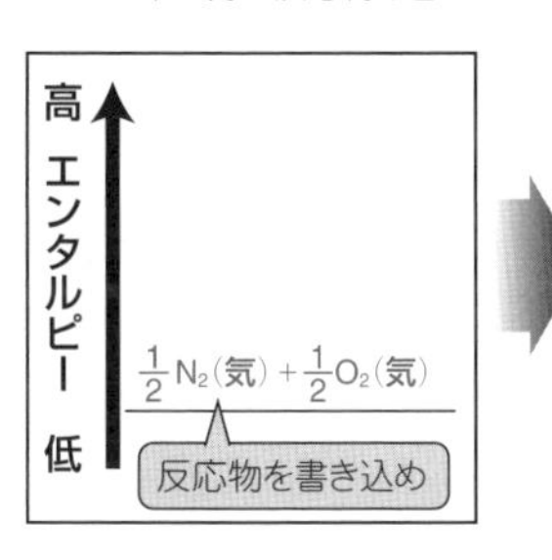

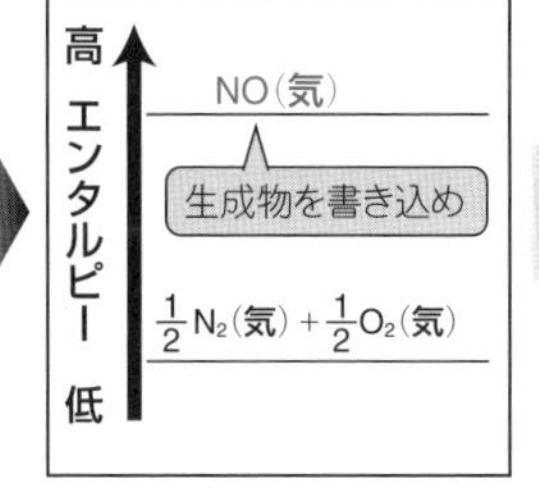

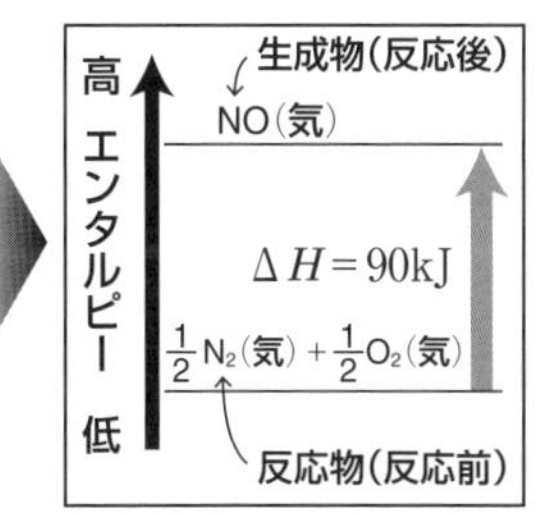

では，皆さんにも書いていただこう!!

問題20 キソ

次の反応の反応エンタルピー(エンタルピー変化)を表した図を書け。

(1) C_2H_6(気) + $\frac{7}{2}O_2$(気) ⟶ $2CO_2$(気) + $3H_2O$(液) $\Delta H = -1561\text{kJ}$

(2) C(黒鉛) + H_2O(気) ⟶ CO(気) + H_2(気) $\Delta H = 131\text{kJ}$

解答でござる

(1)は$\Delta H<0$より発熱!! (2)は$\Delta H>0$より吸熱!!

(1) C_2H_6(気) + $\frac{7}{2}O_2$(気) ⟶ $2CO_2$(気) + $3H_2O$(液) $\Delta H = -1561\text{kJ}$

反応物(反応前)　　生成物(反応後)　　減る!!

$\Delta H<0$より

反応物がもつエンタルピー(反応前) ＞ 生成物がもつエンタルピー(反応後)

外部に熱を放出して，反応前から反応後に向けてエンタルピー減!!

よって!!

❶反応物の方がエンタルピーが高いので上の方に反応物を書く!!

❷生成物の方がエンタルピーが低いので下の方に生成物を書く!!

❸反応物から生成物へ矢印を書き，横にΔHの値を添える!!

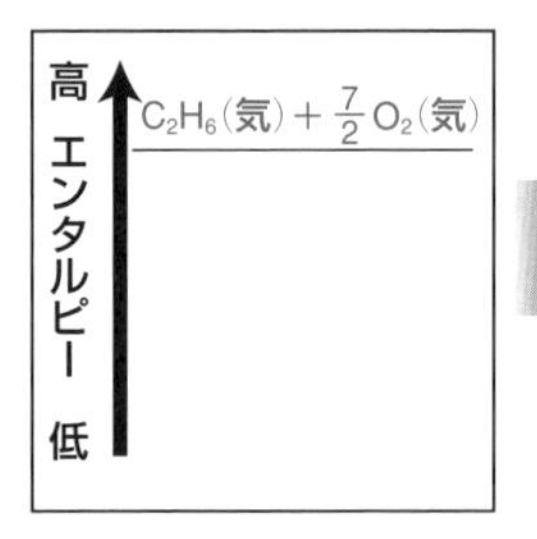

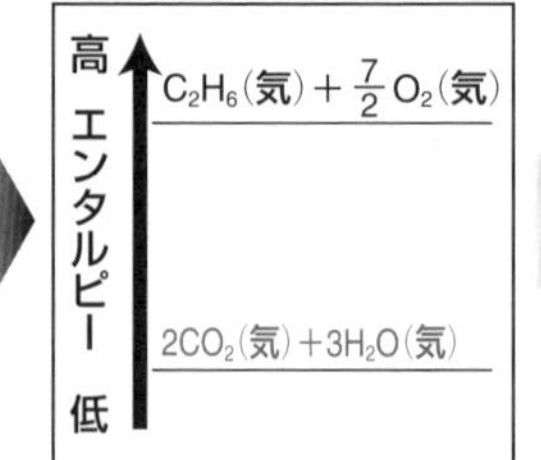

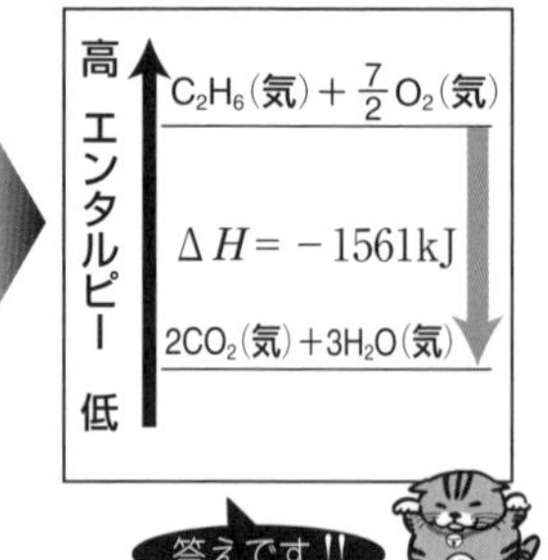

答えです!!

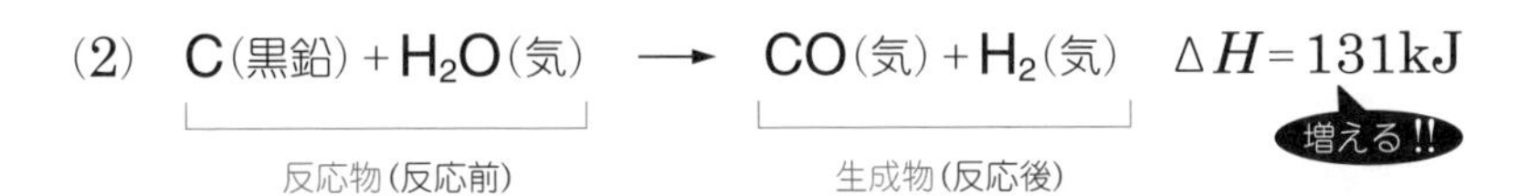

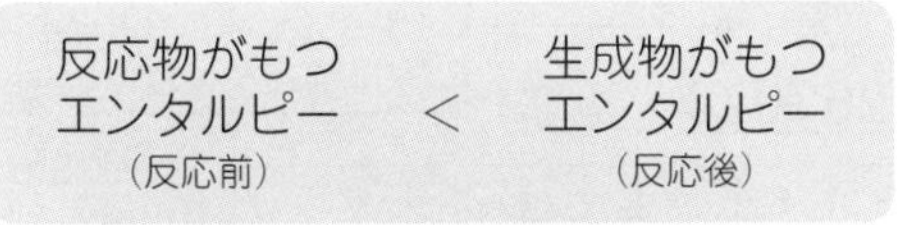

よって!!

❶反応物の方がエンタルピーが低いので下の方に反応物を書く!!

❷生成物の方がエンタルピーが高いので上の方に生成物を書く!!

❸反応物から生成物へ矢印を書き，横にΔHの値を添える!!

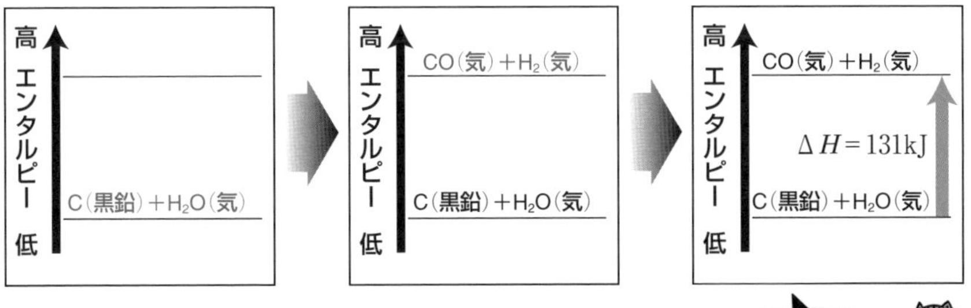

この辺でちょっとした計算問題をぶっ込んでみますね!!

問題 21　標準

次のメタン CH_4 の燃焼における反応エンタルピーを添えた反応式をもとにして，以下の問いに答えよ。ただし，原子量は H = 1.0，C = 12，O = 16 とする。

CH_4(気) + $2O_2$(気) ⟶ CO_2(気) + $2H_2O$(液)　$\Delta H = -890\text{kJ}$

(1)　1mol のメタン CH_4 を完全燃焼させたときの発熱量を求めよ。

(2)　3mol のメタン CH_4 を完全燃焼させたときの発熱量を求めよ。

(3)　32g のメタン CH_4 を完全燃焼させたときの発熱量を求めよ。

(4)　8g のメタン CH_4 を完全燃焼させたときの発熱量を求めよ。

解答でござる

$1CH_4$(気) $+ 2O_2$(気) → CO_2(気) $+ 2H_2O$(液)　$\Delta H = -890kJ$
1molのCH_4(気)が完全燃焼すると，
890kJの熱量(熱エネルギー)が発生する!!
マイナスだから発熱

(1)　890kJ　…(答)

エンタルピーが890kJ減少(−890kJより)するかわりに，その分を外部へ放出する。つまり発熱!!

(2)　$890 \times 3 = 2670kJ$　…(答)

1molごとに890kJです!!
3molなので3倍になります!!

なるほど!!

(3)　$CH_4 = 12 \times 1 + 1 \times 4 = 16$より，

分子量です

CH_4 32gの物質量(モル数)は，

$$32 \div 16 = 2 (mol)$$

よって，求めるべき発熱量は，

$$890 \times 2 = 1780kJ \quad \cdots(答)$$

1molごとに890kJです!!
2molなので2倍になります!!

(4)　CH_4 8gの物質量(モル数)は，

モル数を求めれば解決ってことかぁ

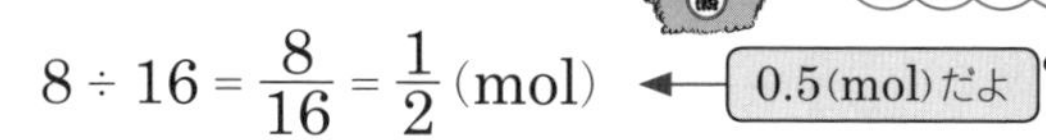

$$8 \div 16 = \frac{8}{16} = \frac{1}{2} (mol)$$

0.5(mol)だよ

よって，求めるべき発熱量は，

$$890 \times \frac{1}{2} = 445kJ \quad \cdots(答)$$

1molごとに890kJです!!
$\frac{1}{2}$ molなので$\frac{1}{2}$倍になります!!

例2

炭素Cと水素H_2から1molのエチレンC_2H_4を生成させるとき52kJの熱エネルギーが吸収される!!　これも表現してみよう!!

賛成!!

Step 1　まず反応式を書く!!

$$2C + 2H_2 \longrightarrow C_2H_4$$

1mol縛り

Step 2　主役の係数を1にする!!　今回はエチレンC_2H_4が主役だ!!

$$2C + 2H_2 \longrightarrow C_2H_4$$

おっ!!　最初から1だ!!

ラッキーだね♪

Step 3　ΔHの情報を添える!!

吸熱反応のときはプラス!!

$$2C + 2H_2 \longrightarrow C_2H_4 \quad \Delta H = 52kJ$$

Step 4　全ての物質の状態を書き込め!!　これで完成!!

$$2C(固) + 2H_2(気) \longrightarrow C_2H_4(気) \quad \Delta H = 52\text{kJ}$$

我々が快適に暮せる状態，つまり，ふつうの環境(一般に25℃くらい，1.013×10^5Pa)で，炭素Cが固体，水素H_2が気体であることは常識です。エチレンC_2H_4は有機化合物の分解で登場する有名な気体です。

RUB OUT 6 エンタルピーいろいろ

注

物質の状態，つまり，気体(気)or液体(液)or固体(固)については，基本的に我々が快適に生活している状態(温度25℃くらい，圧力1.01×10^5Pa)，つまり，ふつうの状態で，その物質が気体なのか？　液体なのか？　固体なのか？　を示します。

例えば…　O_2(気)←ふつう，酸素は気体でしょ？

H_2O(液)←ふつう，水は液体でしょ!?

NaCl(固)←ふつう，塩化ナトリウムは固体です!!　食塩を見る!!

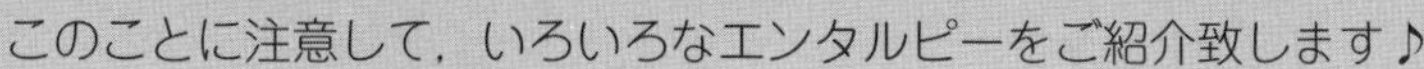

このことに注意して，いろいろなエンタルピーをご紹介致します♪

燃焼エンタルピー

1molの物質が完全燃焼するときに放出する熱量を**燃焼エンタルピー**と呼び，単位はkJ/molで表します。（1molあたりで何kJってことです）

例1　$CH_4(気) + 2O_2(気) \rightarrow CO_2(気) + 2H_2O(液) \quad \Delta H = -890\text{kJ}$

☞ 1molのCH_4を完全燃焼させると890kJの熱量を放出する。

つまり，CH_4の**燃焼熱**は-890kJ/molである。（発熱はマイナス!!）

ここがポイント

例2　$C_2H_6(気) + \frac{7}{2}O_2(気) \rightarrow 2CO_2(気) + 3H_2O(液) \quad \Delta H = -1560\text{kJ}$（発熱はマイナス!!）

☞ 1molのC_2H_6を完全燃焼させると1560kJの熱量を放出する。

つまり，C_2H_6の**燃焼熱**は-1560kJ/molである。

ここがポイント

例2 で $2C_2H_6 + 7\,O_2 \longrightarrow 4CO_2$(気) + $6H_2O$(液)
$\Delta H = -1560\text{kJ}$ としてはダメですよ!!
主役がある C_2H_8 の係数が 1 となるようにしましょう!!
そのせいで分数の係数が出てきても気にしないように!!

生成エンタルピー

1molの基質(化合物)が，その生成形の**単体**から生成するとき，それにともなって発生または吸収する熱量を**生成エンタルピー**と呼び，単位はkJ/molで表す。

両方のバージョンがあります

何ぃ～!?

例1 $\frac{1}{2}N_2$(気) + $\frac{3}{2}H_2$(気) $\longrightarrow$ NH_3(気) $\Delta H = -46\text{kJ}$

1molのNH_3を単体N_2と単体H_2から生成させると，46kJの熱量を放出する。

ここがポイント

マイナスだから発熱

つまり，アンモニアNH_3の**生成エンタルピー**は−46kJ/molである。

例2 $2C$(黒鉛) + $2H_2$(気) $\longrightarrow$ C_2H_4(気) $\Delta H = 52\text{kJ}$

1molのC_2H_4を単体C(黒鉛)と単体H_2から生成させると52kJの熱を吸収する。つまり，エチレンC_2H_4の**生成エンタルピー**は52kJ/molである。

プラスだから吸熱

注1 炭素Cの場合，ふつうの状態で固体であることは言うまでもないのですが，黒鉛ダイヤモンド，フラーレンといった**同素体**が存在します(『化学基礎』編p.29参照!!)。このうち，どの炭素Cを用いるかによって，熱量も変化します。そこで!! C(黒鉛)やC(ダイヤモンド)などと明記する場合が多いです。まぁ，C(黒鉛)と考えるのが通常ですけどね。だって，C(ダイヤモンド)を実験で使っちゃうのってもったいない

注2 $CO + \frac{1}{2}O_2 \longrightarrow CO_2$ $\Delta H = -283\text{kJ}$ でCO_2の生成エンタルピーが−283kJなどと考えてはいけません!! COが**単体ではない**からです!!

注3 単体の生成エンタルピーは 0kJ/mol です!!

O_2の生成エンタルピーは0kJ/mol。N_2の生成エンタルピーも0kJ/mol，C(黒鉛)の生成エンタルピーも0kJ/molです!!
そりゃそうですよ!! 最初から生成されてるからね!!

なるほど

溶解エンタルピー

1molの物質が多量の溶媒(水である場合が多い!!)に溶けるとき，それにともなって発生または吸収する熱量を**溶解エンタルピー**と呼び，単位はkJ/molで表す。

両方のバージョンがあります　図々しいねぇ

例1 $ZuCl_2$(固) + aq ⟶ $ZuCl_2$aq　$\Delta H = -66$kJ

1molの$ZuCl_2$を多量の水に溶かすと，それにともなって66kJの熱量を放出する。つまり，塩化亜鉛$ZuCl_2$の**溶解エンタルピー**は−66kJ/molです。

ここがポイント

ん!? "aq" って何!? と感じている人も多いかと思います。"aq" はアクアと呼び多量の水を表す記号です。水と反応するわけではないのでH_2Oと表すわけにはいかないのです。

例2 NaOH(固) + aq ⟶ NaOHaq　$\Delta H = -46$kJ

1molのNaOHを多量の水に溶かすと，それにともなって46kJの熱量を放出する。

マイナスだから発熱

ここがポイント　つまり，水酸化ナトリウムNaOHの**溶解エンタルピー**は−46kJ/molです。

中和エンタルピー

酸(酸性の物質)と塩基(アルカリ性の物質)の各水溶液が**中和**して，1mol の水H_2Oが生じるときに放出する熱量を**中和エンタルピー**と呼び，単位はいつものkJ/molです。

放出つまり発熱だからマイナスだ!!

例 $HClaq + NaOHaq \rightarrow NaClaq + H_2O \quad \Delta H = -56.5kJ$

水溶液ということを表すために"aq"(アクア)を右どなりに添えます。ただしH_2Oだけは，H_2Oaqとはしません!! だって水の水溶液っておかしいでしょ!?

塩酸と水酸化ナトリウム水溶液の中和により，1molの水H_2Oが生じるとき，これにともなって，56.5kJの熱量が放出される。
つまり，塩酸と水酸化ナトリウム水溶液の**中和エンタルピー**は56.5kJ/molです。

そこで!!

省略したわけね

水にだけ注目すると……

$$H^+ + OH^- \longrightarrow H_2O \quad \Delta H = -56.5kJ$$

のように，イオン反応式で表すこともあります。

つまり，強酸と強塩基の中和エンタルピーは酸や塩基の種類に関わらずほぼ一定で，−56.5kJ/molというわけです。

分解エンタルピー

1molの化合物がその成分元素の**単位**に分解されるとき，これにともなって，放出または吸収される熱量を**分解エンタルピー**と呼び，単位は当然kJ/molだ!!

例1　NH_3(気) ⟶ $\frac{1}{2}N_2$(気) + $\frac{3}{2}H_2$(気)　ΔH = 46kJ

☞ 1molのNH_3を単体N_2と単体H_2に分解すると，46kJの熱量を吸収する。

プラスだから吸熱

つまり，NH_3の**分解エンタルピー**は46kJ/molとなる!!

お気づきになりましたか!?　え!?　分解エンタルピーと生成エンタルピーの絶対値は等しく，符号が逆になるだけです!!　p.90参照!!

生成エンタルピー　**例1**　$\frac{1}{2}N_2$(気) + $\frac{3}{2}H_2$(気) ⟶ NH_3(気)

ΔH = −46kJ でしたね♪

マイナスがついただけ

例2　C_2H_4(気) ⟶ 2C(黒鉛) + $2H_2$(気)　ΔH = −52kJ

☞ 1molのC_2H_4を単体C(黒鉛)と単体H_2に分解すると，52kJの熱量が放出される。つまり，エチレンC_2H_4の**分解エンタルピー**は−52kJ/molです。

これも，p.90 **生成エンタルピー** **例2**の逆バージョンです!!
符号が変わっただけですよ!!

ほーっ

では演習タイムです!!

問題22 標準

次の化学変化を化学反応式に反応エンタルピー(エンタルピーの変化)を書き加えて式で表せ。

(1) メタノール CH_3OH の燃焼エンタルピーは, −714kJ/mol である。

(2) 一酸化炭素 CO の燃焼エンタルピーは, −283kJ/mol である。

(3) 水素 H_2 の燃焼エンタルピーは, −286kJ/mol である。

(4) 塩化水素 HCl の生成エンタルピーは, −92kJ/mol である。

(5) 塩化ナトリウム NaCl の生成エンタルピーは, −411kJ/mol である。

(6) 一酸化窒素 NO の生成エンタルピーは, 90kJ/mol である。

(7) アンモニア NH_3 の水への溶解エンタルピーは, −34kJ/mol である。

(8) 塩化ナトリウム NaCl の水への溶解エンタルピーは, 3.9kJ/mol である。

(9) 希塩酸 HCl と水酸化カリウム KOH 水溶液の中和エンタルピーは, −56.5kJ/mol である。

(10) 希硫酸 H_2SO_4 と水酸化ナトリウム NaOH 水溶液の中和エンタルピーは, −56.5kJ/mol である。

(11) メタン CH_4 の分解エンタルピーは, 74.5kJ/mol である。

(12) 二硫化炭素 CS_2(液)の分解エンタルピーは, −90kJ/mol である。

解答でござる

(1) $2CH_3OH + 3O_2 \longrightarrow 2CO_2 + 4H_2O$

完全燃焼すると, O_2 と結びついて CO_2 と H_2O が発生します。CH_3OH 内に O があることに注意!!

CH_3OH の燃焼エンタルピーが −714kJ/mol であるから,

主役

$$CH_3OH + \frac{3}{2}O_2 \longrightarrow CO_2 + 2H_2O$$

まず主役 CH_3OH の係数を1にすべく全体を2で割る!!

ΔH を表すときは kJ/mol と表さず kJ でよろしい!!

$$CH_3OH(液) + \frac{3}{2}O_2(気) \longrightarrow CO_2(気) + 2H_2O(液) \quad \Delta H = -714\text{kJ}$$

ふつうの状態でアルコールの一種であるメタノール CH_3OH が液体なのは有名な話

(2) $2CO + O_2 \longrightarrow 2CO_2$

完全燃焼とはいえ，CO 内に H がないので H_2O は出てきませんよ!! 全て CO_2 となります

CO の燃焼エンタルピーが -283kJ/mol であるから，

主役

$$CO + \frac{1}{2}O_2 \longrightarrow CO_2$$

まず主役 CO の係数を 1 にすべく全体を 2 で割る!!

ΔH を表すときは kJ/mol としない!!

$$CO(気) + \frac{1}{2}O_2(気) \longrightarrow CO_2(気) \quad \Delta H = -283\text{kJ}$$

(3) $2H_2 + O_2 \longrightarrow 2H_2O$

完全燃焼とはいえ H_2 内に C がないので CO_2 に生じません!! 全て H_2O となります

H_2 の燃焼エンタルピーが -286kJ/mol であるから

主役

$$H_2 + \frac{1}{2}O_2 \longrightarrow H_2O$$

まず主役 H_2 の係数を 1 にすべく全体を 2 で割る!!

コツが掴めてきたぞぉー!!

$$H_2(気) + \frac{1}{2}O_2(気) \longrightarrow H_2O(液) \quad \Delta H = -286\text{kJ}$$

(4) $H_2 + Cl_2 \longrightarrow 2HCl$

単体 H_2 と単体 Cl_2 から HCl が生成!! 単体でないとダメですよ!!(p.90 参照!!)

HCl の生成エンタルピーは，-92kJ/mol であるから

主役

$$\frac{1}{2}H_2 + \frac{1}{2}Cl_2 \longrightarrow HCl$$

まず主役 HCl の係数を 1 にすべく全体を 2 で割る!!

$$\frac{1}{2}H_2(気) + \frac{1}{2}Cl_2(気) \longrightarrow HCl(気) \quad \Delta H = -92\text{kJ}$$

(5) $2Na + Cl_2 \longrightarrow 2NaCl$

単体 Na と単体 Cl_2 から NaCl が生成!! 材料は単体でないとダメ!!

NaCl の生成エンタルピーは -411kJ/mol であるから，

主役

$$Na + \frac{1}{2}Cl_2 \longrightarrow NaCl$$

主役 NaCl の係数を 1 にすべく全体を 2 で割る!!

$$Na(固) + \frac{1}{2}Cl_2(気) \longrightarrow NaCl(固) \quad \Delta H = -411\text{kJ}$$

ナトリウム Na は金属で固体!!

NaCl は食塩です!! 当然固体!!

(6) $N_2 + O_2 \longrightarrow 2NO$

単体 N_2 と単体 O_2 から NO を生成！
とにかく材料は単体でないとダメ!!

NOの生成エンタルピーは90kJ/molであるから，

主役

$\frac{1}{2}N_2 + \frac{1}{2}O_2 \longrightarrow NO$

主役 NO の係数を 1 にすべく全体を 2 で割る!!

$\frac{1}{2}N_2(気) + \frac{1}{2}O_2(気) \longrightarrow NO(気) \quad \Delta H = 90kJ$

ΔH の単位は kJ ですよ

(7) $NH_3(気) + aq \longrightarrow NH_3aq \quad \Delta H = -34kJ$

水の溶解のお話は楽勝!!
書き方さえ覚えれば
大丈夫です（p.91 参照）

(8) $NaOH(固) + aq \longrightarrow NaOHaq \quad \Delta H = 3.9kJ$

"aq"（アクア）をとなりに添えるだけね

中和のときは H_2O が主役!! 係数が 1 なのでこれで OK!!

(9) $HClaq + KOHaq \longrightarrow KClaq + H_2O \quad \Delta H = -56.5kJ$

水溶液なので H_2O 以外に "aq" を付けることを忘れるな!! （p.91 参照!!）
ちなみに塩酸は，気体である塩化水素 HCl を水に溶かしたものですよ!!

(10) $H_2SO_4 + 2NaOH \longrightarrow Na_2SO_4 + 2H_2O$

中和のときは H_2O が主役!!

H_2SO_4 と NaOH の中和エンタルピーが 56.5 kJ/mol より，

$\frac{1}{2}H_2SO_4 + NaOH \longrightarrow \frac{1}{2}Na_2SO_4 + H_2O$

主役 H_2O の係数を 1 にすべく全体を 2 で割る!!

$\frac{1}{2}H_2SO_4aq + NaOHaq \rightarrow \frac{1}{2}NaSO_4aq + H_2O \quad \Delta H = -56.5kJ$

(11) $CH_4(気) \longrightarrow C(黒鉛) + 2H_2(気) \quad \Delta H = 74.5kJ$

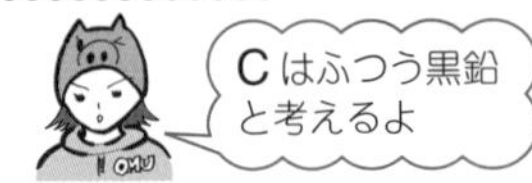

(12) $CS_2(液) \longrightarrow C(黒鉛) + 2S(固) \quad \Delta H = -90kJ$

RUB OUT 7 状態変化にかかわるエンタルピー変化

H_2Oの場合…

加熱すると…

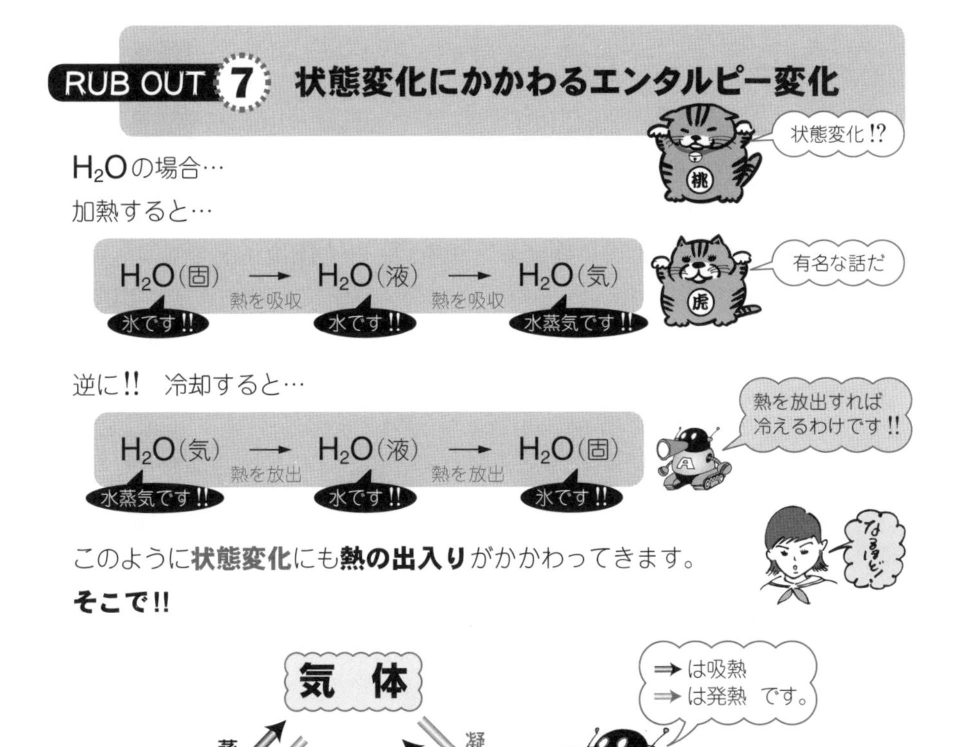

逆に!!　冷却すると…

このように**状態変化**にも**熱の出入り**がかかわってきます。

そこで!!

今回は上図のように，発熱 or 吸熱が明らかなため，エンタルピー変化の符号(プラスか？　マイナスか？)は考えればわかります。

注　上記の状態変化に伴う用語により，いろいろな名称のエンタルピーがあります!!

例1

H_2O(液) ⟶ H_2O(気)　$\Delta H = 44kJ$　…㋑ ← 吸熱

H_2O(気) ⟶ H_2O(液)　$\Delta H = -44kJ$　…㋺ ← 発熱

㋑は，1molのH_2Oが液体から気体(水から水蒸気)に変化するとき44kJの熱量を吸収する ☞ H_2Oの**蒸発エンタルピー**は44kJ/molです。

㋺は，1molのH_2Oが気体から液体(水蒸気から水)に変化するとき44kJの熱量を放出する ☞ H_2Oの**凝固エンタルピー**は−44kJ/molです。

例2

H_2O(固) ⟶ H_2O(液)　$\Delta H = 6.0kJ$　…㋩ ← 吸熱

H_2O(液) ⟶ H_2O(固)　$\Delta H = -6.0kJ$　…㋥ ← 発熱

㋩は，1molのH_2Oが固体から液体(氷から水)に変化するとき6.0kJの熱量を吸収する ☞ H_2Oの**融解エンタルピー**は6.0kJ/molです。

㋥は，1molのH_2Oが液体から固体(水から氷)に変化するとき6.0kJの熱量を放出する ☞ H_2Oの**凝縮エンタルピー**は−6.0kJ/molです。

例3

H_2O(固) ⟶ H_2O(気)　$\Delta H = 50kJ$　…㋭ ← 吸熱

H_2O(気) ⟶ H_2O(固)　$\Delta H = -50kJ$　…㋬ ← 発熱

㋭は，1molのH_2Oが固体から気体(氷からいきなり水蒸気)に変化するとき50kJの熱量を吸収する ☞ H_2Oの**昇華エンタルピー**は50kJ/molです。

㋬は，1molのH_2Oが気体から固体(水蒸気からいきなり氷)に変化するとき50kJの熱量を放出する ☞ H_2Oの**凝華エンタルピー**は−50kJ/molです。

問題23　キソ

次の状態変化を化学反応式に反応エンタルピー(エンタルピー変化)を書き加えた式で表せ。

(1)　黒鉛 C の昇華エンタルピーは，719kJ/mol である。

(2)　臭素 Br_2 の凝縮エンタルピーは，－31kJ/mol である。

(3)　ヨウ素 I_2 の凝華エンタルピーは，－62kJ/mol である。

解答でござる

(1)　C(黒鉛) ⟶ C(気)　ΔH = 719kJ

(2)　Br_2(気) ⟶ Br_2(液)　ΔH = －31kJ

(3)　I_2(気) ⟶ I_2(固)　ΔH = －62kJ

RUB OUT 8　生成エンタルピーから反応エンタルピー（エンタルピーの変化）を求める!!

まぁ，イメージから入りましょう!!

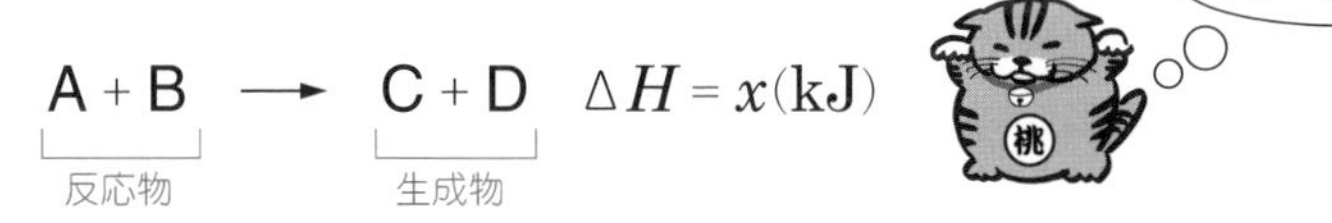

A + B ⟶ C + D　$\Delta H = x$(kJ)

反応物　生成物

このとき!!

Aの生成エンタルピーが a(kJ)，Bの生成エンタルピーが b(kJ)，Cの生成エンタルピーが c(kJ)，Dの生成エンタルピーが d(kJ)，さらに上記の反応における反応エンタルピー $\Delta H = x$(kJ)とします。生成エンタルピーについては，p.90を参照してください。

そこで!!

反応物の生成エンタルピーの合計は$a+b$(kJ)，生成物の生成エンタルピーの合計は$c+d$(kJ)

$$a + b + x = c + d$$

$$x = c + d - (a + b)$$

要するに…

反応エンタルピー(エンタルピーの変化) ＝ (生成物の生成エンタルピーの和 反応後) − (反応物の反応エンタルピーの和 反応前)

では，演習を通して体感していただきます。

問題24 標準

次の各問いに答えよ。

(1) 次の生成エンタルピーの値を利用して，メタン CH_4 の燃焼エンタルピーを求めよ。

水 H_2O(液)の生成エンタルピー…−286kJ/mol

二酸化炭素 CO_2(気)の生成エンタルピー…−394kJ/mol

メタン CH_4(気)の生成エンタルピー…−75kJ/mol

(2) 次の式を利用して，エタン C_2H_6 の生成エンタルピーを求めよ。

C(黒鉛) + O_2(気) ⟶ CO_2(気)　$\Delta H = -394$kJ…①

H_2(気) + $\frac{1}{2}O_2$(気) ⟶ H_2O(液)　$\Delta H = -286$kJ…②

C_2H_6(気) + $\frac{7}{2}O_2$(気) ⟶ $2CO_2$(気) + $3H_2O$(液)　$\Delta H = -1560$kJ…③

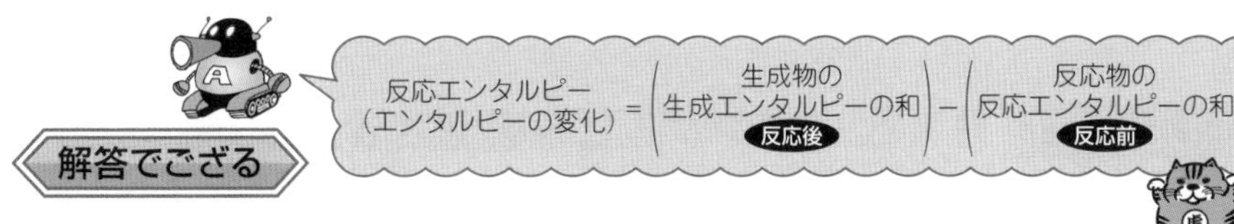

解答でござる

(1)　メタンCH_4の燃焼エンタルピー$\Delta H = x$(kJ)とする。
このとき，（反応エンタルピーの一種です!!）

$$\underbrace{CH_4 + 2O_2}_{反応物質} \longrightarrow \underbrace{CO_2 + 2H_2O}_{生成物質} \quad \Delta H = x(\text{kJ})$$

と表されます。

O_2は単体であるので，生成エンタルピーは0kJ/molです!!
これに注意して，

$$x = \underbrace{-394 + 2 \times (-286)}_{CO_2 + 2H_2O} - (\underbrace{-75 + 2 \times 0}_{CH_4 + 2O_2})$$

生成物質の生成エンタルピーの和　　反応物質の生成エンタルピーの和

$\therefore \quad x = \quad -891$

何か難しくないなぁ

以上より，メタンCH_4の燃焼エンタルピーは，-891kJ/mol　…(答)

(2)　①より，CO_2(気)の生成エンタルピーは-394kJ/mol ← ①から解読せよ
②より，H_2O(液)の生成エンタルピーは-286kJ/mol ← ②から解読せよ
そこで，エタンC_2H_6(気)の生成エンタルピーをx(kJ/mol)とおく!!
これらと

$$\underbrace{C_2H_6(気) + \frac{7}{2}O_2(気)}_{反応物質} \longrightarrow \underbrace{2CO_2(気) + 3H_2O(液)}_{生成物質} \quad \underbrace{\Delta H = -1560\text{kJ}}_{反応エンタルピー} \cdots ③$$

を流用して，

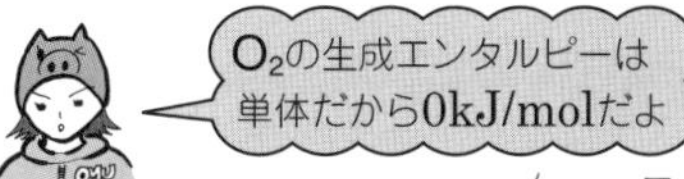

$$-1560 = \underbrace{2 \times (-394) + 3 \times (-286)}_{2CO_2 + 3H_2O} - \left(\underbrace{x + \frac{7}{2} \times 0}_{C_2H_6 + \frac{7}{2}O_2}\right)$$

反応エンタルピー（-1560）　生成物質の生成エンタルピーの和　　反応物質の生成エンタルピーの和

$\therefore \quad x = -86$

以上より，エタンC_2H_6(気)の生成エンタルピーは86kJ/mol　…(答)

そんな事できるの??

RUB OUT 9 反応エンタルピーを測定せよ!!

今回の溶解エンタルピーの測定を例にしましょう!! とある物質を純水に溶かすと発熱します。上昇した温度を測定することにより解決されます。

まず!! 次のグラフの見方に慣れてください。

見方!?

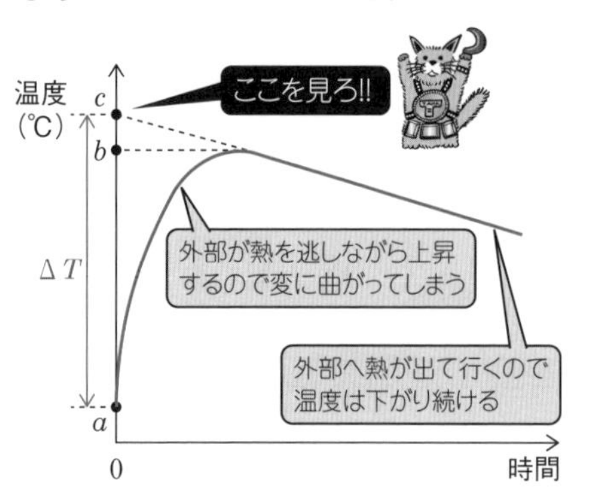

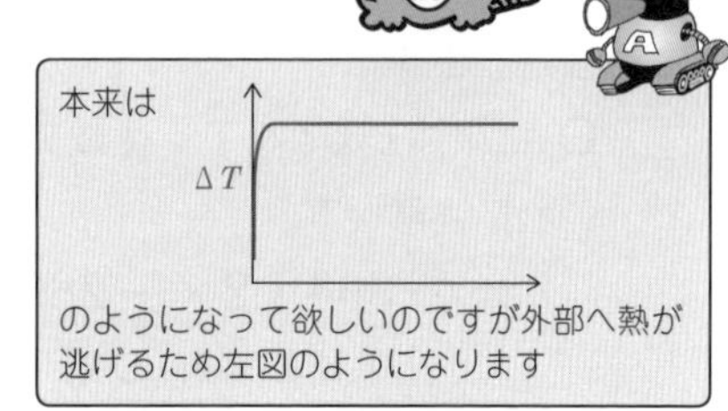

左図において，温度上昇ΔT(℃)は$b-a$ではなく，$c-a$となります。

あと!! **比熱**についても押さえておいてください!!

比熱

1gの物質の温度を1℃(mたは1K)上昇させるのに必要な熱量を**比熱**と呼び，単位はJ/(g·℃) またはJ/(g·K) ← こっちの方がカッコイイ!!

ほーっ

では，比熱に慣れることから始めましょう!!

問題25 キソ

96gの水に4gのとある粉Xを溶かしたとき，水溶液は10℃(10K)の温度上昇を示した。この水溶液の比熱が4.3J/(g·K)であるとき，発生した熱量(熱エネルギー)を求めよ。

解答でござる

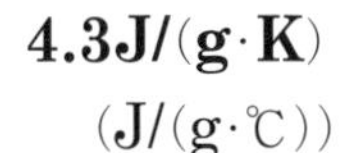

4.3J/(g·K)
(J/(g·℃))

（水　粉 x　合計です!!）
96g + 4g = 100g の水溶液の温度が 10℃(10K)上昇したことから発生した熱量(熱エネルギー)は

4.3 × 100 × 10 = 4300J

= 4.3kJ　…(答)

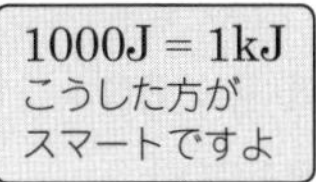

では，本格的な問題に参りましょう!!

問題 26　標準

断熱容器(なるべく熱が逃げない容器)に 48g の水を入れた。これに 2.0g の水酸化ナトリウムの結晶を完全に溶かして，温度を測定したところ，下図のようなグラフが得られた。このとき，次の各問いに答えよ。

(1)　この水酸化ナトリウム水溶液の温度上昇 ΔT を求めよ。

(2)　この水酸化ナトリウム水溶液の比熱を 4.2J/(g · K) としたとき発生した熱量(熱エネルギー) Q を求めよ。

(3)　水酸化ナトリウムを水へ溶かしたときの溶解エンタルピーを求めよ。ただし，式量は NaOH = 40 とする。

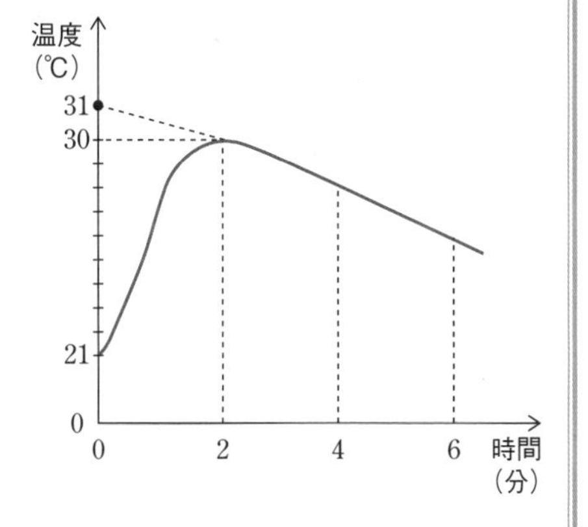

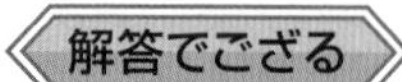

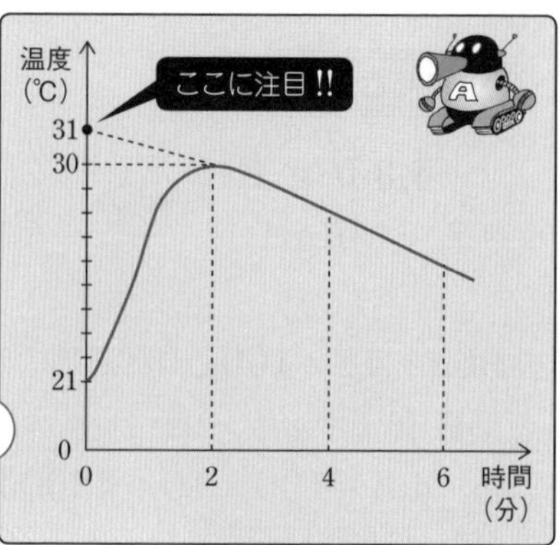

(1)　$\Delta T = 31 - 21$

$= \underline{10\mathrm{K}}$　…(答)

(10℃と答えてもOK!!)

(2)　水酸化ナトリウム水溶液の質量は,

$\underset{\text{水}}{48} + \underset{\text{水酸化ナトリウム}}{2.0} = \underset{\text{合計}}{50\mathrm{g}}$

これと(1)より発生した熱量Qは,

$Q = 4.2 \times 50 \times 10$

$= 2100\mathrm{J}$

$= \underline{2.1\mathrm{kJ}}$　…(答)

1000J = 1kJだよ!!

1g 1K(1℃)上昇させるのに4.2J必要!!
50gだから50倍!!
10Kだからさらに10倍!!

(3)　(2)は2.0gの水酸化ナトリウムNaOHのお話です!!

NaOH=40なので, 2.0gのNaOHのモル数は,

$\frac{2.0}{4.0} = \frac{1}{20}$(mol)

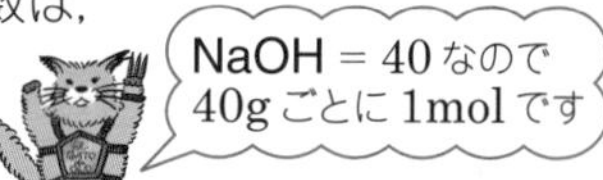

よって, 1mol分NaOHに対する熱量は(2)より,

$2.1 \times 20 = 42\mathrm{kJ}$

1mol分の話にするために20倍する!!

$\frac{1}{20}$ mol分の発熱量

つまり, 水酸化ナトリウムNaOHの(水への)溶解エンタルピーは,

$\underline{42\mathrm{kJ/mol}}$　…(答)

別解です

NaOH = 40より, 40gの話にすればよいので, 溶解エンタルピーをx(kJ/mol)とすると,

$2.0\mathrm{g} : 2.1\mathrm{kJ} = 40\mathrm{g} : x\mathrm{kJ}$

$2.0 \times x = 2.1 \times 40$

$2x = 84$

$x = 42\mathrm{kJ}$

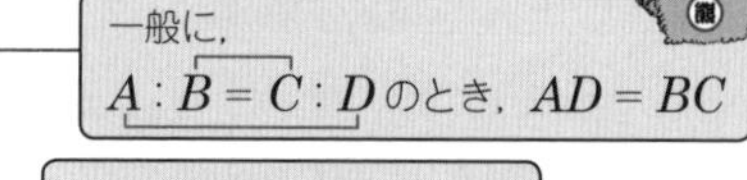

デキる奴はいきなり
$2.1 \times \frac{40}{2.0} = 42\mathrm{kJ}$
と求めてしまいそうですね

つまり, 水酸化ナトリウムNaOHの(水への)溶解エンタルピーは,

$\underline{42\mathrm{kJ/mol}}$　…(答)

くだらないオマケのお話

エントロピー

一般に物質はエンタルピーが低い方が安定であるので，エンタルピーが高い物質から低い物質へ熱を放出しながら自然に反応が進むケースはよくある。
発熱反応

逆に吸熱反応の場合，せっかく安定していた低いエンタルピーの物質から，熱を吸収しながら，不安定な高いエンタルピーの物質へ進むことになるので，自発的に反応が進むとは考えづらい!!

しかし，そうならない反応が多数あります!!

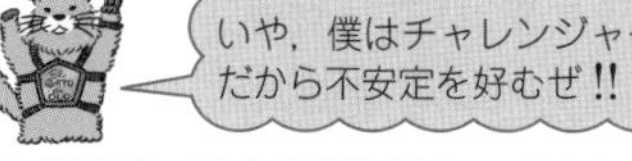

つまり，エンタルピーのお話以外に化学反応が自発的に進む要因があるわけです!!

それは!!

“粒子の散らばり” これを**乱雑さ**と呼び，物質の状態変化や化学反応は乱雑さが大きくなる方向に進む傾向にあります!!

常温で氷(固体)が乱雑さが大きい(粒子の散らばりが大きい)水(液体)になり，水面ではさらに乱雑さが大きい(粒子の散らばりが大きい)水蒸気(気体)に自発的に変化するわけです。

乱雑さは**エントロピー**という量で表されますが，これに関する計算問題などは出てくることもなく『へぇ〜〜』で終わる話になってしまいます。まあ，名前だけ押さえておいて

要するに，反応が自発的に進むか否かは**エンタルピーの高低**と**エントロピーの大小**で決まるってことです。

光エネルギーのお話

こんなん物理じゃん!!
何で化学にぶっ込むの!?

ざっと説明します!!　光エネルギーって聞いたことありますよね!?　そーです。光はエネルギーを持っています。色によってエネルギーは変わり，見えない光(紫外線や赤外線など)もあります。紫外線はお肌に悪いなんて聞いたことありませんか!?　それはエネルギーが大きいからです!!

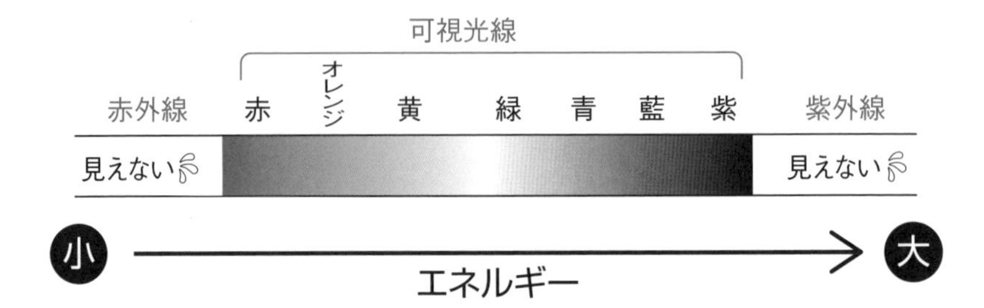

というわけだ。化学反応と光エネルギーのお話が始まるわけですよ!!

発熱反応において，放出される熱エネルギーの一部が光エネルギー変換され，発光する現象があります。これを**化学発光**と呼びます。

逆に光エネルギーを吸収する場合もあります。緑色植物の**光合成**が有名ですね。光エネルギーを化学反応により糖類に変えてあいつらは生きている。

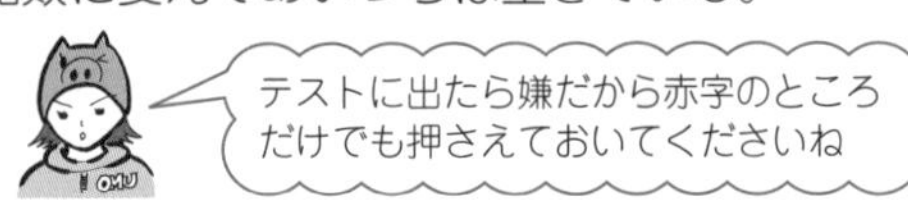

ヘスの法則をマスターせよ!!

RUB OUT 1　ヘスの法則

化学変化において，最初の状態と最後の状態が決まれば**反応経路が異なっても**その間で出入りする**熱量の総和は一定**である。つまり，**反応エンタルピー**（エンタルピーの変化）**は，反応の経路によらず初めの状態と終わりの状態で決まる!!**　これを**ヘスの法則**と呼びます。

“ヘスの法則”を有効に解説するためには，問題をやるに限る!!

問題27　標準

次の化学反応式と反応エンタルピーを用いて，H_2O(液)の生成エンタルピーを求めよ。

$$\begin{cases} H_2(気) + \frac{1}{2}O_2(気) \longrightarrow H_2O(気) \quad \Delta H = -242\text{kJ} \quad \cdots① \\ H_2O(気) \longrightarrow H_2O(液) \quad \Delta H = -44\text{kJ} \quad \cdots② \end{cases}$$

まず，必要なものを!!　単体H_2と単体O_2から主役のH_2O（液）が生成!!

$$H_2（気）+ \frac{1}{2}O_2（気）\longrightarrow H_2O（液）\quad \Delta H = x\ (\text{kJ})$$

方針1 エンタルピー変化を表した図で考えてみよう!!

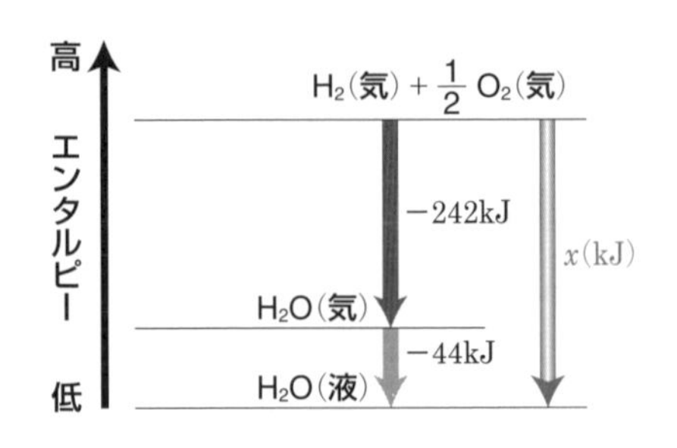

H_2(気) + $\frac{1}{2}$ O_2(気)を H_2O(気)に変えるときのエンタルピー変化が − 242kJ さらに H_2O(気)を H_2O(液)に変えるときのエンタルピー変化が − 44kJ

この図からも明らかなように, H_2(気) + $\frac{1}{2}$ O_2(気)から直接 H_2O (液)に変えるときのエンタルピー変化 x (kJ) は…

$$x = (-242) + (-44) = -286\text{kJ}$$

つまり, H_2O (液) の生成エンタルピーは − 286kJ/mol …(答)

方針2 数学風に淡々と解く!!

$$H_2\text{(気)} + \frac{1}{2}O_2\text{(気)} \longrightarrow H_2O\text{(気)} \quad \Delta H = -242\text{kJ}\cdots\cdots①$$

$$H_2O\text{(気)} \longrightarrow H_2O\text{(液)} \quad \Delta H = -44\text{kJ}\cdots\cdots②$$

$$H_2\text{(気)} + \frac{1}{2}O_2\text{(気)} \longrightarrow H_2O\text{(液)} \quad \Delta H = x\text{ (kJ)}\cdots\cdots③$$

③の x (kJ) を求めることが目的です!! つまり, ①と②は材料に過ぎません。

で!! ③に登場しない野郎を①と②から探してみましょう!!

そいつは, H_2O **(気) です!! こいつを抹殺せよ!!**

①+②より, 左辺と右辺の H_2O (気) が消去されます!!

$$H_2\text{(気)} + \frac{1}{2}O_2\text{(気)} \longrightarrow \cancel{H_2O\text{(気)}}\cdots\cdots①$$

$$+)\ \cancel{H_2O\text{(気)}} \longrightarrow H_2O\text{(液)}\cdots\cdots②$$

$$H_2\text{(気)} + \frac{1}{2}O_2\text{(気)} \longrightarrow H_2O\text{(液)}\cdots\cdots③$$

①+②をやると余分なH_2O（気）が消えて③の化学式になります。
これはエンタルピー変化でも成立します!!　よって…

$$\underset{③のΔH}{x} = \underset{①のΔH}{(-242)} + \underset{②のΔH}{(-44)}$$

$$\therefore\ x = -286\text{kJ}$$

つまり，H_2O（液）の生成エンタルピーは-286kJ/mol　…（答）

それではもう一発!!

問題28　**標準**

次の化学反応式と反応エンタルピーを用いて，1molのダイヤモンドから1molの黒鉛ができるときの反応エンタルピーを求めよ。

C（ダイヤモンド）+ O_2（気）→ CO_2（気）　$\Delta H = -396$kJ　…①
C（黒鉛）+ O_2（気）→ CO_2（気）　$\Delta H = -394$kJ　…②

解答でござる

方針1　エンタルピー変化を表した図で考えてみよう!!

必要な式は…

C（ダイヤモンド）→ C（黒鉛）　$\Delta H = x$（kJ）

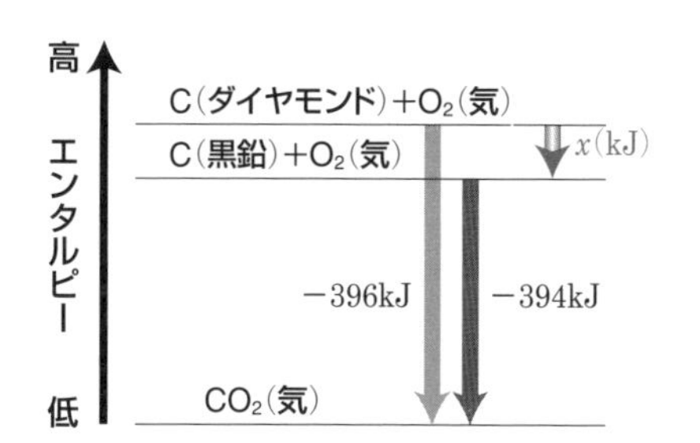

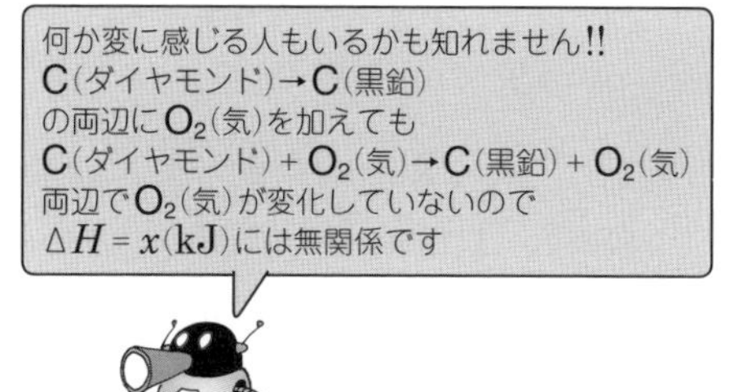

上図より,

$$x + (-394) = -396$$
$$x = -396 + 394$$
$$\therefore\ x = -2\text{kJ}$$

今回は○○エンタルピーではないのでこれを解答にしてもOK!!

よって, 1molのダイヤモンドから1molの黒鉛を生成するときの反応エンタルピーは

-2kJ/mol …(答)

たった2kJでダイヤモンドが…

方針2 数学風に淡々と解く!!

C(ダイヤモンド) + O_2(気) ⟶ CO_2(気) $\Delta H = -396$kJ…①

C(黒鉛) + O_2(気) ⟶ CO_2(気) $\Delta H = -394$kJ…②

C(ダイヤモンド) ⟶ C(黒鉛) $\Delta H = x$(kJ)…③

メインの式③に登場しないくせに, ①②の式に登場する抹殺すべき野郎は誰だ!? そう, O_2(気)とCO_2(気)だ。

こっちの方が好きだなぁ

①−②より

C(ダイヤモンド) + ~~O_2(気)~~ ⟶ ~~CO_2(気)~~ …①

−) C(黒鉛) + ~~O_2(気)~~ ⟶ ~~CO_2(気)~~ …②

C(黒鉛) − C(ダイヤモンド) ⟶

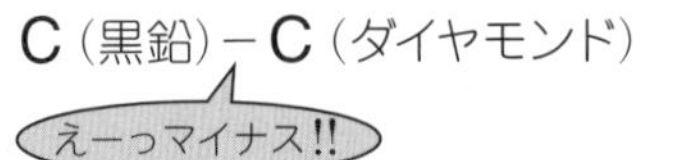

ΔHはとりあえず省略

まぁまぁ, 慌てることはありません!! 移項すればOK!!

つまり, ①−②から,

C(黒鉛) ⟶ C(ダイヤモンド)…③

を作ることができます。これは, エンタルピー変化でも成り立ち,

$x = -396 - (-394)$ ← ①−②です!!

(③のΔH　①のΔH　②のΔH)

$= -2\text{kJ}$ ← 今回は○○エンタルピーではないのでこれを解答にしてもOK

よって, 1molのダイヤモンドから1molの黒鉛を生成するときの反応エンタルピーは,

-2kJ/mol …(答)

あたりまえの話ですが, 逆に1molの黒鉛から1molのダイヤモンドを生成するときの反応エンタルピーは2kJ/molとなります。

少しレベルを上げてみましょう!!

問題29　**ちょいムズ**

次の化学反応式と反応エンタルピーを用いて，メタン CH_4 の生成エンタルピーを求めよ。

C(黒鉛) $+ O_2$(気) $\longrightarrow CO_2$(気)　$\Delta H = -394\text{kJ}$…①

H_2(気) $+ \frac{1}{2}O_2$(気) $\longrightarrow H_2O$(液)　$\Delta H = -286\text{kJ}$…②

CH_4(気) $+ 2O_2$(気) $\longrightarrow CO_2$(気) $+ 2H_2O$(液)　$\Delta H = -891\text{kJ}$…③

解答でござる

今回は，3つの反応式が絡むので図で解くことはお勧めしません!!　とゆーわけで，前回までの **方針2** 数学風に解く!!　をメインに参ろう!!

まず，CH_4 の生成の反応式を作ろう!!

C(黒鉛) $+ 2H_2$(気) $\longrightarrow CH_4$(気)　$\Delta H = x$ (kJ) …④

そして，材料となる反応式は…

$$\begin{cases} C\text{(黒鉛)} + O_2\text{(気)} \longrightarrow CO_2\text{(気)} & \Delta H = -394\text{kJ} \cdots ① \\ H_2\text{(気)} + \frac{1}{2}O_2\text{(気)} \longrightarrow H_2O\text{(液)} & \Delta H = -286\text{kJ} \cdots ② \\ CH_4\text{(気)} + 2O_2\text{(気)} \longrightarrow CO_2\text{(気)} + 2H_2O\text{(液)} & \Delta H = -891\text{kJ} \cdots ③ \end{cases}$$

今回はややこしいので，④の反応式を作ることに専念します。

④では，左辺に C (黒鉛) と $2H_2$ (気)，右辺に CH_4 (気) があります。

そこで!!　①+②×2+③×(−1)　を考えてみましょう!!

①に C (黒鉛) がある

②に H_2(気) があるが2倍したい!!

③に CH_4(気) があるが移項したい

やってみよう!!

本当に上手く行くの??

C(黒鉛) $+ O_2$(気) $\longrightarrow CO_2$(気)……①

$2H_2$(気) $+ O_2$(気) $\longrightarrow 2H_2O$(液)……②×2

+)　$-CH_4$(気) $- 2O_2$(気) $\longrightarrow -CO_2$(気) $- 2H_2O$(液)……③×(−1)

C(黒鉛) $+ 2H_2$(気) $- CH_4$(気) $\longrightarrow$

余分なものは全て消せば必ず上手く行くんだね

でも移項すれば…

$$\mathrm{C}\,(\text{黒鉛}) + 2\mathrm{H_2}\,(\text{気}) \longrightarrow \mathrm{CH_4}\,(\text{気}) \quad \cdots\cdots ④$$

この ①+②×2+③×(−1) は，反応エンタルピーでも成立するから，

$$\underset{④の\Delta H}{x} = \underset{①の\Delta H}{-394} + \underset{②の\Delta H}{(-286)} \times 2 + \underset{③の\Delta H}{(-891)} \times (-1)$$

$$= -394 - 572 + 891$$
$$= -75\mathrm{kJ}$$

つまり，メタンCH_4の生成エンタルピーは$-75\mathrm{kJ/mol}$ …（答）

$$\underset{反応前}{\mathrm{CH_4}(\text{気}) + 2\mathrm{O_2}(\text{気})} \longrightarrow \underset{反応後}{\mathrm{CO_2}(\text{気}) + 2\mathrm{H_2O}(\text{液})} \quad \Delta H = -891\mathrm{kJ} \cdots\cdots ③$$

思い出そう

反応エンタルピー（エンタルピー変化）＝（反応後の物質の生成エンタルピーの和）−（反応前の物質の生成エンタルピーの和）

$$\underset{③の\Delta H}{-891} = \underbrace{\underset{\mathrm{CO_2}(\text{気})}{-394} + \underset{2\mathrm{H_2O}(\text{液})}{(-286) \times 2}}_{反応後の物質} - \underbrace{(\underset{\mathrm{CH_4}(\text{気})}{x} + \underset{2\mathrm{O_2}(\text{気})}{0 \times 2})}_{反応前の物質}$$

← O_2は単体なので生成エンタルピーは0kJ/molだよ!!

$$\therefore \quad x = -75\mathrm{kJ}$$

つまり，メタンCH_4の生成エンタルピーは，$-75\mathrm{kJ/mol}$ …（答）

参考です 例の図を描いてみましょう!!

要するにややこしいって事ね

反応式がそのまま使えず両辺に余分なものを加える必要あり

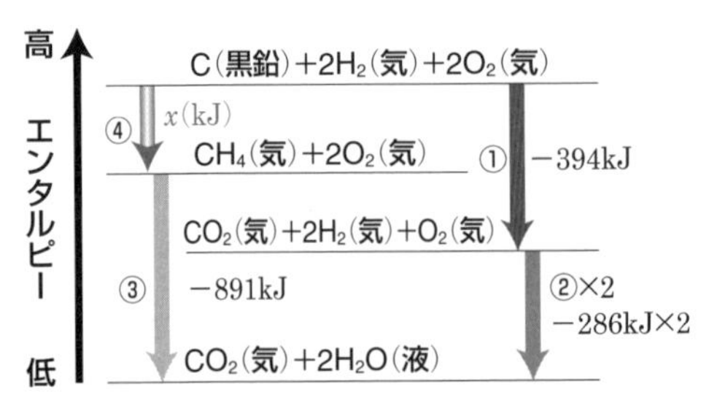

この図から

$$x + (-891)$$

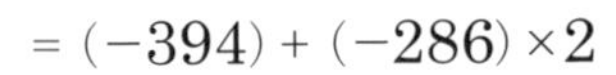

$$= (-394) + (-286) \times 2$$

$$\therefore \quad x = -75\mathrm{kJ}$$

と求めることができますがあまりお勧めしません。

まだまだ行くぜぇーっ!!

問題30 ちょいムズ

次の化学反応式と反応エンタルピーを用いて，プロパン C_3H_8 の燃焼エンタルピーを求めよ。

C(黒鉛) + O_2(気) ⟶ CO_2(気)　$\Delta H = -394kJ$……①

$2H_2$(気) + O_2(気) ⟶ $2H_2O$(液)　$\Delta H = -572kJ$……②

$3C$(黒鉛) + $4H_2$(気) ⟶ C_3H_8(気)　$\Delta H = -105kJ$……③

反応式は作れるよね

解答でござる

まずプロパン C_3H_8 の燃焼の反応式を考えよう!!

C_3H_8 + $5O_2$(気) ⟶ $3CO_2$(気) + $4H_2O$　$\Delta H = x$ (kJ) …④

さらに材料となる反応式は

C（黒鉛）+ O_2（気）⟶ CO_2（気）　$\Delta H = -394kJ$…①

$2H_2$（気）+ O_2（気）⟶ $2H_2O$（液）　$\Delta H = -572kJ$…②

$3C$（黒鉛）+ $4H_2$（気）⟶ C_3H_8（気）　$\Delta H = -105kJ$…③

④の反応式を作るためには，O_2（気）は①と②に登場しているので一旦無視します!!　右辺に $3CO_2$ と $4H_2O$ さらに左辺に C_3H_8 があります。

そこで!!　①×3＋②×2＋③×（−1）を考えてみよう!!

①に CO_2(気)があるが3倍したい

②に $2H_2O$(液)があるが2倍したい

③に C_3H_8(気)があるが移項したい

ではやってみましょう!!

きっと上手く行く!!

~~3C~~(黒鉛) + $3O_2$(気) ⟶ $3CO_2$(気)　……①×3

~~4H~~$_2$(気) + $2O_2$(気) ⟶ $4H_2O$（液）……②×2

+)　−~~3C~~(黒鉛) − ~~4H~~$_2$(気) ⟶ $-C_3H_8$(気)　……③×(−1)

$5O_2$(気) ⟶ $3CO_2$(気) + $4H_2O$（液）− C_3H_8(気)

マイナスの係数のものは移項して…

C_3H_8(気) + $5O_2$(気) ⟶ $3CO_2$(気) + $4H_2O$(液) ……④

この ①×3+②×2+③×(−1) は反応エンタルピーでも成立するから,

x = (−394) ×3 + (−572) ×2 + (−105) ×(−1)

④のΔH ①のΔH ②のΔH ③のΔH

= −2221kJ ← 本問では−2220kJとしてもOK!!

よって,プロパンC_3H_8の燃焼エンタルピーは−2221kJ/mol …(答)

別解です

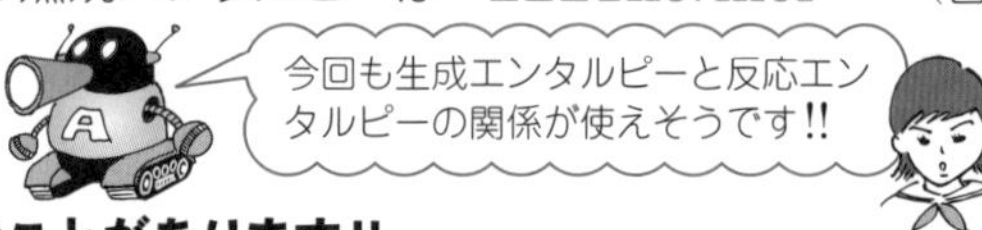

しか〜し!! 注意すべきことがあります!!

②で主役のH_2O(液)の係数が2となっているので,これを1にしましょう!!

$2H_2$(気) + O_2(気) ⟶ $2H_2O$(液) ΔH = −572kJ…②

H_2(気) + $\frac{1}{2}O_2$(気) ⟶ H_2O(液) ΔH = −286kJ…②'

とゆーことで…

C_3H_8(気) + $5O_2$(気) ⟶ $3CO_2$(気) + $4H_2O$(液) $\Delta H = x$ (kJ)…④

反応前 反応後

思い出そう

反応エンタルピー(エンタルピー変化) = (反応後の物質の生成エンタルピーの和) − (反応前の物質の生成エンタルピーの和)

x = (−394) × 3 + (−286) × 4 − (−105 + 0 × 5) ← O_2は単体なので生成エンタルピーは0kJ/molだよ!!

④のΔH $3CO_2$(気) $4H_2O$(液) C_3H_8(気) $5O_2$(気)

反応後の物質 反応前の物質

∴ x = −2221kJ

つまり,プロパンC_3H_8の燃焼エンタルピーは−2221kJ/mol …(答)

RUB OUT 2 結合エンタルピーがらみの計算

気体分子中の2原子間の**共有結合**1molを切断するのに必要なエネルギーを**結合エンタルピー**と呼び，単位はいつものkJ/molで表す。要するに結合エンタルピーが大きいほど結合力が強いことを示す。

例えば…

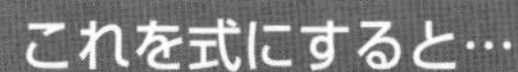

H_2でH—Hの共有結合1molを切断するのに436kJのエネルギーが必要です。つまり，H—Hの結合エンタルピーは436kJ/molということです。

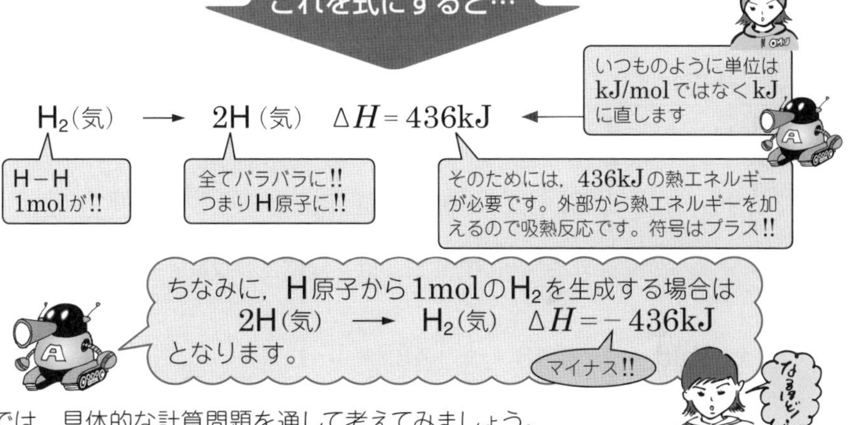

では，具体的な計算問題を通して考えてみましょう。

問題31 標準

次の結合エンタルピーを用いて，HCl（気）の生成エンタルピーを求めよ。

結合エンタルピー

H−H : 436kJ/mol　　Cl−Cl : 243kJ　　H−Cl : 432kJ/mol

解答でござる

まず結合エンタルピーのお話を反応式にしましょう!!

$$H_2\,(\text{気}) \longrightarrow 2H\,(\text{気}) \quad \Delta H = 436\text{kJ} \cdots\cdots ①$$

$$Cl_2\,(\text{気}) \longrightarrow 2Cl\,(\text{気}) \quad \Delta H = 243\text{kJ} \cdots\cdots ②$$

$$HCl\,(\text{気}) \longrightarrow H\,(\text{気}) + Cl\,(\text{気}) \quad \Delta H = 432\text{kJ} \cdots\cdots ③$$

さらに，作りたい反応式は??

これが欲しい!!

$$\frac{1}{2}H_2(\text{気}) + \frac{1}{2}Cl_2(\text{気}) \longrightarrow HCl\,(\text{気}) \quad \Delta H = x\,(\text{kJ}) \cdots\cdots ④$$

$$\frac{1}{2}H_2\,(\text{気}) \longrightarrow H\,(\text{気}) \cdots\cdots ① \times \frac{1}{2}$$

← ④の左辺に$\frac{1}{2}H_2$(気)がある

$$\frac{1}{2}Cl_2\,(\text{気}) \longrightarrow Cl\,(\text{気}) \cdots\cdots ② \times \frac{1}{2}$$

← ④の左辺に$\frac{1}{2}Cl_2$(気)がある

$$+)\ -HCl\,(\text{気}) \longrightarrow -H\,(\text{気}) - Cl\,(\text{気}) \cdots\cdots ③ \times (-1)$$

← ④の右辺にHClがある

$$\frac{1}{2}H_2(\text{気}) + \frac{1}{2}Cl_2(\text{気}) - HCl\,(\text{気}) \longrightarrow$$

無くなる!!

$$\frac{1}{2}H_2(\text{気}) + \frac{1}{2}Cl_2(\text{気}) \longrightarrow HCl\,(\text{気}) \cdots\cdots ④$$

④の反応式になったよ!!

この $① \times \frac{1}{2} + ② \times \frac{1}{2} + ③ \times (-1)$ は，反応エンタルピーで成立するから，

$$x = 436 \times \frac{1}{2} + 243 \times \frac{1}{2} + 432 \times (-1)$$

（④のΔH　①のΔH　②のΔH　③のΔH）

$$= 218 + 121.5 - 432$$

$$= -92.5\text{kJ}$$

つまり，HCl(気)の生成エンタルピーは，-92.5kJ/mol …(答)

別解です

例の話!?

実は次の関係式が成り立ちます!!

反応エンタルピー（エンタルピーの変化）＝（反応物の結合エンタルピーの総和）－（生成物の結合エンタルピーの総和）

注 反応前　　注 反応後

p.100でやった生成エンタルピーと反応エンタルピーの関係と違い，**反応前－反応後**になるので注意しましょう!!

これを活用してみましょう!!

$$\frac{1}{2}H_2\,(気) + \frac{1}{2}Cl_2\,(気) \longrightarrow HCl\,(気)\quad \Delta H = x\,(\mathrm{kJ})$$

反応前　　　　反応後

$$x = 436 \times \frac{1}{2} + 243 \times \frac{1}{2} - 432$$

④のΔH　$\frac{1}{2}H_2$(気)　$\frac{1}{2}Cl_2$(気)　HCl(気)

反応前　　　　反応後

$$= -92.5\mathrm{kJ}$$

生成エンタルピーのときの逆で，統合エンタルピーの場合は…**"反応前―反応後"**

こっちの方が楽だなぁ

つまり，HCl(気)の生成エンタルピーは$-92.5\mathrm{kJ/mol}$　…(答)

第3章

気体の話は深い!!
いろいろな公式が登場し
様々なドラマが生まれる!!

Theme 12 気体の法則を吸収すべし!!

公式1 ボイル・シャルルの法則

$$\frac{PV}{T} = \frac{P'V'}{T'}$$

いいかえると… $\frac{PV}{T}$ = **一定** ってことです!!

うんちくコーナー

P→Pressure（圧力）

V→Volume（体積）

T→Temperature（温度）

このとき…

PとP' → 気体の圧力（単位はPa）

VとV' → 気体の体積（単位はL）

TとT' → 絶対温度（単位はK）

気体の体積 ＝ 気体分子が自由に飛びまわる空間

覚えろ!!

絶対温度とは，通常用いている温度t（℃）に**273**を加えた値です。

つまり…，T (K) ＝ $273 + t$ (℃)

うんちくコーナー

昔，シャルルって奴が温度を0℃から1℃ずつ下げていくと気体の体積が$\frac{1}{273}$ずつ減少していくことを発見してしもうた。

つまり，理屈上**−273**（℃）で気体の体積は**0**ってことになります。体積がマイナスになるはずがないので，この−273℃が温度の最小値であることになります。そこで，この**−273**（℃）を**0**（K）（絶対温度0）と設定したわけです。

−273℃ → 0K
−100℃ → 173K
0℃ → 273K
100℃ → 373K

この公式はわざわざ使う必要はありません!!
ただし,『ボイルの法則』という名前だけ押さえておいてくださいませ。

というのも,公式 ボイル・シャルルの法則 で間に合ってしまうからです。

$$\frac{PV}{T} = \frac{P'V'}{T'} \quad \cdots(*)$$

ボイル・シャルルの法則

温度が一定より $T = T'$ となるから,(＊)の式は…

$$\frac{PV}{\cancel{T}} = \frac{P'V'}{\cancel{T'}}$$

$T=T'$ より両辺の T と T' を消してよい!!

$$\therefore \quad PV = P'V'$$

おーっと!!　ボイルの法則!!

ほら,“ボイル・シャルルの法則”さえ知っていれば,あたりまえの話でしょ!?

公式 3 シャルルの法則

この公式も『シャルルの法則』という名前だけ押さえておいてください。

こいつも 公式 **ボイル・シャルルの法則** で間に合う話です。

$$\frac{PV}{T} = \frac{P'V'}{T'} \quad \cdots (*)$$

ボイル・シャルルの法則

圧力が一定より $P = P'$ となるから，$(*)$の式は…

$$\frac{\cancel{P}V}{T} = \frac{\cancel{P'}V'}{T'}$$

$P = P'$ より両辺の P と P' を消してOK!!

$$\therefore \quad \frac{V}{T} = \frac{V'}{T'}$$

ほら，“ボイル・シャルルの法則”だけ知っていれば簡単に導けます。

では，使ってみましょう!!

問題 32　キソ

次の各問いに答えよ。

(1)　27℃，1.5×10^5Pa で 10L の気体は，127℃，1.0×10^5Pa では何 L となるか。

(2)　2.5×10^5Pa で 2.0L の水素を，温度を変えずに 5.0L としたとき，圧力は何 Pa となるか。

(3)　−73℃で 2.0L の酸素を，圧力を変えずに 6.0L としたとき，温度は何℃となるか。

ダイナミックポイント!!

たしかに，(2)は，温度一定  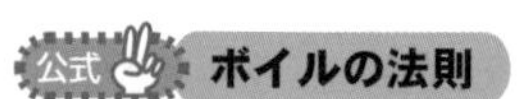

(3)は，圧力一定  公式 **シャルルの法則**

と，使い分けたいところであるが，全問 公式 **ボイル・シャルルの法則** で間に合ってしまいます。いちいち使い分けるのは面倒でしょ!?

解答でござる

(1)　求めるべき体積を V(L)として，

ボイル・シャルルの法則から，

$$\frac{1.0\times10^5\times V}{400}=\frac{1.5\times10^5\times10}{300}$$

$$V=\frac{1.5\times10^5\times10\times\mathbf{400}}{300\times\mathbf{1.0}\times\mathbf{10^5}}$$

$$\therefore\quad V=\mathbf{20}\text{(L)}\quad\cdots\text{(答)}$$

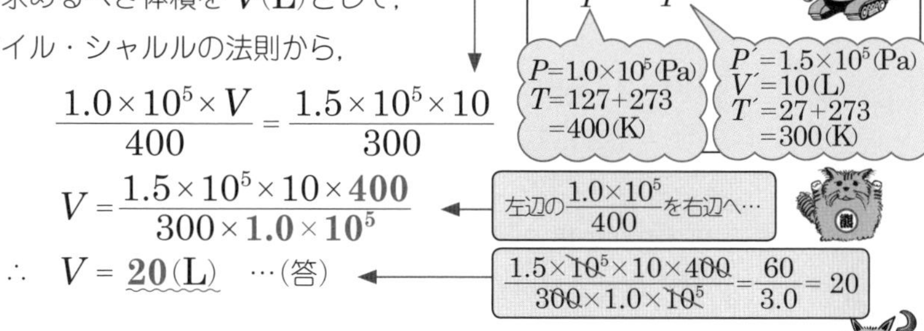

(2)　求めるべき圧力を P(Pa)，一定に保たれた温度を T(K)として，ボイル・シャルルの法則から，

$$\frac{P\times5.0}{T}=\frac{2.5\times10^5\times2.0}{T}$$

$$P\times5.0=2.5\times10^5\times2$$

$$P=\frac{2.5\times10^5\times2}{5.0}$$

$$\therefore\quad P=\mathbf{1.0\times10^5}\text{(Pa)}\quad\cdots\text{(答)}$$

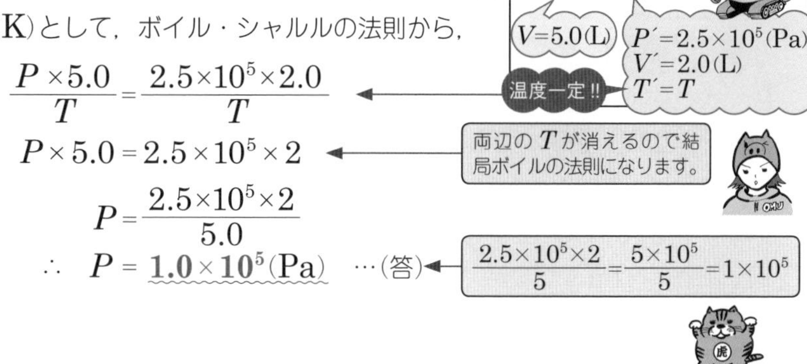

(3)　求めるべき温度を t(℃)，一定に保たれた圧力を P(Pa)として，ボイル・シャルルの法則から，

$$\frac{P\times6.0}{273+t}=\frac{P\times2.0}{200}$$

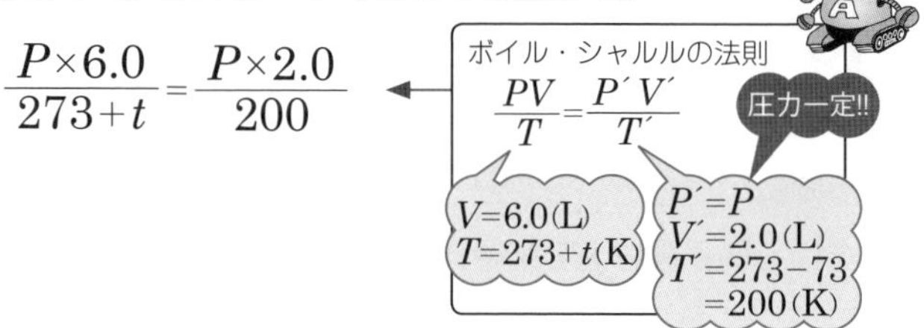

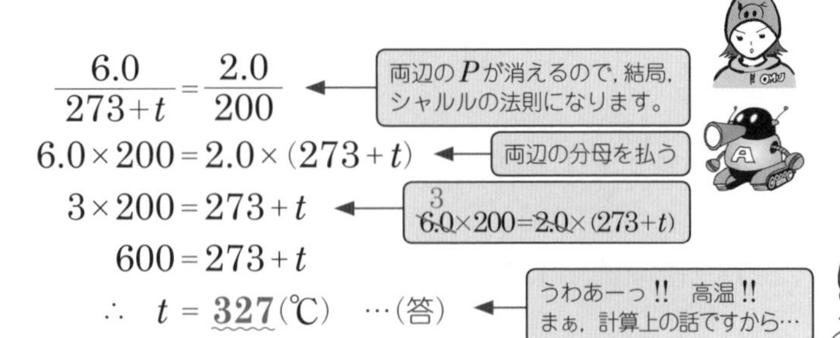

$$\frac{6.0}{273+t}=\frac{2.0}{200}$$

$$6.0\times 200=2.0\times(273+t)$$

$$3\times 200=273+t$$

$$600=273+t$$

$$\therefore\quad t=\underline{327}\ (℃)\quad\cdots(答)$$

注　(3)の場合，問題文を見ると$-\underset{2桁}{73}$℃，$\underset{2桁}{2.0}$L，$\underset{2桁}{6.0}$Lってな具合に2桁ばかりです。よって，解答も有効数字を2桁と考えて，327(℃) ☞ $\underset{2桁}{330}$(℃)と，3桁目を四捨五入して答えてもOK!!

しかしながら，温度の場合0(℃) = $\underset{3桁}{273}$(K)を常に使用しているので，特例としてわざわざ327(℃)を330(℃)に直す必要はない!!

単位に注意して，もう一発!!

問題33　標準

次の各問いに答えよ。

(1)　-23℃，2.0×10^3hPaで5.0×10^2mLの気体は27℃，6.0×10^3hPaでは何mLとなるか。

(2)　-73℃，1.0×10^3hPaで2.0Lの気体を127℃で5.0Lとしたとき，圧力は何Paとなるか。

ダイナミックポイント!!

ボイル・シャルルの法則

$$\frac{PV}{T}=\frac{P'V'}{T'}$$

を活用するとき，両辺の単位を一致させなければなりません!!

そこで，単位をいろいろ押さえておきましょう。

圧力について…

1hPa＝100Pa（ヘクトパスカル）　**1kPa＝1000Pa**（キロパスカル）

体積について…

1kL＝1000L（キロリットル）　**1L＝1000mL**（ミリリットル）

温度について…　絶対温度です!!

必ず(K)（ケルビン）を活用してください!!

解答でござる

(1)　求めるべき体積を V(mL)として，ボイル・シャルルの法則から，

$$\frac{6.0\times10^3\times V}{300}=\frac{2.0\times10^3\times5.0\times10^2}{250}$$

$$V=\frac{2.0\times10^3\times5.0\times10^2\times\mathbf{300}}{250\times\mathbf{6.0\times10^3}}$$

$$=\underline{\mathbf{2.0\times10^2}\text{(mL)}}\quad\cdots\text{(答)}$$

ボイル・シャルルの法則
$$\frac{PV}{T}=\frac{P'V'}{T'}$$

$P=6.0\times10^3$hPa
$T=27+273$
$=300$K
注 Vの単位はmL!!

$P'=2.0\times10^3$hPa
$V'=5.0\times10^2$mL
$T'=-23+273$
$=250$K

左辺の $\frac{6.0\times10^3}{300}$ を右辺へ…

最初で右辺の体積 V の単位をmLに設定しているので，当然 V の単位もmLで求まる。

(2)　求めるべき圧力を P (Pa)として，ボイル・シャルルの法則から，

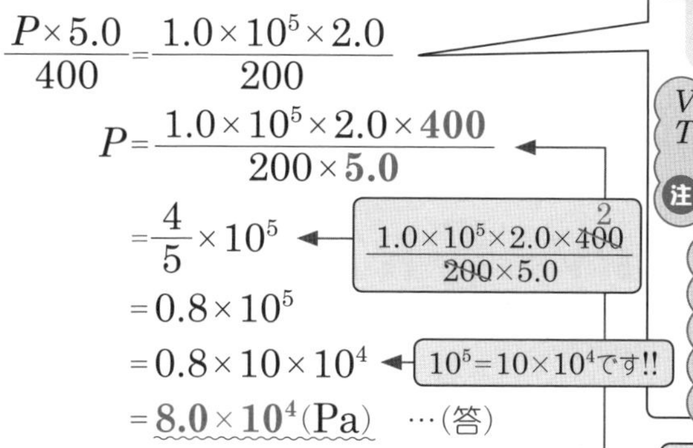

$$\frac{P\times5.0}{400}=\frac{1.0\times10^5\times2.0}{200}$$

$$P=\frac{1.0\times10^5\times2.0\times\mathbf{400}}{200\times\mathbf{5.0}}$$

$$=\frac{4}{5}\times10^5$$

$$=0.8\times10^5$$

$$=0.8\times10\times10^4$$

$$=\underline{\mathbf{8.0\times10^4}\text{(Pa)}}\quad\cdots\text{(答)}$$

$\frac{1.0\times10^5\times2.0\times\overset{2}{\cancel{400}}}{\cancel{200}\times5.0}$

$10^5=10\times10^4$です!!

ボイル・シャルルの法則
$$\frac{PV}{T}=\frac{P'V'}{T'}$$

$V=5.0$L
$T=127+273$
$=400$K
注 Pの単位はPaです!!

$P'=1.0\times10^3$hPa
$=1.0\times10^5$Pa
($1.0\times10^3\times100$)
$V'=2.0$L
$T'=-73+273$
$=200$K

左辺の $\frac{5.0}{400}$ を右辺へ…

Theme 13 お前が主役!! 気体の状態方程式

気体の状態方程式

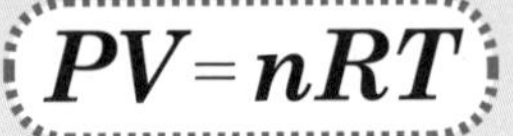

$$PV = nRT$$

このとき P  気体の圧力（単位は Pa） 指定されています!!

V → 気体の体積（単位は L）

n → 気体の物質量（単位は mol） モル数のことですよ!!

R → 気体定数 8.31×10^3（単位は $\mathrm{Pa \cdot L/(mol \cdot K)}$）

T → 絶対温度（単位は K）

何でこんな単位になるか??は，問題34にて…

さらに…

w  気体の質量（単位は g）

M → 気体の分子量（分子量には単位はない!!）

とすると…

$$n = \frac{w}{M}$$

となります。

物質量（モル数）＝ 質量 / 分子量

例えば…
16(g) の水素 H_2 の物質量（モル数）は，H_2 の分子量は 2 より

物質量（モル数）$= \frac{16}{2} = 8\text{(mol)}$

となりましたね。

よって…

気体の状態方程式 バージョンⅡ

$$PV = \frac{w}{M}RT$$

まずはRのナゾを解明しましょう!!

問題34 標準

標準状態（0℃, 1.013×10^5Pa）で，1molの気体が占める体積が22.4Lであることを利用して，気体定数Rの値を有効数字3桁で求めよ。

ダイナミックポイント!!

気体の状態方程式

$$PV=nRT$$

より，

$$R=\frac{PV}{nT}$$

$PV=nRT$ の両辺をnTで割って，$\frac{PV}{nT}=R$

あとは，右辺に与えられた数値を代入すれば万事解決!!

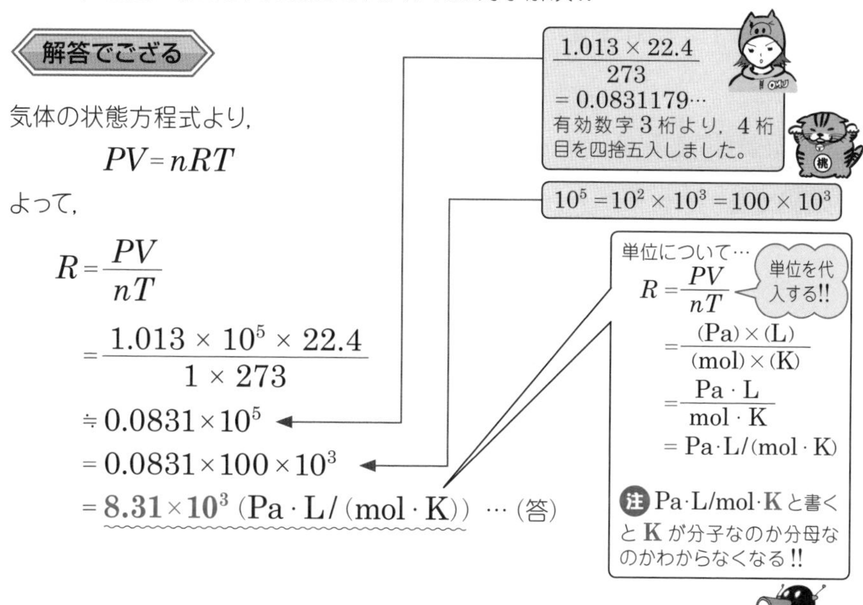

解答でござる

気体の状態方程式より，

$$PV=nRT$$

よって，

$$R=\frac{PV}{nT}$$

$$=\frac{1.013\times10^5\times22.4}{1\times273}$$

$$\fallingdotseq 0.0831\times10^5$$

$$=0.0831\times100\times10^3$$

$$=\mathbf{8.31\times10^3}\ (\mathrm{Pa\cdot L/(mol\cdot K)})$$ …（答）

$\frac{1.013\times22.4}{273}=0.0831179\cdots$
有効数字3桁より，4桁目を四捨五入しました。

$10^5=10^2\times10^3=100\times10^3$

単位について…

$R=\frac{PV}{nT}$ ← 単位を代入する!!

$=\frac{(\mathrm{Pa})\times(\mathrm{L})}{(\mathrm{mol})\times(\mathrm{K})}$

$=\frac{\mathrm{Pa\cdot L}}{\mathrm{mol\cdot K}}$

$=\mathrm{Pa\cdot L/(mol\cdot K)}$

注 Pa·L/mol·**K**と書くと**K**が分子なのか分母なのかわからなくなる!!

本格的に“気体の状態方程式”を使いこなしましょう!!

使いこなすぜぇ!!

問題35 キソ

次の各問いに答えよ。ただし，気体定数を
$R = 8.3 \times 10^3$(Pa·L/(mol·K)) とする。

(1) 3.32 Lの容器に2.0 molの気体を入れて密封し，27℃に保つと，この気体の圧力は何Paとなるか。有効数字2桁で答えよ。

(2) ある気体を2.0 Lの容器に入れて密封し，127℃まで加熱したところ，圧力は1.5×10^3hPaを示した。この気体の物質量は何molであるか。有効数字2桁で答えよ。

ダイナミックポイント!!

(2)では，圧力の単位が問題です!! **hPa**を**Pa**に直す必要があります。

$$P = 1.5 \times 10^3 \,\mathbf{hPa}$$
$$= 1.5 \times 10^3 \times \mathbf{100}\,\mathbf{Pa}$$
$$= 1.5 \times 10^5 \,\mathbf{Pa}$$

気体の状態方程式を活用するとき，圧力は**Pa**，体積は**L**と単位が指定されています!!

解答でござる

(1) 気体の状態方程式より，

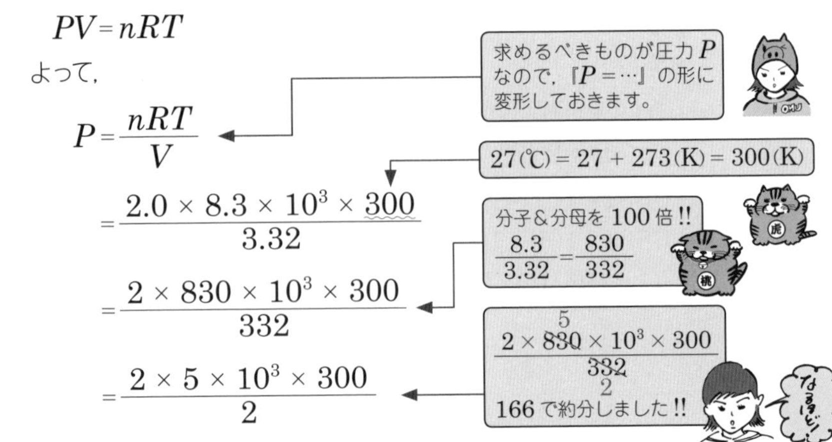

$$PV = nRT$$

よって，

$$P = \frac{nRT}{V}$$
$$= \frac{2.0 \times 8.3 \times 10^3 \times 300}{3.32}$$
$$= \frac{2 \times 830 \times 10^3 \times 300}{332}$$
$$= \frac{2 \times 5 \times 10^3 \times 300}{2}$$

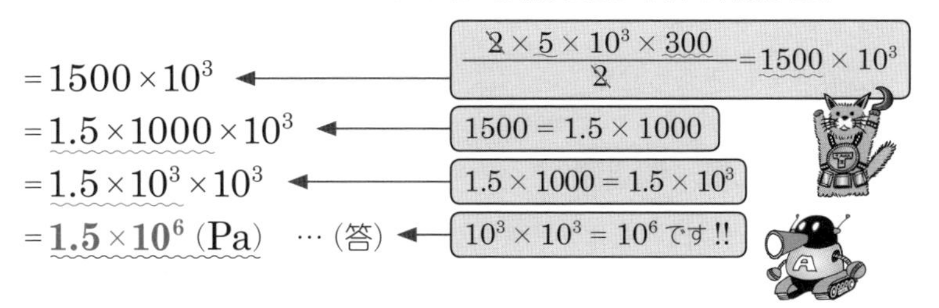

$$= 1500 \times 10^3$$
$$= 1.5 \times 1000 \times 10^3$$
$$= 1.5 \times 10^3 \times 10^3$$
$$= \mathbf{1.5 \times 10^6}\ \mathbf{(Pa)} \quad \cdots (答)$$

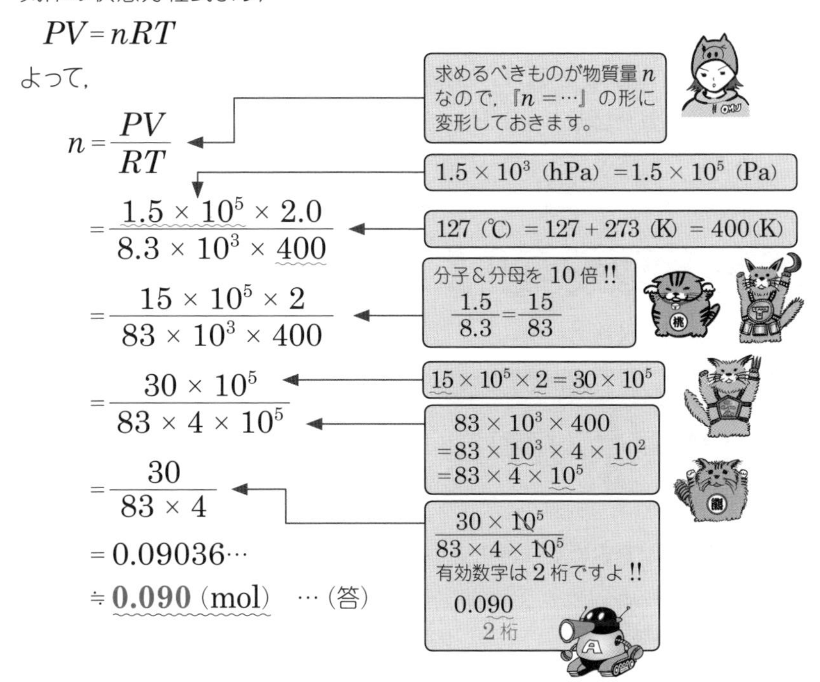

(2)　気体の状態方程式より，

$$PV = nRT$$

よって，

$$n = \frac{PV}{RT}$$
$$= \frac{1.5 \times 10^5 \times 2.0}{8.3 \times 10^3 \times 400}$$
$$= \frac{15 \times 10^5 \times 2}{83 \times 10^3 \times 400}$$
$$= \frac{30 \times 10^5}{83 \times 4 \times 10^5}$$
$$= \frac{30}{83 \times 4}$$
$$= 0.09036\cdots$$
$$\fallingdotseq \mathbf{0.090}\ \mathbf{(mol)} \quad \cdots (答)$$

まだまだいきまっせ♥

問題36 標準

次の各問いに答えよ。ただし，有効数字は2桁とし，気体定数を$R = 8.3 \times 10^3$(Pa·L/(mol·K)) とする。

(1) 酸素ガスを2.0Lの容器に入れて密封し，27℃に保ったところ，圧力が2.5×10^5Paとなった。このとき，容器内の酸素は何gか。ただし，O = 16とする。

(2) ある気体25gを10Lの容器に入れて密封し，127℃まで加熱したところ，圧力が2.0×10^5Paとなった。このとき，この気体の分子量を求めよ。

ダイナミックポイント!!

バージョンⅡかぁ…

ここで活用すべき道具は…

p.126 参照

気体の状態方程式 バージョンⅡ

$$PV = \frac{w}{M}RT$$

このとき，(1)で求めるべきモノはw，(2)で求めるべきモノはM

解答でござる

(1) $M = O_2 = 16 \times 2 = 32$ ← 分子量

求めるべきO_2の質量をw(g)として，

気体の状態方程式から，

$$PV = \frac{w}{M}RT$$

よって，

$$w = \frac{MPV}{RT}$$

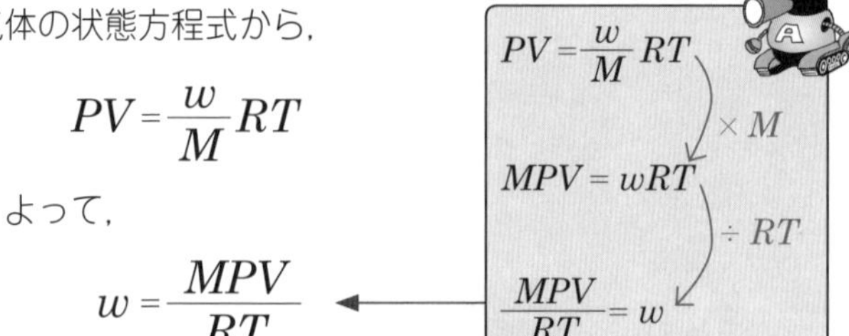

$$= \frac{32 \times 2.5 \times 10^5 \times 2.0}{8.3 \times 10^3 \times 300}$$

$$= \frac{32 \times 2.5 \times 2}{8.3 \times 3}$$

$$= 6.425\cdots$$

$$\fallingdotseq \mathbf{6.4}\ (\mathrm{g}) \quad \cdots(答)$$

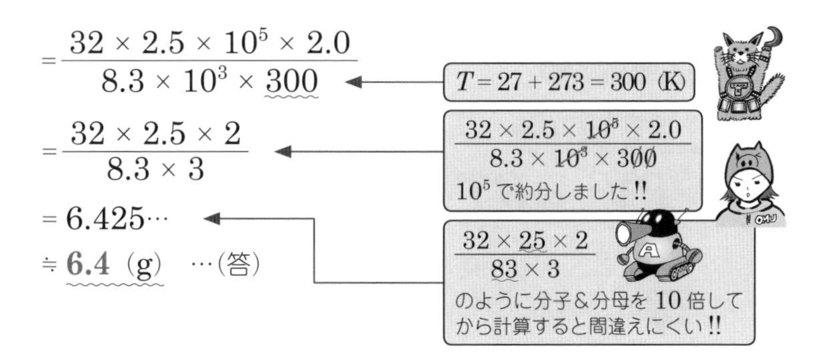

(2)　求めるべき分子量をMとして,

気体の状態方程式から,

$$PV = \frac{w}{M}RT \quad (w は気体の質量)$$

よって,

$$MPV = wRT$$

$$M = \frac{wRT}{PV}$$

$$= \frac{25 \times 8.3 \times 10^3 \times 400}{2.0 \times 10^5 \times 10}$$

$$= \frac{25 \times 8.3 \times 4}{2.0 \times 10}$$

$$= 5 \times 8.3$$

$$= 41.5$$

$$\fallingdotseq \mathbf{42} \quad \cdots(答)$$

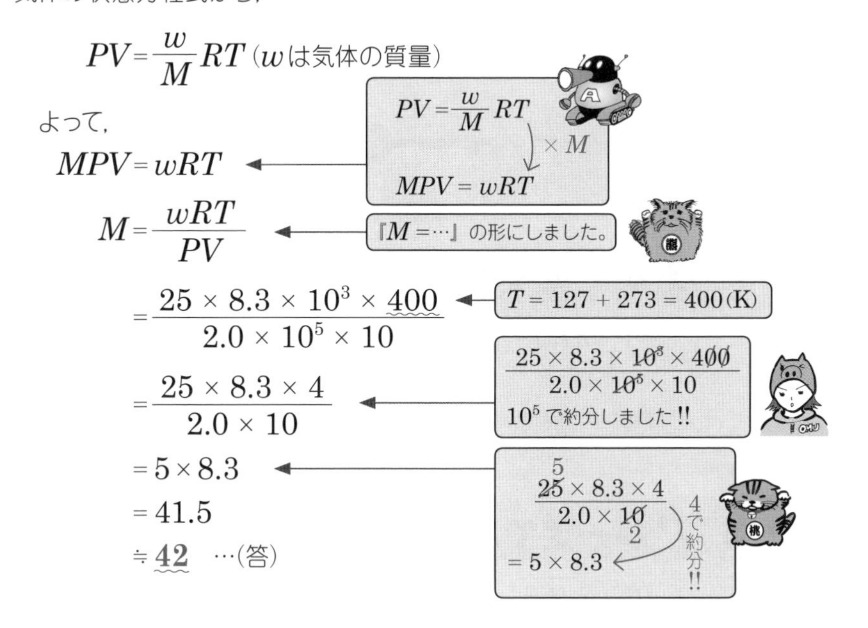

気体の状態方程式

$$PV = nRT$$

から，Theme 12 の“ボイル・シャルルの法則”＆“ボイルの法則”＆“シャルルの法則”を導くことができまーす!!

その1 両辺を T で割ると…

$$\frac{PV}{T} = \underset{\text{一定}}{nR}$$

ここで一定量の気体の話をしているわけだから，n ＝一定。もちろん，R ＝一定はあたりまえ!!(だって気体**定数**ですから…)

$$\therefore \quad \frac{PV}{T} = \text{一定}$$

ボイル・シャルルの法則です!!

その2 T が一定であるとすると…

$$PV = \underset{\text{一定}}{nRT}$$

n，R が一定であることは前提である。さらに T が一定であるとすると nRT が一定値となる!!

$$\therefore \quad PV = \text{一定}$$

ボイルの法則です!!

その3 P が一定であるとすると…

$$PV = nRT$$

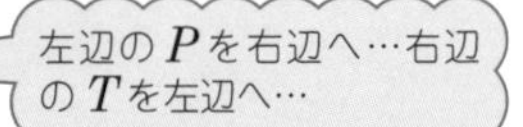

$$\frac{V}{T} = \frac{nR}{\underset{\text{一定}}{P}}$$

n，R が一定なのはあたりまえ!!　さらに P が一定であるから $\dfrac{nR}{P}$ が一定値をとる!!

$$\therefore \quad \frac{V}{T} = \text{一定}$$

シャルルの法則です!!

気体の密度

1Lあたりの質量

気体の密度 ➡ **1Lあたりの質量(g)**

気体は固体や液体と違って，1Lくらい集めないと，まとまった重さにならん!!

準備コーナー

ある温度で，ある気体5Lの質量を量ったところ10gであった。このとき，この気体の密度は何g/Lか？

 10(g)÷5(L)＝2(g/L) 答でーす!!

質量を体積で割ればOK!!

問題37　キソのキソ

次の各問いに答えよ。ただし，有効数字は2桁とする。

(1)　標準状態での酸素ガスの密度は何g/Lか。ただし，O＝16とする。

(2)　標準状態での密度が1.96g/Lである気体の分子量を求めよ。

ダイナミックポイント!!

標準状態 ➡ **0℃, 1.013×10^5Pa (1気圧)**

この標準状態において1molの気体の体積は

22.4L でしたね!!

H_2だろうがO_2だろうが，気体の種類にかかわらず

てなわけで，**1molの質量＝分子量**が明らかになれば楽勝!!

解答でござる

(1)　$O_2=16\times2=32$ ← O_2の分子量です。この値が$O_2$1mol分の質量です

標準状態において，1molつまり32gのO_2の体積は，22.4L。← 標準状態で1molの気体は22.4L

よって，標準状態におけるO_2の密度は，

$32\div22.4$ ← 1Lあたりの質量を求めたい!! 22.4Lで32gより，32gを体積22.4Lで割る!!  参照!!

$$=\frac{32}{22.4}$$

$$=1.4285\cdots$$

$$\fallingdotseq \underline{1.4\ (\mathrm{g/L})}\quad \cdots(答)$$

> 分子&分母を10倍して，$\frac{320}{224}$としてから32で約分して，$\frac{10}{7}$にしてから割ったほうがいい!!

(2)　1.96g/L ⟺ 1L あたり1.96g

　これは標準状態での値であるから，1mol，つまり22.4L あたりの質量は，

> 標準状態といえば，1molの体積＝22.4L

$$1.96\times 22.4$$

$$=43.904$$

$$\fallingdotseq 44$$

> 1L あたり1.96g　よって!!　22.4L あたり1.96×22.4g

> 1molの質量＝分子量

　この値がこの気体の分子量である。

　よって，求めるべき分子量は，

$$\underline{44}\quad\cdots(答)$$

さあ，ここからが本番ですぞ〜っ!!

問題38　標準

　気体の密度d(g/L)を，分子量M，気体定数R(Pa·L/(mol·K))，圧力P(Pa)を用いて表せ。

ダイナミックポイント!!

気体の状態方程式 バージョンⅡ を思い出してください。

$$PV=\frac{w}{M}RT$$

でしたね。

今，ほしいモノは…

d(g/L)

w(g)をV(L)で割った値

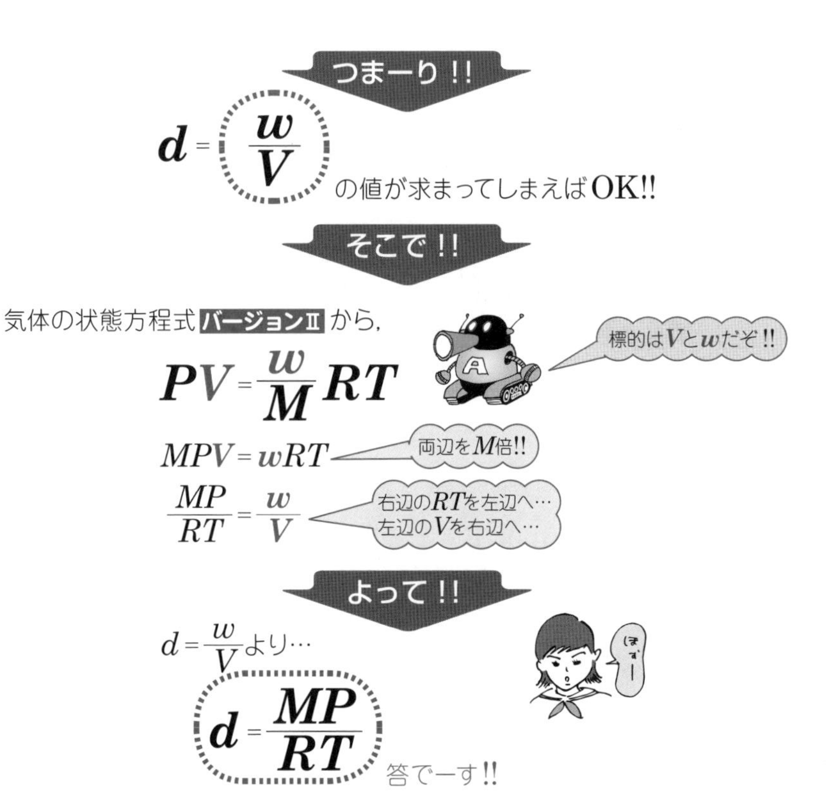

つまーり!!

$$d = \frac{w}{V}$$

の値が求まってしまえばOK!!

そこで!!

気体の状態方程式 バージョンⅡ から，

$$PV = \frac{w}{M}RT$$

$$MPV = wRT$$

$$\frac{MP}{RT} = \frac{w}{V}$$

よって!!

$d = \frac{w}{V}$ より…

$$d = \frac{MP}{RT}$$

答でーす!!

解答でござる

気体の質量を w(g) として，気体の状態方程式から，

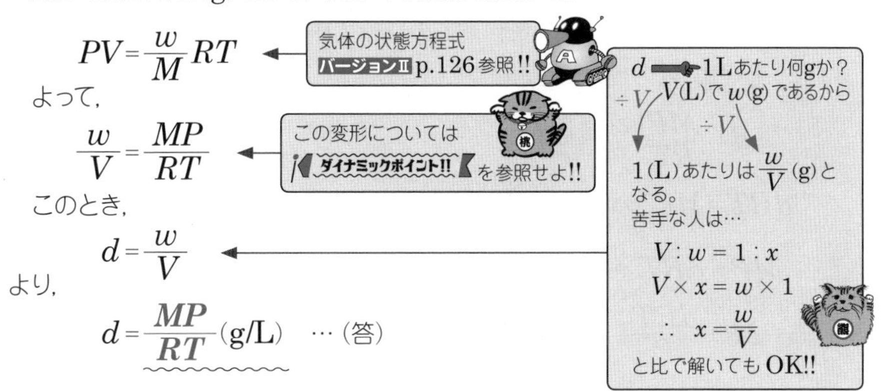

$$PV = \frac{w}{M}RT$$

よって，

$$\frac{w}{V} = \frac{MP}{RT}$$

このとき，

$$d = \frac{w}{V}$$

より，

$$d = \frac{MP}{RT}\ (\text{g/L}) \quad \cdots (答)$$

ザ・まとめ

分子量がMである気体の密度d(g/L)は，P(Pa)，T(K)のもとで，

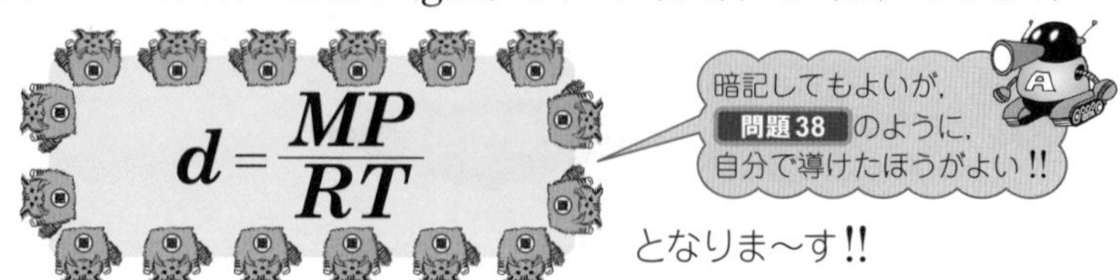

となりま〜す!!

では，このお話を活用して…

問題39 標準

次の各問いに答えよ。ただし，気体定数を
$R=8.3\times10^3$ Pa・L/(mol・K)とし，有効数字は2桁とする。

(1) 27℃，2.0×10^5 Paにおける窒素ガスの密度は何g/Lか。ただし，N=14とする。

(2) 127℃，1.6×10^5 Paにおいて，ある気体の密度が1.5g/Lであったとき，この気体の分子量を求めよ。

ダイナミックポイント!!

前問 問題38 で導いた式が活躍します。

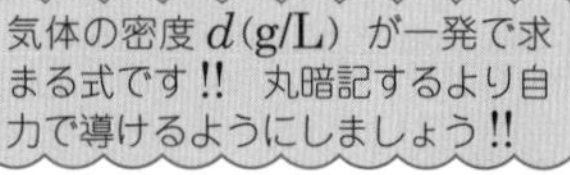

$$d=\frac{MP}{RT}$$

(1)は，このまんまの形で数値を代入すりゃあ，OKです。

(2)は，分子量Mの値が問題となっているので，

$$d=\frac{MP}{RT}$$ 変形開始!!

$$dRT=MP$$ 右辺の分母のRTを払った!!

$$MP=dRT$$ 左辺と右辺を入れかえただけ

$$\therefore\quad M=\frac{dRT}{P}$$ この式に数値を代入すれば解決!!

解答でござる

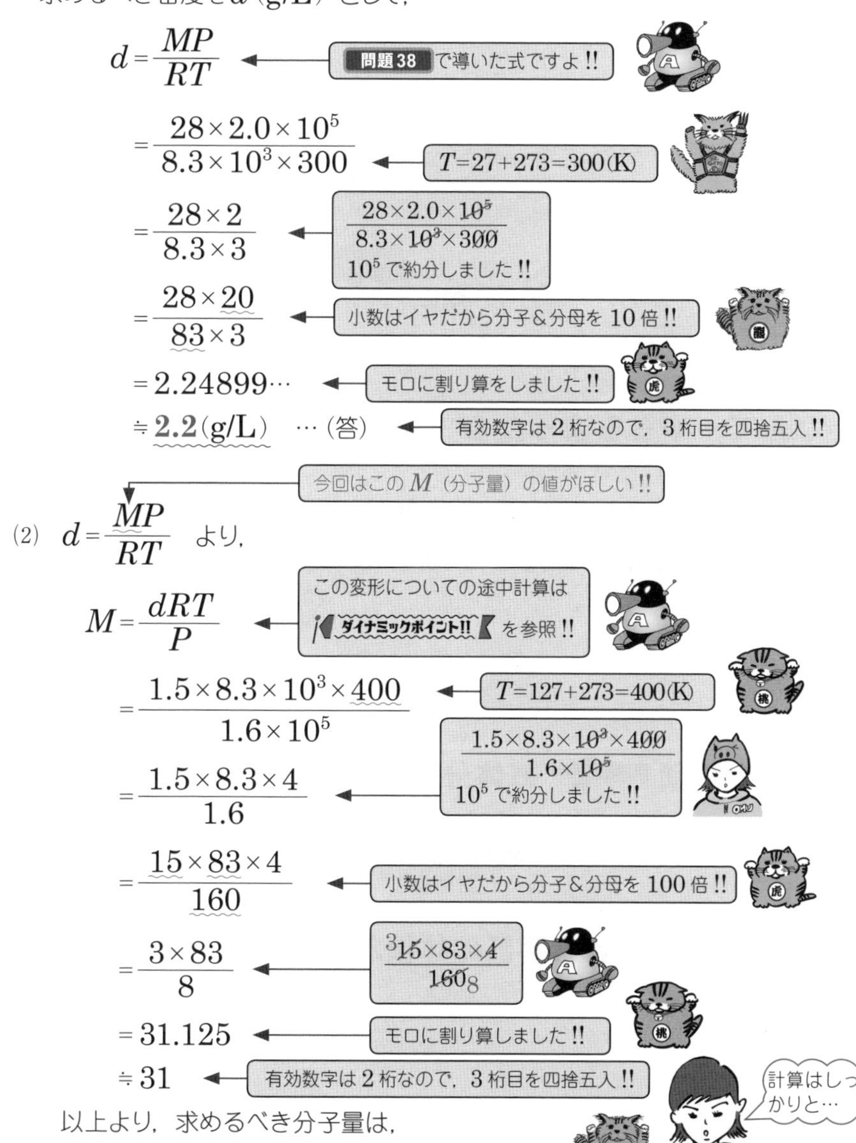

(1)　$N_2 = 14 \times 2 = 28$　←　この値が分子量 M

求めるべき密度を d (g/L) として,

$$d = \frac{MP}{RT}$$

←　問題38 で導いた式ですよ!!

$$= \frac{28 \times 2.0 \times 10^5}{8.3 \times 10^3 \times 300}$$

←　$T = 27 + 273 = 300$ (K)

$$= \frac{28 \times 2}{8.3 \times 3}$$

←　$\frac{28 \times 2.0 \times 10^5}{8.3 \times 10^3 \times 300}$ 10^5 で約分しました!!

$$= \frac{28 \times 20}{83 \times 3}$$

←　小数はイヤだから分子&分母を 10 倍!!

$$= 2.24899\cdots$$

←　モロに割り算をしました!!

$$\fallingdotseq \mathbf{2.2}\ (\mathrm{g/L}) \quad \cdots (答)$$

←　有効数字は 2 桁なので, 3 桁目を四捨五入!!

今回はこの M (分子量) の値がほしい!!

(2)　$d = \frac{MP}{RT}$　より,

$$M = \frac{dRT}{P}$$

←　この変形についての途中計算は ダイナミックポイント!! を参照!!

$$= \frac{1.5 \times 8.3 \times 10^3 \times 400}{1.6 \times 10^5}$$

←　$T = 127 + 273 = 400$ (K)

$$= \frac{1.5 \times 8.3 \times 4}{1.6}$$

←　$\frac{1.5 \times 8.3 \times 10^3 \times 400}{1.6 \times 10^5}$ 10^5 で約分しました!!

$$= \frac{15 \times 83 \times 4}{160}$$

←　小数はイヤだから分子&分母を 100 倍!!

$$= \frac{3 \times 83}{8}$$

←　$\frac{{}^{3}15 \times 83 \times 4}{160_8}$

$$= 31.125$$

←　モロに割り算しました!!

$$\fallingdotseq 31$$

←　有効数字は 2 桁なので, 3 桁目を四捨五入!!

計算はしっかりと…

以上より, 求めるべき分子量は,

31　… (答)

気体と気体を混ぜ合わせたら…??

いきなりクイズです!!

クイズ

ある気体A1Lとある気体B2Lを混合しました。さて，この混合気体の体積は何L？

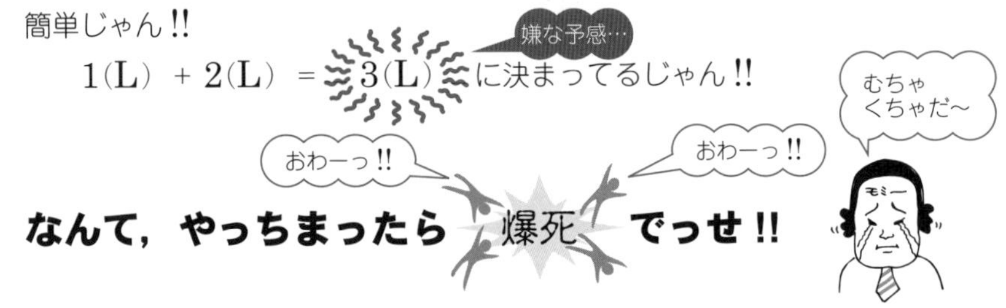

簡単じゃん!!

1(L) ＋ 2(L) ＝ 3(L) に決まってるじゃん!!

なんて，やっちまったら 爆死 でっせ!!

今，テーマにしているのは気体のお話なんです。ジュースとかの話をしてるんじゃないんですよ～っ!!

たしかに
1Lのオレンジジュースと
2Lの緑茶を混ぜ合わせたら
3Lのまずいジュースができるが…

気体の体積 ☞ 気体分子が飛び回れる空間の大きさ

混合気体を入れる容器の体積がそのまま混合気体の体積となります!!

えっ!? とゆーことは…

本クイズでは混合気体を入れる容器の話題がまったくありません

すなわち，この混合気体の体積は **わからない!!**

えーっ!!

答でーす!!

今から，かなり重要なお話をします!!

ある気体Aを1Lと，ある気体Bを2L混合し，2Lの容器に入れて密封した。この状況をイメージしよう!!

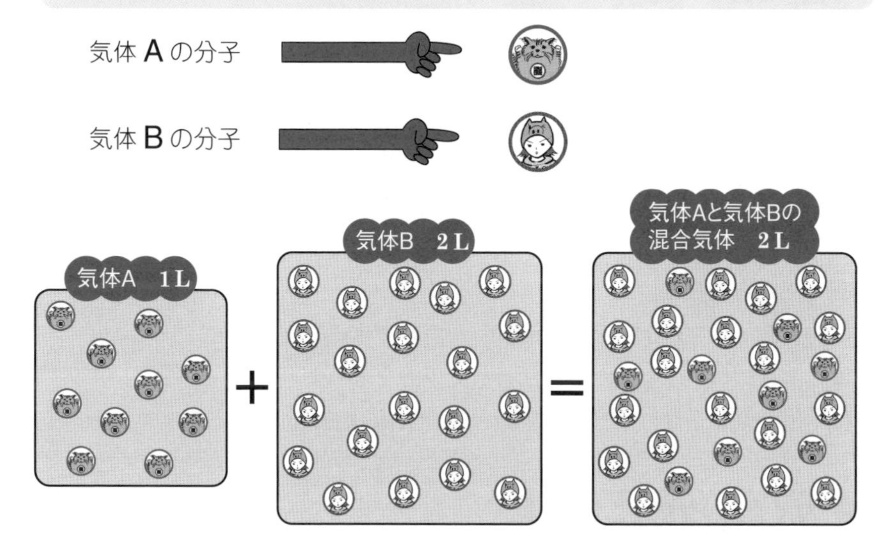

そーです!! 気体ってヤツは，固体や液体のように密集しているわけではなく，スカスカの状態で許された空間内を自由に飛び回ります。

混合したあとの状態で，

気体 A と気体 B の混合気体の体積は $\mathbf{2L}$

容器の大きさ

気体 A だけに注目した体積も $\mathbf{2L}$

前ページの図を見ればわかるように気体 A の分子は許された $2\mathrm{L}$ の空間を動き回れる!!

気体 B だけに注目した体積も $\mathbf{2L}$

これも同様!!
気体 B の分子に注目しても許された行動範囲は $2\mathrm{L}$

注 気体分子は均一に拡散するのが前提!!

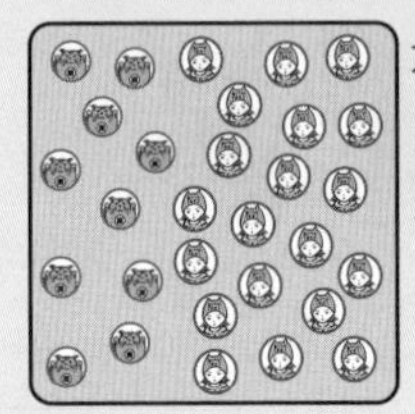

左図みたいにかたよることはないと考えてください。

なるほどねぇ～

このお話に圧力，温度の条件が加わり，本格的な問題となります。

問題40 標準

$1.0 \times 10^5\mathrm{Pa}$ の水素が入った容積 $3.0\mathrm{L}$ の容器 A と，$3.0 \times 10^5\mathrm{Pa}$ の窒素が入った容積 $2.0\mathrm{L}$ の容器 B を右図のように連結し，コックを開けて温度を一定に保ちながら混合気体とした。このとき，

コック
容器A
容器B

(1) 混合気体中の水素だけに注目した圧力を求めよ。

(2) 混合気体中の窒素だけに注目した圧力を求めよ。

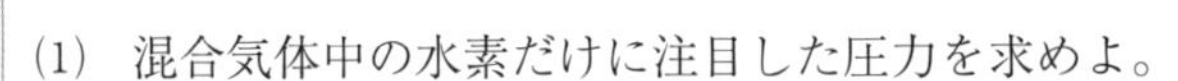

(3) 混合気体全体に注目した圧力（混合気体の圧力）を求めよ。

ダイナミックポイント!!

本問を通して名称をいろいろ覚えていただきます。

(1) 水素だけに注目した圧力 ➡ 水素の**分圧**（ぶんあつ）といいます。

(2) 窒素だけに注目した圧力 ➡ 窒素の**分圧**といいます。

(3) 混合気体全体に注目した圧力 ➡（混合気体の）**全圧**（ぜんあつ）といいます。

で!! **全圧＝分圧の合計** です。

このお話を『**ドルトンの分圧の法則**』と申します。

解答でござる

(1)　一定に保たれた温度を T(K)，混合気体中の水素の**分圧**を P_{H_2}(Pa)とする。

ボイル・シャルルの法則から，

$$\frac{1.0\times10^5\times3.0}{T}=\frac{P_{H_2}\times5.0}{T}$$

H_2 の最初の状態
圧力…1.0×10^5(Pa)
体積…3.0(L)←容器A
温度…T(K)

H_2 の混合後の状態
圧力…P_{H_2}(Pa)
体積…3.0+2.0=5.0(L)（容器A＋容器B）
温度…T(K)

両辺を T 倍して，

$$1.0\times10^5\times3.0=P_{H_2}\times5.0$$

$$P_{H_2}=\frac{3}{5}\times10^5$$

$$=0.6\times10^5$$

$$=\mathbf{6.0\times10^4}\ (\text{Pa})\ \cdots(答)$$

0.6×10^5
$=0.6\times10\times10^4$
$=6.0\times10^4$

うるせぇーっ!!
俺は『ボイル・シャルルの法則』一本でいくぜ〜っ!!

参考　温度が一定であるから，ボイルの法則より，

$$1.0\times10^5\times3.0=P_{H_2}\times5.0$$

として解いたほうがスマートかも…

(2)　(1)と同様に，一定に保たれた温度を T(K)，混合気体中の窒素の**分圧**を P_{N_2}(Pa)とする。

ボイル・シャルルの法則から，

温度が一定であるから『ボイルの法則』もありです。

$$\frac{3.0\times10^5\times2.0}{T}=\frac{P_{N_2}\times5.0}{T}$$

N_2 の最初の状態
圧力…3.0×10^5(Pa)
体積…2.0(L)←容器B
温度…T(K)

N_2 の混合後の状態
圧力…P_{N_2}(Pa)
体積…3.0+2.0=5.0(L)（容器A＋容器B）
温度…T(K)

両辺を T 倍して，

$$3.0\times10^5\times2.0=P_{N_2}\times5.0$$

$$P_{N_2}=\frac{6}{5}\times10^5$$

$$=\mathbf{1.2\times10^5}\ (\text{Pa})\ \cdots(答)$$

(3)　(1)，(2)より，求めるべき**全圧** P は，

$$P = P_{H_2} + P_{N_2}$$
$$= 6.0 \times 10^4 + 1.2 \times 10^5$$
$$= 0.6 \times 10^5 + 1.2 \times 10^5$$
$$= \mathbf{1.8 \times 10^5}\ \text{(Pa)} \cdots \text{(答)}$$

ドルトンの分圧の法則
全圧＝分圧の合計

$6.0 \times 10^4 = 0.6 \times 10 \times 10^4 = 0.6 \times 10^5$

では，用語をしっかり活用してもう一問!!

問題 41　標準

2.0×10^5 Paの水素が入った容積2.0Lの容器Aと，1.0×10^5 Paのヘリウムが入った容積5.0Lの容器Bと，2.0×10^5 Paの窒素が入った容積3.0Lの容器Cを右図のように連結し，2つのコックを開けて温度を一定に保ちながら混合気体とした。ただし，各気体は化学反応しないものとする。このとき，

(1)　混合後の水素の分圧を求めよ。
(2)　混合後のヘリウムの分圧を求めよ。
(3)　混合後の窒素の分圧を求めよ。
(4)　混合気体の全圧を求めよ。

ダイナミックポイント!!

前問 問題 40 と同じです。注意すべきポイントは…
混合後の体積は水素，ヘリウム，窒素すべてにおいて，

$$\underset{\text{容器A}}{2.0} + \underset{\text{容器B}}{5.0} + \underset{\text{容器C}}{3.0} = 10\ \text{(L)}$$ です!!

そりゃ，そーでしょ!?　水素もヘリウムも窒素も2つのコックを開けてしまえば，すべての容器内を自由に動き回れますからね。p.139参照!!

解答でござる

(1)　一定に保たれた温度を T(K)，混合後の水素の分圧を P_{H_2}(Pa)とする。

ボイル・シャルルの法則から，

$$\frac{2.0\times10^5\times2.0}{T}=\frac{P_{H_2}\times10}{T}$$

両辺を T 倍して，

$$2.0\times10^5\times2.0=P_{H_2}\times10$$

$$\therefore\ P_{H_2}=\underline{4.0\times10^4}\ \text{(Pa)}\ \cdots(答)$$

H_2 の最初の状態
圧力…2.0×10^5(Pa)
体積…2.0(L)←容器A
温度…T(K)

H_2 の混合後の状態
圧力…P_{H_2}(Pa)
体積…10(L)←容器全体
温度…T(K)

両辺を 10 で割るべし!!

(2)　(1)と同様に，一定に保たれた温度を T(K)，混合後のヘリウムの分圧を P_{He}(Pa)とする。

ボイル・シャルルの法則から，

$$\frac{1.0\times10^5\times5.0}{T}=\frac{P_{He}\times10}{T}$$

両辺を T 倍して，

$$1.0\times10^5\times5.0=P_{He}\times10$$

$$\therefore\ P_{He}=\underline{5.0\times10^4}\ \text{(Pa)}\ \cdots(答)$$

He の最初の状態
圧力…1.0×10^5(Pa)
体積…5.0(L)←容器B
温度…T(K)

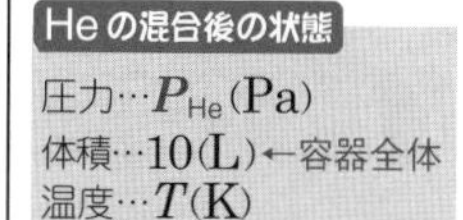

He の混合後の状態
圧力…P_{He}(Pa)
体積…10(L)←容器全体
温度…T(K)

両辺を 10 で割るべし!!

(3)　(1)，(2)と同様に，一定に保たれた温度を T(K)，混合後の窒素の分圧を P_{N_2}(Pa)とする。

ボイル・シャルルの法則から，

$$\frac{2.0\times10^5\times3.0}{T}=\frac{P_{N_2}\times10}{T}$$

両辺を T 倍して，

$$2.0\times10^5\times3.0=P_{N_2}\times10$$

両辺を10で割れ!!

$$\therefore\ P_{N_2}=\underline{6.0\times10^4}\ \text{(Pa)}\ \cdots(答)$$

N_2 の最初の状態
圧力…2.0×10^5(Pa)
体積…3.0(L)←容器C
温度…T(K)

N_2 の混合後の状態
圧力…P_{N_2}(Pa)
体積…10(L)←容器全体
温度…T(K)

(4) (1), (2), (3)より，求めるべき全圧Pは，

$$P = P_{H_2} + P_{He} + P_{N_2}$$
$$= 4.0 \times 10^4 + 5.0 \times 10^4 + 6.0 \times 10^4$$
$$= 15 \times 10^4$$
$$= \mathbf{1.5 \times 10^5}\ \text{(Pa)} \cdots \text{(答)}$$

ドルトンの分圧の法則

全圧＝分圧の合計

$15 \times 10^4 = 1.5 \times 10 \times 10^4 = 1.5 \times 10^5$

ではでは，少しばかり違ったタイプも…

問題42 標準

27℃でメタンCH_4 1.6gとエチレンC_2H_4 1.4gの混合気体を容器に入れて密封したところ，この混合気体の全圧は1.2×10^5Paとなった。気体定数を$R = 8.3 \times 10^3$(Pa・L/(mol・K))，H＝1.0，C＝12として，次の各問いに答えよ。

(1) メタンの分圧P_1を求めよ。　(2) エチレンの分圧P_2を求めよ。

(3) この容器の体積は何Lか。

ダイナミック解説

一般論でいきます!!　気体Aをn_A(mol)と気体Bをn_B(mol)混合して体積V(L)の容器に入れて密封し，全圧がP(Pa)となった。

このとき!!

気体Aの分圧をP_A(Pa)，気体Bの分圧をP_B(Pa)として，気体の状態方程式を考えると…

とりあえず温度をTとおいて，

混合気体において温度のムラができることはナイ!!　気体Aの温度も気体Bの温度も同じTとおいてよし!!

$$P_AV = n_ART \cdots ①$$
$$P_BV = n_BRT \cdots ②$$

気体Aの体積も気体Bの体積も共通でV(L)です!!

①から，$P_A = \dfrac{n_ART}{V} \cdots ①'$，　②から，$P_B = \dfrac{n_BRT}{V} \cdots ②'$

①′，②′ から，$P_A : P_B = \frac{n_A \cancel{RT}}{\cancel{V}} : \frac{n_B \cancel{RT}}{\cancel{V}} = n_A : n_B$

つまーり!!

分圧比＝物質量比（モル比） となります。

なるほど…

よって!!

全圧が P(Pa)だったから…

$$P_A = \frac{n_A}{n_A + n_B} P \qquad P_B = \frac{n_B}{n_A + n_B} P$$

となーる!!

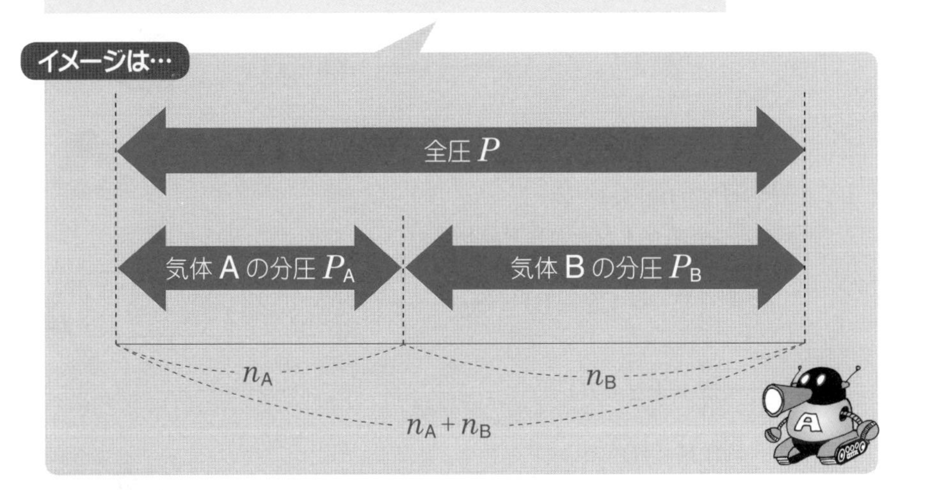

たとえば…

1000 円を桃太郎と玉三郎が 2：3 の割合で分けたとき，桃太郎が手にする金額は？

桃太郎：玉三郎＝2：3 より，

$$\frac{2}{2+3} \times 1000$$
$$= \frac{2}{5} \times 1000$$
$$= 400(円)$$

答でーす!!

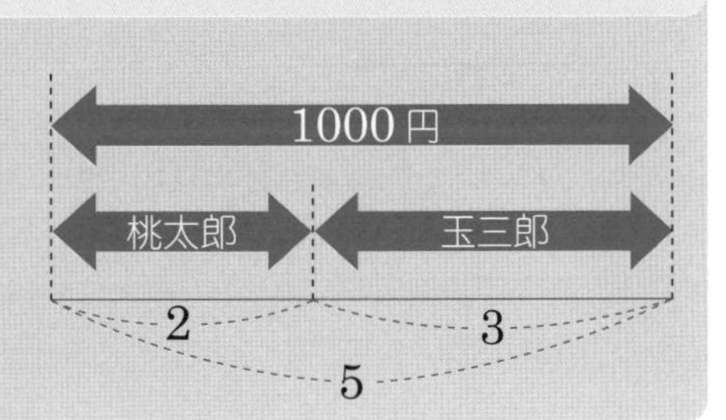

解答でござる

$CH_4 = 12 + 1 \times 4 = 16$ より，

CH_4 1.6g の物質量 n_1 は，（物質量＝モル数）

$$n_1 = \frac{1.6}{16} = 0.10\ (\text{mol})$$

$C_2H_4 = 12 \times 2 + 1 \times 4 = 28$ より，

C_2H_4 1.4g の物質量 n_2 は，

$$n_2 = \frac{1.4}{28} = 0.050\ (\text{mol})$$

$\frac{1.4}{28} = \frac{14}{280} = \frac{1}{20}$

このとき，

$$n_1 : n_2 = 0.10 : 0.050$$
$$= 2 : 1$$

物質量比（モル比）

(1)　分圧比と物質量比は一致するから，

これが本問の最大テーマ!!

$$P_1 : P_2 = n_1 : n_2 = 2 : 1$$

さらに，全圧が 1.2×10^5 Pa より，

$$P_1 = \frac{2}{2+1} \times 1.2 \times 10^5$$

全圧 1.2×10^5 (Pa) を **2** : 1 に分けたときの **2** のほうの値

$$= \frac{2}{3} \times 1.2 \times 10^5$$
$$= 0.8 \times 10^5$$
$$= 0.8 \times 10 \times 10^4$$

$10^5 = 10 \times 10^4$

$$= \mathbf{8.0 \times 10^4\ (Pa)}\ \cdots（答）$$

問題文の中に登場している数値が 2 桁で表現されているので，解答も 2 桁で!!

(2)　(1)と同様に，

$$P_2 = \frac{1}{2+1} \times 1.2 \times 10^5$$

全圧 1.2×10^5 Pa を 2 : **1** に分けたときの **1** のほうの値

$$= \frac{1}{3} \times 1.2 \times 10^5$$

$$= 0.4 \times 10^5$$

$$= 0.4 \times 10 \times 10^4$$　←　$10^5 = 10 \times 10^4$

$$= \mathbf{4.0 \times 10^4}\ (\mathrm{Pa})$$ …（答）

(3)　この容器の体積を V(L)とする。

CH_4 に注目して，気体の状態方程式を考えると，　←　C_2H_4 に注目してもOK!! 体積 V(L)は共通ですからね。

$P_1V = n_1RT$　（Tは温度）

よって，

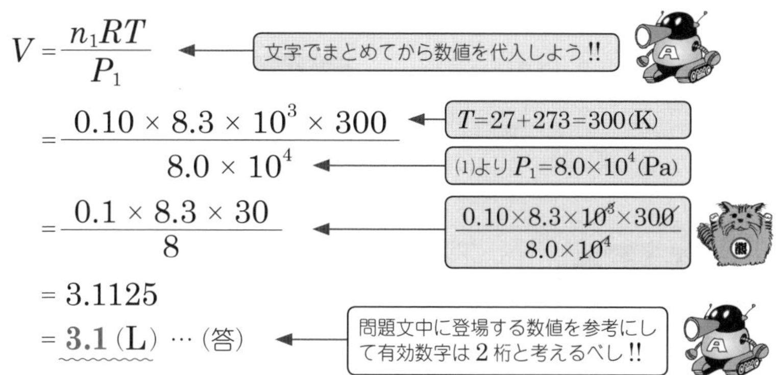

$$V = \frac{n_1RT}{P_1}$$

$$= \frac{0.10 \times 8.3 \times 10^3 \times 300}{8.0 \times 10^4}$$

$$= \frac{0.1 \times 8.3 \times 30}{8}$$

$$= 3.1125$$

$$= \mathbf{3.1}\ (\mathrm{L})$$ …（答）　←　問題文中に登場する数値を参考にして有効数字は2桁と考えるべし!!

別解　C_2H_4 に注目して気体の状態方程式を考えると，

$P_2V = n_2RT$　（Tは温度）

よって，

さっきと同じだね♥

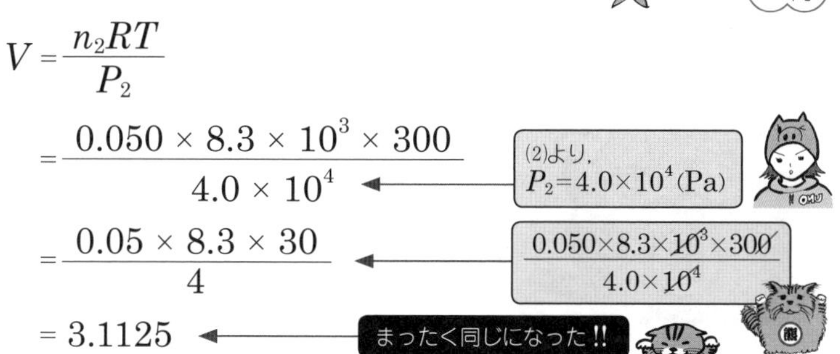

$$V = \frac{n_2RT}{P_2}$$

$$= \frac{0.050 \times 8.3 \times 10^3 \times 300}{4.0 \times 10^4}$$

$$= \frac{0.05 \times 8.3 \times 30}{4}$$

$$= 3.1125$$　←　まったく同じになった!!

$$= \mathbf{3.1}\ (\mathrm{L})$$ …（答）

混合気体全体に注目して気体の状態方程式を考えると，

$$PV = (n_1 + n_2)RT \quad \begin{pmatrix} P\text{は全圧} \\ T\text{は温度} \end{pmatrix}$$

混合気体全体のモル数は $n_1 + n_2$ です!! 気体Aと気体Bのモル数の合計ってことですよ!!

$$V = \frac{(n_1 + n_2)RT}{P}$$

$$= \frac{(0.10 + 0.050) \times 8.3 \times 10^3 \times 300}{1.2 \times 10^5}$$

全圧 $P = 1.2 \times 10^5$ (Pa)

$$= \frac{0.15 \times 8.3 \times 10^3 \times 300}{1.2 \times 10^5}$$

$$= \frac{0.15 \times 8.3 \times 3}{1.2}$$

$\dfrac{0.15 \times 8.3 \times 10^3 \times 300}{1.2 \times 10^5}$

$= 3.1125$

おーっと!!　またまったく同じ!!

$= $ **3.1** (L) … (答)

桃太郎（伝説を呼ぶ鬼才!!）

性格が穏やかなモカブラウンのシマシマ猫，おなじみ**オムちゃん**の飼い猫です。品種はスコティッシュフォールドです。

虎次郎（不動のセンター!!）

桃太郎よりもひとまわり小さいキャラメル色のシマシマ猫。運動神経抜群のアスリート猫です。しかしやや臆病な性格…。虎次郎も**オムちゃん**の飼い猫です。

Theme 16 理想気体と実在気体

理想と現実の溝は埋まらない

理想気体と実在気体の違いとは…

夢の気体

理想気体

分子自体の大きさ（体積）がなく，分子間力（分子どうしが引き合う力）もまったく働かない!!

よって!!　『ボイル・シャルルの法則』&『気体の状態方程式』に完全にあてはまる!!

現実の気体

実在気体

分子自体の大きさ（体積）があり，ちゃんと分子間力も働く!!

よって!!　『ボイル・シャルルの法則』&『気体の状態方程式』に完全にはあてはまらず，微妙にずれる。いや結構ずれる

ちなみに，今までの計算は理想気体(実際はありえないが，ちゃんと公式にあてはまる気体)であることを大前提におこなってまいりました。

大げさ…

しかし，現実を見つめ直すときがきたのです!!

では…

実在気体を理想気体に近づけるためにはどうすればよいのでしょうか??

その1　高温にする!!

すると…　分子の熱運動(スピード)が激しくなる!!

分子間に働く引力，すなわち分子間力の影響を受けにくくなる!!
(右の イメージコーナー 参照!!)

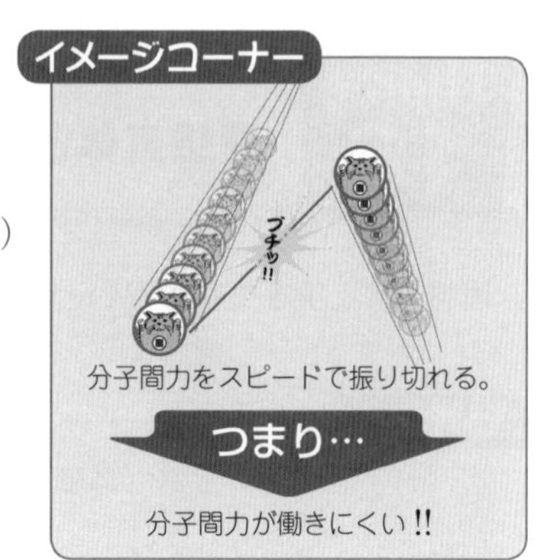

その2 低圧にする!!

すると… 気体が膨張する。
(体積が増加する)

> 低圧にするということは圧力 P を小さくするということです。
> $$PV = nRT$$
> より，nRT が一定であれば P を小さくすると V は大きくなる!!

すると… 分子どうしの距離が広がる。

すると… 分子自体の大きさと分子間力の影響を無視できる。

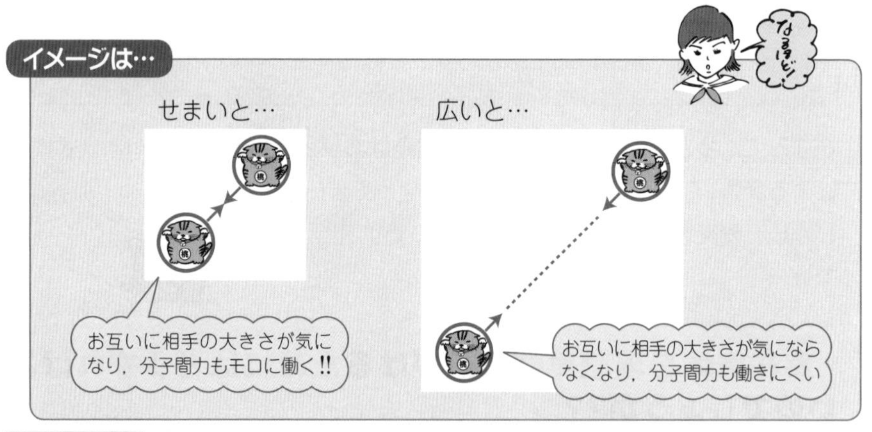

さらに…

ちなみに，**分子量が大きいほど分子間力が強くなる!!** ことも覚えておきましょう!!（物理で習う万有引力の法則に似てます。）

例えば，H_2（= 2），He（= 4）などの分子間力は小さい。

では，まとめの意味も込めて…

問題43 キソ

次の文章の［(イ)］～［(ヘ)］にあてはまる語句を答えよ。

同じ語句の入る空欄には，あらかじめ同じ記号が入っています。ややこしくならないように，同じ記号が２回以上登場する際，赤字で示してあります。

気体の状態方程式が厳密に成立する気体を［(イ)］という。実在気体は気体の状態方程式に厳密にはあてはまらない。その原因は，分子と分子の間に［(ロ)］が働くことと，分子自身に［(ハ)］があることの２点が挙げられる。これらが無視できる条件の下では実在気体にも気体の状態方程式が適用できる。実在気体でも，分子量が［(ニ)］ほど［(イ)］に近い性質を示す。

また，［(ホ)］い温度，［(ヘ)］い圧力に設定することによっても，実在気体を［(イ)］に近づけることができる。

ダイナミックポイント!!

p.149～150のお話が理解できていれば楽勝です♥

まいりましょう

夢の気体!!

気体の状態方程式が厳密に成立する気体を(イ)［理想気体］という。実在気体は気体の状態方程式に厳密にはあてはまらない。その原因は，分子と分子の間に(ロ)①［分子間力］が働くことと，②分子自身に(ハ)［大きさ］があることの２点が挙げられる。これらが無視できる条件の下では実在気体にも気体の状態方程式が適用できる。実在気体でも，分子量が(ニ)［小さい］ほど(イ)［理想気体］に近い性質を示す。

①と②です

分子量が小さいと分子間力も小さくなる!!
つまり，分子間力を無視できる。

ほーっ

また，(ホ) 高 い温度，(ヘ) 低 い圧力に設定することによっても，実在気体

高温 ☞ 気体分子の熱運動がさかんになり分子間力の影響が弱まる!!
低圧 ☞ 気体の体積が大きくなり，分子と分子の距離が広がる。したがって，分子間力，分子自体の大きさを無視できる!!

を(イ) 理想気体 に近づけることができる。

解答でござる

(イ) 理想気体　(ロ) 分子間力　(ハ) 大きさ
(ニ) 小さい　(ホ) 高　(ヘ) 低

ここで，超有名な問題を!!

問題44 **ちょいムズ**

下の表は，水素，メタン，および二酸化炭素の標準状態における1molの体積を表す。また，図は，これらの気体について，温度Tを一定（273K）にして，圧力P（Pa）を変えながら，n（mol）あたりの体積V（L）を測定し，$\frac{PV}{RT}$の値を求め，圧力Pとの関係を示したものである（Rは気体定数である）。

表

実在気体1molの標準状態における体積	
気体	体積（L）
H_2	22.424
CH_4	22.375
CO_2	22.256

図　実在気体の理想気体からのずれ
（温度273Kのとき）

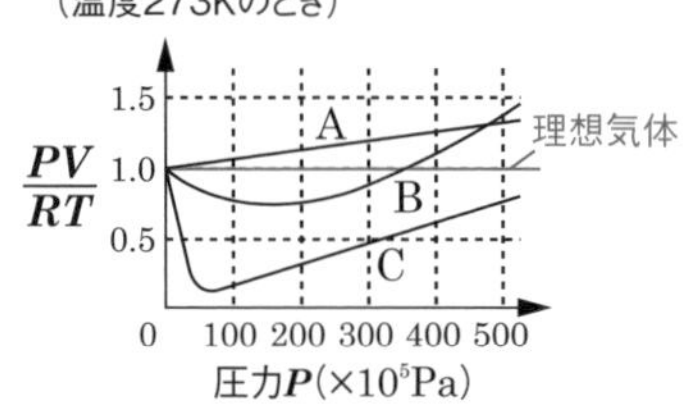

(1) 理想気体とは，厳密に気体の何という式にしたがう気体のことか。
(2) 実在気体は理想気体と何が異なるか。相違点を2つ書け。
(3) 表中の下の気体ほど体積が小さくなっている理由を説明せよ。
(4) 図中の曲線A，B，Cはそれぞれ，水素，メタン，二酸化炭素のどれに該当するか。
(5) 実在気体の理想気体からのずれは，圧力が高いほど，どう変化するか。次の(ア)～(ウ)から選べ。

(ア)　ずれが大きくなる　　(イ)　ずれが小さくなる　　(ウ)　変化しない

(6)　実在気体の理想気体からのずれは，温度が高いほど，どう変化するか。次の(ア)～(ウ)から選べ。

(ア)　ずれが大きくなる　　(イ)　ずれが小さくなる　　(ウ)　変化しない

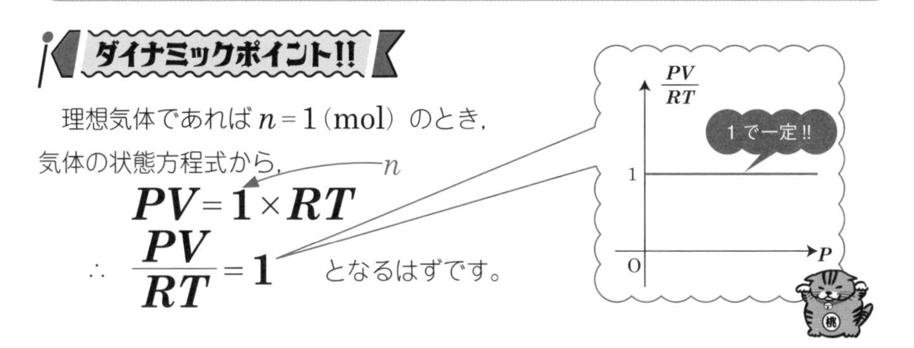

理想気体であれば $n=1$ (mol) のとき，

気体の状態方程式から，

$$PV = 1 \times RT$$

$$\therefore \quad \frac{PV}{RT} = 1$$ となるはずです。

しか～し!!　実在気体では，**分子自体の大きさ**と**分子間力**が存在するためにこのようにはいきません。かなりずれてしまいます

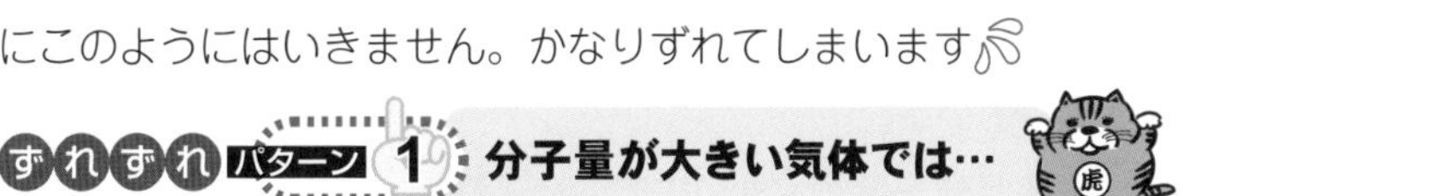

注　分子量が大きい ➡ 分子間力が大きい

$\frac{PV}{RT}$

1

0

P

ちなみに，分子量が大きくなるにつれて，**分子間力が大きく**なるので，

と，ずれが激しくなるぞ!!

ここで，ガクンと下がるのは…
圧力を加える⟶圧縮される。
➡気体の体積が小さくなる!!
➡分子間の距離が縮まる!!
➡**分子間力が強く働く**
➡理想気体に比べて極端に体積 V が減少する。
➡ $\frac{PV}{RT}$ の値は1より小さくなる!!

このあたりで大きくなっていくのは…
さらに圧力を加える⟶
➡圧縮されすぎる!!
➡気体の体積が小さくなりすぎる!!
➡分子間力よりも**分子自体の大きさ**の方が目立ってくる!!
➡その分子自体の大きさの分，理想気体に比べて体積 V が増加する!!
➡ $\frac{PV}{RT}$ の値は1より大きくなる!!

ずれずれパターン2 分子量が小さい気体では…

注 分子量が小さい ☞ 分子間力が小さい

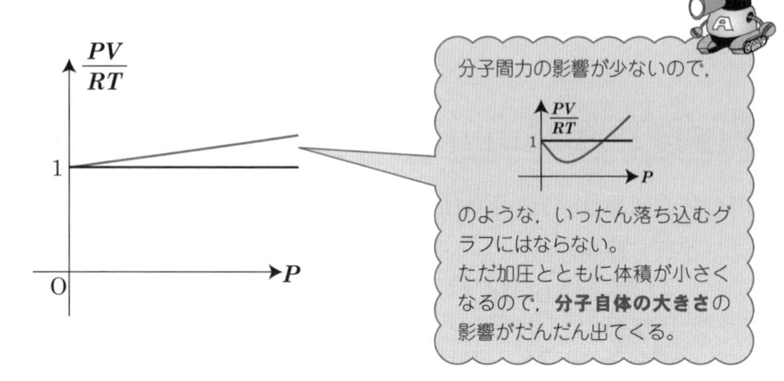

解答でござる

(1) (気体の)状態方程式 ← 理想気体は**気体の状態方程式** $PV = nRT$ にしたがう!!

(2) ◎分子自体の大きさがある。← この2点が実在気体のポイント。

◎分子間力が働いている。

(3) 表中の下の気体ほど分子量が大きいので，分子間力が強くなり，分子間どうしが強く引き合っているから。

分子量は $H_2 < CH_4 < CO_2$
↓
分子間力も $H_2 < CH_4 < CO_2$
↓
分子間力が強く働くと，分子どうしが集まった感じになり体積は小さくなる。

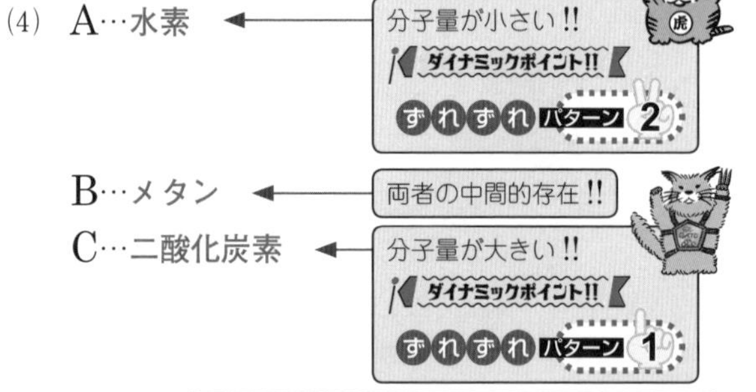

(4) A…水素 ← 分子量が小さい!! ダイナミックポイント!! ずれずれパターン2

B…メタン ← 両者の中間的存在!!

C…二酸化炭素 ← 分子量が大きい!! ダイナミックポイント!! ずれずれパターン1

(5) (ア) ← 理想気体に近づくためには(5)の高圧は逆効果!!

(6) (イ) ← p.150 参照。理想気体に近づくためには**高温・低圧**が条件!!

そこで!!　グラフのお話が一枚かんでくるものを…

問題45　標準

n (mol) の理想気体の性質に関して，正しい関係を表しているものを，次のグラフ(a)～(i)のうちからすべて選び出せ。ただし，Tは絶対温度，Pは圧力，Vは体積とし，$T_1 > T_2$，$P_1 > P_2$，$V_1 > V_2$とする。

(a)

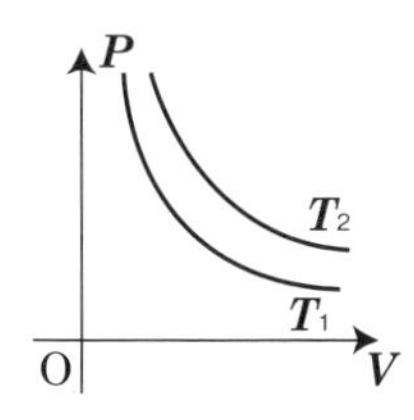

(b)

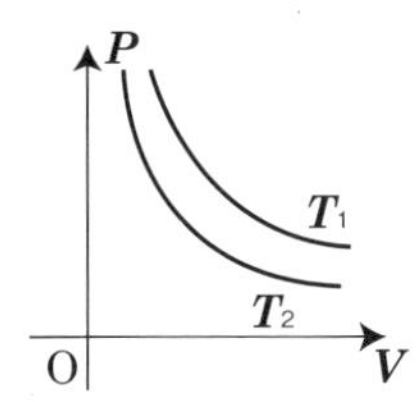

(c)

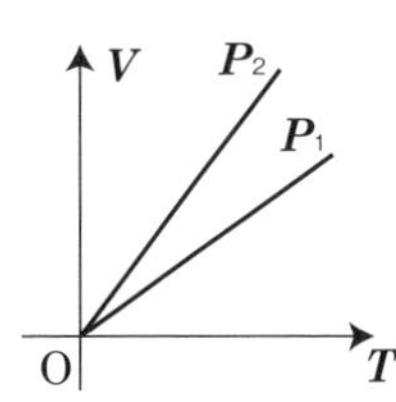

(d)

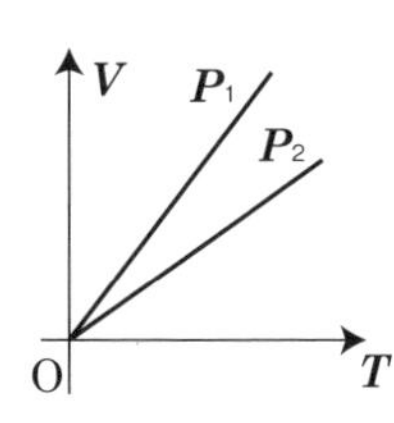

(e)

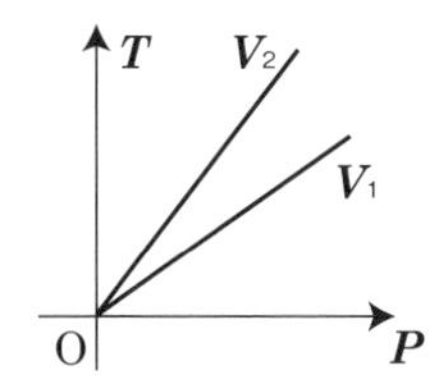

(f)

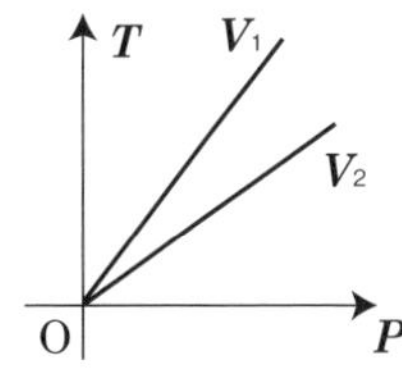

(g)

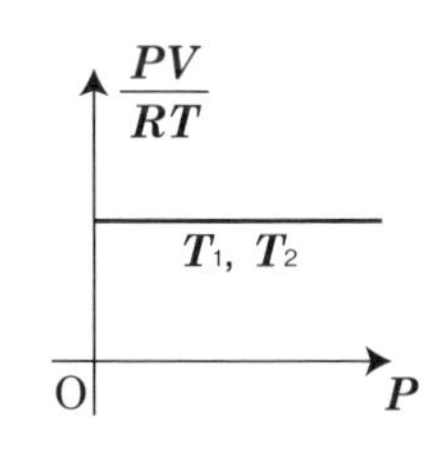

(h)

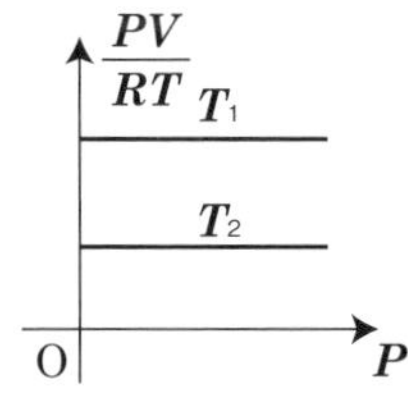

(i)

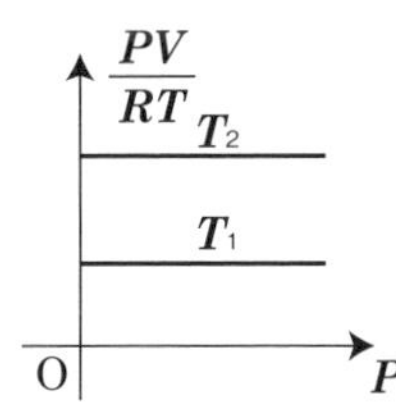

ダイナミックポイント!!

次のグラフを描いてみよう!!

(1) $y = 3x$　(2) $y = 5x$　(3) $y = \dfrac{2}{x}$

(4) $y = \dfrac{6}{x}$　(5) $y = 2$　(6) $y = 3$

ポイント1 正比例のグラフ

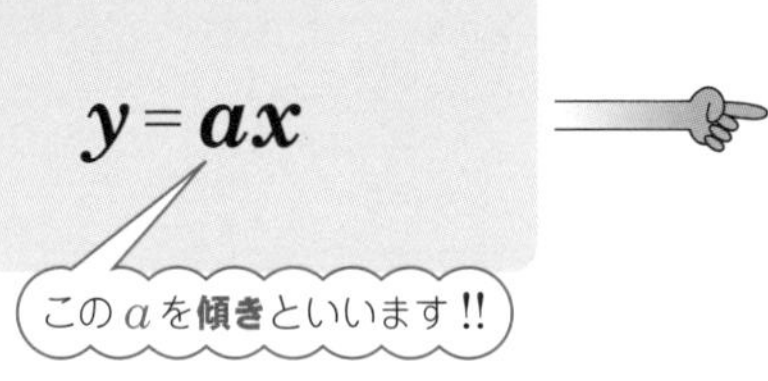

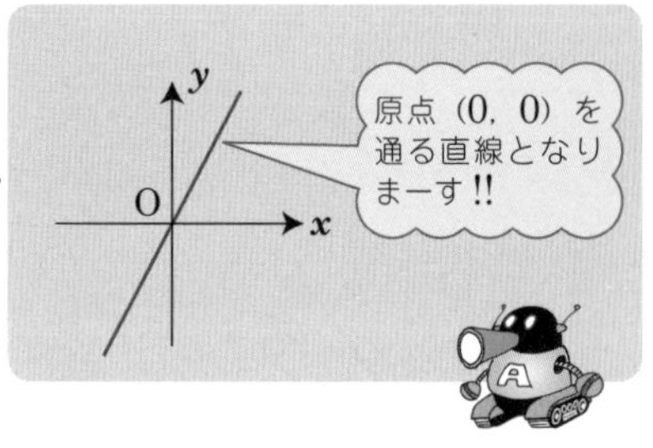

とゆーわけで…

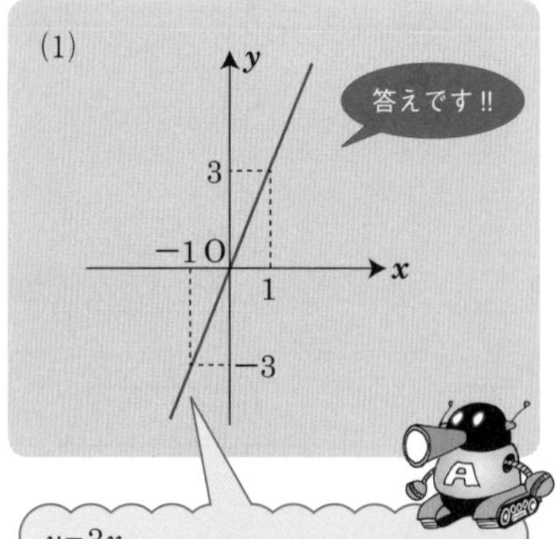

$y=3x$
の x に…−2, −1, 0, 1, 2, ……と代入することにより，以下の表を得る。

x	…	−2	−1	0	1	2	…
y	…	−6	−3	0	3	6	…

これらを結んでいけば，上の直線がかけます。ここまで説明することないか…

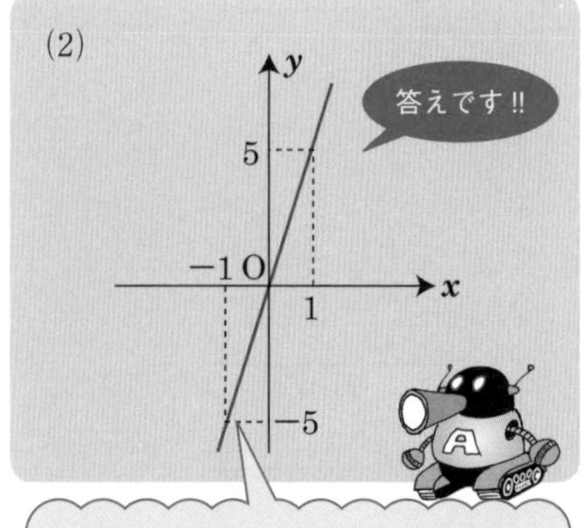

$y=5x$
の x に…−2, −1, 0, 1, 2, ……と代入することにより，以下の表を得る。

x	…	−2	−1	0	1	2	…
y	…	−10	−5	0	5	10	…

これらを結んでいけば，上の直線がかけまっせ♥

(1)より(2)の方が**傾き**が大きいので，増え方も(1)より(2)のほうが激しい!!

$$y=\frac{a}{x}$$

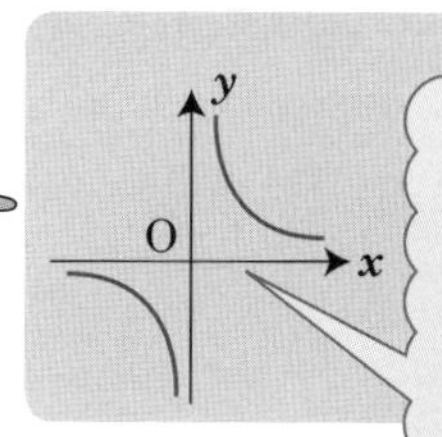

x軸とy軸にグラフは近づいていきます。ただし，交わることはありません!!
ちなみに，このときのx軸とy軸は漸近(ぜんきん)線となっています。

とゆーわけで…

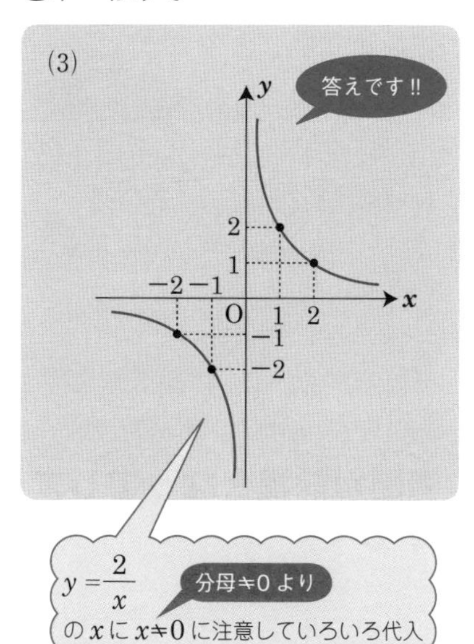

$y=\frac{2}{x}$ 分母≠0より
のxにx≠0に注意していろいろ代入していけば，上のグラフが得られる。

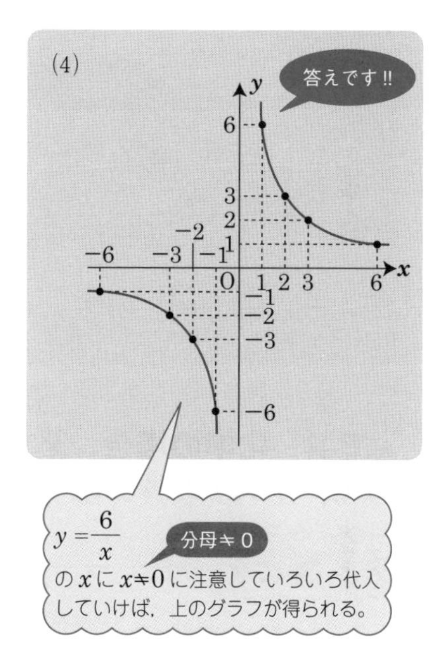

$y=\frac{6}{x}$ 分母≠0
のxにx≠0に注意していろいろ代入していけば，上のグラフが得られる。

そんなことより，一番言いたいことは…

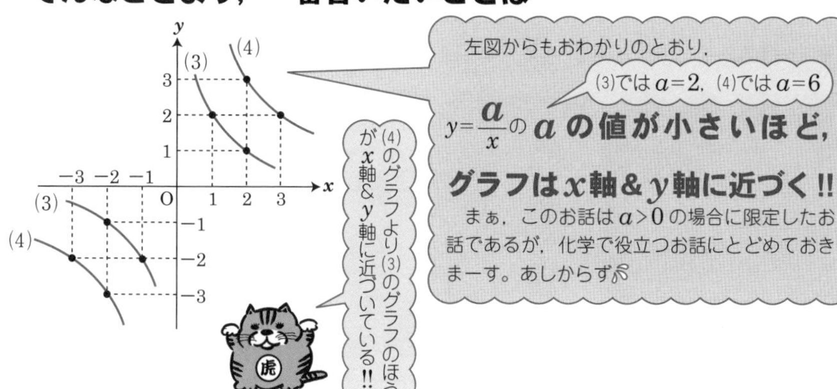

左図からもおわかりのとおり，
(3)では$a=2$，(4)では$a=6$
$y=\frac{a}{x}$の**aの値が小さいほど，**
グラフはx軸&y軸に近づく!!
まぁ，このお話は$a>0$の場合に限定したお話であるが，化学で役立つお話にとどめておきまーす。あしからず

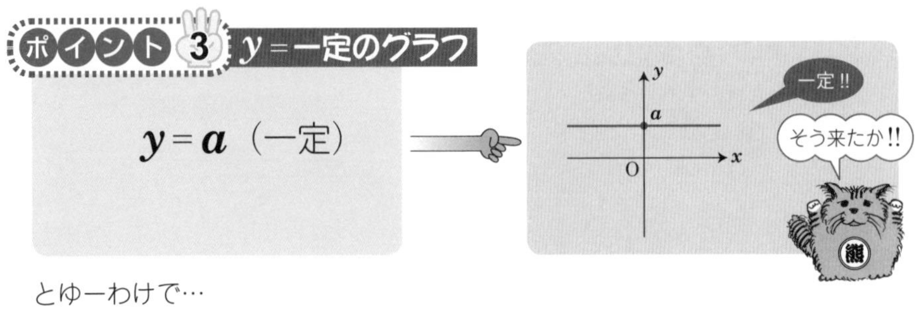

とゆーわけで…

(5)

答えです!!

$y=2$（一定）

2

O

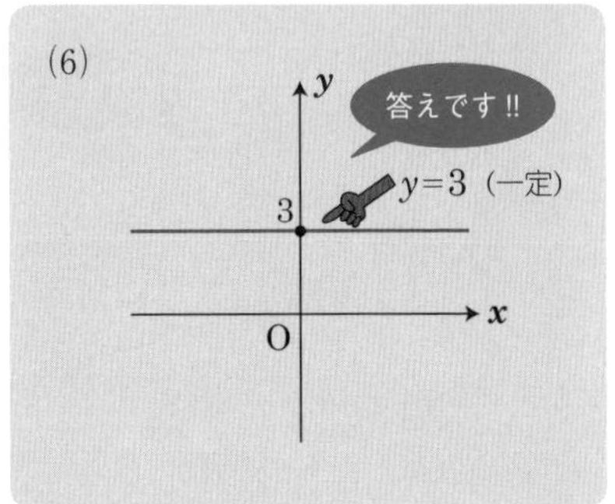

PにしてもVにしてもTにしてもすべて正でしょ!?

で!!　化学の場合，$x>0$ の範囲が前提となってしまうので，$x>0$ 以外の部分をカットして…

ザ・まとめ

正比例のグラフ

$y=ax$

aが大きい

aが小さい

反比例のグラフ

$y=\frac{a}{x}$

aが大きい

aが小さい

楽勝なヤツ…

$y=a$

以上を押さえておけば大丈夫!!　では，まいりましょう!!

気体の状態方程式より，

$$PV = nRT \quad \cdots(*)$$

理想気体は完全にこの気体の状態方程式が成立します

(Ⅰ)　T = 一定のとき，P と V の関係

まず（P 軸・V 軸・O のグラフ）のお話から…

$(*)$より，

$$P = \frac{nRT}{V}$$

反比例のグラフ

$y = \frac{a}{x}$ において

x ☞ V　y ☞ P

a ☞ nRT

に対応してまーす

となるから，P と V は反比例の関係にある。

さらに，$T_1 > T_2$ より，

$$nRT_1 > nRT_2$$

両辺を $nR(>0)$ 倍!!

よって，横軸を V，縦軸を P としたグラフは以下のようになる。

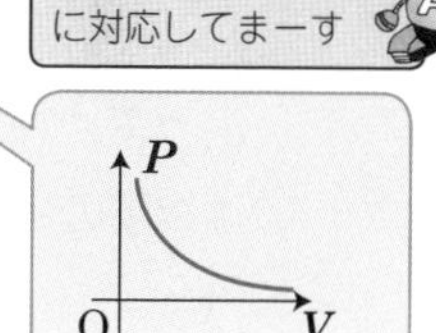

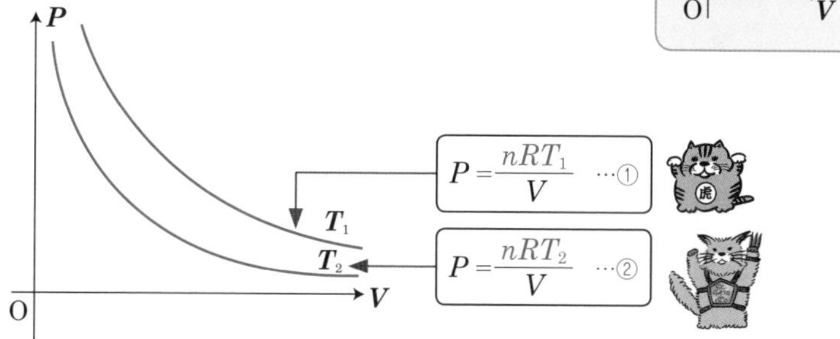

つまり，グラフ(b)が正しい。

$nRT_1 > nRT_2$ より

②のグラフのほうが，①のグラフよりも x 軸 & y 軸に近づく!!

一般に，

$y = \frac{a}{x}$ $(a>0)$ で

a が小さくなると，グラフは x 軸 & y 軸に近づく!!

ダイナミックポイント!! 参照!!

(II) P＝一定のとき，VとTの関係

（＊）より，

$$V=\frac{nRT}{P}$$

$$\therefore\quad V=\frac{nR}{P}T$$

となるから，VとTは正比例の関係にある。

さらに，$P_1>P_2$より，

$$\frac{1}{P_1}<\frac{1}{P_2}$$

$$\therefore\quad \frac{nR}{P_1}<\frac{nR}{P_2}$$

よって，横軸をT，縦軸をVとしたグラフは以下のようになる。

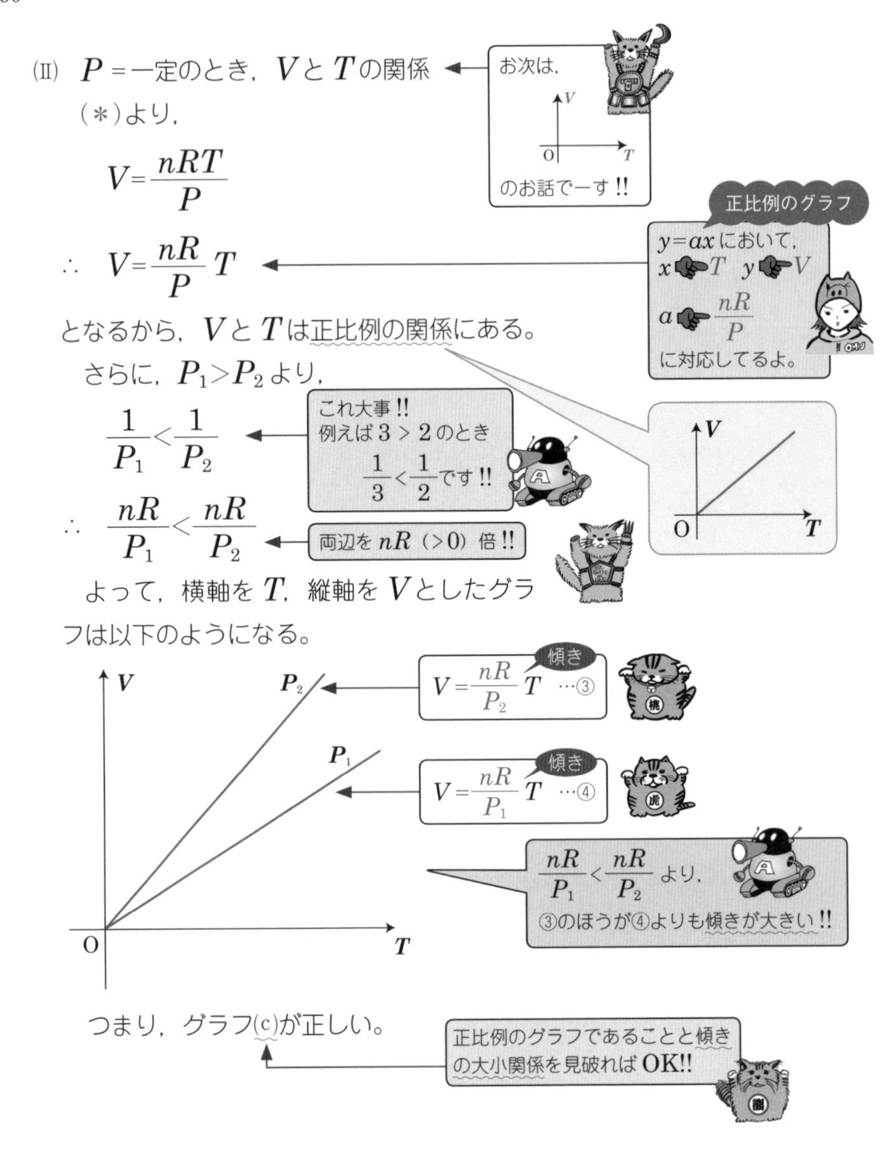

つまり，グラフ(c)が正しい。

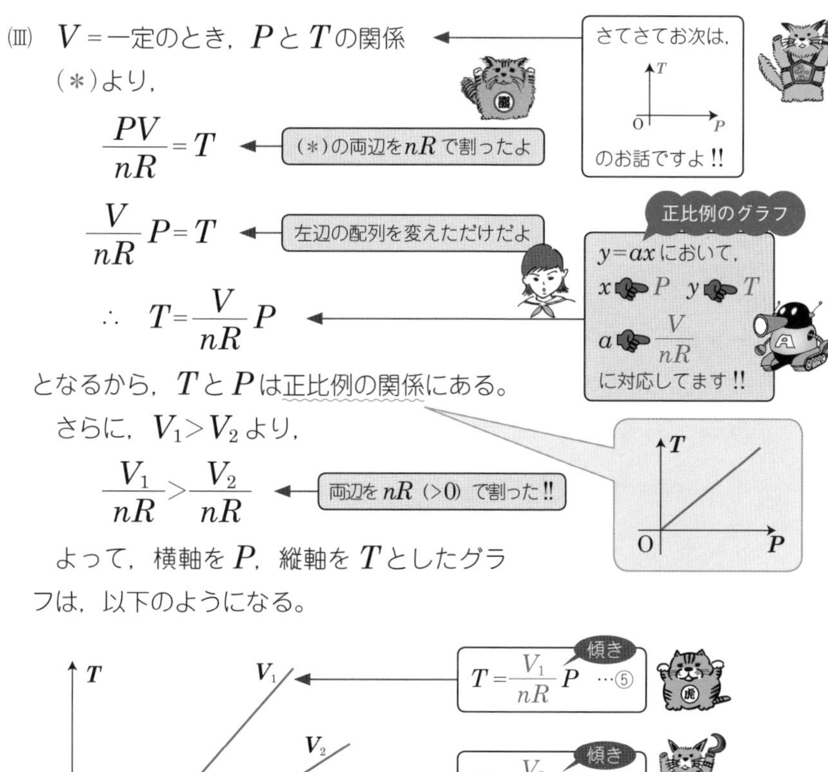

(Ⅲ)　V＝一定のとき，PとTの関係

(＊)より，

$$\frac{PV}{nR}=T$$

$$\frac{V}{nR}P=T$$

$$\therefore\quad T=\frac{V}{nR}P$$

となるから，TとPは正比例の関係にある。

さらに，$V_1>V_2$より，

$$\frac{V_1}{nR}>\frac{V_2}{nR}$$

よって，横軸をP，縦軸をTとしたグラフは，以下のようになる。

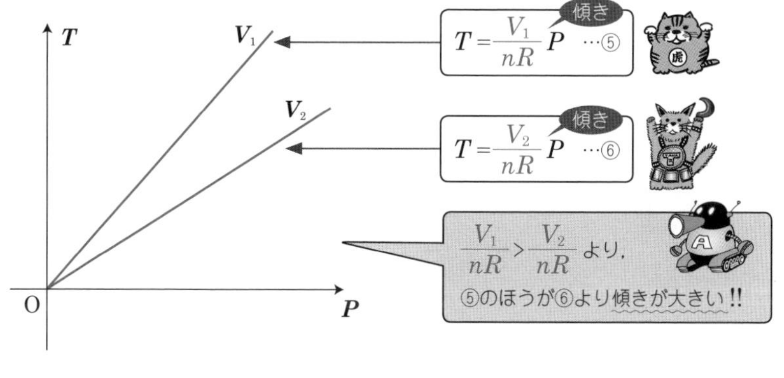

つまり，グラフ(f)が正しい。

どちらの直線の傾きが大きいか??
しっかり押さえてください

(Ⅳ) $\dfrac{PV}{RT}$ と P の関係

(＊)より，

$$\frac{PV}{RT}=n$$

となるから，$\dfrac{PV}{RT}$ の値は，P の値に関係なく一定値 n となる。

さらに，T の値を変えても，この一定値 n は変わらない。

よって，横軸を P，縦軸を $\dfrac{PV}{RT}$ としたグラフは以下のようになる。

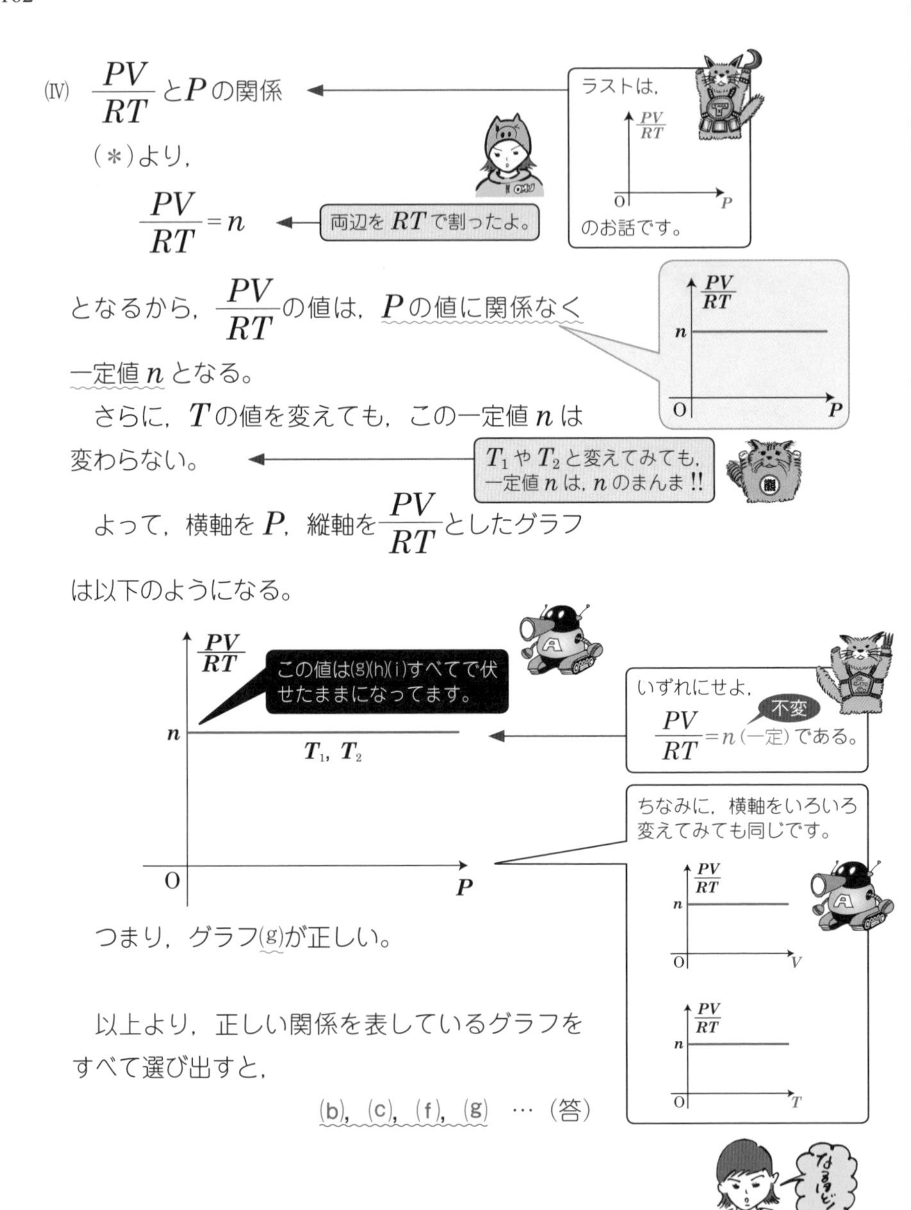

つまり，グラフ(g)が正しい。

以上より，正しい関係を表しているグラフをすべて選び出すと，

(b)，(c)，(f)，(g) …（答）

第4章

溶液（ようえき）から始まって溶液で終わる!! 溶液は何かと話題が多い!!

Theme 17 気体の溶解度のお話

その1 温度と気体の溶解度の関係

気体は溶けにくくなる

結論からズバリいわせていただきます。

高温になるほど気体の溶解度は小さくなる!!

これは，アタリマエでしょ!? ぬるいソーダ水なんか気が抜けてしまって飲めたもんじゃないよね。ちゃんと冷やしてない缶コーラ（炭酸飲料なら何でも）も，栓(せん)を抜くとプシューッてコーラが飛び出してくるでしょ!! それは，**高温**での気体の溶解度が**小さくなってる**証拠です。

この例ではCO_2

注 固体の場合は逆ですよ!! 固体の溶解度は高温のほうが大きくなります。

たしかに，砂糖なんかも
高温のほうが水によく溶けるなぁ…

その2 圧力と気体の溶解度の関係

この関係を示したお話には名前がついてまして…

ヘンリーの法則と申しま――す。

なにぃ～っ
ヘンリ～!?!!

では，この『ヘンリーの法則』について解説させていただきます。

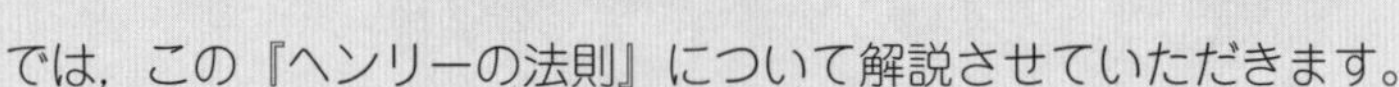

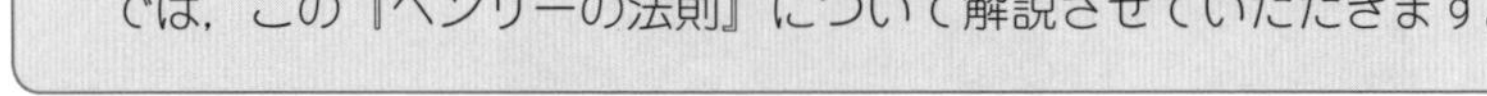

ヘンリーの法則 Part I

温度が一定であるとき，一定量の液体に溶ける気体の**質量**（**あるいは物質量**）は，その気体の**分圧に比例**する。

モル数

p.140参照

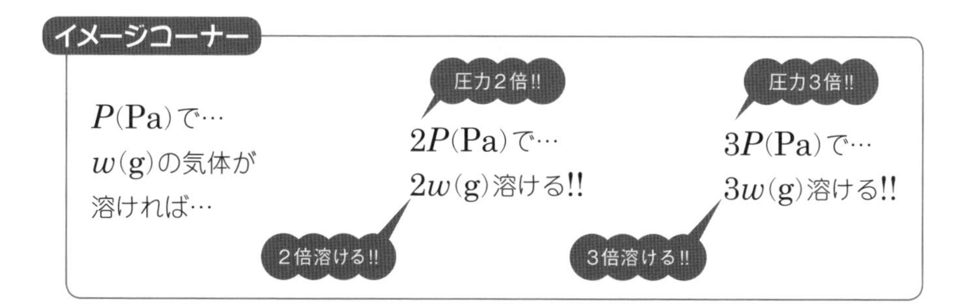

ヘンリーの法則　Part II

温度が一定であるとき，一定量の液体に溶ける気体の**体積**はその気体の**分圧に関係なく一定である。**

マジっすか!?

これはよく考えれば理解できるお話です。

まず思い出してもらいたいことがあります。それは p.120 でおなじみの『ボイルの法則』です。

ある気体が圧力1.0×10^5(Pa)で体積 6.0(L)のとき，温度を一定に保って圧力を3.0×10^5(Pa)にすると，この気体の体積は何(L)となるか??

懐かしいなぁ…

ボイルの法則により，求める体積を Vとして，

$$\underset{P}{3.0\times10^5}\times V=\underset{P'}{1.0\times10^5}\times\underset{V'}{6.0}$$

$$\therefore\ V=2.0\text{(L)}$$ 答えでーす!!

p.121を参照!!
ボイルの法則です。
$PV=P'V'$

ここで押さえておくことは，**圧力を3倍**にすると**体積は$\frac{1}{3}$倍**になったということです。 ☞ 温度が一定のとき気体の**圧力と体積は反比例する!!**

そこで!!
桃
虎

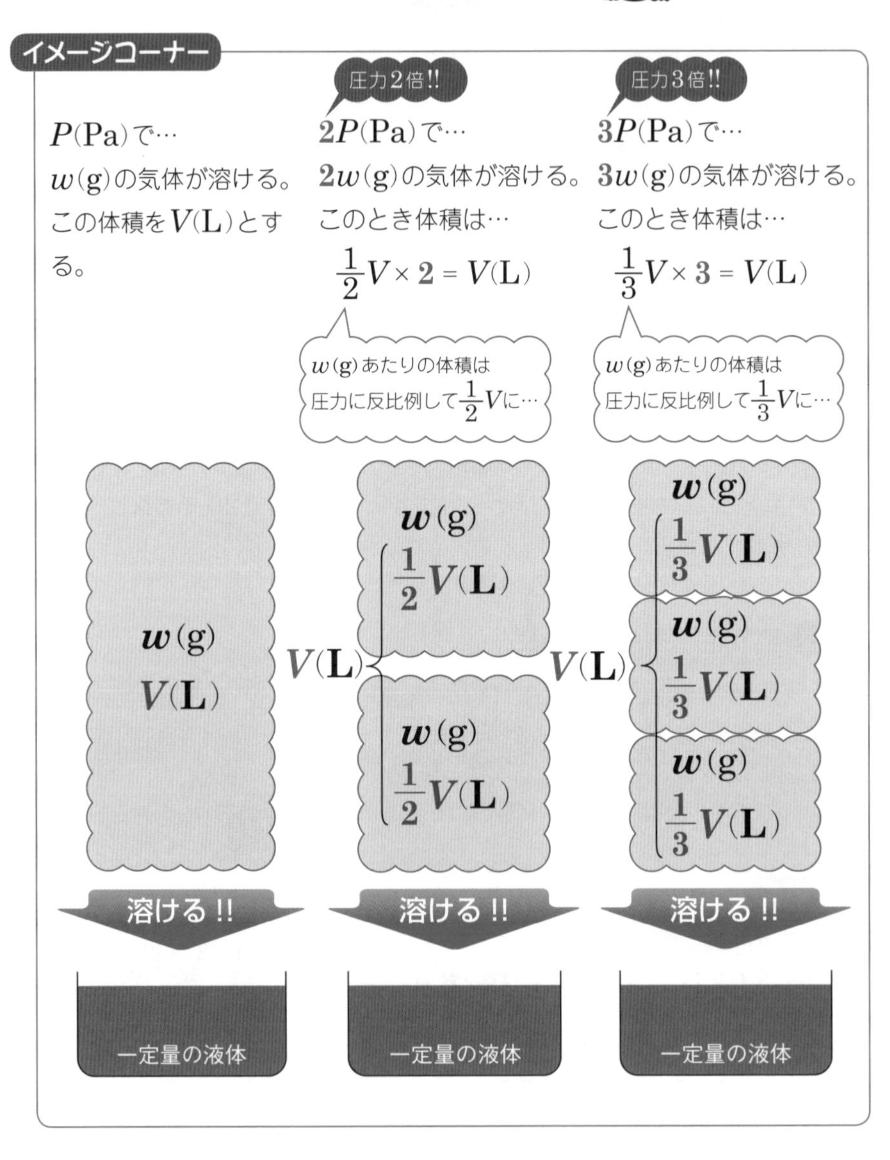
イメージコーナー
圧力2倍!!
圧力3倍!!
P(Pa)で…
w(g)の気体が溶ける。
この体積をV(L)とする。
$2P$(Pa)で…
$2w$(g)の気体が溶ける。
このとき体積は…
$\frac{1}{2}V \times 2 = V$(L)
$3P$(Pa)で…
$3w$(g)の気体が溶ける。
このとき体積は…
$\frac{1}{3}V \times 3 = V$(L)
w(g)あたりの体積は圧力に反比例して$\frac{1}{2}V$に…
w(g)あたりの体積は圧力に反比例して$\frac{1}{3}V$に…
w(g) V(L)
w(g) $\frac{1}{2}V$(L)
V(L)
w(g) $\frac{1}{3}V$(L)
溶ける!!
一定量の液体

つまーり!!

ヘンリーの法則 のまとめです。

温度が一定であるとき，一定量の液体に溶ける気体の**質量**(**あるいは物質量**)は，その気体の**分圧に比例**する。

一方，一定量の液体に溶ける気体の**体積**は，その気体の**分圧に関係なく一定**である。

注 この『ヘンリーの法則』にあてはまる気体は，溶媒に**溶けにくい気体**，つまり**溶解度が小さい気体**のみである。つまり，溶媒に溶けまくる気体に対しては無効でっせ!!

『ヘンリーの法則』にあてはまらない気体の代表選手

HCl(塩化水素)…塩化水素を水に溶かしたものが**塩酸**です。
塩酸をいくら振っても，塩化水素は泡になって出てきませんよ。
つまり，溶けやすい証拠!!

NH_3(アンモニア)…アンモニアを水に溶かしたものが**アンモニア水**。
こいつもいったん溶けたら，なかなか出てきやしない

感覚をつかんでいただくために，こんな問題をご用意いたしました。

問題46 キソ

ある水に溶けにくい気体Xは，ある温度，圧力P(Pa)の下で1Lの水に質量w(g)，物質量n(mol)，体積v(mL)溶ける。このとき，次の各問いに答えよ。

(1) 温度を変えずに，圧力を$2P$(Pa)としたとき，1Lの水に溶けるこの気体Xの質量(g)と物質量(mol)と体積(mL)を求めよ。

(2) 温度を変えずに，圧力を$10P$(Pa)としたとき，1Lの水に溶けるこの気体Xの質量(g)と物質量(mol)と体積(mL)を求めよ。

(3) 温度を変えずに，圧力を$5P$(Pa)としたとき，3Lの水に溶けるこの気体Xの質量(g)と物質量(mol)と体積(mL)を求めよ。

(4) 温度を変えずに，圧力を $3P$(Pa)としたとき，1L の水に溶けるこの気体Xの質量(g)と物質量 (mol) と圧力P(Pa)における体積(mL)を求めよ。

(5) 温度を変えずに，圧力を $8P$(Pa)としたとき，4L の水に溶けるこの気体Xの質量(g)と物質量(mol)と圧力$4P$(Pa)における体積(mL)を求めよ。

ダイナミックポイント!!

果たして**ヘンリーの法則**を使いこなせるか!? これがカギです!!

ヘンリーの法則

温度が一定であるとき…一定量の液体に溶ける気体の…

質量＆物質量 → **分圧**に**比例**する!!

体　　積 → 分圧に関係なく**一定**である!!

そこで注意してほしいのは…

注1 (3)で溶媒である水の量が 1L でなく 3L となっています。必然的に **3倍**の気体が溶けることは理解できますね。
そりゃ，そーです!! コップ 1 杯の水に溶ける気体の量と巨大プール 1 つの水に溶ける気体の量が同じはずがないでしょ!?

そりゃそーだ!!

注2 (4)，(5)で気体の体積を求める際，気体を溶かしたときの圧力でなく，他の圧力の下での体積が問題となっています!!
そこで!! **ボイルの法則**のお出ましです。圧力と体積は**反比例**の関係にあるので，例えば圧力を 3 倍にすると体積は $\frac{1}{3}$ 倍になります!!

情報をまとめておきます。

ある温度，圧力 P(Pa)の下で水 1L に，ある気体 X は…

この気体Xは何か…??
まぁ気にしない，気にしない…。

質量 w(g)，物質量 n(mol)，体積 v(mL)溶ける。

(1)　温度を変えずに圧力を $2P$(Pa)としたとき，水 1L に溶ける気体 X の

圧力を 2 倍!!

質量は…

$$w \times 2 = 2w\text{(g)}$$ …(答)

物質量は…

$$n \times 2 = 2n\text{(mol)}$$ …(答)

ヘンリーの法則により**質量と物質量は分圧に比例する!!**

体積は…

$$v\text{(mL)}$$ …(答)

ヘンリーの法則により**体積は分圧によらず一定!!**

注　体積は変わらないが**重い気体**になっていることを忘れてはいかんよ。本問では **2倍の重さ**になってます。

(2)　温度を変えずに圧力を $10P$(Pa)としたとき，水 1L に溶ける気体 X の

質量は…

$$w \times 10 = 10w\text{(g)}$$ …(答)

物質量は…

$$n \times 10 = 10n\text{(mol)}$$ …(答)

ヘンリーの法則により**質量と物質量は分圧に比例する!!**

体積は…

$$v\text{(mL)}$$ …(答)

ヘンリーの法則により**体積は分圧によらず一定!!**

圧力を5倍!!

(3) 温度を変えずに圧力を$5P$(Pa)としたとき,

水3Lに溶ける気体Xの

おーっと!! 水の量も3倍に!!

質量は…

$$w \times 5 \times 3 = 15w\text{(g)}$$ …(答)

物質量は…

$$n \times 5 \times 3 = 15n\text{(mol)}$$ …(答)

体積は…

$$v \times 3 = 3v\text{(mL)}$$ …(答)

ヘンリーの法則は,あくまでも**一定量の液体**に溶ける気体のお話です。
ところが,液体である水の量が**3倍**になってます。つまり,**すべての値がいつもの3倍**となります。

圧力を3倍!!

(4) 温度を変えずに圧力を$3P$(Pa)としたとき,

水1Lに溶ける気体Xの

質量は…

$$w \times 3 = 3w\text{(g)}$$ …(答)

物質量は…

$$n \times 3 = 3n\text{(mol)}$$ …(答)

ヘンリーの法則により**質量と物質量は分圧に比例する!!**

体積は…

$3P$(Pa)の下での… v(mL)

ヘンリーの法則により**体積は分圧によらず一定!!**

よって,溶けた気体Xの圧力P(Pa)での体積は…

$$v \times 3 = 3v\text{(mL)}$$ …(答)

注 これは$3P$(Pa)での体積ですよ!!

圧力$3P$(Pa)をP(Pa)に変化させた!!

つまーり!!

圧力を$\frac{1}{3}$倍にした!!

つまーり!!

ボイルの法則により体積は3倍!!

圧力と体積は反比例!!

(5)　温度を変えずに圧力を $8P$(Pa)としたとき，

水 4L に溶ける気体 X の

質量は…

$$w \times 8 \times 4 = 32w \text{(g)}$$ …(答)

物質量は…

$$n \times 8 \times 4 = 32n \text{(mol)}$$ …(答)

体積は…

$$v \times 4 = 4v \text{(mL)}$$

よって，溶けた気体 X の圧力 $4P$(Pa)での体積は…

$$4v \times 2 = 8v \text{(mL)}$$ …(答)

プロフィール

熊五郎（インスタで大人気!!）

オムちゃんの5匹目の飼い猫（ペルシャ猫）です。なかなか一筋縄にいかない厄介な猫です。虎次郎を追いまわし，玉三郎のお尻を噛み，金四郎の顔にも飛びかかります。桃太郎のことは尊敬している様子です。

問題 47 標準

酸素は0℃，1.0×10^5 Paにおいて，水1Lに49mL溶ける。このとき，次の各問いに答えよ。ただし，原子量はO＝16とし，気体定数は$R=8.31\times10^3$ Pa·L/(mol·K)とする。

(1) 0℃，1.0×10^5 Paの下で，水 1L に溶ける酸素の質量(g)を有効数字2桁で求めよ。

(2) 0℃，3.0×10^5 Paの下で，水 1L に溶ける酸素の体積(mL)と質量(g)を有効数字 2 桁で求めよ。

(3) 0℃，2.0×10^5 Paの下で，水 3L に溶ける酸素の体積(mL)と質量(g)を有効数字 2 桁で求めよ。

ダイナミックポイント!!

(1)は，Theme 13 でおなじみの『気体の状態方程式』を活用すれば OK!!

ただし，単位に注意してください。$49\text{mL}=\dfrac{49}{1000}\text{L}$，0℃＝273Kですヨ!!

(2)(3)は，いよいよ『ヘンリーの法則』のお出ましです!!

まぁ，とりあえずやってみましょう♥

解答でござる

(1) 求めるべき酸素の質量をw(g)とすると，気体の状態方程式から，

$$1.0\times10^5\times\frac{49}{1000}=\frac{w}{32}\times8.31\times10^3\times273$$

$$w=\frac{1.0\times10^5\times49\times32}{1000\times8.31\times10^3\times273}$$

$$=\frac{49\times32}{8.31\times273\times10}$$

$$=0.06911\cdots$$

$$\fallingdotseq \mathbf{0.069}\text{(g)}$$ …(答)

p.126参照!!
気体の状態方程式
$PV=\dfrac{w}{M}RT$
P…1.0×10^5(Pa)
V…$\dfrac{49}{1000}$(L)
M…$O_2=16\times2=32$
R…8.31×10^3Pa·L/(mol·K)
T…273(K)

$\dfrac{1.0\times10^5\times49\times32}{1000\times8.31\times10^3\times273}$（$10^5$と$1000\times10^3$を約分して分母に10が残る）

6.9×10^{-2}(g)として答えてもよし!!

(2) ヘンリーの法則より，溶ける酸素の体積は，

49(mL) …(答) ← 体積は分圧によらず一定でしたね。

溶ける酸素の質量は，

$0.0691 \times 3 = 0.2073$

(1)で求めた値です。有効数字2桁より，途中式は3桁で!!

≒ **0.21(g)** …(答)

質量は分圧に比例する。1.0×10^5Paから3.0×10^5Paと圧力を3倍にしたから，溶ける酸素の質量も3倍となる。

(3) 溶媒である水の体積が3倍になっていることに注意して，ヘンリーの法則から溶ける酸素の体積は，

$49 \times 3 = 147$ ← 溶媒である水の量が3倍となったので溶ける量も3倍!!

≒ **150(mL)** …(答)

溶ける酸素の質量は，

圧力が2倍となったから溶ける量も2倍!!

$0.0691 \times 2 \times 3 = 0.4146$

(1)で求めた値です。有効数字2桁より途中式は3桁で!!

溶媒である水の量が3倍だから，さらに3倍!!

≒ **0.41(g)** …(答)

問題48 標準

窒素は0℃，1.0×10^5 Paにおいて，水1Lに24 mL溶ける。このとき，次の各問いに答えよ。ただし，原子量はN＝14とし，気体定数は$R = 8.31 \times 10^3$Pa·L/(mol·K)とする。

(1) 1.0×10^5 Paの窒素が0℃の水1Lに溶け込む質量は何gか。有効数字2桁で求めよ。

(2) 1.0×10^5 Paの空気を0℃の水1Lに接触させておいたとき，溶け込む窒素の質量と体積を有効数字2桁で求めよ。ただし，空気は酸素と窒素の体積比が1：4の混合気体だとする。

(3) 4.0×10^5 Paの空気を0℃の水1Lに接触させておいたとき，溶け込む窒素の質量と体積を有効数字2桁で求めよ。ただし，空気は酸素と窒素の体積比が1：4の混合気体だとする。

ダイナミックポイント!!

(2), (3)では窒素の**分圧**を求める必要があります。

溶け込む気体の**質量は分圧に比例**します。しかし，**分圧によらず**，溶け込む気体の**体積は一定**ですよ。ヘンリーの法則です!!

解答でござる

(1) 求めるべき窒素の質量をw(g)とすると，気体の状態方程式から，

$$1.0\times10^5\times\frac{24}{1000}=\frac{w}{28}\times8.31\times10^3\times273$$

$$w=\frac{1.0\times10^5\times24\times28}{1000\times8.31\times10^3\times273}$$

$$=\frac{24\times28}{8.31\times273\times10}$$

$$=0.02962\cdots$$

$$\fallingdotseq \mathbf{0.030}\text{(g)}$$ …(答)

> p.126参照!!
> 気体の状態方程式
> $$PV=\frac{w}{M}RT$$
> P…1.0×10^5(Pa)
> V…$\frac{24}{1000}$(L)
> M…$N_2=14\times2=28$
> R…8.31×10^3Pa·L/(mol·K)
> T…273(K)

> $$\frac{\cancel{1.0\times10^5}\times24\times28}{\cancel{1000}\times8.31\times\cancel{10^3}\times273}$$
> 10

> 3.0×10^{-2}(g)としてもOK!!

(2) 空気の圧力＝全圧＝1.0×10^5(Pa)

物質量比(モル比)は　酸素：窒素＝1：4

以上より，窒素の分圧をP_{N_2}とすると，

> 気体では…
> 体積比＝モル比
> 基本中の基本ですよ!!

$$P_{N_2}=1.0\times10^5\times\frac{4}{4+1}$$

$$=1.0\times10^5\times\frac{4}{5}$$

$$=0.80\times10^5\text{(Pa)}$$

> p.145 参照!!
> 分圧比＝モル比
> $O_2 : N_2 = 1 : 4$
> よってN_2の分圧は
> 全圧の$\frac{4}{4+1}$となる!!

ヘンリーの法則より溶け込む窒素の体積は，

> **体積**は分圧によらず**一定**です!!

24(mL)　…(答)

溶け込む窒素の質量は，

$$0.0296\times0.80=0.02368$$

(1)で求めた値です。有効数字2桁より途中式は3桁で!!

$$\fallingdotseq \mathbf{0.024}\text{(g)}$$ …(答)

> 0.80×10^5Paより，圧力は1.0×10^5Paのときの**0.80倍**である。よって溶け込む窒素の質量も**0.80倍**となる。

(3)　空気の圧力＝全圧＝4.0×10^5(Pa)

物質量比(モル比)は，酸素：窒素＝1：4

以上より，窒素の分圧をP_{N_2}とすると，

$$P_{N_2}=4.0\times10^5\times\frac{4}{4+1}$$

$$=4.0\times10^5\times\frac{4}{5}$$

$$=3.2\times10^5\,(\text{Pa})$$

(2)と同様です。

分圧比＝モル比

$O_2 : N_2 = 1 : 4$

よってN_2の分圧は

全圧の$\frac{4}{4+1}$となる!!

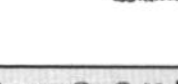

1.0×10^5Paの**3.2倍!!**

ヘンリーの法則より溶け込む窒素の体積は，

体積は分圧によらず**一定**です!!

24(mL)　…(答)

溶け込む窒素の質量は，

$0.0296\times3.2=0.09472$

(1)で求めた値です。

有効数字2桁より

途中式は3桁で!!

$\fallingdotseq$ **0.095(g)**　…(答)

3.2×10^5Paより，圧力は1.0×10^5Paのときの**3.2倍**である。よって，溶け込む窒素の質量も**3.2倍**となる。

プロフィール

玉三郎(食いしん坊!)

虎次郎と仲良しの小型猫。品種は美声で名高いソマリで毛はフサフサ，少し気まぐれな性格ですが気になることはとことん追究する性分です!!　玉三郎も**オムちゃん**の飼い猫です。

プロフィール

金四郎(実は賢い!!)

桃太郎を兄貴と慕う大型猫。少し乱暴な性格なので虎次郎には嫌われてます。品種はノルウェージャンフォレストキャットで超剛毛!!　夏はかなり暑そうです。もちろんオムちゃんの飼い猫です。

Theme 18 凝固点が降下したり，沸点が上昇したり…

邪魔者がいるせいで，行動しにくくなることがあります

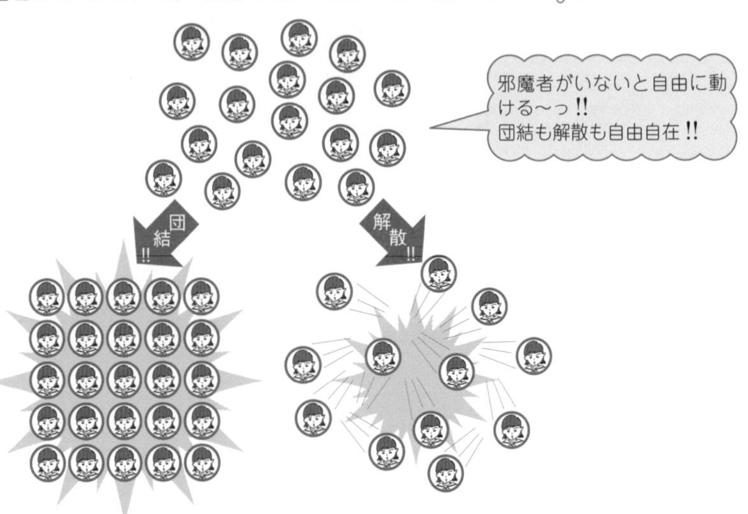

しか～し!! 邪魔者が入ると…

を水分子，を溶質と考えてください。そーすると…

団結が**凝固**（液体から固体へ…），解散が**沸騰**（液体から気体へ…）に対応することになります。

すなわち

純水に比べて水溶液では…

凝固しにくい　とゆーことは→　より温度を下げないと凝固しない!!

つま～り!!　**凝固点が下がります!!**

凝固するときの温度です。純水では0℃

同様に…

沸騰しにくい　とゆーことは→　より温度を上げないと沸騰しない!!

つま～り!!　**沸点が上がります!!**

そんでもって…

邪魔者が多いほど…

溶質となっている粒子数が多いほど凝固点は降下し，沸点は上昇します!!

ここで注意してほしいのは…

あくまでも**粒子数**が問題となっていることです。

つまり，電解質であるNaCl（塩化ナトリウム）は，Na^+とCl^-のように粒子数が2倍になります。

$$NaCl \longrightarrow Na^+ + Cl^-$$

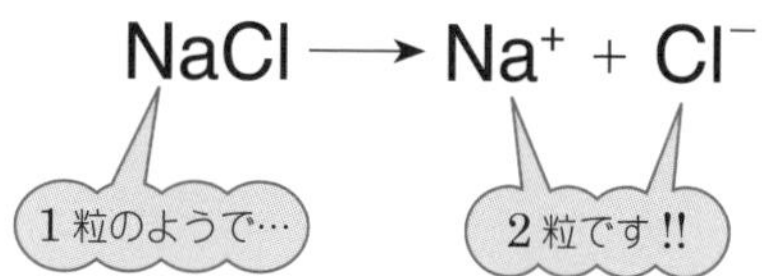

問題49 キソ

次の(ア)～(エ)の物質を同じ量の水に指定されたモル数だけ溶かしたとき，水溶液の凝固点が低い順に並べよ。

(ア) $NaCl$（塩化ナトリウム）を 1.6mol

(イ) $MgCl_2$（塩化マグネシウム）を 1.2mol

(ウ) $C_6H_{12}O_6$（ブドウ糖（とう））を 2.8mol

(エ) $C_{12}H_{22}O_{11}$（ショ糖）を 3.0mol

ダイナミックポイント!!

(ア) $NaCl \longrightarrow Na^+ + Cl^-$

1粒　2粒

Na^+ と Cl^- に分かれるので粒子数は2倍!!

$NaCl$ が 1.6mol より粒子数は，$1.6 \times \mathbf{2} = \mathbf{3.2}$mol

(イ) $MgCl_2 \longrightarrow Mg^{2+} + 2Cl^-$

Mg^{2+} と Cl^- と Cl^- に分かれるので粒子数は3倍

$MgCl_2$ が 1.2mol より粒子数は，$1.2 \times \mathbf{3} = \mathbf{3.6}$mol

(ウ) $C_6H_{12}O_6$（ブドウ糖）は**非電解質**です。

よって，粒子数もそのまんまズバリ!!　**2.8**mol

(エ) $C_{12}H_{22}O_{11}$（ショ糖）も**非電解質**です。

よって，粒子数もそのまんまズバリ!!　**3.0**mol

以上より…

粒子数は…　(イ) ＞ (ア) ＞ (エ) ＞ (ウ)

よって，粒子数が多いほど水溶液の**凝固点が下がる**から，凝固点が低い順に並べると…

(イ)，(ア)，(エ)，(ウ)　答でーす!!

注　非電解質の代表として，しばしば糖類（本問ではブドウ糖とショ糖）が顔を出します。糖類が出てきたら電離しないと考えてOKです。

解答でござる

水溶液の凝固点が低い順に，

(イ)，(ア)，(エ)，(ウ)　…（答）

理由は ダイナミックポイント!! を参照せよ!!

このあたりで本題に入ります!!

凝固点降下度と沸点上昇度の計算

凝固点が何℃下がったか？　沸点が何℃上がったか？

この凝固点降下度もしくは沸点上昇度を Δt(℃) もしくは Δt(K)

さらに溶質粒子の質量モル濃度を m(mol/kg)

とすると…

$$\Delta t = km$$

k は比例定数です。Δt は，m に比例します!!

粒子数（邪魔者）が増えれば，凝固点は下がり，沸点も上がる!!
= **m が大きくなれば Δt も大きくなる!!**

注　Δt が凝固点降下度のとき k を**モル凝固点降下**とよび，Δt が沸点上昇度のとき k を**モル沸点上昇**とよぶ。
定数ならば，○○定数みたいな名前がふさわしいのですが，変な名前だね…

m が質量モル濃度ってところがポイントですよ!!

では，実際に問題をやってみましょう!!

問題50 標準

次の各問いに答えよ。ただし，水の凝固点は0℃，沸点は100℃とする。

(1) 水100 gに，分子量180のある非電解質を9.0 g溶かしたとき，この水溶液の凝固点と沸点を小数第2位まで求めよ。ただし，水のモル凝固点降下は1.86 K·kg/mol，水のモル沸点上昇は0.52 K·kg/molとする。

(2) 水200 gに$MgCl_2$ 0.020 molを溶かしたとき，この水溶液の凝固点と沸点を小数第2位まで求めよ。ただし，水のモル凝固点降下は1.86 K·kg/mol，水のモル沸点上昇は0.52 K·kg/molとする。

(3) 水500gにある非電解質を5.0 g溶かしたところ，凝固点が−0.31℃であった。このとき，この物質の分子量を求めよ。ただし，水のモル凝固点降下は1.86 K·kg/molとする。

ダイナミックポイント!!

モル凝固点降下とモル沸点上昇とは比例定数kのことである。変な名称ですが…

となれば，質量モル濃度m(mol/kg)がしっかり計算できれば万事解決!!

質量モル濃度

溶媒（本問では水）1kg（= 1000g）あたりに溶けている溶質の物質量（モル数）

あと，(2)の$MgCl_2$（塩化マグネシウム）が電解質であることに注意!!

$$MgCl_2 \longrightarrow Mg^{2+} + 2Cl^-$$

1粒が3粒に!!
つまり粒子数は**3倍**となる!!

解答でござる

(1)　溶けているある非電解質のモル数は，

$$\frac{9.0}{180}=\frac{1}{20}\text{(mol)}$$

分数のほうが計算しやすい。

分子量は 180 で 9.0g であるから $\frac{\text{質量}}{\text{分子量}}$　モル数 $=\frac{9.0}{180}$ (mol)

これが水 100g に溶けているから，溶質粒子の質量モル濃度 m(mol/kg)は，

$$m=\frac{1}{20}\times\frac{1000}{100}=\frac{1}{2}\text{(mol/kg)}$$

水 **100g** の話題を水 1kg ＝**1000g** の話題に変えたいので，$\times\frac{\mathbf{1000}}{\mathbf{100}}$ とする。

よって，凝固点降下度 Δt_1 は，

$$\Delta t_1=1.86\times\frac{1}{2}$$

$$=0.93\text{(K)}$$

$\Delta t=km$
この場合の k はモル凝固点降下で，k=1.86(K·kg/mol)

単位は(℃)でも OK!!

つまり，この水溶液の凝固点は，

−0.93(℃)　…(答)

純水の凝固点 0℃から 0.93K 下がる !!
∴　0−0.93＝−0.93(℃)

同様に沸点上昇度 Δt_2 は，

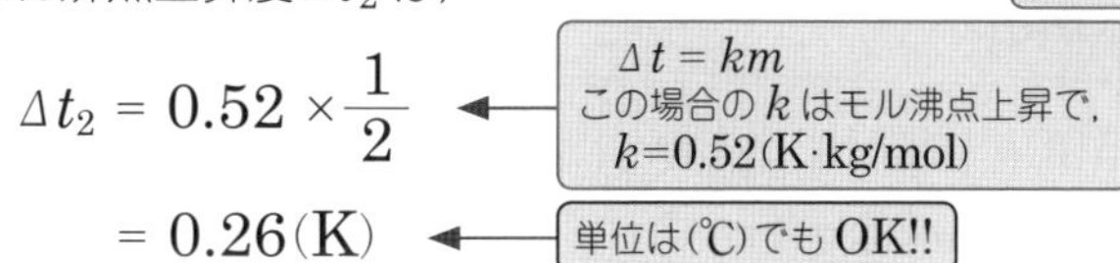

$$\Delta t_2=0.52\times\frac{1}{2}$$

$$=0.26\text{(K)}$$

$\Delta t=km$
この場合の k はモル沸点上昇で，k=0.52(K·kg/mol)

単位は(℃)でも OK!!

つまり，この水溶液の沸点は，

100 ＋ 0.26 ＝ 100.26(℃)　…(答)

純水の沸点 100℃から 0.26K 上がる !!
∴　100＋0.26 ＝100.26 (℃)

(2)　$MgCl_2$ は電解質で，

$$MgCl_2 \longrightarrow Mg^{2+}+2Cl^-$$

1 粒から 3 粒へ… 粒子数は **3 倍**となる。

となるから，溶質粒子のモル数は，

$$0.020\times\mathbf{3}=0.060\text{(mol)}$$

これが，水 200g に溶けているから，溶質粒子の質量モル濃度 m(mol/kg)は，

$$m=0.060\times\frac{1000}{200}=0.30\text{(mol/kg)}$$

水 **200g** の話題を水 1kg ＝**1000g** の話題に変えたいので，$\times\frac{\mathbf{1000}}{\mathbf{200}}$ とする。

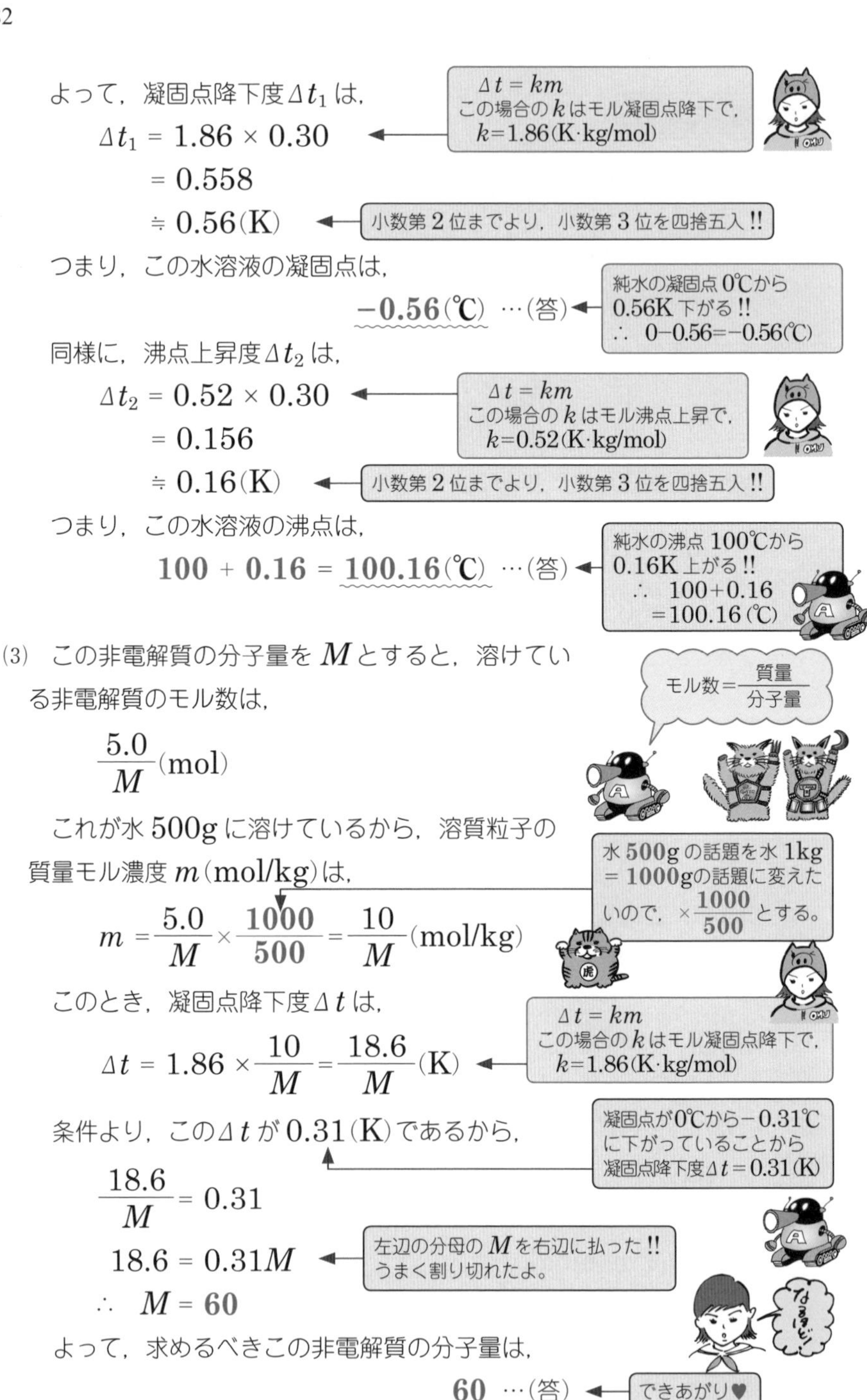

よって，凝固点降下度Δt_1は，

$$\Delta t_1 = 1.86 \times 0.30$$
$$= 0.558$$
$$\fallingdotseq 0.56(\mathrm{K})$$

つまり，この水溶液の凝固点は，

−0.56(℃) …(答)

同様に，沸点上昇度Δt_2は，

$$\Delta t_2 = 0.52 \times 0.30$$
$$= 0.156$$
$$\fallingdotseq 0.16(\mathrm{K})$$

つまり，この水溶液の沸点は，

100 + 0.16 = 100.16(℃) …(答)

(3) この非電解質の分子量をMとすると，溶けている非電解質のモル数は，

$$\frac{5.0}{M}(\mathrm{mol})$$

これが水500gに溶けているから，溶質粒子の質量モル濃度m(mol/kg)は，

$$m = \frac{5.0}{M} \times \frac{1000}{500} = \frac{10}{M}(\mathrm{mol/kg})$$

このとき，凝固点降下度Δtは，

$$\Delta t = 1.86 \times \frac{10}{M} = \frac{18.6}{M}(\mathrm{K})$$

条件より，このΔtが0.31(K)であるから，

$$\frac{18.6}{M} = 0.31$$
$$18.6 = 0.31M$$
$$\therefore\ M = 60$$

よって，求めるべきこの非電解質の分子量は，

60 …(答)

ちょっと一言

本テーマのお話はすべて **希薄溶液**（濃度がかなり薄い溶液）にのみあてはまります!!

Theme 19 半透膜と浸透圧

半透膜とは…

例えば小さい粒子は通すが大きい粒子は通さないというように，ある特定の粒子だけを通過させたり，通過させなかったりする膜を半透膜(はんとうまく)と呼びます。

例 セロハン，細胞膜，膀胱膜(ぼうこうまく)など

おしっこが溜(たま)るところだよ。

イメージは…

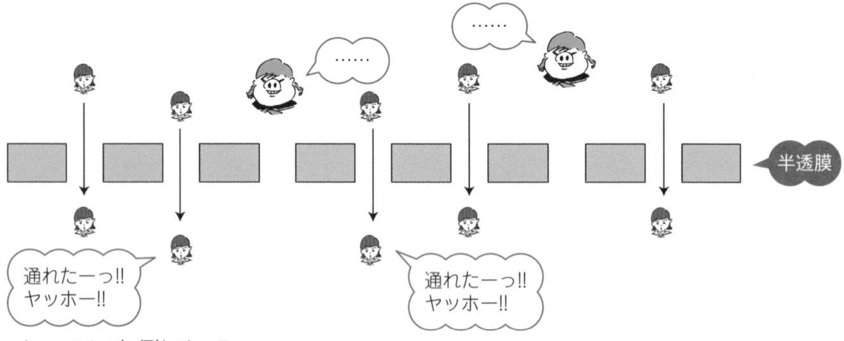

セロハンを例にして…

浸透圧(しんとうあつ)とは…

純水とショ糖溶液(砂糖水)をセロハン膜を介してU字管でつなぎます。

水分子の粒子は小さいのでセロハン膜を通過します。しかし，ショ糖粒子は大きいので通過できません。

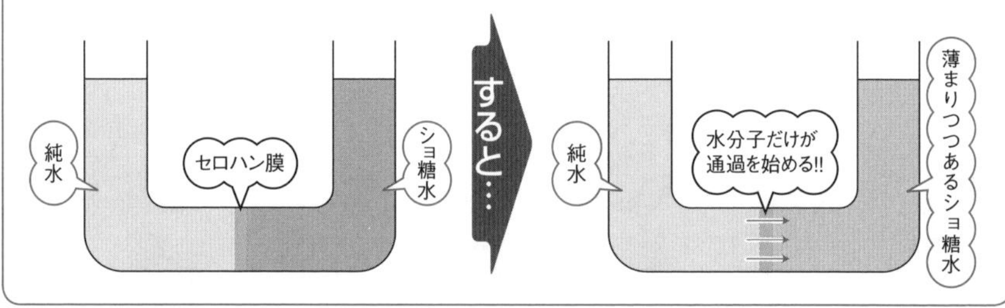

水分子が通過する仕掛けになっているわけです。熱だってそうでしょ??　熱いものと冷たいものをくっつけたら，両者の温度差がなくなり，熱いものは冷め，冷たいものはぬるくなります。

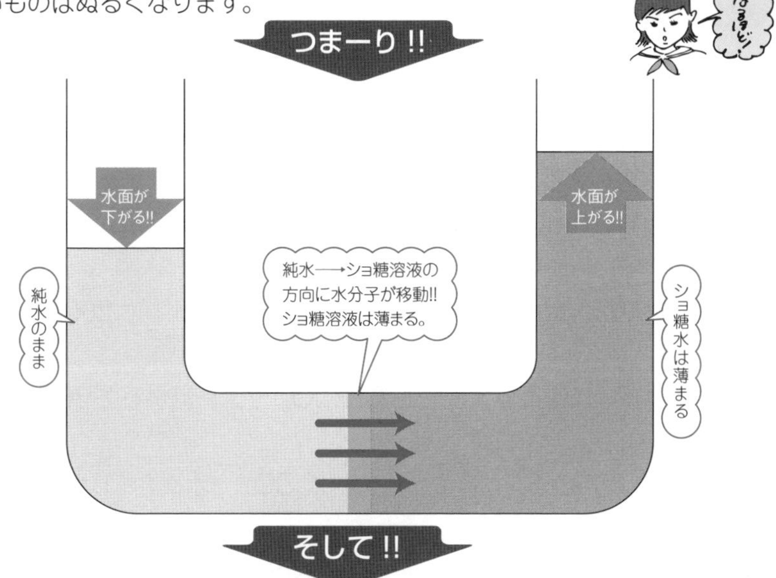

この純水の水分子が，ショ糖溶液に移動する（**浸透する**）圧力のことを，

この**浸透圧**はどのように表現されるか??

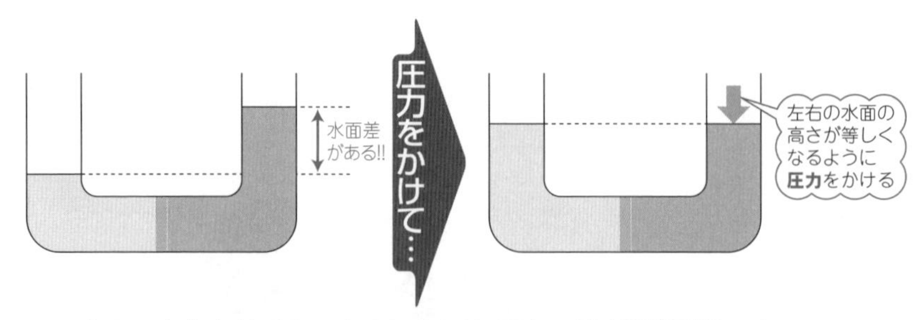

この水面の高さをそろえるために必要な圧力こそが**浸透圧**です。

ここで軽く問題練習を…

問題 51 キソ

右図のように，2種類の溶液A，Bの間に半透膜を挟んだ。溶液A，Bを次の(1)～(3)のように組み合わせたとき，浸透はA→B，B→Aのどちらの方向に起こるか。

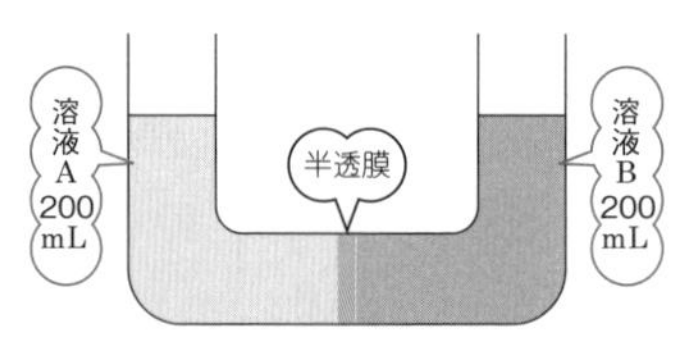

(1) Aは，0.010molのブドウ糖($C_6H_{12}O_6$)を水に溶かして200mLにした水溶液

Bは，0.020molのショ糖($C_{12}H_{22}O_{11}$)を水に溶かして200mLにした水溶液

(2) Aは，0.010molのブドウ糖($C_6H_{12}O_6$)を水に溶かして200mLにした水溶液

Bは，0.0050molの硫酸カリウム(K_2SO_4)を水に溶かして200mLにした水溶液

(3) Aは，0.010molの塩化ナトリウム(NaCl)を水に溶かして200mLにした水溶液

Bは，0.0050molの塩化マグネシウム($MgCl_2$)を水に溶かして200mLにした水溶液

水溶液の種類によらず次のことがいえます。

先ほども述べたとおり，濃度差を緩和する方向に浸透が起こるわけだから…

粒子のモル濃度が

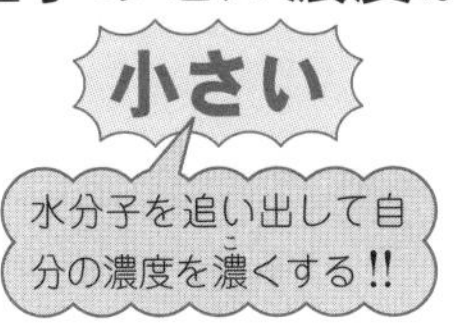

水分子が浸透!!

粒子のモル濃度が

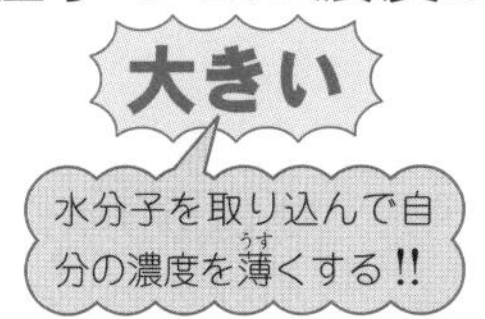

がいえます。

ここで注意していただきたいのは**粒子のモル濃度**で比較するということです。(2)の K_2SO_4 や(3)の NaCl と $MgCl_2$ は**電解質**(でんかいしつ)であるので…

$K_2SO_4 \longrightarrow 2K^+ + SO_4^{2-}$　1粒が3粒に…

$NaCl \longrightarrow Na^+ + Cl^-$　1粒が2粒に…

$MgCl_2 \longrightarrow Mg^{2+} + 2Cl^-$　1粒が3粒に…

のように電離(でんり)し，粒子のモル数が増加しまっせ!!

あとは，すべての水溶液において全体の体積を200mLとしてあるので

わざわざモル濃度を求めなくても，粒子のモル数さえわかれば万事解決です。

解答でござる

(1)　A…粒子のモル数は0.010mol　←ブドウ糖($C_6H_{12}O_6$)は**非電解質**であるから電離しません。つまり，モル数はそのまんま。

B…粒子のモル数は0.020mol　←ショ糖($C_{12}H_{22}O_{11}$)も**非電解質**です。

溶液A，Bともに200mLの水溶液であるから，

(溶液Aの粒子のモル濃度)

<(溶液Bの粒子のモル濃度)

濃いほうを水で薄める!!

よって，浸透が起こる方向は，A→B…(答)　←薄いほうから濃いほうへ…

(2)　A…粒子のモル数は0.010mol　←ブドウ糖($C_6H_{12}O_6$)は**非電解質**です。

B…粒子のモル数は，

$0.0050 \times \mathbf{3} = 0.015$(mol)

硫酸カリウム(K_2SO_4)は**電解質**です。
$K_2SO_4 \longrightarrow 2K^+ + SO_4^{2-}$
1粒　3粒
よって，モル数は**3倍**!!

溶液A, Bともに200mLの水溶液であるから,

(溶液Aの粒子のモル濃度)

<(溶液Bの粒子のモル濃度)

よって, 浸透が起こる方向は, A→B …(答) ◀ 薄いほうから濃いほうへ…

(3) A…粒子のモル数は,

$0.010 \times 2 = 0.020$(mol)

塩化ナトリウム(NaCl)は**電解質**です。
$NaCl \rightarrow Na^+ + Cl^-$
1粒　2粒
よって, モル数は**2倍!!**

B…粒子のモル数は,

$0.0050 \times 3 = 0.015$(mol)

塩化マグネシウム($MgCl_2$)は**電解質**です。
$MgCl_2 \rightarrow Mg^{2+} + 2Cl^-$
1粒　3粒
よって, モル数は**3倍!!**

溶液A, Bともに200mLの水溶液であるから,

(溶液Aの粒子のモル濃度)

>(溶液Bの粒子のモル濃度)

よって, 浸透が起こる方向は, B→A …(答) ◀ 薄いほうから濃いほうへ…

じつは, 浸透圧を具体的に求めることができる公式があります。

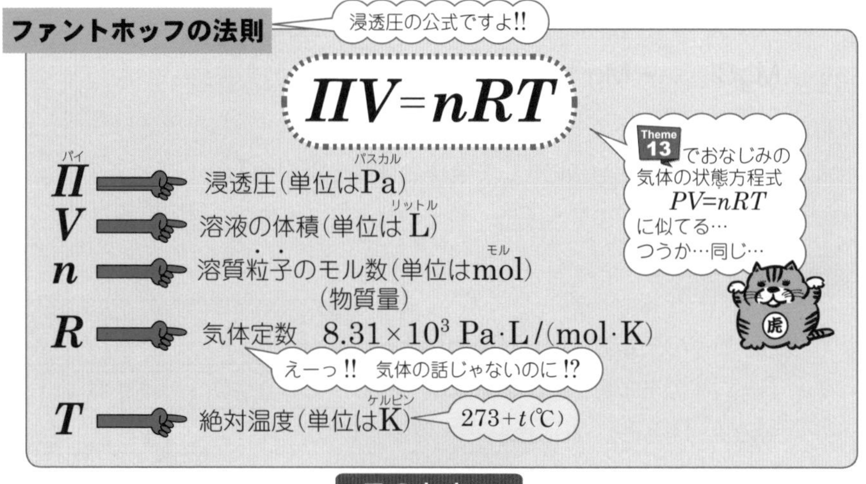

このとき…

モル濃度をc(mol / L)とすると…

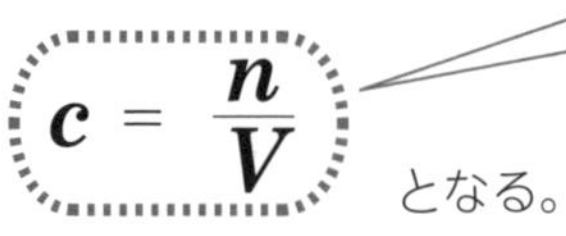

となる。

溶液V(L)中に溶質粒子がn(mol)
全体を÷V
溶液1L中に溶質粒子が$\frac{n}{V}$(mol)
この$\frac{n}{V}$がズバリモル濃度cです。

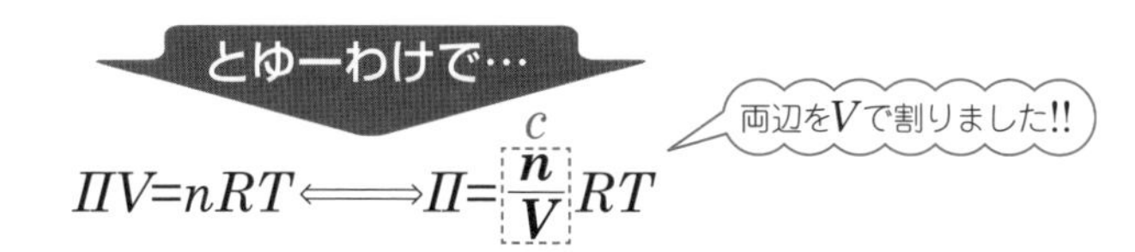

よって,

では，さっそくやってみましょう!!

問題52　標準

次の各問いに答えよ。

(1)　9.0g のブドウ糖($C_6H_{12}O_6$)を水に溶かし，600mL とした水溶液の27℃における浸透圧(Pa)を有効数字 2 桁で求めよ。ただし，原子量を H = 1.0，C = 12，O = 16 とし，気体定数を $R = 8.31 \times 10^3$ (Pa·L/(mol·K))とする。

(2)　0.020mol/L の塩化マグネシウム水溶液の 27℃における浸透圧(Pa)を有効数字 2 桁で求めよ。ただし，気体定数を $R = 8.31 \times 10^3$ (Pa·L/(mol·K))とする。

(3)　ヒトの血液の浸透圧は 37℃で 7.6×10^5 Pa である。これと同じ浸透圧の生理食塩水を 500mL つくるとき，必要な塩化ナトリウム(食塩)の質量(g)を有効数字 2 桁で求めよ。ただし，原子量を Na = 23，Cl = 35.5 とし，気体定数を $R = 8.31 \times 10^3$ (Pa·L/(mol·K))とする。

ダイナミックポイント!!

ここで求める浸透圧とは，(1)～(3)の水溶液を半透膜を挟んで純水とつないだとき純水側から水が浸透する圧力のことです。

純水　半透膜　(1)～(3)の水溶液
水が浸透!!

ファントホッフの法則を使えば楽勝です。

(1)，(3)では…

のほうを活用!!

(3)は NaCl が**電解質**であることに注意!!

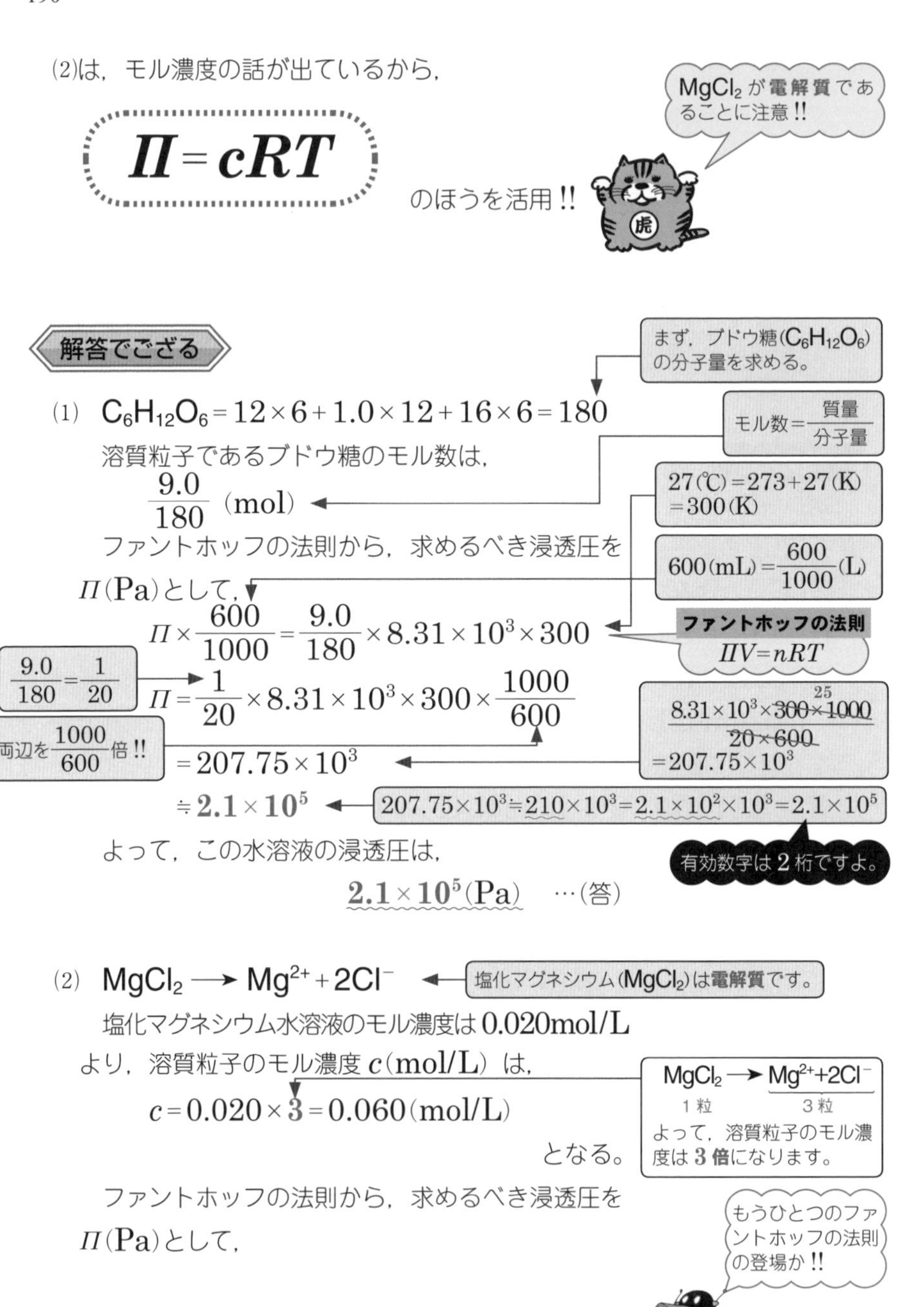

(2)は，モル濃度の話が出ているから，

$$\Pi = cRT$$

のほうを活用!!

解答でござる

(1) $C_6H_{12}O_6 = 12\times6+1.0\times12+16\times6=180$

溶質粒子であるブドウ糖のモル数は，

$$\frac{9.0}{180}\ \text{(mol)}$$

ファントホッフの法則から，求めるべき浸透圧をΠ(Pa)として，

$$\Pi\times\frac{600}{1000}=\frac{9.0}{180}\times8.31\times10^3\times300$$

$$\Pi=\frac{1}{20}\times8.31\times10^3\times300\times\frac{1000}{600}$$

$$=207.75\times10^3$$

$$\fallingdotseq \mathbf{2.1\times10^5}$$

よって，この水溶液の浸透圧は，

$$\mathbf{2.1\times10^5}\text{(Pa)}\quad\cdots\text{(答)}$$

(2) $MgCl_2 \longrightarrow Mg^{2+}+2Cl^-$

塩化マグネシウム水溶液のモル濃度は0.020mol/Lより，溶質粒子のモル濃度c(mol/L)は，

$$c=0.020\times3=0.060\text{(mol/L)}$$

となる。

ファントホッフの法則から，求めるべき浸透圧をΠ(Pa)として，

$$\Pi = 0.060 \times 8.31 \times 10^3 \times 300$$

$$= 149.58 \times 10^3$$

$$\fallingdotseq \mathbf{1.5 \times 10^5}$$

ファントホッフの法則　$\Pi = cRT$

$27(℃) = 273 + 27(K) = 300(K)$

$149.58 \times 10^3 \fallingdotseq 150 \times 10^3 = 1.5 \times 10^2 \times 10^3 = 1.5 \times 10^5$

有効数字は２桁でっせ!!

よって，この水溶液の浸透圧は，

$\mathbf{1.5 \times 10^5}$ **(Pa)**　…(答)

(3)　必要な塩化ナトリウム(NaCl)の質量をw(g)とする。

$$\text{NaCl} = 23 + 35.5 = 58.5$$

NaClの分子量を求めた。

より，塩化ナトリウムのモル数は，

$$\frac{w}{58.5}\text{(mol)}$$

モル数＝$\dfrac{質量}{分子量}$

となる。

このとき，溶質粒子のモル数は，塩化ナトリウム(NaCl)が電解質であることを考え，

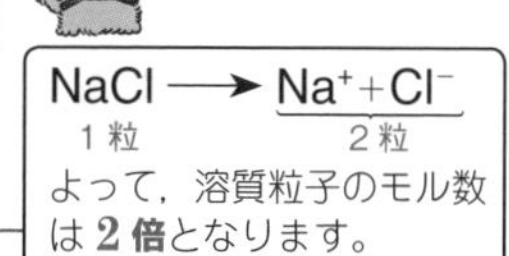

$$2 \times \frac{w}{58.5} = \frac{2w}{58.5}\text{(mol)}$$

となる。

ここで，条件より，ファントホッフの法則から，次の方程式が成立する。

$500(mL) = \dfrac{500}{1000}(L)$

$$7.6 \times 10^5 \times \frac{500}{1000} = \frac{2w}{58.5} \times 8.31 \times 10^3 \times 310$$

$$3.8 \times 10^5 = \frac{2w}{58.5} \times 8.31 \times 10^3 \times 310$$

ファントホッフの法則　$\Pi V = nRT$

$37(℃) = 273 + 37(K) = 310(K)$

左辺は簡単になります。

これを解いて，

$$w = \frac{3.8 \times 10^5 \times 58.5}{2 \times 8.31 \times 10^3 \times 310}$$

$$\fallingdotseq \mathbf{4.3}\ \text{(g)}$$

$$\frac{3.8 \times 10^{2} \times 58.5}{2 \times 8.31 \times 310}$$

$$= \frac{38 \times 585 \times 10^2}{2 \times 831 \times 310} \quad \times 100$$

$$= \frac{19 \times 585 \times 10}{831 \times 31} \quad \div 20$$

$$= 4.314\cdots$$

$$\fallingdotseq 4.3$$

有効数字は２桁

よって，必要な塩化ナトリウムの質量は，

4.3(g)　…(答)

コロイドって何だぁ〜っ!?

ここは暗記分野です。そこで例の赤い透明シートの用意を…
その前に…

コロイド粒子

数多くの原子や分子が集まり，大きい粒子となったもの。

この，コロイド粒子について，いろいろと暗記していただきたい!!

質問!!	答え!!	コメント
(1) コロイド粒子の直径は？	10^{-7}cm(1nm) ~10^{-5}cm(1μm)	← 単位に注意してください!!
(2) コロイド粒子に光束(こうそく)を当てるとコロイド粒子が光を散乱し，光の通り道が明るく見える。この現象を何というか？	チンダル現象	光の通り道が見える!! 中にコロイド粒子が!!
(3) コロイド粒子は，不規則な運動をたえず行っている。これを何と呼ぶか？	ブラウン運動	水分子が熱運動により，コロイド粒子に衝突することが原因です。
(4) (3)の運動を観察する際，用いる顕微鏡の名前は？	限外(げんがい)顕微鏡	← 名前だけ覚えておいてください。
(5) 少量の電解質を加えることにより，コロイド粒子の電気的な反発力を中和させてコロイドを沈殿(ちんでん)させる方法を何というか？	凝析(ぎょうせき)	コロイド粒子は正，または負に帯電してます。これを逆の電荷をもつイオンで中和させます。

(6)　(5)の方法で沈殿させることができるコロイドを一般に何と呼ぶか？	**疎水コロイド**	水分子をあまり引きつけておらず，電気的な反発力をもつことが沈殿しにくい原因となっている。
(7)　多量の電解質やアルコールを加えることにより，コロイドを沈殿させる方法を何と呼ぶか？	**塩　析**	親水コロイド（(8)参照!!）のまわりにある水分子を多量の電解質のイオンやアルコールで奪い取り，コロイドを沈殿させる。
(8)　(7)の方法で沈殿させることができるコロイドを一般に何と呼ぶか？	**親水コロイド**	水分子を多く引きつけており，それにより沈殿しにくくなっている。 
(9)　電圧によりコロイド粒子が一方の極に移動する現象を何と呼ぶか？	**電気泳動**	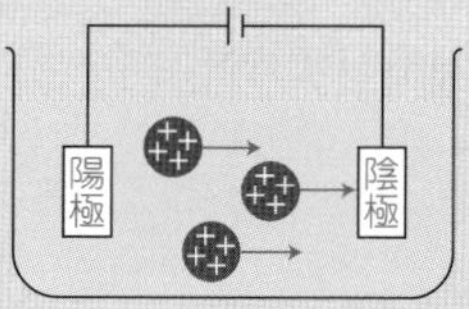 仮に，コロイド粒子が正に帯電していたら，コロイド粒子は陰極へと移動する。負に帯電していたらその逆!!
(10)　コロイド粒子と他の粒子（分子やイオン）を混合したものを半透膜の袋に入れて流水中に放置すると，コロイド粒子だけが袋の中に残る。この操作を何と呼ぶか？	**透　析**	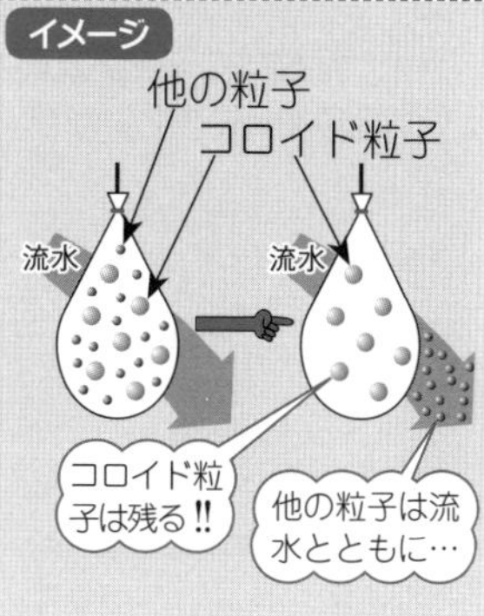

⑾ 次のコロイドを疎水コロイドと親水コロイドに分類せよ。 (a) 水酸化アルミニウム (b) 寒天 (c) 金 (d) セッケン (e) タンパク質	疎水コロイドは, (a) (c) 親水コロイドは, (b) (d) (e)	疎水コロイドは,無機化合物が主。 例 金,銀,白金,硫黄(いおう),$Al(OH)_3$,$Fe(OH)_3$ 親水コロイドは有機化合物が主。 例 セッケン,デンプン,ゼラチン,寒天,タンパク質,にかわ 親水コロイドって生活感のある名前のヤツが多いなぁ…
⑿ 次のコロイドを正コロイド(正に帯電したコロイド)と負コロイド(負に帯電したコロイド)に分類せよ。 (a) 水酸化鉄(Ⅲ) (b) 金 (c) 白金 (d) 粘土 (e) 水酸化アルミニウム	正コロイドは, (a) (e) 負コロイドは, (b) (c) (d)	正コロイドは $Fe(OH)_3$,$Al(OH)_3$ の名コンビだけを覚えておけば OK!! 他に,タンパク質や寒天などもある。 負コロイドは**金**,**白金**,**粘土**のトリオを覚えておこう。他にも絹や羊毛もある。 負コロイドって,粘土以外はゴージャスなイメージ…
⒀ すぐに沈殿してしまう疎水コロイドが親水コロイドで包まれると沈殿しにくくなるが,このようなはたらきをもつコロイドを何と呼ぶか?	**保護コロイド**	凝析((5)参照!!)しにくくするために親水コロイドでガード!!
⒁ 流動性があるコロイド溶液を何と呼ぶか?	**ゾ ル**	変な名前だ…
⒂ 固化して流動性を失ったコロイド溶液を何と呼ぶか?	**ゲ ル**	コロイド溶液には加熱したり冷却したりすると固化するものがある。この固化したものがゲルだ!! ゲルタイプの塗(ぬ)り薬とかって聞いたことない?

(16)　乾燥剤(かんそうざい)（シリカゲルなど）の表面に水分子が弱く結合して集まる。この現象を何と呼ぶか？	**吸　着**	**吸着**の例には，脱臭剤(だっしゅうざい)（活性炭など）もある。このような**吸着**剤は，ゲルを乾燥させて作るものが主である。 シリカゲル…

ちょっと問題を…

問題53　標準

硫黄のコロイド溶液に電圧をかけると，硫黄粒子が陽極へ移動する。次のイオンのうち，最も少量で硫黄粒子を凝析させるイオンを次の(ア)～(カ)より選べ。

(ア)　K^+　　(イ)　Ca^{2+}　　(ウ)　Al^{3+}
(エ)　Cl^-　　(オ)　NO_3^-　　(カ)　SO_4^{2-}

ダイナミックポイント!!

硫黄粒子が**電気泳動**（p.193(9)参照!!）により，陽極へ移動

とゆーことは…

とゆーことは…

正の電荷 により電気的に中和し**凝析**する!!

つまーり!!

正の電荷が多いほど，凝析には有効である!!

陽イオンでかつ**価数が大きい**ものが答えです!!

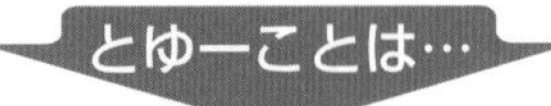

K^+，Ca^{2+}じゃなくて…

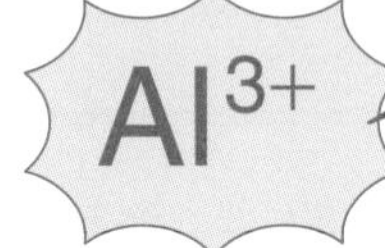

陽イオンで最も**価数が大きい**

が正解です!!

解答でござる

陽極へ移動するということは**負に帯電**している。

条件より硫黄粒子は負コロイドである。

負の電荷を中和させるのは**正の電荷**である。3価の陽イオンでAl^{3+}

よって，凝析に最も有効なイオンはこの中でAl^{3+}である。

(ウ) …(答)

第5章

反応の速さと化学平衡

速い反応をするものもあれば
ゆっくり反応するものもあるよ

反応のSPEED　化学反応の速さとそのしくみ

毎分 or 毎秒　反応する前の物質

反応速度（反応の速さ）とは，単位時間に減少する反応物の量，もしくは単位時間に増加する生成物の量で表現することができる。

これを踏まえて……　反応によりできあがる物質

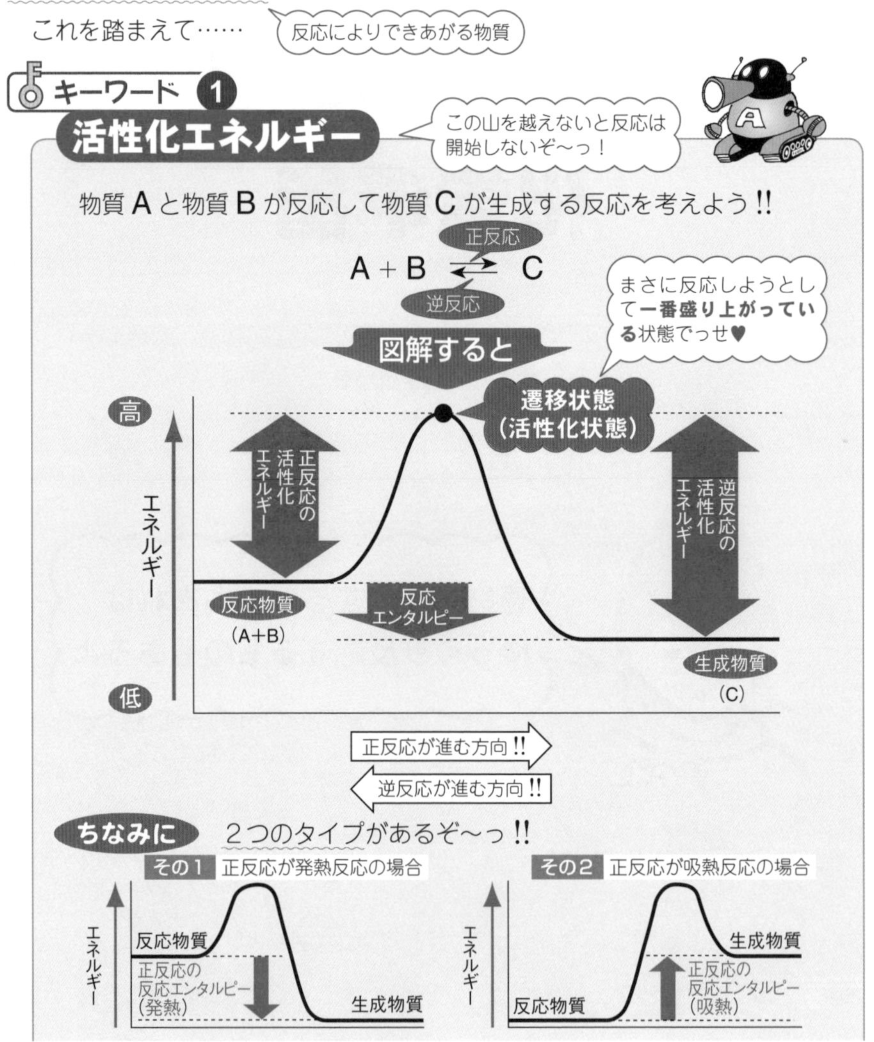

前ページの図のように，**反応するために越えなければいけないエネルギー**を人呼んで**活性化エネルギー**と申します。

反応粒子どうしが**衝突**し，その粒子の中で**活性化エネルギー以上**のエネルギーをもつ粒子だけが，遷移状態を経て（前ページの図の山を越えて）生成物に変化できる。

そこで!!

反応速度は何によって決まるのか??

その1　**濃度の大小**

例えば…　濃度が大きければ（反応物質の粒子が混雑する!!），反応物質の衝突回数が増える!!

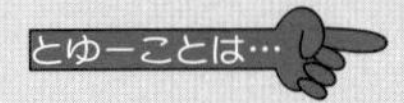

反応速度がUP!!

その2　**温度の高低**

例えば…　温度が高ければ（反応物質の粒子の運動が活発になる!!），**活性化エネルギー**以上のエネルギーをもつ粒子が増える。

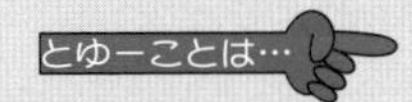

反応速度がUP!!

その3　**活性化エネルギーの大小**

例えば…　活性化エネルギーが小さければ（越えるべき山が低くなる!!　つまり，越えやすくなる），**活性化エネルギー**以上のエネルギーをもつ粒子が増える。

とゆーことは…　**反応速度がUP!!**

この3つが**反応速度を決めている要素**となりまっせ♥

その1　その2

で!!　濃度と温度を人工的にいじることは容易である。それに対して**活性化エネルギー**をいじることはカンタンなのかね……

それが… ある化学反応において，この**触媒**（しょくばい）なるものを加えると，**活性化エネルギーが下がって，反応速度が上がる**!!

このとき，触媒は反応には無関係!!

例 過酸化水素水（オキシドール）に**酸化マンガン**（Ⅳ）を加えると，酸素が発生する。

有名な化学反応だ…

$$2H_2O_2 \longrightarrow 2H_2O + O_2\uparrow$$

過酸化水素　　酸素発生!!

あれ?? **酸化マンガン**（Ⅳ）MnO_2 が登場しないぞ〜っ!?

そーです!! 酸化マンガン（Ⅳ）MnO_2 は，この反応において**触媒**の役割を果たしているだけで，反応には無関係なのだ!!

活性化エネルギーを下げて，反応速度を上げ，反応しやすくしているだけ!!

触媒のイメージ

注意 触媒を加えても**反応エンタルピーは変わらない**!!

変わるのは活性化エネルギーだけですよ〜っ！

さらに!! 触媒は反応を促進するだけで**生成物質の量も変わらない**ぞ〜っ!!

例えば……東京から大阪に行くとき，交通手段によって到着時刻は変わりますが，到着場所が大阪であることに変わりはないですよね!!

正確にいうと……，触媒には，２種類ありまして……

正触媒 → 活性化エネルギーを下げて，反応速度を上げる。
負触媒 → 活性化エネルギーを上げて，反応速度を下げる。

しかしながら，一般に“触媒”といえば**正触媒**を示す!!

では，問題を通して細かいところをツメておきましょう!!

問題54　キソ

図は，$A_2+B_2 \longrightarrow 2AB$ という反応のエネルギー変化を示す。このとき，次の各問いに答えよ。

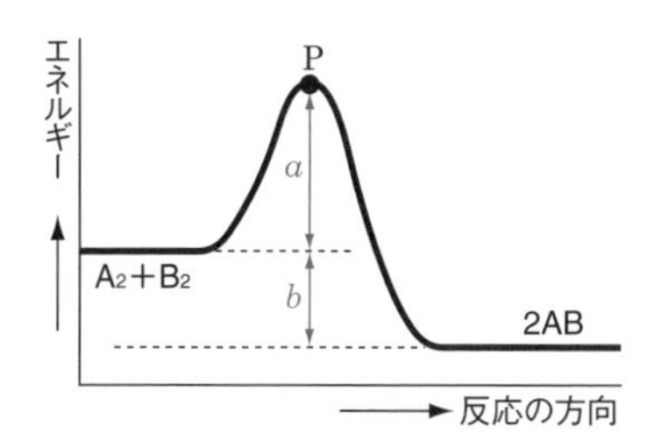

(1)　この反応は発熱反応か，吸熱反応か。
(2)　a は何を表しているか。
(3)　b は何を表しているか。
(4)　$2AB \longrightarrow A_2+B_2$ の反応の活性化エネルギーはいくらになるか。
(5)　反応物質のエネルギーが点Pの状態にあるとき，この状態を何と呼ぶか。
(6)　触媒を加えたとき，a，b の値はどのように変化するか。適当なものを次の(ア)～(ケ)より選べ。
　(ア)　a，b ともに大きくなる。
　(イ)　a，b ともに小さくなる。
　(ウ)　a は大きくなるが，b は小さくなる。
　(エ)　a は小さくなるが，b は大きくなる。
　(オ)　a は変化しないが，b は大きくなる。
　(カ)　a は変化しないが，b は小さくなる。
　(キ)　a は大きくなるが，b は変化しない。

(ク) a は小さくなるが，b は変化しない。

(ケ) a，b ともに変化しない。

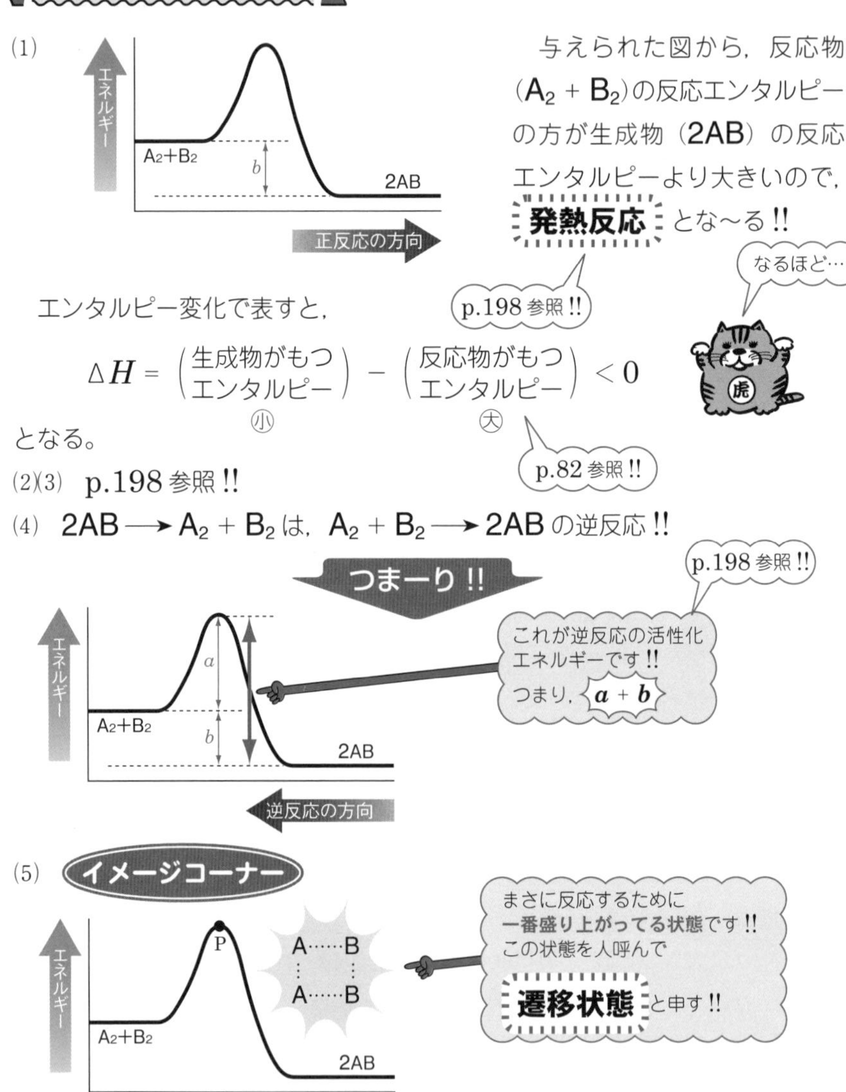

(6) **触媒**（一般に“触媒”といえば正触媒です）は，**活性化エネルギーを下げる**だけで，**反応エンタルピーは変わらない**!!

これがポイント！

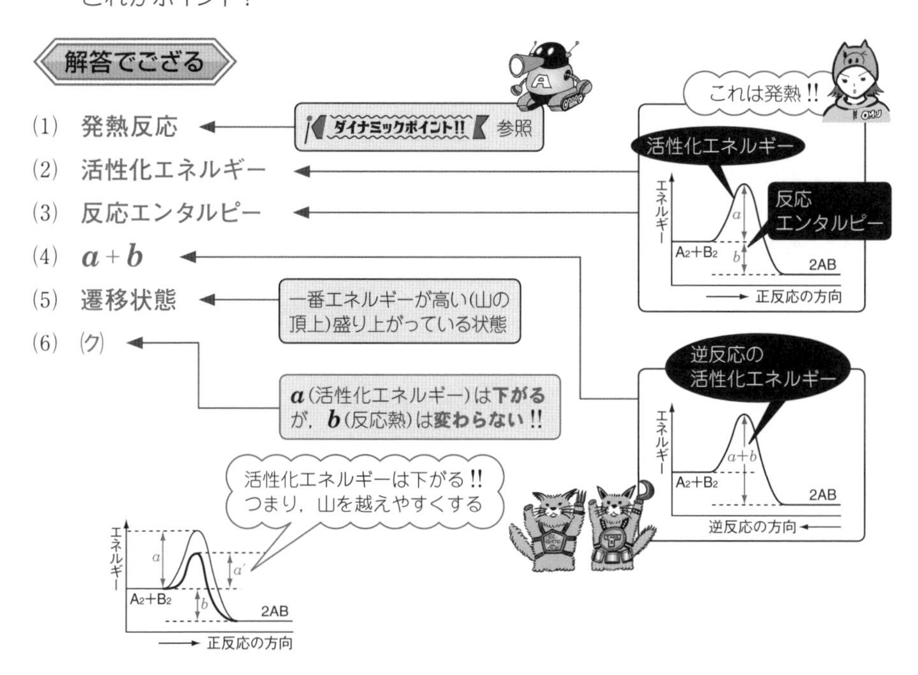

問題55　キソ

次の文章の［(イ)］〜［(ワ)］にあてはまる語句を答えよ。

注　同じ語句の入る空欄には，あらかじめ同じ記号が入っています。ややこしくならないように，同じ記号が2回以上登場する際，赤字で示してあります。

気体や液体の反応において，［(イ)］上昇とともに反応速度は［(ロ)］なる。その理由は［(イ)］上昇とともに反応物の［(ハ)］が激しくなり，［(ニ)］以上のエネルギーをもつ分子の割合が増えるからである。また，反応物の［(ホ)］が大きくなると，分子どうしの［(ヘ)］回数が多くなるため，反応速度は［(ロ)］なる。

固体と液体あるいは固体と気体の反応では，固体の［(ト)］が大きいほど，すなわち［(チ)］粉末ほど反応速度が大きくなる。

反応の速さに影響を与える因子には，［(イ)］と反応物の［(ホ)］のほかに，気体の［(リ)］の影響や第三の物質の存在の影響，すなわち［(ヌ)］がある。

一般に，［(ヌ)］は［(ニ)］を［(ル)］して，反応を促進させるもので，［(ヲ)］を変えたり，反応終了時の［(ワ)］の量を多くしたりはしない。

ダイナミックポイント!!

ポイントは……，ズバリ!!

まあ，気体，液体の場合は分子のことになる

その1 まず，反応物質（反応物質の粒子どうし）が衝突する!!
そーしないと，反応は起こらない!!

その2 どうせなら激しい衝突のほうがいい♥

活性化エネルギー以上のエネルギーをもつ粒子だけが**遷移状態**を経て，生成物に変化できるわけだね!!

その3 そのためには……

気体や液体の場合，分子の熱運動が激しくなる!!

温度を高くする!! →
- 粒子のエネルギーが増大!!
- その結果，活性化エネルギーを超える粒子多発!!

おおっ!!

濃度を濃くする!! →
- 粒子が増える!!
- つまり，粒子が混雑状態!!
- その結果，**衝突回数が増える!!**

触媒を加える!! →
- **活性化エネルギーが小さくなる!!**
- ハードルが低くなるので，楽に反応ができるようにな～る!!
- **反応エンタルピーは変わらない**ことに注意!!

これで完答できます!! (ト)&(チ)は，よく考えてごらん。すぐわかるから♥

これらのお話を押さえて，次の文章が完成!!

気体や液体の反応において，(イ)［温度］上昇とともに反応速度は(ロ)［大きく（速く）］なる。その理由は(イ)［温度］上昇とともに反応物の(ハ)［熱運動（分子運動）］が激しくなり，(ニ)［活性化エネルギー］以上のエネルギーをもつ分子の割合が増えるからである。また，反応物の(ホ)［濃度］が大きくなると，分子どうしの(ヘ)［衝突］回数が多くなるため，反応速度は(ロ)［大きく］なる。

ぶつかる粒子が増えるよ!!

固体と液体あるいは固体と気体の反応では，固体の(ト)［表面積］が大きいほど，すなわち(チ)［細かい］粉末ほど反応速度が大きくなる。

細かくすれば表面積は大きくなる!! これ常識

反応の速さに影響を与える因子には，(イ)［温度］と反応物の(ホ)［濃度］のほかに，気体の(リ)［圧力］の影響や第三の物質の存在の影響，すなわち(ヌ)［触媒（正触媒）］がある。

気体どうしの反応では，**圧力を高くする**と圧縮されて行動範囲が狭くなり，その結果，**濃度が高く**な～る!!

一般に，(ヌ)［触媒］は(ニ)［活性化エネルギー］を(ル)［小さく］して，反応を促進させるもので，(ヲ)［反応エンタルピー］を変えたり，反応終了時の(ワ)［生成物（生成物質）］の量を多くしたりはしない。

反応がスムーズに起きるようになるだけで，最終的な状態は同じですよ！

以上より!!

解答でござる

(イ) 温度　(ロ) 大きく（速く）　(ハ) 熱運動（分子運動）　(ニ) 活性化エネルギー　(ホ) 濃度　(ヘ) 衝突　(ト) 表面積　(チ) 細かい
(リ) 圧力　(ヌ) 触媒（正触媒）　(ル) 小さく　(ヲ) 反応エンタルピー
(ワ) 生成物（生成物質）

化学平衡と平衡定数

可逆反応と不可逆反応

正反応（⟶）と逆反応（⟵）のどちらの方向にも進む反応を**可逆反応**（かぎゃく）という。一方向にしか進まない反応を**不可逆反応**という。

可逆反応の例

$$N_2 + 3H_2 \rightleftarrows 2NH_3$$

不可逆反応の例

$$Ag^+ + Cl^- \longrightarrow AgCl$$

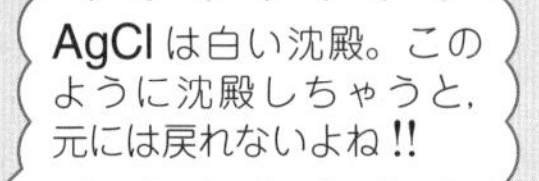

平衡状態とは…

可逆反応において正反応の速度と逆反応の速度が等しくなり，見かけ上，反応が停止した状態を**平衡状態**（へいこう）と呼ぶ。

注　決して停止しているわけではない!!　正反応も逆反応も起こっていることを忘れてはいけない!!　ただ，正反応の速度と逆反応の速度が等しくなっただけである。例えば電車で10人降りても10人乗ってきたら混み具合に変化はないでしょ？

質量作用の法則

物質 A，B，C，D の間で次のような可逆反応が起こるとき，

$$a\mathrm{A} + b\mathrm{B} \rightleftarrows c\mathrm{C} + d\mathrm{D}$$

（ただし a，b，c，d は係数でっせ〜）

このとき，[A]，[B]，[C]，[D] を各々のモル濃度（mol/L）として，温度が一定であれば…

$$\frac{[\mathrm{C}]^c\,[\mathrm{D}]^d}{[\mathrm{A}]^a\,[\mathrm{B}]^b}$$ は一定値をとります。

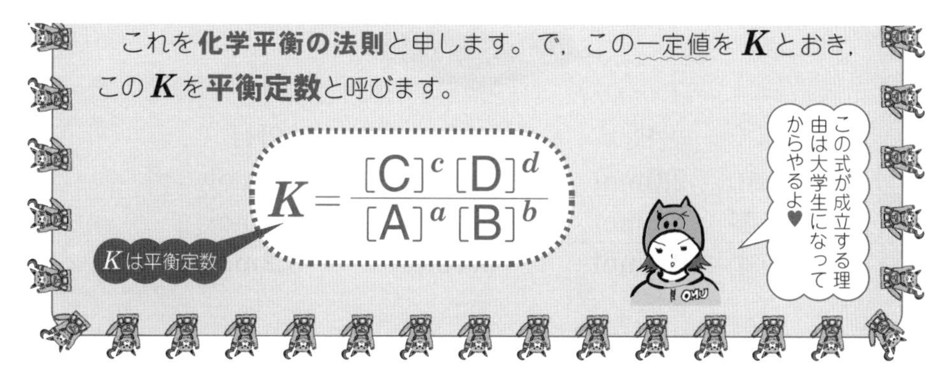

これを**化学平衡の法則**と申します。で，この一定値を$\boldsymbol{K}$とおき，この$\boldsymbol{K}$を**平衡定数**と呼びます。

$$K=\frac{[\mathrm{C}]^c[\mathrm{D}]^d}{[\mathrm{A}]^a[\mathrm{B}]^b}$$

実際に試してみましょう!!

問題56　標準

水素2.0 molとヨウ素2.0 molを4.0Lの容器に入れ，800℃に保ったところ，次の可逆反応が平衡状態となり，ヨウ化水素が3.2mol生じた。

$$H_2+I_2 \rightleftarrows 2HI$$

このとき，次の各問いに答えよ。

(1)　この反応の800℃における平衡定数を求めよ。

(2)　水素1.0 molとヨウ素1.0 molを2.0Lの容器に入れ，800℃に保つと，何molのヨウ化水素が生じるか。

(3)　8.0Lの容器で800℃において平衡時（平衡状態のとき）に水素が1.0 mol，ヨウ化水素が2.0 mol存在していた。このとき，ヨウ素は何mol存在するか。

ダイナミック解説

まず，平衡状態における各モル数を求めておく必要がある。

$$1H_2+1I_2 \rightleftarrows 2HI$$

係数に注意して，3.2molのヨウ化水素（HI）が生じたことから，1.6molの水素（H_2）とヨウ素（I_2）が反応したことになる。

3.2molの$\frac{1}{2}$です!!　$H_2+I_2 \rightleftarrows 2HI$　1 : 1 : 2

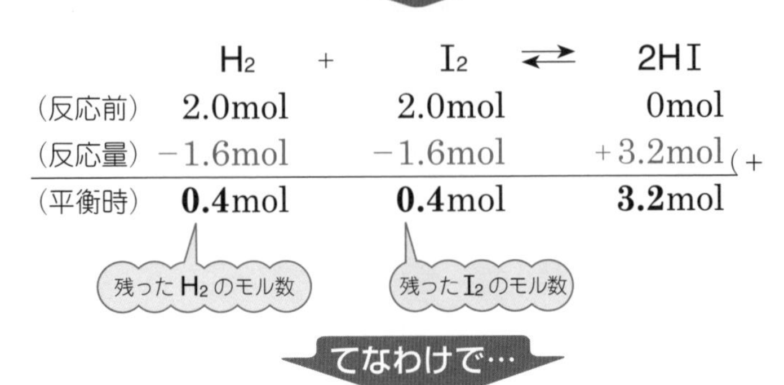

	H_2	+	I_2	⇄	$2HI$
(反応前)	2.0mol		2.0mol		0mol
(反応量)	−1.6mol		−1.6mol		+3.2mol
(平衡時)	**0.4**mol		**0.4**mol		**3.2**mol

(1) 容器の体積が 4.0L であるから，平衡時のモル濃度はそれぞれ…

$$[H_2] = \frac{0.4}{4.0} = \mathbf{0.1}\ (\text{mol/L})$$

$$[I_2] = \frac{0.4}{4.0} = \mathbf{0.1}\ (\text{mol/L})$$

$$[HI] = \frac{3.2}{4.0} = \mathbf{0.8}\ (\text{mol/L})$$

モル濃度は 1.0L あたりのモル数であるから，容器の体積 4.0L で割ればよい。

すなわち…

求めるべき平衡定数 $\boldsymbol{K}$ は…

$$\boldsymbol{K} = \frac{[HI]^2}{[H_2][I_2]}$$

$$= \frac{(0.8)^2}{0.1 \times 0.1}$$

$$= 64$$

答でーす!!

(2)　(1)と同じ800℃の設定なので，(1)で求めた平衡定数 $K=64$ が使える!!

ヨウ化水素（HI）が x（mol）生じたとすると，$\frac{1}{2}x$（mol）の水素（H_2）とヨウ素（I_2）が反応したことになる。

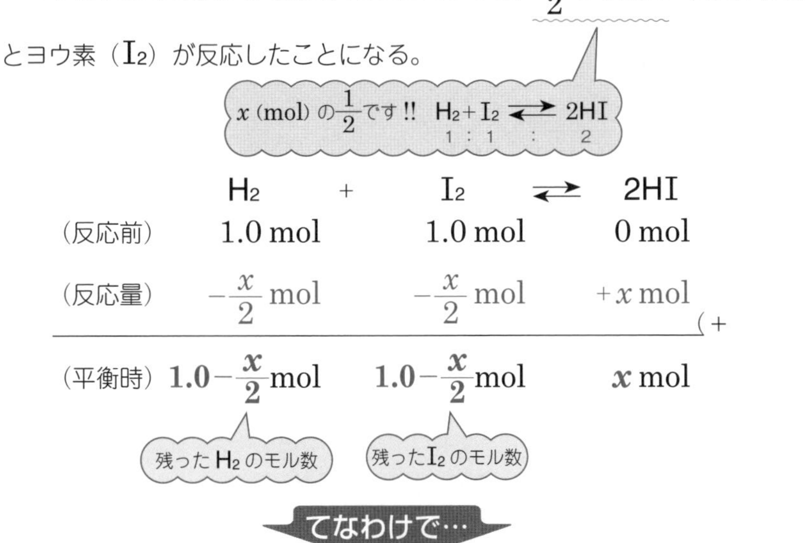

	H_2	+ I_2	$\rightleftarrows$ $2HI$
（反応前）	1.0 mol	1.0 mol	0 mol
（反応量）	$-\frac{x}{2}$ mol	$-\frac{x}{2}$ mol	$+x$ mol
（平衡時）	$1.0-\frac{x}{2}$ mol	$1.0-\frac{x}{2}$ mol	x mol

容器の体積が2.0L であるから，平衡時のモル濃度はそれぞれ，

$$[H_2]=\frac{1.0-\frac{x}{2}}{2.0}=\frac{2-x}{4}\ \text{(mol/L)} \cdots ①$$

$$[I_2]=\frac{1.0-\frac{x}{2}}{2.0}=\frac{2-x}{4}\ \text{(mol/L)} \cdots ②$$

$$[HI]=\frac{x}{2.0}=\frac{x}{2}\ \text{(mol/L)} \cdots ③$$

$$\frac{1.0-\frac{x}{2}}{2.0} \times 2 =\frac{2.0-x}{4.0}=\frac{2-x}{4}$$

文字式なので，2.0や4.0などの表現はやめました!!

このとき…

(1)より，800℃における平衡定数は $\boldsymbol{K}=\mathbf{64}$ であるから，

$$K=\frac{[\mathrm{HI}]^2}{[\mathrm{H_2}][\mathrm{I_2}]}=\mathbf{64}\quad\cdots(*)$$

(1)で求めました!!

(＊) に①，②，③を代入して，

$$\frac{\left(\dfrac{x}{2}\right)^2}{\left(\dfrac{2-x}{4}\right)\times\left(\dfrac{2-x}{4}\right)}=64$$

このあとは，中学数学のお話です。この方程式を解ければ OK!!

(3)も(2)より簡単です。Let's Try!!

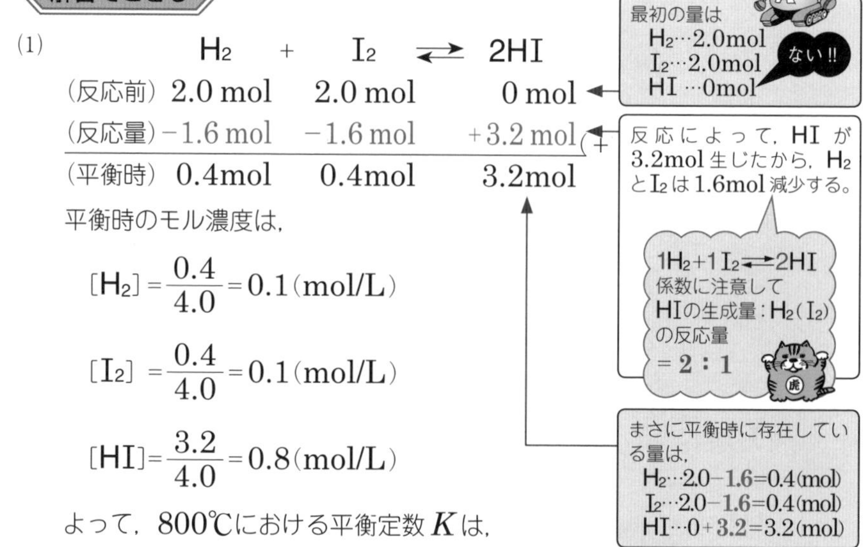

(1)

	H_2	+ I_2	$\rightleftarrows$ 2HI
(反応前)	2.0 mol	2.0 mol	0 mol
(反応量)	−1.6 mol	−1.6 mol	+3.2 mol
(平衡時)	0.4mol	0.4mol	3.2mol

平衡時のモル濃度は，

$$[\mathrm{H_2}]=\frac{0.4}{4.0}=0.1\,(\mathrm{mol/L})$$

$$[\mathrm{I_2}]=\frac{0.4}{4.0}=0.1\,(\mathrm{mol/L})$$

$$[\mathrm{HI}]=\frac{3.2}{4.0}=0.8\,(\mathrm{mol/L})$$

よって，800℃における平衡定数 K は，

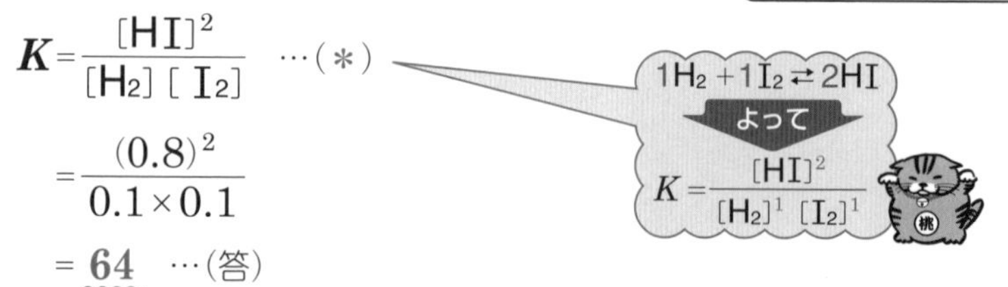

$$K=\frac{[\mathrm{HI}]^2}{[\mathrm{H_2}][\mathrm{I_2}]}\quad\cdots(*)$$

$$=\frac{(0.8)^2}{0.1\times0.1}$$

$$=\underline{64}\quad\cdots(\text{答})$$

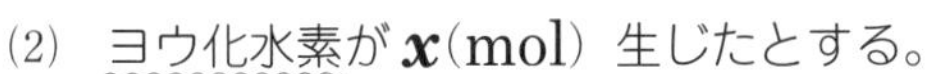

(2)　ヨウ化水素（HI）が $\boldsymbol{x}$(mol) 生じたとする。
このとき，水素（H_2）とヨウ素（I_2）は $\frac{1}{2}\boldsymbol{x}$(mol) ずつ反応したことになる。

> $1H_2 + 1I_2 \rightleftarrows 2HI$
> 係数に注意して，
> HIの生成量：H_2(I_2)の反応量
> $= \mathbf{2:1}$

よって，次の関係が成り立つ。

	H_2	+ I_2	$\rightleftarrows$ 2HI
(反応前)	1.0mol	1.0mol	0mol
(反応量)	$-\frac{1}{2}x$ mol	$-\frac{1}{2}x$ mol	$+x$ mol
(平衡時)	$1.0-\frac{1}{2}x$ mol	$1.0-\frac{1}{2}x$ mol	x mol

> 最初の量は
> H_2…1.0mol
> I_2…1.0mol
> HI…0mol
> ない!!

> 反応によって
> H_2…$\frac{1}{2}x$(mol) 減少!!
> I_2…$\frac{1}{2}x$(mol) 減少!!
> HI…x(mol) 増加!!

> まさに平衡時に存在している量は，このとおり!!

平衡時のモル濃度は，

$$[H_2] = \frac{1.0-\frac{1}{2}x}{2.0} = \frac{2-x}{4} \text{(mol/L)} \quad \cdots①$$

$$[I_2] = \frac{1.0-\frac{1}{2}x}{2.0} = \frac{2-x}{4} \text{(mol/L)} \quad \cdots②$$

$$[HI] = \frac{x}{2.0} = \frac{x}{2} \text{(mol/L)} \quad \cdots③$$

> 1.0Lあたりの話にしたいので，容器の体積2.0Lで割ればよい。

①，②，③を(1)の(＊)に代入して，

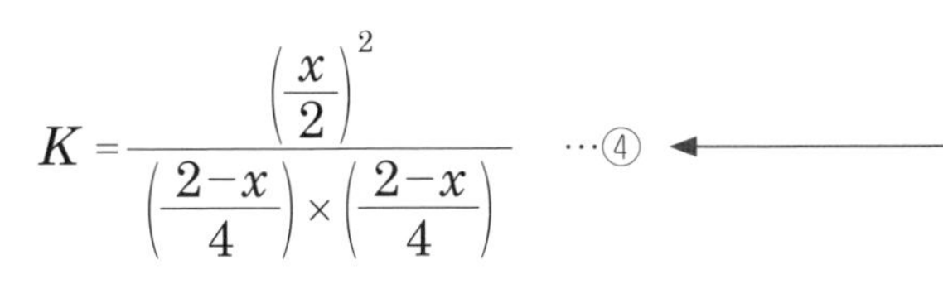

$$K = \frac{\left(\frac{x}{2}\right)^2}{\left(\frac{2-x}{4}\right) \times \left(\frac{2-x}{4}\right)} \quad \cdots④$$

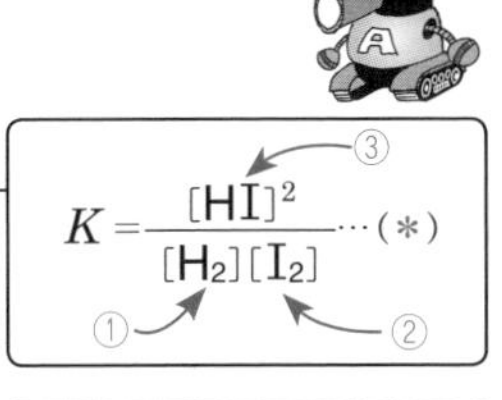

一方，(1)より，800℃において，$K=64$　…⑤
である。

> 温度が800℃のままなので，平衡定数 K は(1)で求めた $K=64$ のまま!!

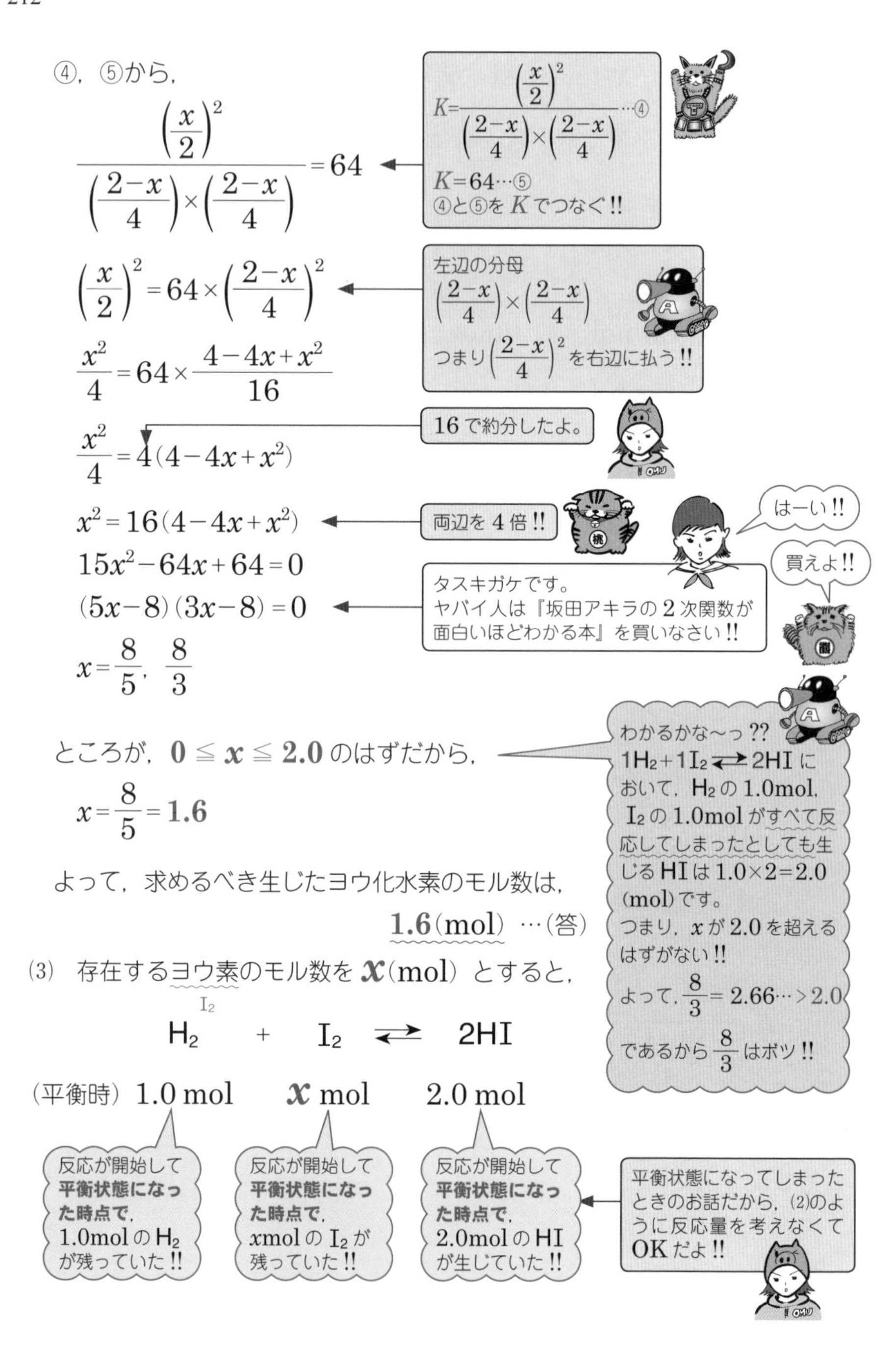

④，⑤から，

$$\frac{\left(\frac{x}{2}\right)^2}{\left(\frac{2-x}{4}\right)\times\left(\frac{2-x}{4}\right)}=64$$

$$\left(\frac{x}{2}\right)^2=64\times\left(\frac{2-x}{4}\right)^2$$

$$\frac{x^2}{4}=64\times\frac{4-4x+x^2}{16}$$

$$\frac{x^2}{4}=4(4-4x+x^2)$$

$$x^2=16(4-4x+x^2)$$

$$15x^2-64x+64=0$$

$$(5x-8)(3x-8)=0$$

$$x=\frac{8}{5},\ \frac{8}{3}$$

ところが，$0 \leqq x \leqq 2.0$ のはずだから，

$$x=\frac{8}{5}=1.6$$

よって，求めるべき生じたヨウ化水素のモル数は，

1.6(mol) …(答)

(3)　存在するヨウ素（I_2）のモル数を x(mol) とすると，

$$H_2 \quad + \quad I_2 \rightleftarrows 2HI$$

(平衡時)　1.0 mol　　x mol　　2.0 mol

平衡時のモル濃度は，

容器の体積が 8.0L より，モル濃度を求めたいときは 8.0L で割ればOK!!

$$[H_2] = \frac{1.0}{8.0} = \frac{1}{8}\,(\mathrm{mol/L}) \quad \cdots ①$$

$$[I_2] = \frac{x}{8.0} = \frac{x}{8}\,(\mathrm{mol/L}) \quad \cdots ②$$

$$[HI] = \frac{2.0}{8.0} = \frac{1}{4}\,(\mathrm{mol/L}) \quad \cdots ③$$

①，②，③を(1)の（＊）に代入して，

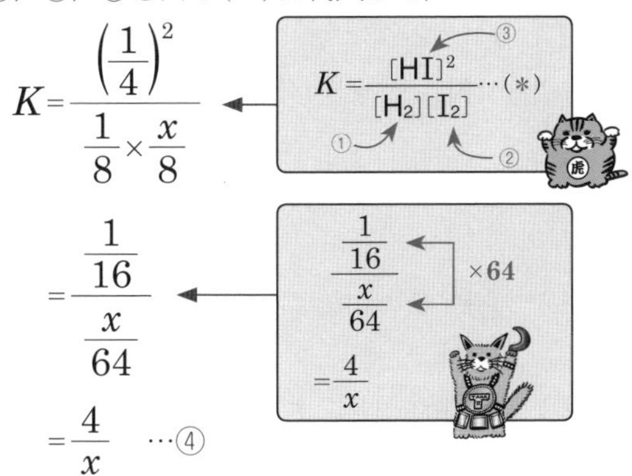

$$K = \frac{\left(\frac{1}{4}\right)^2}{\frac{1}{8} \times \frac{x}{8}}$$

$$= \frac{\frac{1}{16}}{\frac{x}{64}}$$

$$= \frac{4}{x} \quad \cdots ④$$

一方，(1)より 800℃において $K = 64$ …⑤である。

④，⑤から，

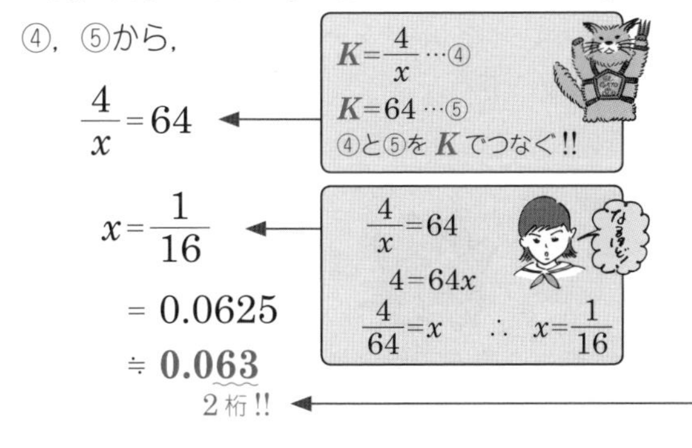

$$\frac{4}{x} = 64$$

$$x = \frac{1}{16}$$

$$= 0.0625$$

$$\fallingdotseq \mathbf{0.063}$$

2桁!!

問題文中に登場する数字が 1.0mol や 2.0mol など有効数字 2 桁をにおわせている。よって，有効数字は 2 桁で!!

よって，求めるべき，存在するヨウ素のモル数は，

0.063(mol) …(答)

さらに，もう一発!!

問題57 標準

次に示す気体の可逆反応について以下の問いに答えよ。

$$N_2 + 3H_2 \rightleftarrows 2NH_3$$

⑴　この反応の平衡状態について正しく説明している文を次の㋐〜㋔から選べ。

㋐　反応が完全に停止している状態

㋑　窒素（N_2）と水素（H_2）からアンモニア（NH_3）が生じる速さと，アンモニア（NH_3）から窒素（N_2）と水素（H_2）が生じる速さが等しくなった状態

㋒　窒素（N_2）と水素（H_2）とアンモニア（NH_3）の分子数の比が，1：3：2となった状態

㋓　窒素（N_2）と水素（H_2）の分子数の和よりもアンモニア（NH_3）の分子数が多くなった状態

㋔　窒素（N_2）と水素（H_2）の分子数の和とアンモニア（NH_3）の分子数が等しくなった状態

⑵　窒素2.0molと水素5.0molを6.0Lの容器に入れ，ある温度に保ったところ，上の可逆反応は平衡状態となり，アンモニアが2.0mol生じた。この温度における平衡定数を求めよ。

ダイナミックポイント!!

⑴で…

㋐ ➡ **誤り!!** 絶対に選んではいけない選択肢です!!

p.206でも述べたとおり，決して**反応が停止しているわけではない**のです!!　停止しているように見えるだけです。

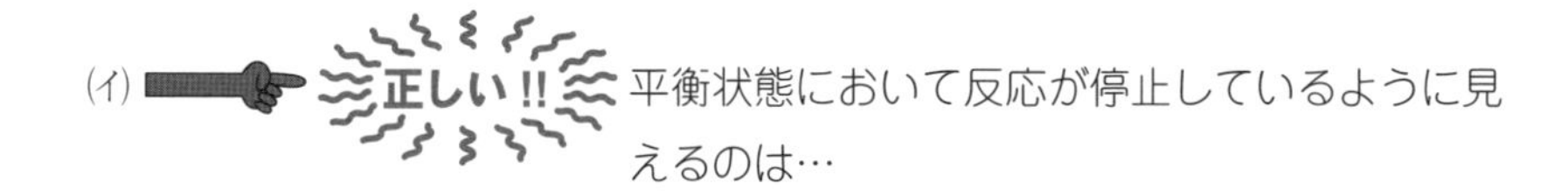

(イ) 正しい!! 平衡状態において反応が停止しているように見えるのは…

正反応（⟶）の反応の速さ＝逆反応（⟵）の反応の速さ

となることが原因でしたね!!（p.206 参照）

(ウ) 誤り!! というか，でたらめです!!

あくまでも反応の係数

$1N_2 + 3H_2 \rightleftarrows 2NH_3$

の **1** と **3** と **2** は…

反応するN_2の分子数：反応するH_2の分子数：生成するNH_3の分子数
＝　**1**　：　**3**　：　**2**

を意味するだけであって，平衡時に存在する N_2 と H_2 と NH_3 の分子数の比とは無関係です。

でたらめ大好きーっ!!

(エ) 超誤り!! そーです，超でたらめです!!

選択肢を増やすために作ったムチャクチャな文です。
「どのようなバランスで平衡状態になるか？」は温度によって変化します。ですから，どちらの分子数が多いとか少ないとかはわかるはずがありません!!

選択肢っていろいろ作れるんだね…

(オ) 超誤り!! (エ)と同様です。

(2)は前問 **問題56** の類題です。
ただし単位に注意してください。詳しくは解答にて…。

(1) (イ) …(答) ← ダイナミックポイント!! 参照

(2) アンモニア (NH_3) が 2.0 mol 生じたことより,

反応した窒素 (N_2) は 1.0 mol

反応した水素 (H_2) は 3.0 mol　となる。

> $1N_2 + 3H_2 \rightleftarrows 2NH_3$
> よって
> 反応した N_2 : 反応した H_2 : 生成した NH_3 = **1 : 3 : 2**
> 生じた NH_3 が 2.0mol より, この比に従って
> 反応した N_2 は 1.0mol
> 反応した H_2 は 3.0mol

よって,

	N_2	+	$3H_2$	$\rightleftarrows$	$2NH_3$
(反応前)	2.0 mol		5.0 mol		0 mol
(反応量)	−1.0mol		−3.0mol		+2.0mol
(平衡時)	1.0mol		2.0mol		2.0mol

> 反応によって,
> N_2 は 1.0mol 減少 !!
> H_2 は 3.0mol 減少 !!
> NH_3 は 2.0mol 増加 !!

平衡時のモル濃度は,

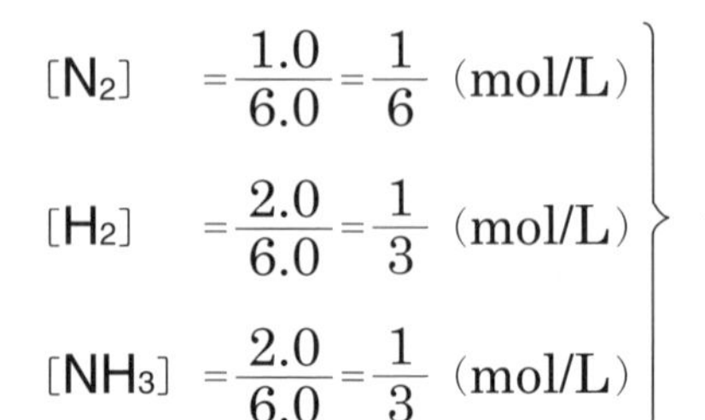

$$[N_2] = \frac{1.0}{6.0} = \frac{1}{6}\ \text{(mol/L)}$$

$$[H_2] = \frac{2.0}{6.0} = \frac{1}{3}\ \text{(mol/L)}$$

$$[NH_3] = \frac{2.0}{6.0} = \frac{1}{3}\ \text{(mol/L)}$$

> 容器の体積が 6.0L より, 1.0L あたりのモル数 (モル濃度) にするために 6.0L で割る !!

以上より, この温度における平衡定数は,

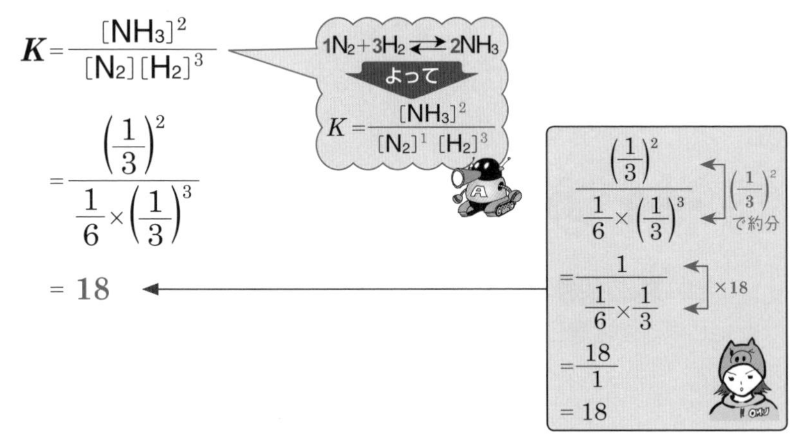

$$K = \frac{[NH_3]^2}{[N_2][H_2]^3}$$

$$= \frac{\left(\frac{1}{3}\right)^2}{\frac{1}{6} \times \left(\frac{1}{3}\right)^3}$$

$$= 18$$

> $1N_2 + 3H_2 \rightleftarrows 2NH_3$
> よって
> $K = \dfrac{[NH_3]^2}{[N_2]^1\ [H_2]^3}$

> $\dfrac{\left(\frac{1}{3}\right)^2}{\frac{1}{6} \times \left(\frac{1}{3}\right)^3}$ ← $\left(\frac{1}{3}\right)^2$ で約分
> $= \dfrac{1}{\frac{1}{6} \times \frac{1}{3}}$ ← ×18
> $= \dfrac{18}{1}$
> $= 18$

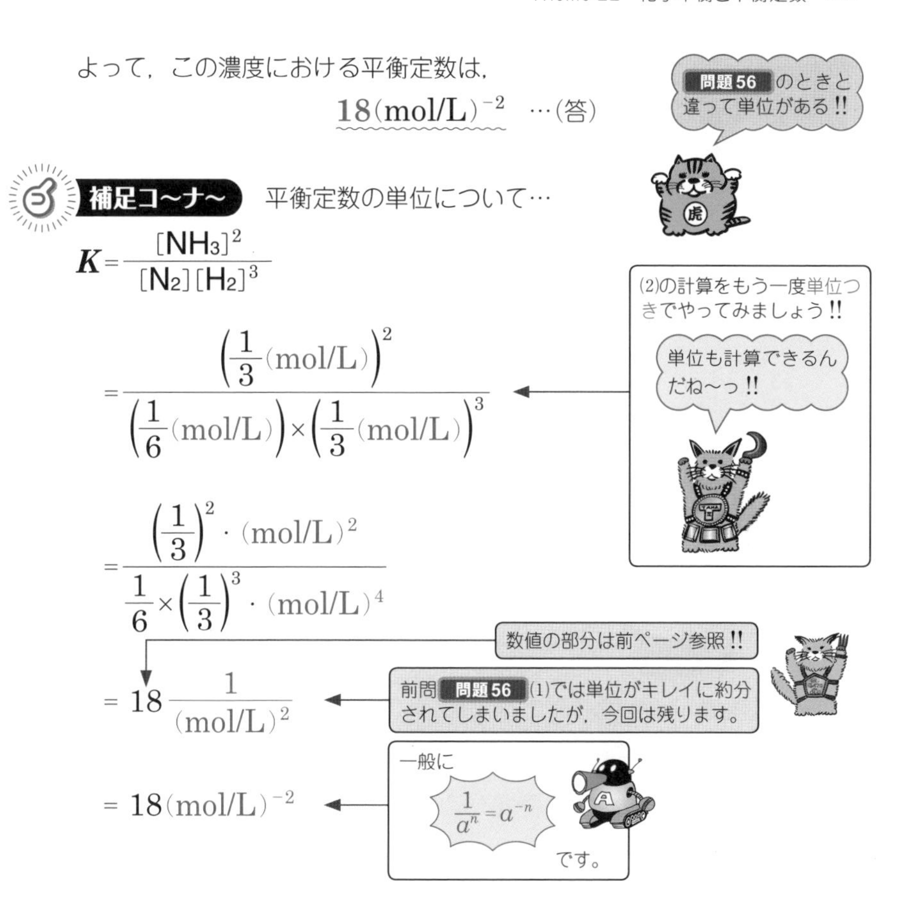

よって，この濃度における平衡定数は，

$$18\,(\mathrm{mol/L})^{-2}\quad\cdots（答）$$

補足コ〜ナ〜　平衡定数の単位について…

$$K=\frac{[NH_3]^2}{[N_2][H_2]^3}$$

$$=\frac{\left(\frac{1}{3}(\mathrm{mol/L})\right)^2}{\left(\frac{1}{6}(\mathrm{mol/L})\right)\times\left(\frac{1}{3}(\mathrm{mol/L})\right)^3}$$

$$=\frac{\left(\frac{1}{3}\right)^2\cdot(\mathrm{mol/L})^2}{\frac{1}{6}\times\left(\frac{1}{3}\right)^3\cdot(\mathrm{mol/L})^4}$$

$$=18\,\frac{1}{(\mathrm{mol/L})^2}$$

$$=18\,(\mathrm{mol/L})^{-2}$$

Theme 23 なにかとウザイ!!　圧平衡定数

物質A, B, C, Dの間で次のような可逆反応が起こるとします。

$$a\mathrm{A} + b\mathrm{B} \rightleftarrows c\mathrm{C} + d\mathrm{D}$$

（ただし a, b, c, d は係数です。）

このとき，温度が一定であれば，

A, B, C, Dのモル濃度(mol/L)を[A], [B], [C], [D]として…

$$K = \frac{[\mathrm{C}]^c[\mathrm{D}]^d}{[\mathrm{A}]^a[\mathrm{B}]^b} \quad \cdots(*)$$

平衡定数

は，一定値をとります。

これは，前テーマ Theme 22 で学習した**化学平衡の法則**でしたね。

ここで Theme 13 の**気体の状態方程式**を思い出していただきたい。

気体の状態方程式

$$PV = nRT$$

（Pは圧力(Pa)，Vは体積(L)，Tは絶対温度(K)，nはモル数(mol)，Rは気体定数）

変形してみよう!!

両辺をVで割る!!

$$P = \frac{n}{V}RT \quad \cdots①$$

この$\dfrac{n}{V}$に注目してください。nはモル数(mol)，Vは体積(L)であるから…

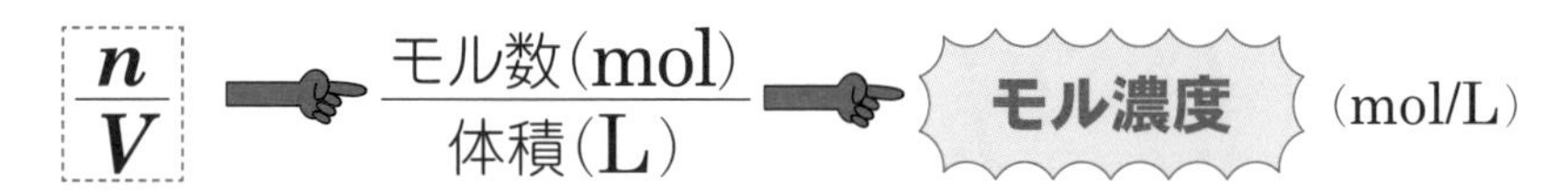

ということになりまーす。

$$c = \frac{n}{V} \ \text{(mol/L)}$$

とおくと…，①は，

$$P = cRT \quad \cdots②$$

となり，

②から，

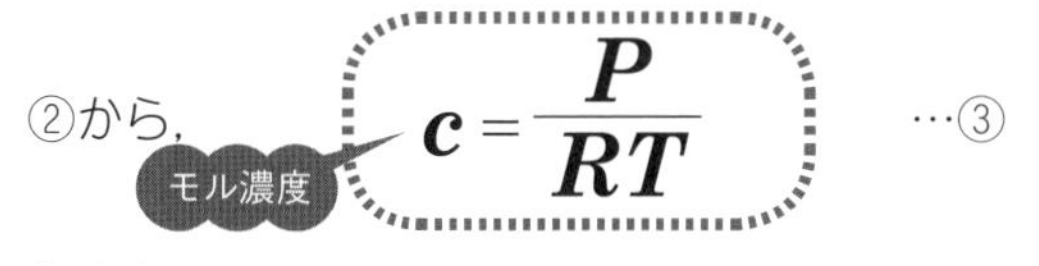

$$c = \frac{P}{RT} \quad \cdots③$$

と表されます。

先ほどの可逆反応で…

A の分圧を P_A(Pa)，B の分圧を P_B(Pa)，C の分圧を P_C(Pa)，D の分圧を P_D(Pa)とすると，③から…

$$[A] = \frac{P_A}{RT} \ \text{(mol/L)} \qquad [B] = \frac{P_B}{RT} \ \text{(mol/L)}$$

$$[C] = \frac{P_C}{RT} \ \text{(mol/L)} \qquad [D] = \frac{P_D}{RT} \ \text{(mol/L)}$$

となる。このとき，T は平衡時の温度(K)，R はもちろん気体定数!!

これらを(＊)に代入してみようぜ!!

$$K=\frac{\left(\dfrac{P_C}{RT}\right)^c\left(\dfrac{P_D}{RT}\right)^d}{\left(\dfrac{P_A}{RT}\right)^a\left(\dfrac{P_B}{RT}\right)^b}$$

$K=\dfrac{[C]^c[D]^d}{[A]^a[B]^b}\cdots(*)$

$$=\frac{\dfrac{(P_C)^c}{(RT)^c}\times\dfrac{(P_D)^d}{(RT)^d}}{\dfrac{(P_A)^a}{(RT)^a}\times\dfrac{(P_B)^b}{(RT)^b}}$$

$\left\{\dfrac{(P_C)^c}{(RT)^c}\times\dfrac{(P_D)^d}{(RT)^d}\right\}\div\left\{\dfrac{(P_A)^a}{(RT)^a}\times\dfrac{(P_B)^b}{(RT)^b}\right\}$

$=\left\{\dfrac{(P_C)^c}{(RT)^c}\times\dfrac{(P_D)^d}{(RT)^d}\right\}\times\left\{\dfrac{(RT)^a}{(P_A)^a}\times\dfrac{(RT)^b}{(P_B)^b}\right\}$

$$=\frac{(RT)^a(RT)^b(P_C)^c(P_D)^d}{(RT)^c(RT)^d(P_A)^a(P_B)^b}$$

文字が多いけど，よく見ればわかるよ♥

このとき!!

$$K=\frac{(RT)^a(RT)^b(P_C)^c(P_D)^d}{(RT)^c(RT)^d(P_A)^a(P_B)^b}$$

確かに，よく見れば単純な計算だ!!

の$\dfrac{(RT)^a(RT)^b}{(RT)^c(RT)^d}$を左辺に移すと…

$$K\cdot\frac{(RT)^c(RT)^d}{(RT)^a(RT)^b}=\frac{(P_C)^c(P_D)^d}{(P_A)^a(P_B)^b}$$

となります。

$$\frac{(P_C)^c(P_D)^d}{(P_A)^a(P_B)^b}=K\cdot\frac{(RT)^c(RT)^d}{(RT)^a(RT)^b}=\textbf{一定!!}$$

そーです!! 気体定数Rが一定であることはいうまでもなく，温度Tが一定であれば平衡定数Kも一定となる。よって，一定値K，R，Tで構成された右辺は一定となる。

つまーり!!

$$\frac{(P_C)^c(P_D)^d}{(P_A)^a(P_B)^b}=\textbf{一定!!}$$

となります。

この一定値をK_pとおき，**圧平衡定数**（あつへいこうていすう）といいます。

では，まとめておきましょう!!

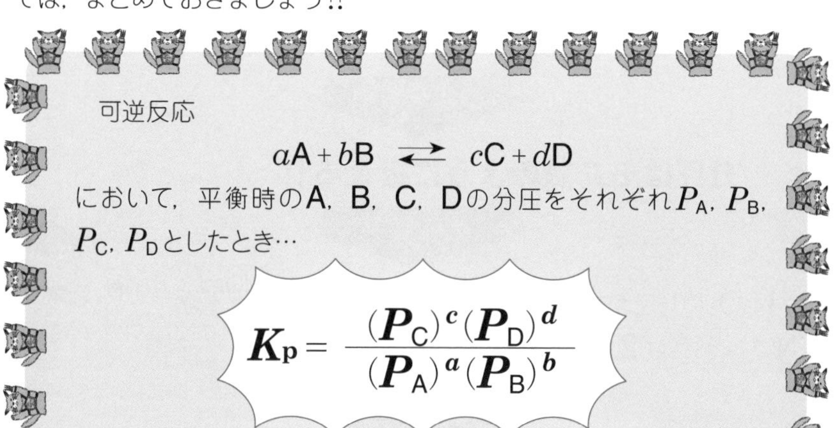

可逆反応

$$aA + bB \rightleftarrows cC + dD$$

において，平衡時のA，B，C，Dの分圧をそれぞれP_A，P_B，P_C，P_Dとしたとき…

$$K_p = \frac{(P_C)^c (P_D)^d}{(P_A)^a (P_B)^b}$$

は温度が一定であれば一定値をとり，この一定値K_pを**圧平衡定数**と呼ぶ。

注　いうまでもなく物質A，B，C，Dは**気体**でないといけませんよ!!
気体だから分圧という発想になります…。

では，実際に計算してみましょう!!

問題58　標準

NO_2とN_2O_4は，次の可逆反応より平衡状態となる。

$$2NO_2 \rightleftarrows N_2O_4$$

ある温度において，体積一定のもとでNO_2を8.0kPa入れたところ，全圧が5.0kPaとなり平衡状態となった。このとき，次の各問いに答えよ。

(1)　平衡時のNO_2の分圧P_{NO_2}とN_2O_4の分圧$P_{N_2O_4}$を求めよ。

(2)　圧平衡定数K_pを求めよ。

ダイナミックポイント!!

気体の状態方程式は Theme 13 でやったぞーっ!!

気体の状態方程式より，

$$PV = nRT$$

$$\therefore \quad P = \frac{nRT}{V}$$

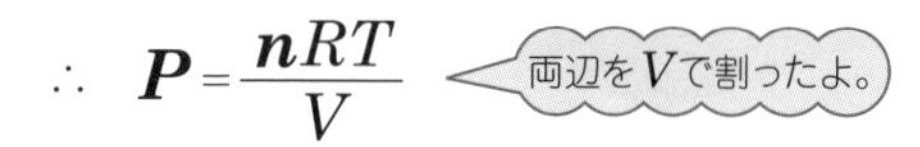

温度T，体積Vが一定であれば…（当然Rは気体**定数**なので一定!!）

分圧$\boldsymbol{P}$は，モル数$\boldsymbol{n}$に比例する。

つまーり!!

分圧はモル数のように扱える!! ってことです。

そこで!!

(1) N_2O_4の分圧が$\boldsymbol{x}$(kPa)増加すると，
NO_2の分圧は$\boldsymbol{2x}$(kPa)減少する。

よって!!

	$2NO_2$	$\rightleftarrows$ N_2O_4
(反応前)	8.0 kPa	0 kPa
(反応量)	$-\boldsymbol{2x}$ kPa	$+\boldsymbol{x}$ kPa
(平衡時)	$\mathbf{8.0}-\boldsymbol{2x}$ kPa	$\boldsymbol{x}$ kPa

最初はありません!!

とゆーわけで…

平衡時の…

NO_2の分圧
N_2O_4の分圧

$$\boldsymbol{P}_{NO_2} = \mathbf{8.0} - \boldsymbol{2x}\ \text{(kPa)}$$
$$\boldsymbol{P}_{N_2O_4} = \boldsymbol{x}\ \text{(kPa)}$$

このとき!!

平衡時の全圧が5.0kPaより，

$$P_{NO_2} + P_{N_2O_4} = 5.0$$
$$8.0 - 2x + x = 5.0$$
$$\therefore\ x = 3.0$$

よって!!

$$
\begin{aligned}
P_{NO_2} &= 8.0 - 2x \\
&= 8.0 - 2\times 3.0 \\
&= \mathbf{2.0}\,(\text{kPa})
\end{aligned}
$$

答です!!

$$
\begin{aligned}
P_{N_2O_4} &= x \\
&= \mathbf{3.0}\,(\text{kPa})
\end{aligned}
$$

答です!!

(2)　(1)より，圧平衡定数 K_p は…

$2NO_2 \rightleftarrows 1N_2O_4$

$K_p = \dfrac{(P_{N_2O_4})^1}{(P_{NO_2})^2}$

へェーっ…

$$
\begin{aligned}
K_p &= \frac{P_{N_2O_4}}{(P_{NO_2})^2} \\
&= \frac{3.0\,(\text{kPa})}{\{2.0\,(\text{kPa})\}^2} \\
&= \frac{3}{4}\left(\frac{1}{\text{kPa}}\right) \\
&= \mathbf{0.75}\,(\text{kPa})^{-1}
\end{aligned}
$$

(1)より，
$P_{NO_2} = 2.0\,(\text{kPa})$
$P_{N_2O_4} = 3.0\,(\text{kPa})$

単位についても同時にやっちゃいました!!
$\dfrac{1}{\text{kPa}} = (\text{kPa})^{-1}$ です。

答です!!

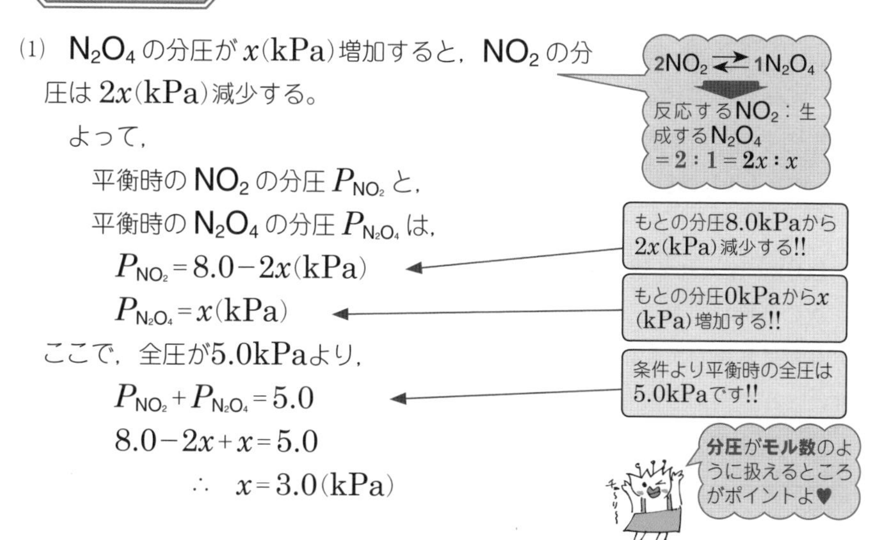

解答でござる

(1)　N_2O_4 の分圧が x(kPa)増加すると，NO_2 の分圧は $2x$(kPa)減少する。

よって，

平衡時の NO_2 の分圧 P_{NO_2} と，
平衡時の N_2O_4 の分圧 $P_{N_2O_4}$ は，

$P_{NO_2} = 8.0 - 2x\,(\text{kPa})$

$P_{N_2O_4} = x\,(\text{kPa})$

ここで，全圧が5.0kPaより，

$P_{NO_2} + P_{N_2O_4} = 5.0$

$8.0 - 2x + x = 5.0$

$\therefore\ x = 3.0\,(\text{kPa})$

よって，

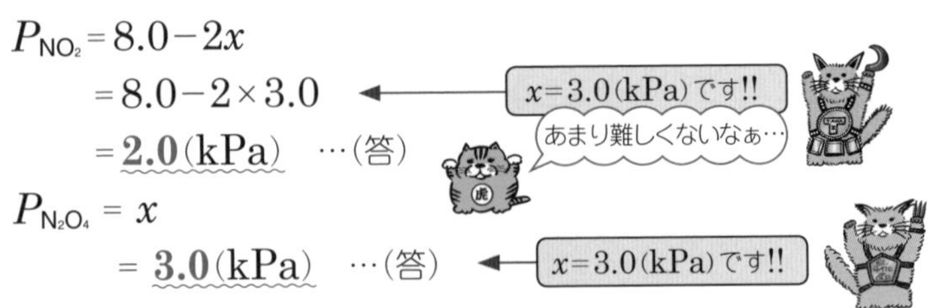

$$P_{NO_2} = 8.0 - 2x$$
$$= 8.0 - 2 \times 3.0$$
$$= \mathbf{2.0}\,(\text{kPa}) \quad \cdots(\text{答})$$
$$P_{N_2O_4} = x$$
$$= \mathbf{3.0}\,(\text{kPa}) \quad \cdots(\text{答})$$

(2)　(1)よりこの温度における圧平衡定数 K_p は，

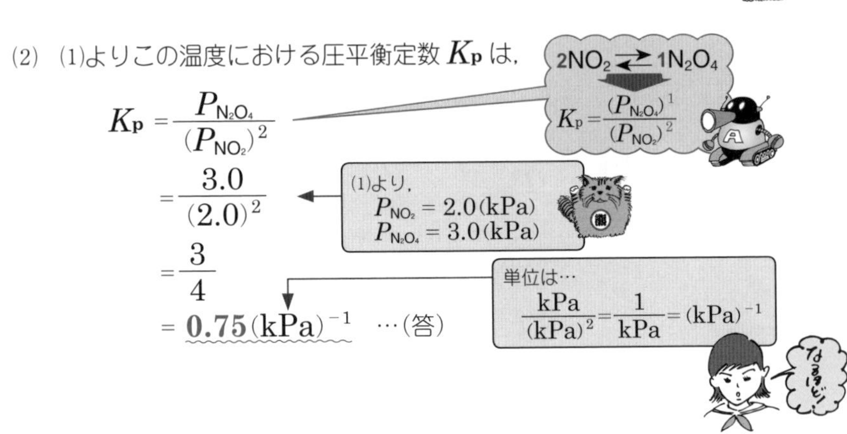

$$K_p = \frac{P_{N_2O_4}}{(P_{NO_2})^2}$$
$$= \frac{3.0}{(2.0)^2}$$
$$= \frac{3}{4}$$
$$= \mathbf{0.75}\,(\text{kPa})^{-1} \quad \cdots(\text{答})$$

実際に，リアルな計算をしてみましょう。

問題59　**ちょいムズ**

二酸化炭素と赤熱したコークス(C)から一酸化炭素が生成する反応は可逆反応であり，次のように表される。

$$CO_2(\text{気}) + C(\text{固}) \rightleftarrows 2CO(\text{気})$$

ある温度において，体積一定のもとで赤熱したコークスに二酸化炭素を6.0kPa入れて反応させたところ，全圧は8.0kPaであった。このとき，次の各問いに答えよ。ただし，平衡時にコークスは残っており，コークスの体積は無視できるものとする。

(1)　平衡時の二酸化炭素の分圧を求めよ。

(2)　圧平衡定数 K_p を求めよ。

ダイナミック解説

平衡時にコークスは残っていた ➡ コークスの具体的な量は明らかではないが足りなくなる心配はない!!

コークスの体積は無視できる ➡ コークスは固体です。気体に比べると無視できるほどの体積です。

そーなんです。コークスは固体なんです!! ➡ 圧力(分圧)など存在しません。つまり本問では無視同然の悲しい存在

(1) CO_2の分圧がx(kPa)減少したとすると…
COの分圧は$2x$(kPa)増加する。

	CO_2(気)	+ C(固)	$\rightleftarrows$	2CO(気)
(反応前)	6.0 kPa	無視		0 kPa
(反応量)	$-x$ kPa			$+2x$ kPa
(平衡時)	**$6.0-x$** kPa			**$2x$** kPa

固体ですから…

固体に圧力もクソもない…

よって!!

平衡時の全圧は…

$$6.0 - x + 2x = 6.0 + x \text{ (kPa)}$$

この全圧が**8.0 kPa**に等しいから,

$$6.0 + x = 8.0$$

$$\therefore \quad x = 2.0 \text{ (kPa)}$$

平衡時の分圧は…

CO_2の分圧　$P_{CO_2}=6.0-x=6.0-2.0=$ **4.0** (kPa)

CO の分圧　$P_{CO}=2x=2\times2.0=$ **4.0** (kPa)

(2)　圧平衡定数 K_p は…

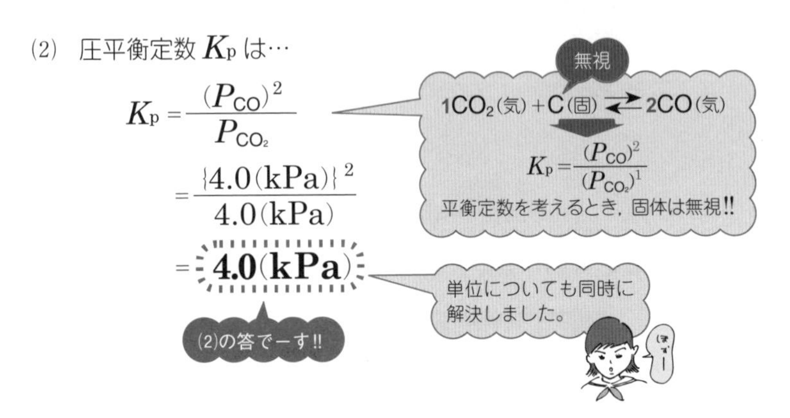

$$K_p=\frac{(P_{CO})^2}{P_{CO_2}}$$

$$=\frac{\{4.0(\mathrm{kPa})\}^2}{4.0(\mathrm{kPa})}$$

$$=\mathbf{4.0(kPa)}$$

解答でござる

(1)　CO_2 の分圧が x(kPa)減少したとすると，

CO の分圧は $2x$(kPa)増加する。

平衡時の CO_2 の分圧を P_{CO_2}，

平衡時の CO の分圧を P_{CO} とすると，

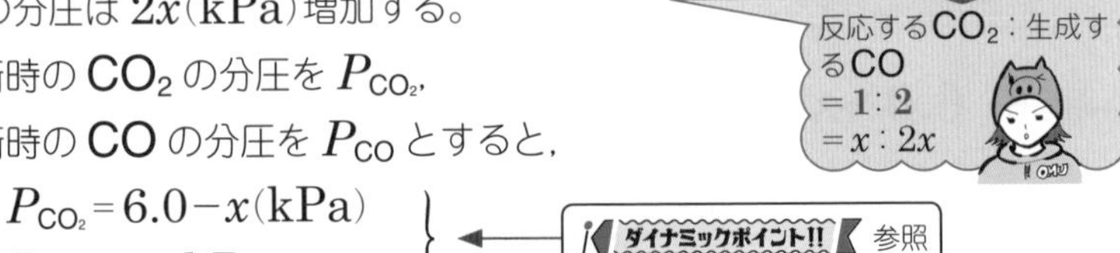

$$P_{CO_2}=6.0-x(\mathrm{kPa})$$
$$P_{CO}=2x(\mathrm{kPa})$$

ここで，全圧が 8.0(kPa)より，

$$P_{CO_2}+P_{CO}=8.0$$
$$6.0-x+2x=8.0$$
$$\therefore\quad x=2.0(\mathrm{kPa})$$

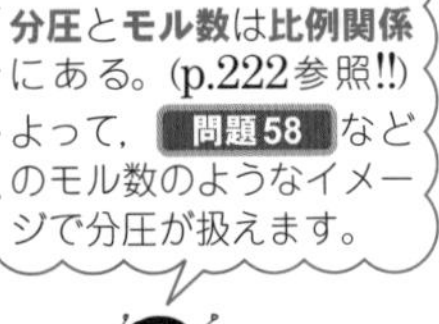

よって，

$$P_{CO_2}=6.0-2.0$$
$$=\mathbf{4.0}(\mathrm{kPa})\quad\cdots(答)$$

(2)　(1)のとき,

$$P_{CO} = 2x = 2 \times 2.0 = 4.0\,(\text{kPa})$$

以上より，この温度における圧平衡定数 K_p は,

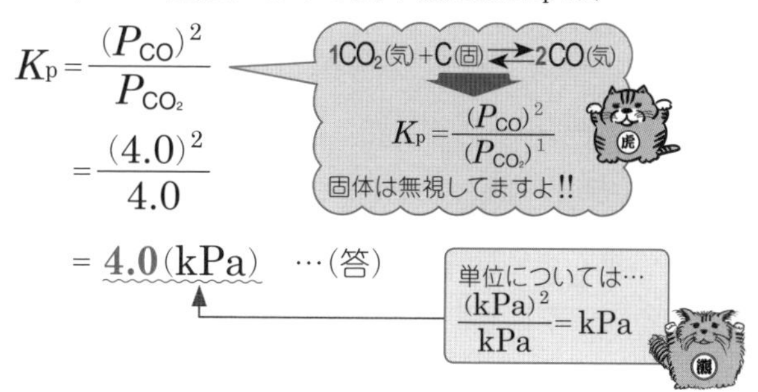

$$K_p = \frac{(P_{CO})^2}{P_{CO_2}} = \frac{(4.0)^2}{4.0} = \mathbf{4.0}\,(\text{kPa})$$ …(答)

プロフィール

クリスティーヌ

みっちゃんを救うべく，遠い未来から現れた教育プランナー。見た感じはロボットのようですが，詳細は不明♥

虎君はクリスティーヌが大好きのようですが，桃君はクリスティーヌが発言すると，迷惑そうです。

Theme 24 ルシャトリエの原理

ルシャトリエの原理

平衡状態において，濃度，温度，圧力などの条件を変化させたとき，**その変化を打ち消す方向に**平衡が移動します。これをルシャトリエの原理（平衡移動の原理）と申します。

とはいうものの…，あんまり意味がわからないよねぇ…？
そこで，代表的なケースをいろいろと挙げてまいりましょう。

ケース その1

直接，物質を加えたり減らしたりする場合
→ 濃度を大きくしたり小さくしたりする場合

例 $N_2 + O_2 \rightleftarrows 2NO$

① **N_2を加えると…**

増えてしまったN_2を減らす方向に平衡は移動します。

つまーり!!

$N_2 + O_2 \rightleftarrows 2NO$

平衡は右向き（⟶）に移動しまーす!!

無関係なO_2も減ってしまいますが，巻き添えのようなもんです

② **O_2を除いていくと…**

減ってしまったO_2を増やす方向に平衡は移動します。

$N_2 + O_2 \rightleftarrows 2NO$

平衡は左向き（⟵）に移動しまーす!!

無関係なN_2も増えてしまいますが，気にしないように!!

温度を上げたり下げたりする場合

例 $N_2 + 3H_2 \rightleftarrows 2NH_3 \quad \Delta H = -92\mathrm{kJ}$

矢印が両方の向きにあるので困っている人も多いかも知れませんが通常の向き（⟶）の反応で$\Delta H = -92\mathrm{kJ}$ということです!!

マイナスは発熱!!

つまり，逆向き（⟵）の反応では$\Delta H = 92\mathrm{kJ}$となります。

プラスなので吸熱

① **温度を上げると…**

上がってしまった温度を下げる方向に移動します。

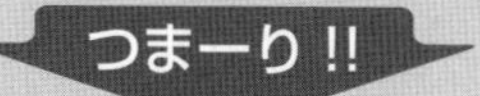

発熱したら困るので**吸熱**の方向に移動。つまり，

平衡は左向き（⟵）に移動しまーす!!

② **温度を下げると…**

下がってしまった温度を上げる方向に移動します。

つまーり!!

発熱したいので**発熱**の方向に移動します。つまり，

平衡は右向き（⟶）に移動しまーす!!

圧力を上げたり下げたりする場合

例 $N_2 + 3H_2 \rightleftarrows 2NH_3$

① **圧力を上げると…**

上がってしまった圧力を下げる方向に平衡は移動します。

とゆーことは…

圧力というものは，気体分子が外壁にぶつかることにより生じます。そのことを踏まえて…

気体分子の外壁への衝突を減らす!!

つまり… 気体の分子数が減る方向に平衡が移動する

つまーり!!

$$1N_2 + 3H_2 \rightleftarrows 2NH_3$$

係数の合計は1+3=4　係数は2

係数の合計が少ないほうに平衡が移動すれば，気体の分子数は減る!!

平衡は右向き（⟶）に移動しまーす!!

係数の合計が少ないほう

② **圧力を下げると…**

下がってしまった圧力を上げる方向に平衡は移動します。

とゆーことは…

気体分子の外壁への衝突を増やす!!

つまり… 気体の分子数が増える方向に平衡が移動する

つまーり!!

$$1N_2 + 3H_2 \rightleftarrows 2NH_3$$

係数の合計は1+3=4　係数は2

係数の合計が多いほうに平衡が移動すれば，気体の分子数は増える!!

平衡は左向き（⟵）に移動しまーす!!

触媒を加える場合

例　$N_2 + 3H_2 \rightleftarrows 2NH_3 \quad \Delta H = -92\text{kJ}$

触媒を加えると…

正反応（⟶）と逆反応（⟵）の速度がともに大きくなるだけで，

平衡は移動しませ〜ん!!

バンバンいくぜ〜っ!!

問題60 標準

次の(1)〜(15)の可逆反応が平衡状態にあるとき，(　　)に示した条件によって平衡はどちらに移動するか。「右」「左」「移動しない」のいずれかで答えよ。

(1) $2NH_3 \rightleftarrows N_2 + 3H_2$ （NH_3 を加える）

(2) $NH_3 + H_2O \rightleftarrows NH_4^+ + OH^-$ （NH_4Cl を加える）

(3) $NH_3 + H_2O \rightleftarrows NH_4^+ + OH^-$ （水で薄める）

(4) $2SO_2 + O_2 \rightleftarrows 2SO_3$ （SO_3 を除く）

(5) $H_2 + I_2 \rightleftarrows 2HI \quad \Delta H = -9.0\text{kJ}$ （温度を上げる）

(6) $H^+ + OH^- \rightleftarrows H_2O \quad \Delta H = -56.4\text{kJ}$ （冷却する）

(7) $2O_3 \rightleftarrows 3O_2 \quad \Delta H = -285\text{kJ}$ （圧力を加える）

(8) $C(固) + H_2O(気) \rightleftarrows CO(気) + H_2(気) \quad \Delta H = 132\text{kJ}$
（減圧する）

(9) $N_2 + O_2 \rightleftarrows 2NO \quad \Delta H = 180\text{kJ}$ （加圧する）

(10) $CH_3COOH \rightleftarrows CH_3COO^- + H^+$
（CH_3COONa を加える）

(11) $NaCl \rightleftarrows Na^+ + Cl^-$ （$NaOH$ を加える）

(12) $N_2O_4 \rightleftarrows 2NO_2 \quad \Delta H = 57\text{kJ}$ （触媒を加える）

(13) $N_2 + 3H_2 \rightleftarrows 2NH_3 \quad \Delta H = -92\text{kJ}$
（全圧を一定に保ち，Ar を加える）

(14) $N_2 + 3H_2 \rightleftarrows 2NH_3 \quad \Delta H = -92\text{kJ}$
（体積を一定に保ち，Ar を加える）

(15) $H_2S + 2H_2O \rightleftarrows 2H_3O^+ + S^{2-}$ （アンモニア水を加える）

ダイナミックポイント!!

(3) 水で薄める　つまり…　H_2O を加える

$$NH_3 + H_2O \rightleftarrows NH_4^+ + OH^-$$

H_2O を減らす方向，つまり **右** 向き（⟶）に平衡は移動!!

(8)　C(固) ＋ H_2O(気) ⇄ CO(気) ＋ H_2(気)　$\Delta H = 132\text{kJ}$

注意!!

この場合の C は固体なので圧力の話題には参加しません!!

よって，この場合は無視してください。

C(固) ＋ $1H_2O$(気) ⇄ $1CO$(気) ＋ $1H_2$(気)　$\Delta H = 132\text{kJ}$

無視　係数は 1　係数の合計は 1 ＋ 1 ＝ 2

減圧したので，圧力を大きくする方向，つまり**気体の**分子数が多くなる方向

つまーり!!

気体分子に注目した係数の合計が大きいほう，すなわち

右向き（⟶）に平衡は移動する!!

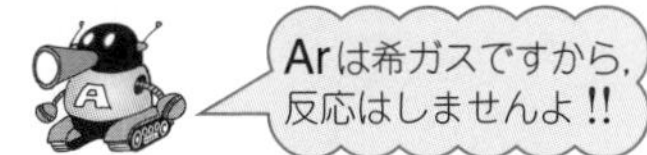

(13)　全圧を一定に保ち Ar を加える。

つまり　全圧の一部が Ar の分圧にまわる。

つまり　反応に関係ある物質 N_2，H_2，NH_3 の圧力(分圧)は減る。

N_2 ＋ $3H_2$ ⇄ $2NH_3$　$\Delta H = -92\text{kJ}$

係数の合計は 1 ＋ 3 ＝ 4　係数は 2

圧力を大きくする方向，つまり分子数が増える方向，つまり係数の合計が大きい方向，つまり**左**向き（⟵）に平衡は移動する。

(14)　体積を一定に保ち Ar を加える。

つまり　Ar を加えた分，全圧が大きくなるだけ。

つまり　反応に関係ある物質 N_2，H_2，NH_3 の圧力（分圧）は変わらない。

同時に，温度が変化する理由もない!!

よって!!

(15) H_3O^+（オキソニウムイオン）は酸性を示すイオンです。

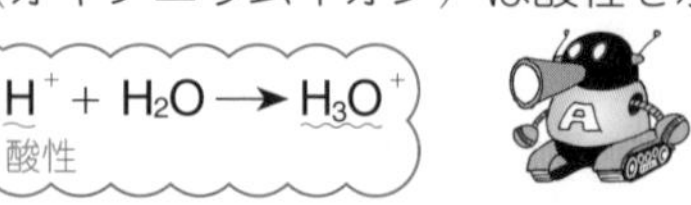

アンモニア（NH_3）は，アルカリ性（塩基性）であるから，**中和反応**により，H_3O^+（オキソニウムイオン）が消費されます。

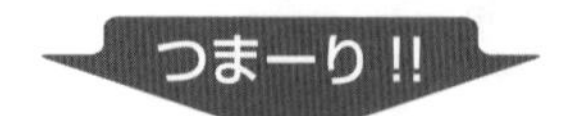

H_3O^+が減少する!!

H_3O^+を増やす方向に平衡は移動!!

すなわち!!

$$H_2S + 2H_2O \rightleftarrows 2\mathbf{H_3O^+} + S^{2-}$$

右向き（⟶）に平衡は移動しま～す!!

他の問題は，p.228～p.231のケースその1～ケースその4にしっかりあてはまってます。

解答でござる

(1) $2\mathbf{NH_3} \rightleftarrows N_2 + 3H_2$

NH₃を加えたので，NH₃を減らす方向に平衡は移動します。

『右』…(答)

(2) $NH_3 + H_2O \rightleftarrows \mathbf{NH_4^+} + OH^-$

$NH_4Cl \longrightarrow NH_4^+ + Cl^-$
と電離するから…
NH_4Clを加えるということは，NH_4^+を加えるということである。
よって!!
NH_4^+を減らす方向に平衡は移動します。

『左』…(答)

(3) $NH_3 + \mathbf{H_2O} \rightleftarrows NH_4^+ + OH^-$

ダイナミックポイント!! 参照!!
H_2Oを加えたので，H_2Oを減らす方向に平衡は移動します。

『右』…(答)

(4) $2SO_2 + O_2 \rightleftarrows 2SO_3$

『右』…(答)

SO_3を除いたので，SO_3が増える方向に平衡は移動します。

(5) $H_2 + I_2 \rightleftarrows 2HI \quad \Delta H = -9.0\text{kJ}$　発熱

『左』…(答)

温度を上げたので，発熱しない，つまり吸熱の方向に平衡は移動する。

(6) $H^+ + OH^- \rightleftarrows H_2O \quad \Delta H = -56.4\text{kJ}$　発熱

『右』…(答)

冷却したので，発熱する方向に平衡は移動する。

(7) $2O_3 \rightleftarrows 3O_2 \quad \Delta H = -285\text{kJ}$

『左』…(答)

圧力を加えたので，圧力を小さくする方向，つまり分子数を少なくする方向に（係数が小さい方向に）平衡は移動する。

(8) C（固） $+ 1H_2O$（気） $\rightleftarrows$

$1CO$（気） $+ 1H_2$（気） $\Delta H = 132\text{kJ}$

C：無視　$1H_2O$：計1　$1CO + 1H_2$：計1＋1＝2

『右』…(答)

減圧したので，圧力を大きくする方向，つまり**気体の**分子数を多くする方向に（**気体の**分子数に注目して係数が大きい方向に）平衡は移動する。

(9) $1N_2 + 1O_2 \rightleftarrows 2NO \quad \Delta H = 180\text{kJ}$

$1N_2 + 1O_2$：計1＋1＝2　$2NO$：計2

『移動しない』…(答)

左右の係数の合計が等しいので，加圧しても平衡は移動しない。

(10) $CH_3COOH \rightleftarrows CH_3COO^- + H^+$

『左』…(答)

$CH_3COONa \longrightarrow CH_3COO^- + Na^+$
のように電離するので，CH_3COONaを加えたということはCH_3COO^-を加えたということになる。よって，CH_3COO^-が減少する方向に平衡は移動する。

(11) $NaCl \rightleftarrows Na^+ + Cl^-$

『左』…(答)

$NaOH \longrightarrow Na^+ + OH^-$
のように電離するので，$NaOH$を加えたということはNa^+を加えたということになる。よって，Na^+が減少する方向に平衡は移動する。

コツさえ掴めば楽勝だ♪

(12) $N_2O_4 \rightleftarrows 2NO_2 \quad \Delta H = 57\text{kJ}$

『移動しない』…(答)

触媒を加えても平衡は移動しない!! p.231 参照!! ケースその4を参照せよ!!

(13) $\mathbf{1}N_2 + \mathbf{3}H_2 \rightleftarrows \mathbf{2}NH_3 \quad \Delta H = -92\text{kJ}$

計1＋3＝4　　計2

『左』…(答)

詳しくはダイナミックポイント!!参照!! 減圧したことと同じになるので，圧力を大きくする方向，つまり分子数を多くする方向に（係数の合計が大きい方向に）平衡は移動する。

(14) $N_2 + 3H_2 \rightleftarrows 2NH_3 \quad \Delta H = -92\text{kJ}$

『移動しない』…(答)

詳しくはダイナミックポイント!!参照!! 圧力（分圧）も温度も変化しないから，平衡は移動しない。

(15) $H_2S + 2H_2O \rightleftarrows 2H_3O^+ + S^{2-}$

『右』…(答)

詳しくはダイナミックポイント!!参照!! アンモニアとの中和反応により H_3O^+ が減少する。よって，H_3O^+ が増える方向に平衡は移動する。

化学基礎の復習コーナー

水素イオン濃度とpHのお話

対数の計算ができないと…

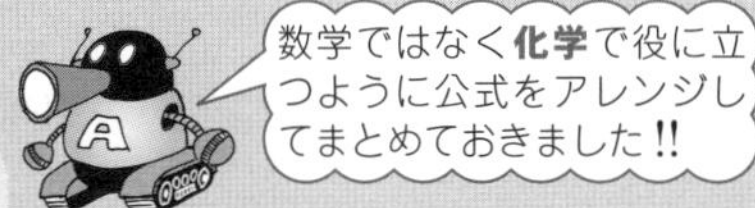

掟 その1 $\log_{10}10^n = n$

例 $\log_{10}10^8 = 8$　　$\log_{10}10^{-3} = -3$　　$\log_{10}10 = \log_{10}10^1 = 1$

掟 その2 $\log_{10}AB = \log_{10}A + \log_{10}B$

例 $\log_{10}6 = \log_{10}(2\times3) = \log_{10}2 + \log_{10}3$

$\log_{10}200 = \log_{10}(2\times10^2) = \log_{10}2 + \log_{10}10^2 = \log_{10}2 + 2$　（掟 その1）

掟 その3 $\log_{10}\dfrac{A}{B} = \log_{10}A - \log_{10}B$

例 $\log_{10}\dfrac{5}{2} = \log_{10}5 - \log_{10}2$

$\log_{10}\dfrac{1000}{3} = \log_{10}10^3 - \log_{10}3 = 3 - \log_{10}3$　（掟 その1）

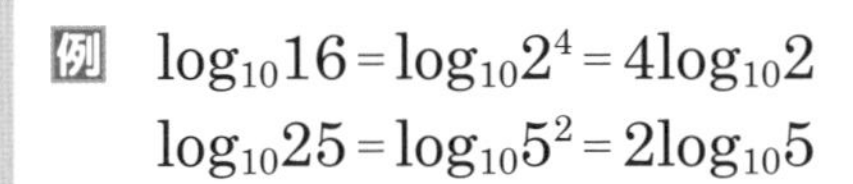

掟 その4 $\log_{10}A^n = n\log_{10}A$

例 $\log_{10}16 = \log_{10}2^4 = 4\log_{10}2$

$\log_{10}25 = \log_{10}5^2 = 2\log_{10}5$

計算練習しましょう!!

問題 61 キソ

$\log_{10}2 = 0.30$，$\log_{10}3 = 0.48$として，次の値を計算せよ。

(1) $\log_{10}6$　　(2) $\log_{10}18$

(3) $\log_{10}(8\times10^3)$　　(4) $\log_{10}\left(\dfrac{3}{2}\times10^{-5}\right)$

解答でござる

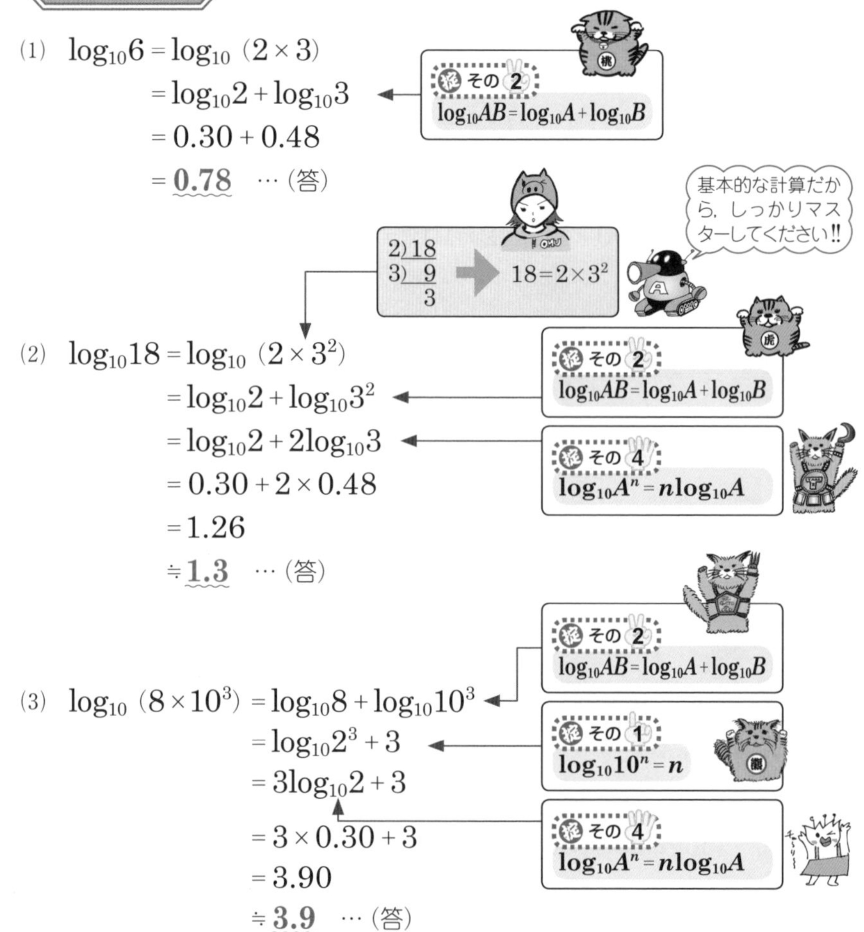

(1)
$$\begin{aligned}\log_{10}6 &= \log_{10}(2\times3)\\ &= \log_{10}2+\log_{10}3\\ &= 0.30+0.48\\ &= \underline{0.78}\quad\cdots\text{(答)}\end{aligned}$$

(2)
$$\begin{aligned}\log_{10}18 &= \log_{10}(2\times3^2)\\ &= \log_{10}2+\log_{10}3^2\\ &= \log_{10}2+2\log_{10}3\\ &= 0.30+2\times0.48\\ &= 1.26\\ &\fallingdotseq \underline{1.3}\quad\cdots\text{(答)}\end{aligned}$$

(3)
$$\begin{aligned}\log_{10}(8\times10^3) &= \log_{10}8+\log_{10}10^3\\ &= \log_{10}2^3+3\\ &= 3\log_{10}2+3\\ &= 3\times0.30+3\\ &= 3.90\\ &\fallingdotseq \underline{3.9}\quad\cdots\text{(答)}\end{aligned}$$

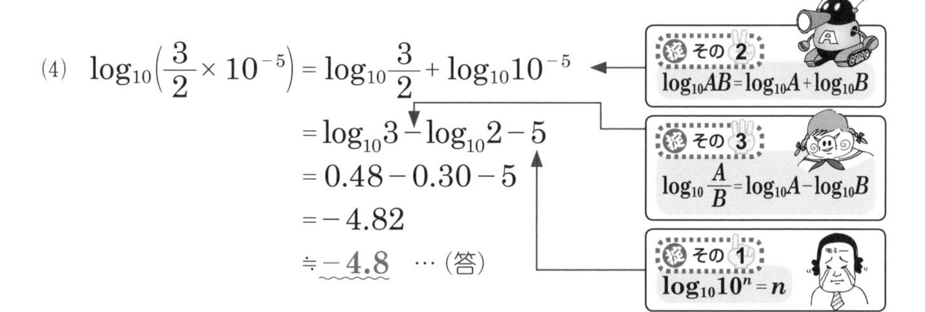

では本題です。いろいろと思い出していただきます。

「化学基礎」でやったね!!

水素イオン指数（pH）について…

$$\mathrm{pH}=-\log_{10}[\mathrm{H}^+]$$

$[H^+]$はH$^+$のモル濃度（水素イオン濃度）です。

水のイオン積について…

$[OH^-]$はもちろんOH^-のモル濃度!!

$$[\mathrm{H}^+][\mathrm{OH}^-]=10^{-14}\ (\mathrm{mol/L})^2$$

注 $[H^+][OH^-]=10^{-14}$が成立するのは25℃の場合ですよ。
特別な断り書きがない問題では，勝手に25℃と思ってよし!!

では，pHを求めていきましょう!!

問題62 キソ

$\log_{10}2=0.30$，$\log_{10}3=0.48$として，次の(1)～(4)のpHを小数第1位までで計算せよ。

(1) 0.020mol/L の塩酸 HCl

(2) 0.0030mol/L の硫酸 H_2SO_4

(3) 0.030mol/L の水酸化ナトリウム NaOH 水溶液

(4) 0.0020mol/L の水酸化カルシウム $Ca(OH)_2$ 水溶液

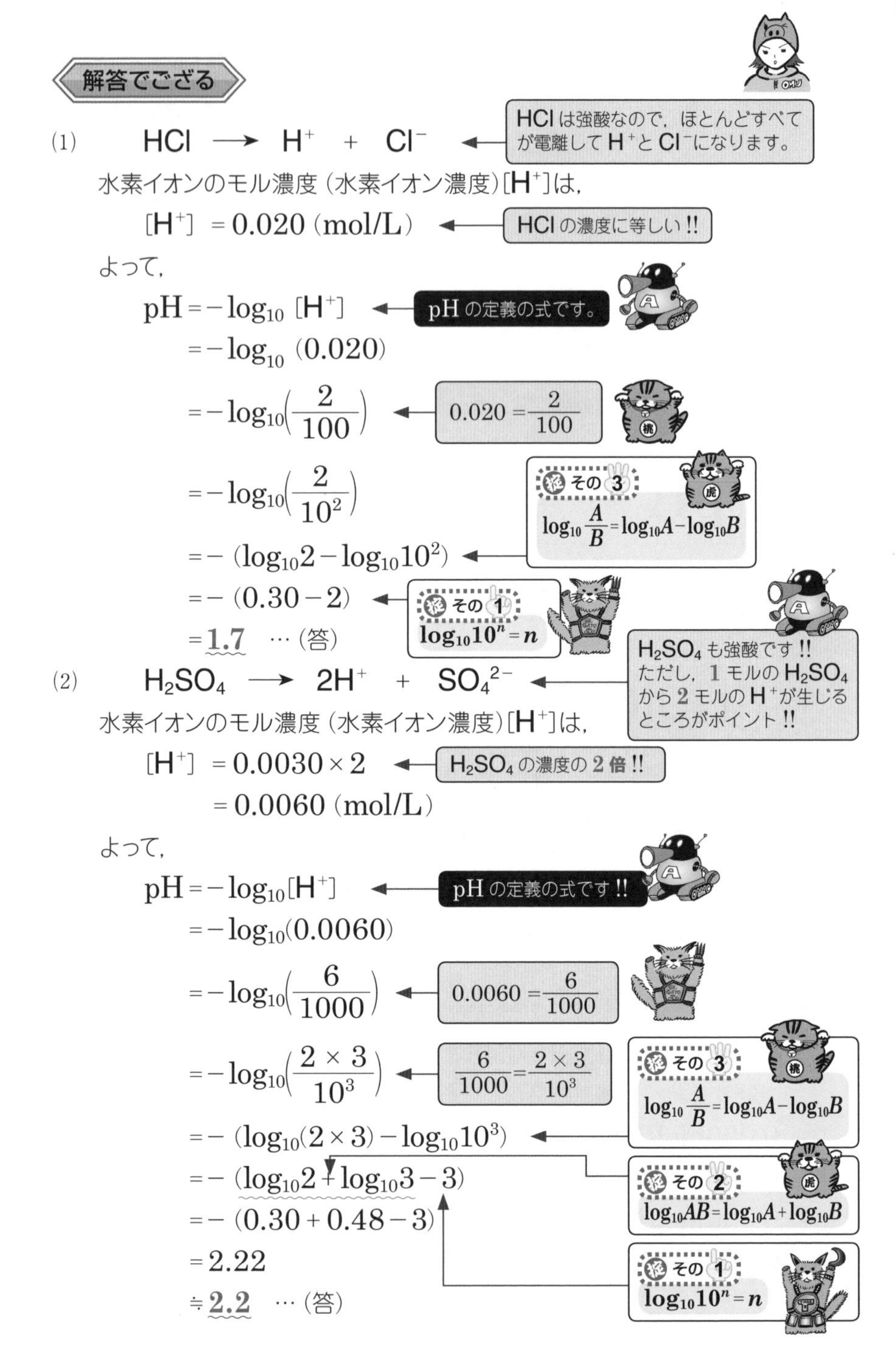

解答でござる

(1)

$$HCl \longrightarrow H^+ + Cl^-$$

HClは強酸なので，ほとんどすべてが電離してH^+とCl^-になります。

水素イオンのモル濃度（水素イオン濃度）$[H^+]$は，

$$[H^+] = 0.020\ (mol/L)$$

HClの濃度に等しい!!

よって，

$$
\begin{aligned}
pH &= -\log_{10}[H^+] \quad \text{（pHの定義の式です。）}\\
&= -\log_{10}(0.020)\\
&= -\log_{10}\left(\frac{2}{100}\right) \quad \left(0.020 = \frac{2}{100}\right)\\
&= -\log_{10}\left(\frac{2}{10^2}\right)\\
&= -(\log_{10}2 - \log_{10}10^2)\\
&= -(0.30 - 2)\\
&= \mathbf{1.7} \quad \cdots（答）
\end{aligned}
$$

技その3：$\log_{10}\frac{A}{B} = \log_{10}A - \log_{10}B$

技その1：$\log_{10}10^n = n$

(2)

$$H_2SO_4 \longrightarrow 2H^+ + SO_4^{2-}$$

H_2SO_4も強酸です!! ただし，**1**モルのH_2SO_4から**2**モルのH^+が生じるところがポイント!!

水素イオンのモル濃度（水素イオン濃度）$[H^+]$は，

$$
\begin{aligned}
[H^+] &= 0.0030 \times 2 \quad \text{（}H_2SO_4\text{の濃度の2倍!!）}\\
&= 0.0060\ (mol/L)
\end{aligned}
$$

よって，

$$
\begin{aligned}
pH &= -\log_{10}[H^+] \quad \text{（pHの定義の式です!!）}\\
&= -\log_{10}(0.0060)\\
&= -\log_{10}\left(\frac{6}{1000}\right) \quad \left(0.0060 = \frac{6}{1000}\right)\\
&= -\log_{10}\left(\frac{2\times 3}{10^3}\right) \quad \left(\frac{6}{1000} = \frac{2\times 3}{10^3}\right)\\
&= -(\log_{10}(2\times 3) - \log_{10}10^3)\\
&= -(\log_{10}2 + \log_{10}3 - 3)\\
&= -(0.30 + 0.48 - 3)\\
&= 2.22\\
&\fallingdotseq \mathbf{2.2} \quad \cdots（答）
\end{aligned}
$$

技その3：$\log_{10}\frac{A}{B} = \log_{10}A - \log_{10}B$

技その2：$\log_{10}AB = \log_{10}A + \log_{10}B$

技その1：$\log_{10}10^n = n$

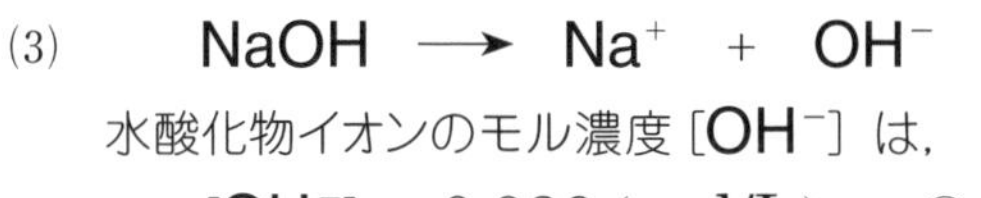

(3) $NaOH \longrightarrow Na^{+} + OH^{-}$

水酸化物イオンのモル濃度 $[OH^{-}]$ は，

$$[OH^{-}] = 0.030\ (\text{mol/L}) \quad \cdots ①$$

さらに，

$$[H^{+}][OH^{-}] = 10^{-14}\ (\text{mol/L})^2$$

より，

$$[H^{+}] = \frac{10^{-14}}{[OH^{-}]} \quad \cdots ②$$

①を②に代入して，

$$[H^{+}] = \frac{10^{-14}}{0.030}$$

$$= \frac{10^{-14}}{3 \times 10^{-2}}$$

$$= \frac{10^{-12}}{3}\ (\text{mol/L})$$

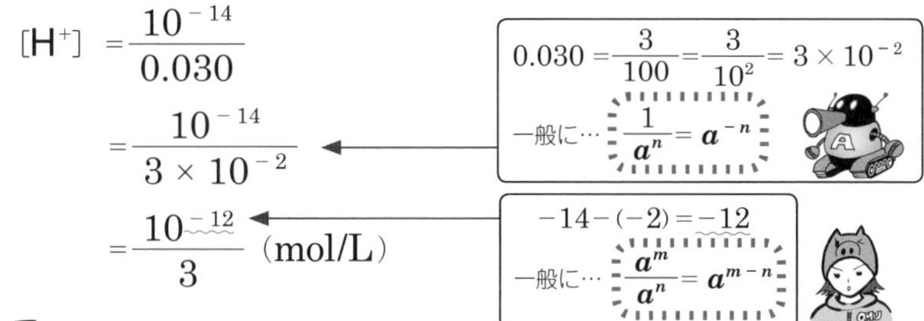

よって，

$$pH = -\log_{10}[H^{+}]$$

$$= -\log_{10}\frac{10^{-12}}{3}$$

$$= -(\log_{10}10^{-12} - \log_{10}3)$$

$$= -(-12 - 0.48)$$

$$= 12.48$$

$$\fallingdotseq \mathbf{12.5} \quad \cdots (答)$$

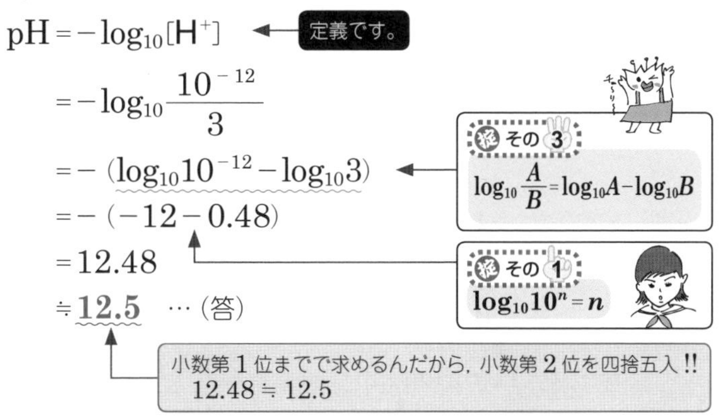

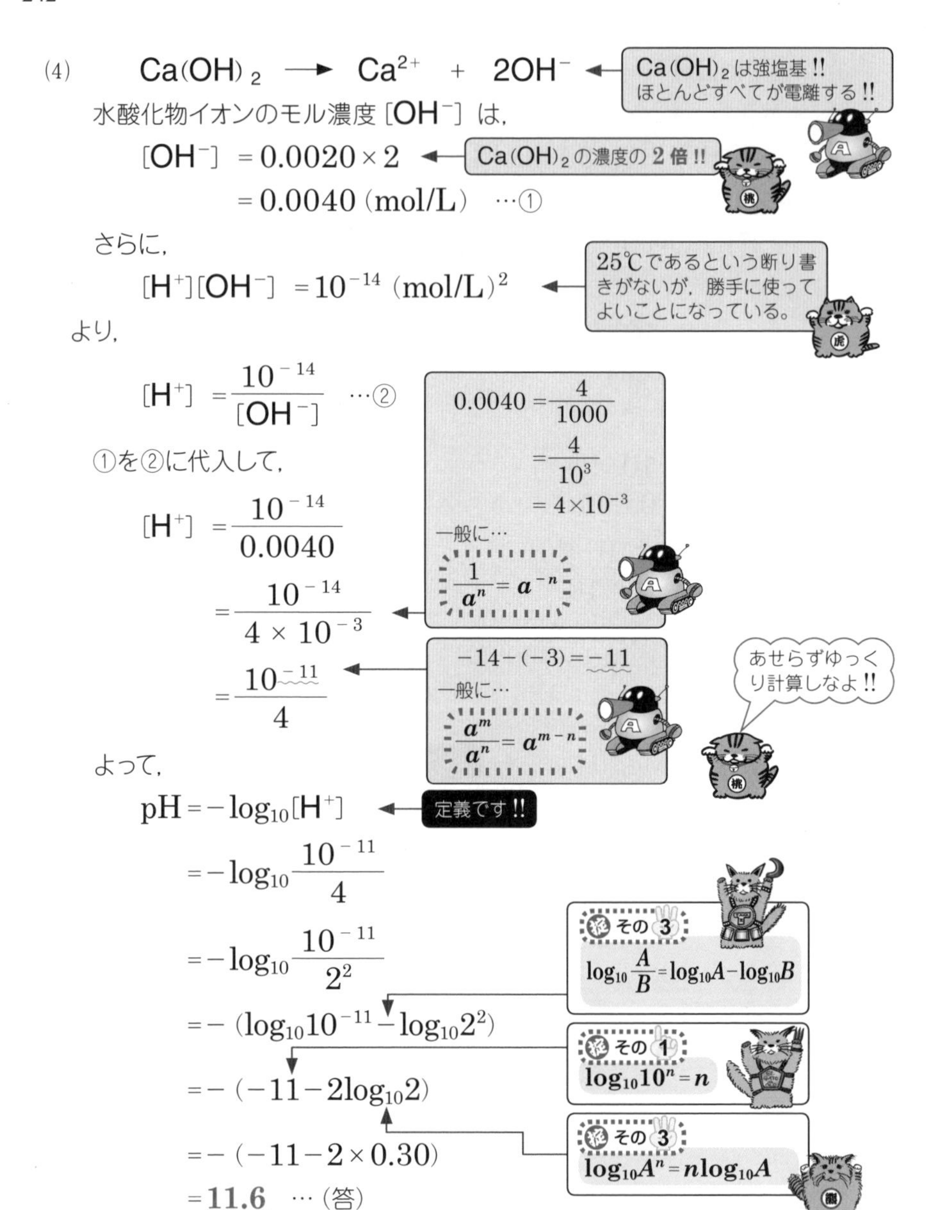

(4) $Ca(OH)_2 \longrightarrow Ca^{2+} + 2OH^-$

水酸化物イオンのモル濃度$[OH^-]$は，

$$[OH^-] = 0.0020 \times 2$$
$$= 0.0040\ (\mathrm{mol/L}) \quad \cdots①$$

さらに，

$$[H^+][OH^-] = 10^{-14}\ (\mathrm{mol/L})^2$$

より，

$$[H^+] = \frac{10^{-14}}{[OH^-]} \quad \cdots②$$

①を②に代入して，

$$[H^+] = \frac{10^{-14}}{0.0040}$$
$$= \frac{10^{-14}}{4 \times 10^{-3}}$$
$$= \frac{10^{-11}}{4}$$

よって，

$$\mathrm{pH} = -\log_{10}[H^+]$$
$$= -\log_{10}\frac{10^{-11}}{4}$$
$$= -\log_{10}\frac{10^{-11}}{2^2}$$
$$= -(\log_{10}10^{-11} - \log_{10}2^2)$$
$$= -(-11 - 2\log_{10}2)$$
$$= -(-11 - 2 \times 0.30)$$
$$= \mathbf{11.6} \quad \cdots(答)$$

電離平衡と電離定数のお話

電離度とは…

電解質水溶液を考える場合，完全に電離する物質もあれば一部しか電離しない物質もあります。その一部しか電離しない物質に対して，**電離度**(でんりど) α を次のように定義します。

$$\textbf{電離度}\ \alpha = \frac{\textbf{電離している電解質のモル数}}{\textbf{溶けている電解質全体のモル数}}$$

 電解質全体に対する電離している電解質の割合!!

準備問題として…

問題63 キソ

次の各問いに答えよ。

(1)　0.20mol/L の酢酸 CH_3COOH の水溶液がある。この酢酸の電離度が 0.015 であるとき，水素イオンのモル濃度$[H^+]$を求めよ。

(2)　0.30mol/L のアンモニア NH_3 の水溶液がある。このアンモニアの電離度が 0.020 であるとき，水酸化物イオンのモル濃度$[OH^-]$を求めよ。

ダイナミック解説

強酸であればほぼ完全に電離する!!
例　$HCl \longrightarrow H^+ + Cl^-$

(1)　酢酸 CH_3COOH は**弱酸**であるので一部だけが電離して，次のような平衡状態となる。

$$CH_3COOH \rightleftarrows CH_3COO^- + \mathbf{H^+}$$

そこで!!

本問では 0.20mol/L の酢酸 CH_3COOH のうち，0.015 の割合だけが電離しているってことです。

電離度

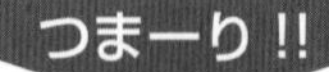

$1CH_3COOH \rightleftarrows CH_3COO^- + 1H^+$

電離する酢酸 CH_3COOH のモル数＝生じた水素イオン H^+ のモル数

であるから，求めるべき水素イオンのモル濃度（水素イオン濃度）$[H^+]$ は，

$$[H^+] = 0.20 \times 0.015$$

電離度

電離する前の CH_3COOH のモル濃度（mol/L）

$$= 0.0030 \text{(mol/L)}$$

答です!!

(2)　アンモニア NH_3 は**弱塩基**（**弱アルカリ**）である。これもまた，一部が水と共同で電離して次のような平衡状態とな～る。

$$NH_3 + H_2O \rightleftarrows NH_4^+ + OH^-$$

アンモニウムイオン

そこで!!

本問では 0.30mol/L のアンモニア NH_3 のうち，0.020 の割合だけが電離していることになってます。

電離度

つまーり!!

$1NH_3 + H_2O \rightleftarrows NH_4^+ + 1OH^-$

電離するアンモニア NH_3 のモル数＝生じた水酸化物イオン OH^- のモル数

であるから，求めるべき水酸化物イオンのモル濃度 $[OH^-]$ は，

$$[OH^-] = 0.30 \times 0.020$$

電離度

電離する前の NH_3 のモル濃度（mol/L）

$$= 0.0060 \text{(mol/L)}$$

答です!!

解答でござる

(1)　$[H^+] = 0.20 \times 0.015$
　　$= \mathbf{0.0030}$ (mol/L)　…(答)

0.20 (mol/L) の CH_3COOH のうち，**0.015** だけが電離 （電離度です!!） して H^+ になるよ。

(2)　$[OH^-] = 0.30 \times 0.020$
　　$= \mathbf{0.0060}$ (mol/L)　…(答)

0.30 (mol/L) の NH_3 のうち，**0.020** （電離度です!!） だけが電離して OH^- になるわけだね。

弱酸の電離と電離定数

つうか…限ると言ってよい

酢酸 CH_3COOH やギ酸 HCOOH などの**カルボン酸**の出題が主です。で，酢酸 CH_3COOH を例にして語りましょう。

酢酸 CH_3COOH の水溶液は，次のような平衡状態にあります。

$$CH_3COOH \rightleftarrows CH_3COO^- + H^+$$

このとき c (mol/L) の CH_3COOH の水溶液の電離度を α とします。

とゆーことは…

問題63 参照!!

c (mol/L) の CH_3COOH のうち電離するのは $c\alpha$ (mol/L) ってことです。

つまーり!!

$c\alpha$ (mol/L) の CH_3COO^- と
$c\alpha$ (mol/L) の H^+ が
生じたことになりまーす。

$1CH_3COOH \rightleftarrows 1CH_3COO^- + 1H^+$

電離した CH_3COOH のモル数
＝生じた CH_3COO^- のモル数
＝生じた H^+ のモル数

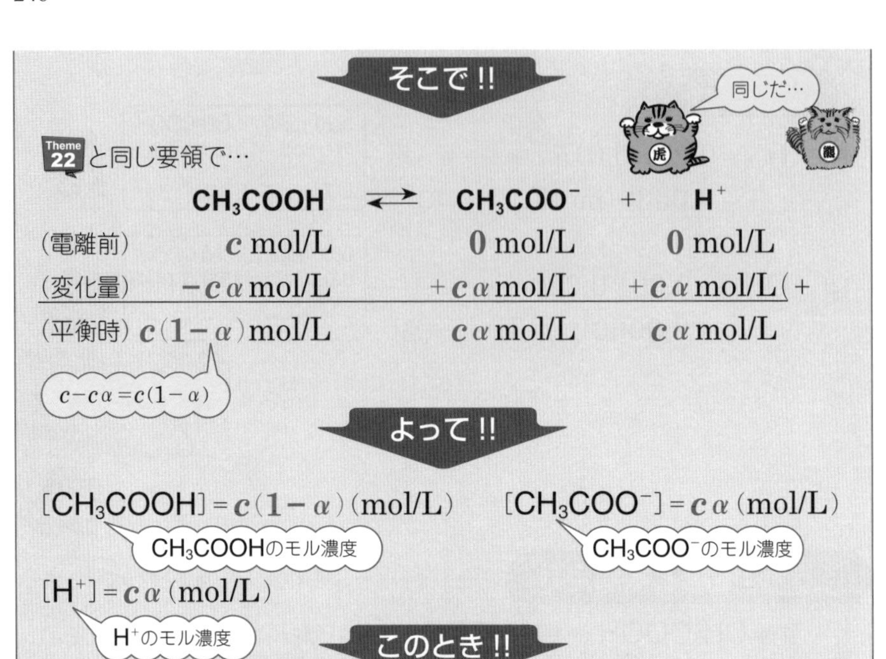

Theme 22 のときと同様に**平衡定数**が存在します。今回は**電離**の平衡(電離平衡)のお話なので**電離定数**という特別な名前がついています。この電離定数をK_aとして…

電離度αと勘違いしちゃダメよ♥

$$K_a=\frac{[CH_3COO^-][H^+]}{[CH_3COOH]}$$

$$K_a=\frac{c\alpha\times c\alpha}{c(1-\alpha)}$$

上記より, $[CH_3COO^-]=[H^+]=c\alpha$ 　$[CH_3COOH]=c(1-\alpha)$

$$K_a=\frac{c\alpha^2}{1-\alpha} \quad \cdots①$$

重要…??

ここで!!　かなり重要なことが!!

酢酸は弱酸なもんで，あんまり電離しません!!
つまーり!!　**電離度αは非常に小さい!!**
とゆーことになります。

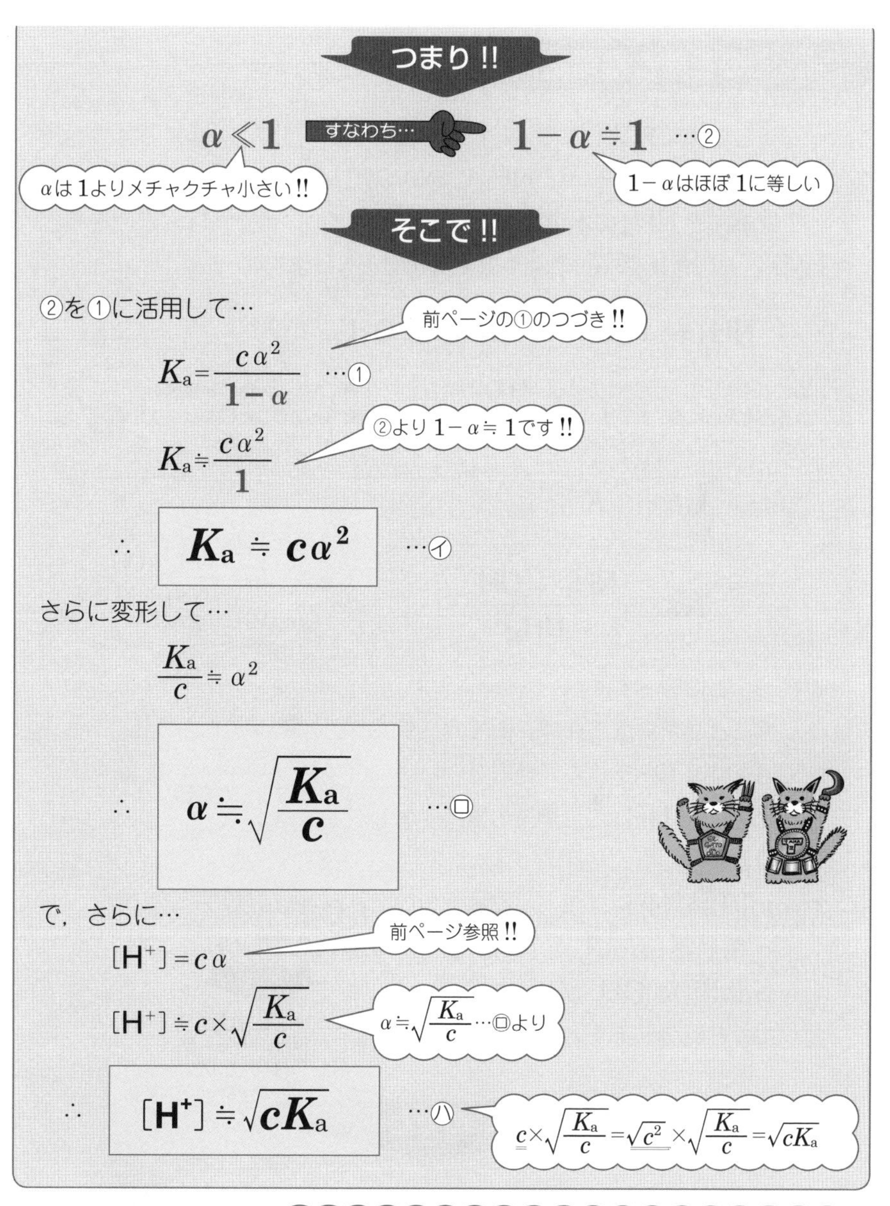

つまり!!

$\alpha \ll 1$ すなわち… $1-\alpha \fallingdotseq 1$ …②

αは1よりメチャクチャ小さい!!

1－αはほぼ1に等しい

そこで!!

②を①に活用して…

前ページの①のつづき!!

$$K_a = \frac{c\alpha^2}{1-\alpha} \quad \cdots ①$$

②より $1-\alpha \fallingdotseq 1$ です!!

$$K_a \fallingdotseq \frac{c\alpha^2}{1}$$

$$\therefore \quad \boxed{K_a \fallingdotseq c\alpha^2} \quad \cdots ㋑$$

さらに変形して…

$$\frac{K_a}{c} \fallingdotseq \alpha^2$$

$$\therefore \quad \boxed{\alpha \fallingdotseq \sqrt{\frac{K_a}{c}}} \quad \cdots ㋺$$

で，さらに…

前ページ参照!!

$$[H^+] = c\alpha$$

$$[H^+] \fallingdotseq c \times \sqrt{\frac{K_a}{c}}$$

$\alpha \fallingdotseq \sqrt{\frac{K_a}{c}}$ …㋺より

$$\therefore \quad \boxed{[H^+] \fallingdotseq \sqrt{cK_a}} \quad \cdots ㋩$$

$c \times \sqrt{\frac{K_a}{c}} = \sqrt{c^2} \times \sqrt{\frac{K_a}{c}} = \sqrt{cK_a}$

㋑&㋺&㋩の3つの式は，自力で求められるようにしてください。
その計算過程自体が穴うめ問題とかで出題されることも多いですよ。

弱塩基の電離と電離定数

大胆発言…

ぶっちゃけ，**アンモニア** NH_3 の出題ばっかりです。

てなわけで，アンモニア NH_3 について語りましょう。

アンモニア NH_3 の水溶液（アンモニア水といいます）は溶媒である水 H_2O と共同作業で，次のような平衡状態となります。

$$NH_3 + H_2O \rightleftarrows NH_4^+ + OH^-$$

ここで注意していただきたいのは，H_2Oは溶媒として大量にあるのでほぼ一定値をとっていると考えられることです。つまりH_2Oは電離平衡に無関係ということになります!!

無関係…

平衡定数の電離バージョン

つまり，電離定数 K_b は…

$$K_b = \frac{[NH_4^+][OH^-]}{[NH_3]}$$

$K_b = \frac{[NH_4^+][OH^-]}{[NH_3][H_2O]}$ とはなりません!!

とゆーことになります。

このことさえ注意すれば，弱酸のときのお話と変わりません!!

では，やってみましょうか!!

c(mol/L)の NH_3 の水溶液の電離度を α とします。

すると…

c(mol/L)の NH_3 のうち，電離するのは$c\alpha$ (mol/L)となる。

よって，$c\alpha$ (mol/L)のNH_4^+と $c\alpha$ (mol/L)のOH^-が生じたことになります。

$1NH_3 + H_2O \rightleftarrows 1NH_4^+ + 1OH^-$

電離にかかわった NH_3 のモル数
＝生じた NH_4^+のモル数
＝生じた OH^-のモル数

まとめると…

	NH_3	+ H_2O	$\rightleftarrows$	NH_4^+	+	OH^-
(電離前)	c mol/L	無視です!!		0 mol/L		0 mol/L
(変化量)	$-c\alpha$ mol/L			$+c\alpha$ mol/L		$+c\alpha$ mol/L (+
(平衡時)	$c(1-\alpha)$ mol/L			$c\alpha$ mol/L		$c\alpha$ mol/L

$c - c\alpha = c(1-\alpha)$

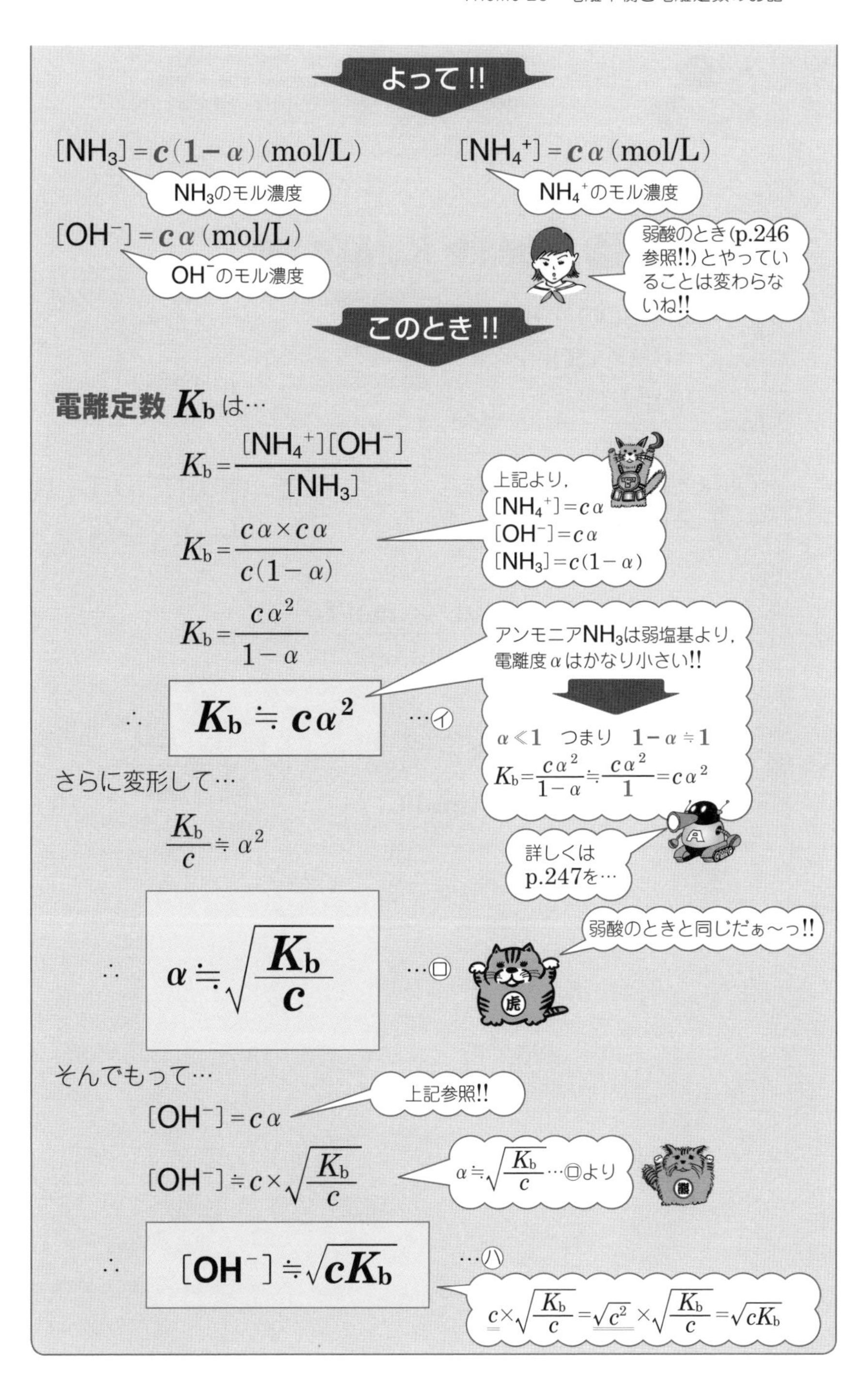

よって!!

$[NH_3] = c(1-\alpha)$ (mol/L)

$[NH_4^+] = c\alpha$ (mol/L)

$[OH^-] = c\alpha$ (mol/L)

このとき!!

電離定数 K_b は…

$$K_b = \frac{[NH_4^+][OH^-]}{[NH_3]}$$

$$K_b = \frac{c\alpha \times c\alpha}{c(1-\alpha)}$$

$$K_b = \frac{c\alpha^2}{1-\alpha}$$

$$\therefore \quad K_b \fallingdotseq c\alpha^2 \quad \cdots ㋑$$

さらに変形して…

$$\frac{K_b}{c} \fallingdotseq \alpha^2$$

$$\therefore \quad \alpha \fallingdotseq \sqrt{\frac{K_b}{c}} \quad \cdots ㋺$$

そんでもって…

$$[OH^-] = c\alpha$$

$$[OH^-] \fallingdotseq c \times \sqrt{\frac{K_b}{c}}$$

$$\therefore \quad [OH^-] \fallingdotseq \sqrt{cK_b} \quad \cdots ㋩$$

㋑&㋺&㋩の3つの式は自力で求められるように!!
理由は先ほど述べたとおり，この計算過程自体が穴うめ問題などで出題されるからです。

電離定数 K_a, K_b の単位

$$K_a = \frac{[CH_3COO^-][H^+]}{[CH_3COOH]}$$ の場合にせよ，

弱酸の電離定数です。p.246参照!!

$$K_b = \frac{[NH_4^+][OH^-]}{[NH_3]}$$ の場合にせよ，

弱塩基の電離定数です。p.248参照!!

$[CH_3COOH]$，$[CH_3COO^-]$，$[H^+]$，$[NH_3]$，$[NH_4^+]$，$[OH^-]$ はすべてモル濃度であるから，単位はすべて（mol/L）ってことになります。よって，

$$K_a \text{ の単位} = \frac{(\text{mol/L}) \times (\text{mol/L})}{(\text{mol/L})} = (\text{mol/L})$$

となります。

つまり，電離定数 $\boldsymbol{K_a}$，$\boldsymbol{K_b}$ の単位は…

です。

例外はほとんどないよ!!

では，実践の幕開けです。

問題64　ちょいムズ

25℃における酢酸の電離定数 K_a は $K_a = 1.8 \times 10^{-5}$ (mol/L) である。25℃において 0.020 mol/L の酢酸水溶液の電離度 α と水素イオン濃度（水素イオンのモル濃度）$[H^+]$ を求めよ。さらに，水素イオン指数 pH を求めよ。ただし $\log_{10}2 = 0.30$，$\log_{10}3 = 0.48$ とする。

ダイナミックポイント!!

p.247 の，

の 2 つの式を活用すれば万事解決です。

この2式の証明はp.245〜247のお話とかぶるので，ここでは省略します。あと，pHについては Theme 25 をよく読んでくださいね!!

解答でござる

酢酸のモル濃度 $c = 0.020$ (mol/L)

電離する前の酢酸のモル濃度です（初濃度なんていったりしますよ）。

さらに，$K_a = 1.8 \times 10^{-5}$ (mol/L) より，

$$\alpha = \sqrt{\frac{K_a}{c}}$$

p.247 参照!!

$$= \sqrt{K_a \div c}$$

$$= \sqrt{1.8 \times 10^{-5} \div 0.020}$$

$1.8 \times 10^{-5} = \dfrac{1.8}{10^5}$

$$= \sqrt{\frac{1.8}{10^5} \div \frac{2.0}{10^2}}$$

$0.020 = \dfrac{2.0}{100} = \dfrac{2.0}{10^2}$

$$= \sqrt{\frac{18}{10^6} \times \frac{10^2}{2.0}}$$

$\dfrac{1.8}{10^5} = \dfrac{18}{10^6}$

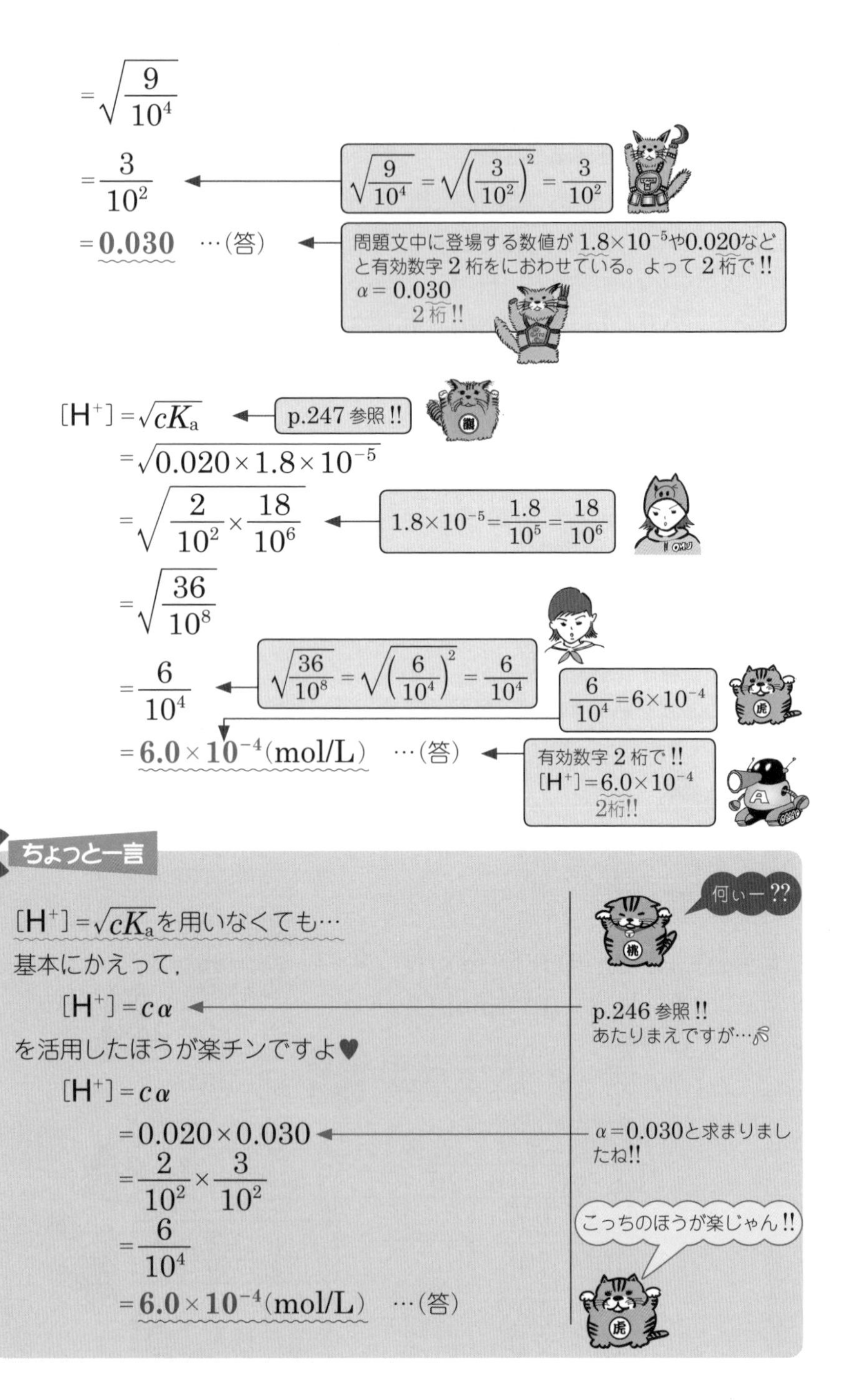

$$=\sqrt{\frac{9}{10^4}}$$

$$=\frac{3}{10^2}$$ ← $\sqrt{\frac{9}{10^4}}=\sqrt{\left(\frac{3}{10^2}\right)^2}=\frac{3}{10^2}$

$$=\mathbf{0.030}\quad\cdots(答)$$ ← 問題文中に登場する数値が 1.8×10^{-5} や0.020などと有効数字2桁をにおわせている。よって2桁で!! $\alpha=0.030$ 2桁!!

$$[\mathrm{H}^+]=\sqrt{cK_\mathrm{a}}$$ ← p.247参照!!

$$=\sqrt{0.020\times1.8\times10^{-5}}$$

$$=\sqrt{\frac{2}{10^2}\times\frac{18}{10^6}}$$ ← $1.8\times10^{-5}=\frac{1.8}{10^5}=\frac{18}{10^6}$

$$=\sqrt{\frac{36}{10^8}}$$

$$=\frac{6}{10^4}$$ ← $\sqrt{\frac{36}{10^8}}=\sqrt{\left(\frac{6}{10^4}\right)^2}=\frac{6}{10^4}$

$\frac{6}{10^4}=6\times10^{-4}$

$$=\mathbf{6.0\times10^{-4}}(\mathrm{mol/L})\quad\cdots(答)$$ ← 有効数字2桁で!! $[\mathrm{H}^+]=6.0\times10^{-4}$ 2桁!!

ちょっと一言

$[\mathrm{H}^+]=\sqrt{cK_\mathrm{a}}$ を用いなくても…

基本にかえって，

$$[\mathrm{H}^+]=c\alpha$$ ← p.246参照!! あたりまえですが…

を活用したほうが楽チンですよ♥

$$[\mathrm{H}^+]=c\alpha$$

$$=0.020\times0.030$$ ← $\alpha=0.030$ と求まりましたね!!

$$=\frac{2}{10^2}\times\frac{3}{10^2}$$

$$=\frac{6}{10^4}$$

$$=\mathbf{6.0\times10^{-4}}(\mathrm{mol/L})\quad\cdots(答)$$

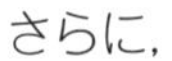
さらに，

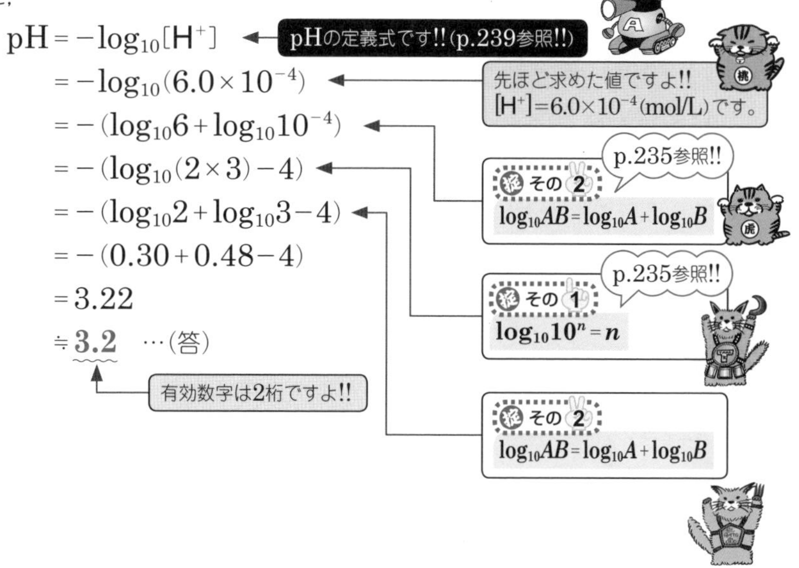

$$
\begin{aligned}
\mathrm{pH} &= -\log_{10}[\mathrm{H}^+] \\
&= -\log_{10}(6.0\times10^{-4}) \\
&= -(\log_{10}6+\log_{10}10^{-4}) \\
&= -(\log_{10}(2\times3)-4) \\
&= -(\log_{10}2+\log_{10}3-4) \\
&= -(0.30+0.48-4) \\
&= 3.22 \\
&\fallingdotseq \mathbf{3.2}\quad\cdots(答)
\end{aligned}
$$

もう一発いきましょう!!

問題65 ちょいムズ

25℃におけるアンモニアの電離定数 K_b は $K_b = 1.0 \times 10^{-5}$(mol/L)である。25℃において 0.0040mol/L のアンモニア水の電離度 α を有効数字2桁で求めよ。さらに，pH を小数第1位までで求めよ。ただし，$\log_{10}2 = 0.30$ とする。

ダイナミックポイント!!

p.249 の，

の2つの式が活躍することは，いうまでもない。

あと，pH を求めるにあたって，25℃における水のイオン積は，

$$[H^+][OH^-] = 10^{-14} (\text{mol/L})^2$$

であることも忘れてはいけない!!

解答でござる

アンモニアのモル濃度 $c = 0.0040$(mol/L)

さらに，

$K_b = 1.0 \times 10^{-5}$(mol/L)より，

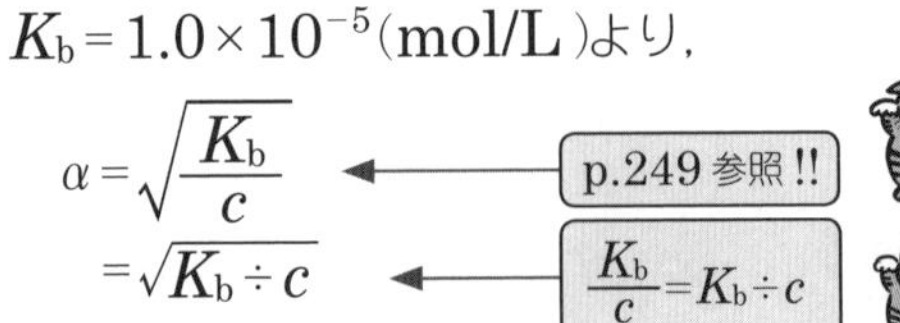

$$\alpha = \sqrt{\frac{K_b}{c}}$$

$$= \sqrt{K_b \div c}$$

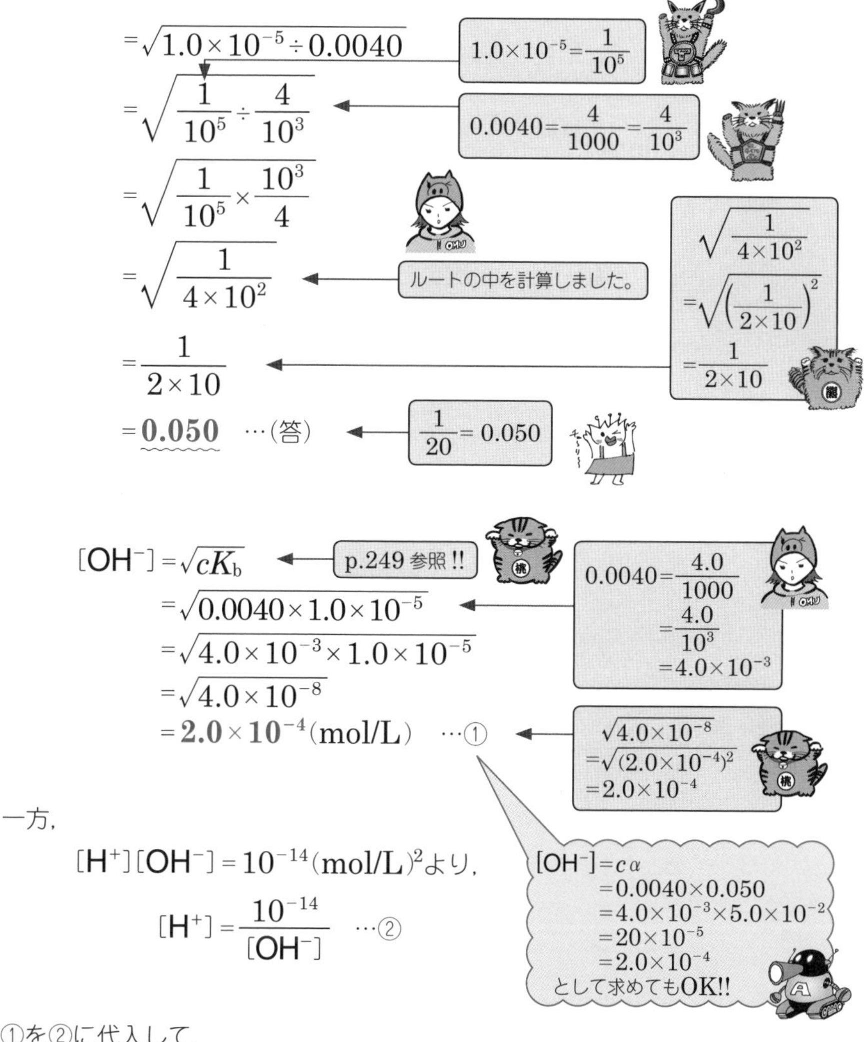

$$=\sqrt{1.0\times10^{-5}\div0.0040}$$
$$=\sqrt{\frac{1}{10^5}\div\frac{4}{10^3}}$$
$$=\sqrt{\frac{1}{10^5}\times\frac{10^3}{4}}$$
$$=\sqrt{\frac{1}{4\times10^2}}$$
$$=\frac{1}{2\times10}$$
$$=\mathbf{0.050}\quad\cdots(\text{答})$$

$$[OH^-]=\sqrt{cK_b}$$
$$=\sqrt{0.0040\times1.0\times10^{-5}}$$
$$=\sqrt{4.0\times10^{-3}\times1.0\times10^{-5}}$$
$$=\sqrt{4.0\times10^{-8}}$$
$$=\mathbf{2.0\times10^{-4}}(\text{mol/L})\quad\cdots①$$

一方,

$[H^+][OH^-]=10^{-14}(\text{mol/L})^2$より,

$$[H^+]=\frac{10^{-14}}{[OH^-]}\quad\cdots②$$

①を②に代入して,

$$[H^+]=\frac{10^{-14}}{2.0\times10^{-4}}$$
$$\therefore\quad[H^+]=\frac{10^{-10}}{2}(\text{mol/L})$$

$\frac{10^{-14}}{2.0\times10^{-4}}=\frac{10^{-14-(-4)}}{2}=\frac{10^{-10}}{2}$

一般に, $\frac{a^m}{a^n}=a^{m-n}$

なるほど!

よって,

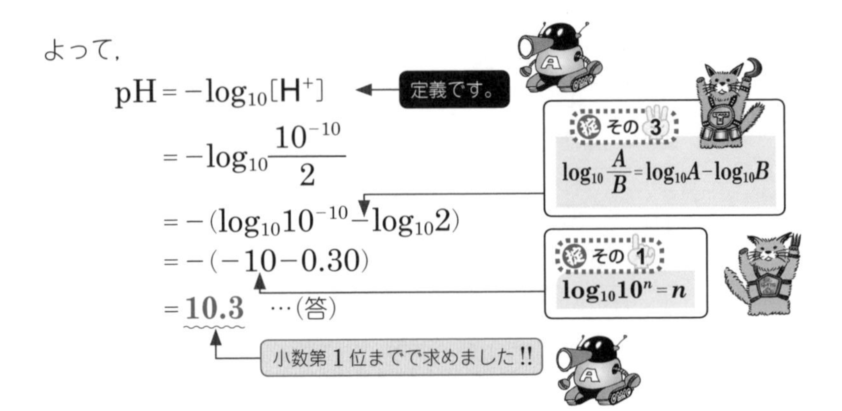

$$\mathrm{pH} = -\log_{10}[\mathrm{H}^+]$$
$$= -\log_{10}\frac{10^{-10}}{2}$$
$$= -(\log_{10}10^{-10} - \log_{10}2)$$
$$= -(-10 - 0.30)$$
$$= \mathbf{10.3} \quad \cdots (答)$$

塩(えん)の加水分解のお話

塩を水に溶かすと酸性を示すか？　塩基性を示すか？
では，代表的なものをいくつか紹介しましょう!!

例1　酢酸ナトリウムCH_3COONaを水に溶かすと…

酢酸ナトリウムCH_3COONaは塩なので，ほとんど完全に電離!!

$$CH_3COONa \longrightarrow CH_3COO^- + Na^+$$

溶媒である水もわずかに電離し，平衡状態にある。

$$H_2O \rightleftarrows H^+ + OH^-$$

当然H^+とOH^-のモル数は等しい!!

とゆーことは…

この水溶液中に，

$$CH_3COO^- と Na^+ と H^+ と OH^-$$

の**4つのイオン**が存在することになる!!

ポイント1　Na^+とOH^-は$NaOH$が**強塩基**であるから，ほとんどくっつかずにバラバラの**イオンの状態のまんま**である。

NaOHの電離度αはかなり大きく，ほぼ$\alpha=1$である。

ポイント2　ところが…

CH_3COO^-とH^+は，CH_3COOHが**弱酸**であるから，一部がくっついてしまい，**イオンとして残るもの**が減ってしまう!!

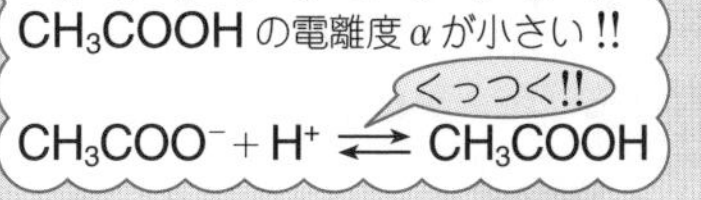

$$CH_3COO^- + H^+ \rightleftarrows CH_3COOH$$
$$+) \quad H_2O \rightleftarrows H^+ + OH^-$$
$$CH_3COO^- + H_2O \rightleftarrows CH_3COOH + OH^-$$

両辺の H^+ が消える!!

ホラ!! 水 H_2O を加えることによって分解され，OH^- となってます。
塩基性
だから，**加水分解**というんですよ!!

さらに，もうひとつ…

例2 塩化アンモニウム NH_4Cl を水に溶かすと…

塩化アンモニウム NH_4Cl は塩なので，ほとんど完全に電離!!

$$NH_4Cl \longrightarrow NH_4^+ + Cl^-$$

溶媒である水もわずかに電離し，平衡状態にある。

$$H_2O \rightleftarrows H^+ + OH^-$$

とゆーことは…

この水溶液中に，

NH_4^+ と Cl^- と H^+ と OH^-

の **4 つのイオン**が存在することになる!!

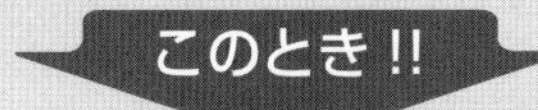

H^+ と Cl^- は HCl が**強酸**であるから，ほとんどくっつかずにバラバラの**イオンの状態のまんま**である。

HCl の電離度 α はかなり大きく，ほぼ $\alpha = 1$ です。

ポイント 2　ところが…

NH_4^+ と OH^- は，NH_3 が**弱塩基**であるから，一部がくっついてしまい，**イオンとして残るもの**は減ってしまう!!

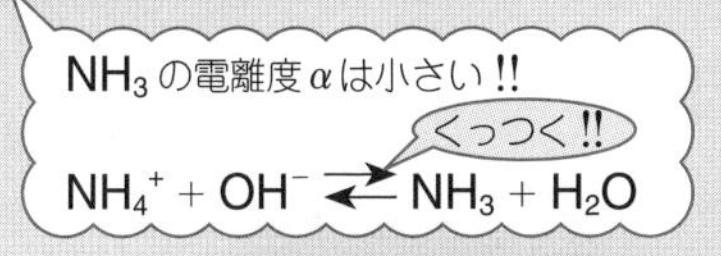

つまーり!!

酸性　　　　　　塩基性

H^+ の量 ＞ OH^- の量

ほとんどが H^+ のまんまで残っている!!

NH_4^+ とほとんどくっついてしまった!!

よって!!

この水溶液は酸性を示す。

で!!

このドラマを一般化すると…

強酸と弱塩基からなる塩を水に溶かす。
すると… **加水分解して酸性を示す。**

$$NH_4^+ + OH^- \rightleftarrows NH_3 + H_2O$$
$$H_2O \rightleftarrows H^+ + OH^-$$
$$+) \quad NH_4^+ + H_2O \rightleftarrows NH_3 + H_2O + H^+$$

両辺の OH^- が消える!!

両辺の H_2O も消えて，

$$NH_4^+ \rightleftarrows NH_3 + H^+$$

（とすることもあるが，水 H_2O が変わっていることがわからなくなるので H_2O は残すことが多い!!）

今回もまた，水 H_2O を加えることにより分解し H^+ が生じた。 ← 酸性
つまり，**加水分解**である。

最後のひとつです!!

例3 塩化ナトリウム NaCl を水に溶かすと…

塩化ナトリウム NaCl は塩なので，ほとんど完全に電離する!!

$$NaCl \longrightarrow Na^+ + Cl^-$$

溶媒である水もわずかに電離し，平衡状態にある。

$$H_2O \rightleftarrows H^+ + OH^-$$

とゆーことは…

この水溶液中に，

Na^+ と Cl^- と H^+ と OH^-

の **4つのイオン**が存在することになる!!

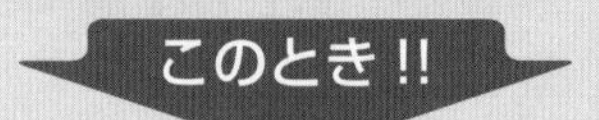

このとき!!

ポイント1 Na^+ と OH^- は NaOH が**強塩基**であるから，ほとんどくっつかず**イオンの状態のまんま**である。

ポイント2 H^+ と Cl^- は HCl が**強酸**であるから，これもまた**イオンの状態のまんま**である。

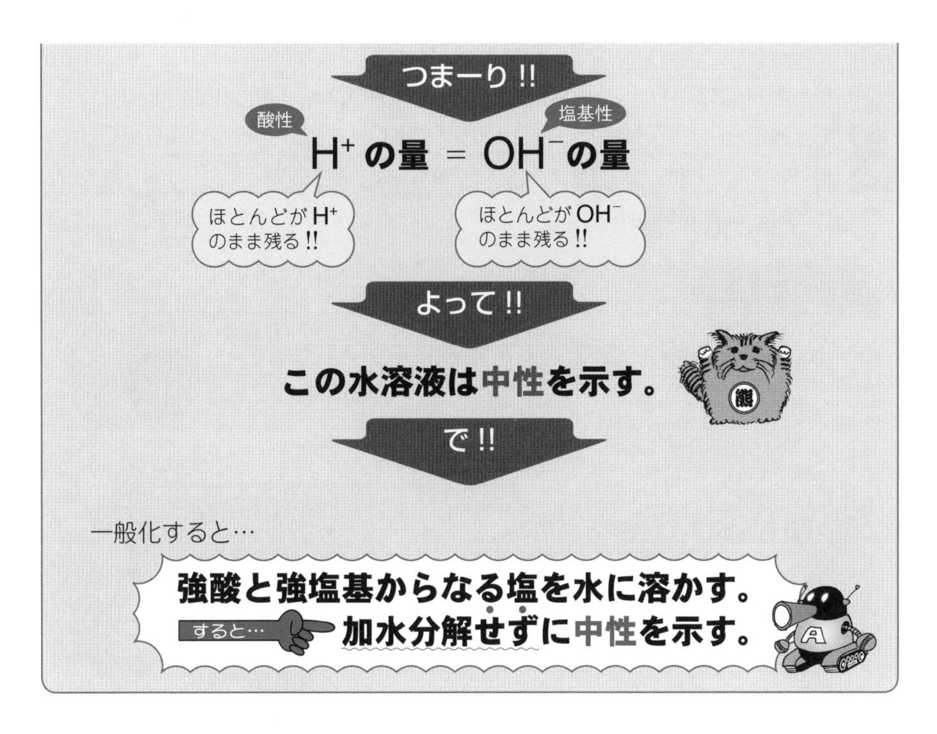

ここで，このような問題を…

問題66　**標準**

次の(1)～(8)の塩を水に溶かしたとき，それぞれの水溶液は酸性，塩基性，中性のいずれを示すか。

(1)　炭酸カリウム K_2CO_3　　(2)　硫酸アンモニウム $(NH_4)_2SO_4$

(3)　硝酸ナトリウム $NaNO_3$　　(4)　酢酸アンモニウム CH_3COONH_4

(5)　塩化カルシウム $CaCl_2$　　(6)　硝酸アンモニウム NH_4NO_3

(7)　炭酸水素ナトリウム $NaHCO_3$　　(8)　硫酸水素ナトリウム $NaHSO_4$

ダイナミックポイント!!

「酸と塩基のどちらが強いか？　弱いか？」の見極めができないとダメです。そこで，簡単にまとめておきましょう♥

酸	強	塩酸 HCl　硝酸 HNO_3　硫酸 H_2SO_4 （この3つは超有名!!）
	弱	炭酸 H_2CO_3　酢酸 CH_3COOH　リン酸 H_3PO_4 など上記の3つ以外
塩基	強	水酸化ナトリウム $NaOH$　水酸化カリウム KOH　水酸化カルシウム $Ca(OH)_2$
	弱	アンモニア NH_3 （いつもお前だけだな…）

これと先ほどの3つの例を踏まえて…

解答でござる

(1) K_2CO_3 は弱酸と強塩基の塩
H_2CO_3　KOH

p.257の例1のタイプ
イメージは…
弱酸＜強塩基

よって，示すのは…　塩基性 …(答)

(2) $(NH_4)_2SO_4$ は強酸と弱塩基の塩
H_2SO_4　NH_3

p.258の例2のタイプ
イメージは…
強酸＞弱塩基

よって，示すのは…　酸性 …(答)

(3) $NaNO_3$ は強酸と強塩基の塩
HNO_3　$NaOH$

p.260の例3のタイプ
イメージは…
強酸＝強塩基

よって，示すのは…　中性 …(答)

(4) CH_3COONH_4 は弱酸と弱塩基の塩
CH_3COOH　NH_3

珍しい例である!!
両者の電離度の大小によるので完全な中性とはなりませんが，ほぼ中性になると考えてよし。

よって，示すのは…　中性 …(答)

(5) $CaCl_2$ は強酸と強塩基の塩
HCl　$Ca(OH)_2$

p.260の例3のタイプ
イメージは…
強酸＝強塩基

よって，示すのは…　中性 …(答)

(6) NH_4NO_3 は強酸と弱塩基の塩
HNO_3　NH_3

p.258の例2のタイプ
イメージは…
強酸＞弱塩基

よって，示すのは…　酸性 …(答)

(7)　$NaHCO_3$ は弱酸と強塩基の塩
　　　　　H_2CO_3　　$NaOH$

　よって，示すのは…　　　　　　**塩基性**　…(答)

$NaHCO_3$ のように，H が余分にありますが，気にすることはない!! p.257 の **例1** のタイプには変わりありません!!

(8)　$NaHSO_4$ は強酸と強塩基の塩
　　　　　H_2SO_4　　$NaOH$

p.260 の **例3** のようですが…
　強酸＝強塩基
というつり合いが，H^+ がある分くずれてしまう!!

ではあるが，H^+ が余分にある分，中性ではなく
酸性に傾く。

　よって，示すのは…　　　　　　**酸性**　…(答)

ちょっと背のびしてみますかぁ!!

問題67　**モロ難**

　酢酸ナトリウムを水に溶かすと，完全に CH_3COO^- と Na^+ に電離し，生じた CH_3COO^- の一部は水と反応して，次のような平衡状態となる。

$$CH_3COO^- + H_2O \rightleftarrows \boxed{\quad (イ) \quad}$$

　この平衡定数 K_h は，

$$K_h = \boxed{\quad (ロ) \quad}$$ と表され，

　酢酸の電離定数 K_a は，

$$K_a = \boxed{\quad (ハ) \quad}$$ と表される。

　このとき，次の各問いに答えよ。

(1)　(イ)に入れるべき式を答えよ。

(2)　モル濃度(体積モル濃度)を[CH_3COO^-]などと表し，(ロ)に入れるべき式を答えよ。

(3)　(2)と同じ要領で(ハ)に入れるべき式を答えよ。

(4)　水のイオン積を K_w として K_h を K_a，K_w を用いて表せ。

(5)　(4)の結果を利用して 0.20mol/L の酢酸ナトリウム水溶液の pH を求めよ。ただし，酢酸の電離定数 K_a は $K_a = 2.0 \times 10^{-5}$(mol/L)，水のイオン積 K_w は $K_w = 1.0 \times 10^{-14}$(mol/L)^2 とする。

解答でござる いきなりで恐縮ですが詳しくまいります!!

今までの知識をフル活用すればできるぜっ!!

酢酸ナトリウムCH_3COONaを水に溶かすと，完全に次のように電離する。

$$CH_3COONa \longrightarrow CH_3COO^- + Na^+$$

生じたCH_3COO^-の一部は水と反応して（加水分解して）次のような平衡状態となる。

$$CH_3COO^- + H_2O \rightleftarrows \boxed{CH_3COOH + OH^-}$$

（イ）

p.258参照!!

$$CH_3COO^- + H^+ \rightleftarrows CH_3COOH$$
$$H_2O \rightleftarrows H^+ + OH^-$$
$$+)\ \overline{CH_3COO^- + H_2O \rightleftarrows CH_3COOH + OH^-}$$

この平衡状態の平衡定数K_hは，

$$K_h = \boxed{\frac{[CH_3COOH][OH^-]}{[CH_3COO^-]}} \quad \cdots①$$

（ロ）

H_2Oは大量にあるので一定とみなす。よって$[H_2O]$はつけないように!!

$$\frac{[CH_3COOH][OH^-]}{[CH_3COO^-][H_2O]}$$

としてはダメです!! p.248に同じケースがありましたね!!

酢酸の電離定数K_aは，

$$K_a = \boxed{\frac{[CH_3COO^-][H^+]}{[CH_3COOH]}} \quad \cdots②$$

（ハ）

$CH_3COOH \rightleftarrows CH_3COO^- + H^+$より

以上をまとめて，

(1) $CH_3COOH + OH^-$ …（答）

(2) $\dfrac{[CH_3COOH][OH^-]}{[CH_3COO^-]}$ …（答）

(3) $\dfrac{[CH_3COO^-][H^+]}{[CH_3COOH]}$ …（答）

よーく見ると…

$$K_h = \frac{[CH_3COOH][OH^-]}{[CH_3COO^-]} \cdots①$$

$$K_a = \frac{[CH_3COO^-][H^+]}{[CH_3COOH]} \cdots②$$

①，②の分子と分母に，共通のものがありまーす!!

(4) ①×②より，

$$K_h \times K_a = \frac{[CH_3COOH][OH^-]}{[CH_3COO^-]} \times \frac{[CH_3COO^-][H^+]}{[CH_3COOH]}$$

$$\therefore \quad K_hK_a = [H^+][OH^-] \quad \cdots③$$

いっぱい消えたねぇ!!

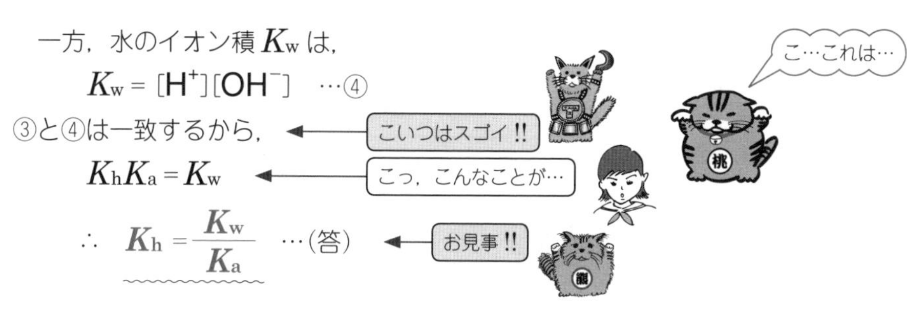

一方，水のイオン積 K_w は，

$$K_w = [H^+][OH^-] \quad \cdots ④$$

③と④は一致するから，

$$K_h K_a = K_w$$

$$\therefore \quad K_h = \frac{K_w}{K_a} \quad \cdots (答)$$

(5)　酢酸ナトリウム水溶液の濃度 c は，

$c = 0.20$(mol/L)　である。

酢酸ナトリウムの加水分解で OH^- が生じるので，

$$[OH^-] = \sqrt{cK_h}$$

$$= \sqrt{c \times \frac{K_w}{K_a}}$$

$$= \sqrt{0.20 \times \frac{1.0 \times 10^{-14}}{2.0 \times 10^{-5}}}$$

$$= \sqrt{1.0 \times 10^{-10}}$$

$$= 1.0 \times 10^{-5} \text{(mol/L)}$$

このとき，

$$[H^+][OH^-] = 10^{-14}$$

$$[H^+] = \frac{10^{-14}}{[OH^-]}$$

$$= \frac{10^{-14}}{1.0 \times 10^{-5}}$$

$$= 10^{-9} \text{(mol/L)}$$

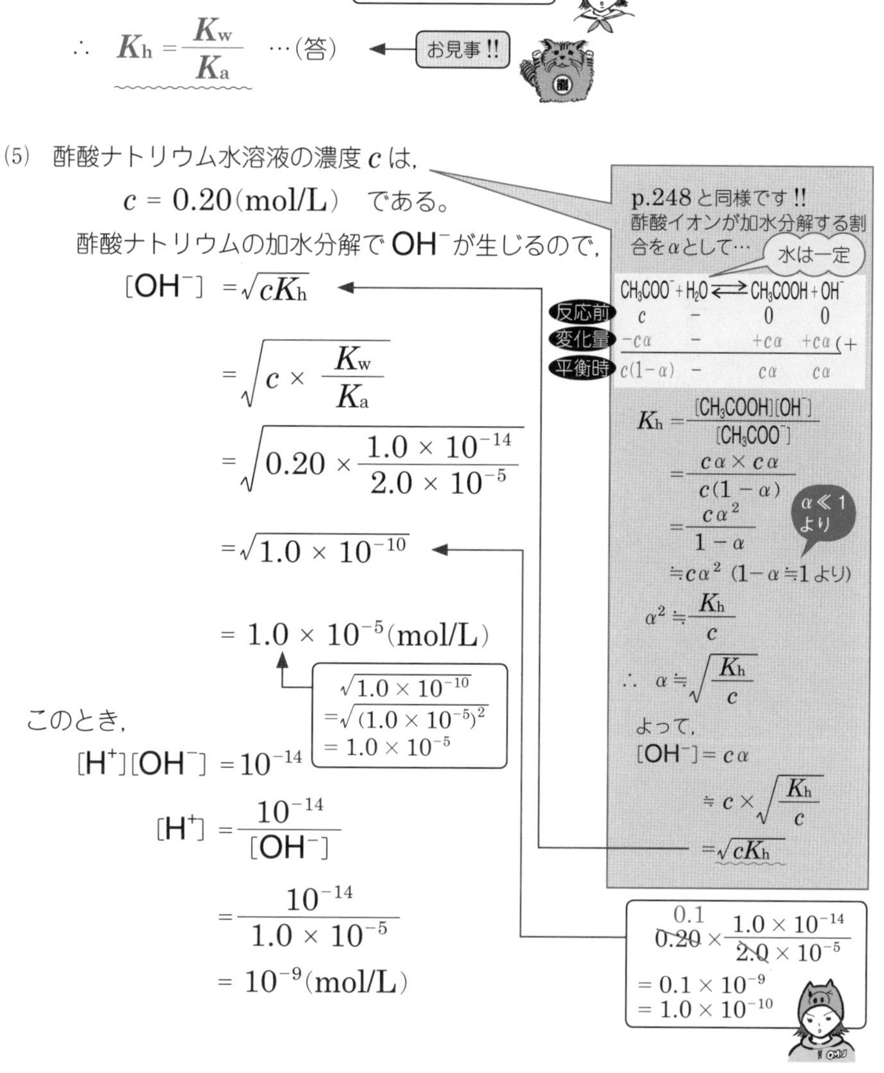

よって，

$$\mathrm{pH} = -\log_{10}[\mathrm{H^+}]$$ ← 定義です。

$$= -\log_{10}10^{-9}$$

裏ワザその1　$\log_{10}10^n = n$

$$= -(-9)$$

$$= \underset{\sim}{\mathbf{9}} \quad \cdots \text{(答)}$$

注　$[\mathrm{H^+}] = 1.0 \times 10^{-9}$(mol/L) と表現してしまった人は…

$$\mathrm{pH} = -\log_{10}[\mathrm{H^+}]$$

$$= -\log_{10}(1.0 \times 10^{-9})$$

$$= -(\log_{10}1.0 + \log_{10}10^{-9})$$ ← 裏ワザその2　$\log_{10}AB = \log_{10}A + \log_{10}B$

$$= -(0 - 9)$$

$\log_{10}1 = 0$ です!!
詳しくは数学Ⅱで!!

$$= \underset{\sim}{\mathbf{9}} \quad \cdots \text{(答)}$$

緩衝(かんしょう)溶液の生き様

緩衝溶液とは…

“弱酸＋弱酸の塩” または **“弱塩基＋弱塩基の塩”** の溶液のことで，少量の酸や塩基を加えても pH がほとんど変化しないこと，つまり**緩衝作用**をもつことが特徴です。

では，最も メジャーな実例を挙げて解説します。

酢酸 CH_3COOH ＋酢酸ナトリウム CH_3COONa の水溶液の場合

◎酢酸 CH_3COOH は…

$$CH_3COOH \rightleftarrows CH_3COO^- + H^+$$

の平衡状態にあるが，電離度が小さいため，大部分が未電離の CH_3COOH である。

◎酢酸ナトリウム CH_3COONa は…

$$CH_3COONa \longrightarrow CH_3COO^- + Na^+$$

塩であるから，上のようにほとんどすべて電離している。

状況をまとめよう!!

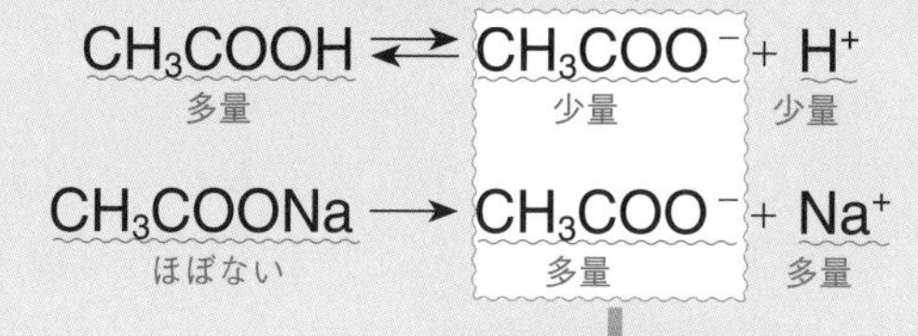

$$\underset{\text{多量}}{CH_3COOH} \rightleftarrows \underset{\text{少量}}{CH_3COO^-} + \underset{\text{少量}}{H^+}$$

$$\underset{\text{ほぼない}}{CH_3COONa} \longrightarrow \underset{\text{多量}}{CH_3COO^-} + \underset{\text{多量}}{Na^+}$$

トータルで CH_3COO^- は多量

そこで!!

少量のH^+（酸）を加えたとすると…

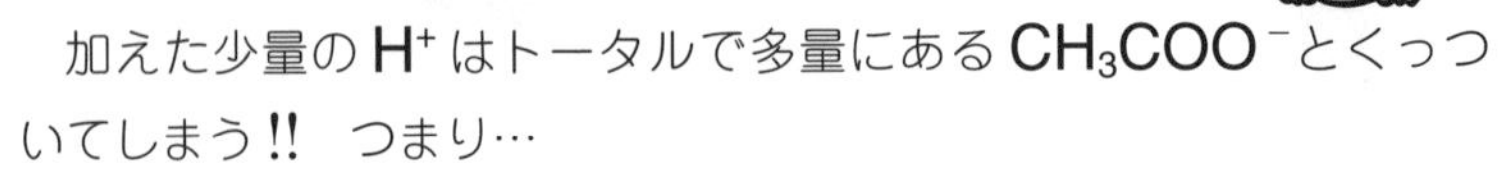

加えた少量のH^+はトータルで多量にあるCH_3COO^-とくっついてしまう!!　つまり…

$$H^+ + CH_3COO^- \longrightarrow CH_3COOH$$

（多量にある!!）

が起こり，H^+はCH_3COOHに変身してしまうので pH はほとんど変化しない。つまり**緩衝作用**をもちます!!

（衝撃を緩める!!）

少量のOH^-（塩基）を加えたとしても…

加えた少量のOH^-は多量に残っている未電離のCH_3COOHと中和反応をする!!　つまり…

$$OH^- + CH_3COOH \longrightarrow CH_3COO^- + H_2O$$

（多量にある!!）（中和すると水ができる）

が起こり，OH^-はH_2Oに変身してしまうので pH はほとんど変化しない。つまり**緩衝作用**をもちます!!

（衝撃を緩める!!）

コメント　$OH^- + CH_3COOH \longrightarrow CH_3COO^- + H_2O$ …(＊)

なんて書くと，難しい反応式にみえてしまうかもしれませんが，具体的な塩基 NaOH で考え直してみましょう!!

(＊)の両辺にNa^+を加えてみましょう。

$$NaOH + CH_3COOH \longrightarrow CH_3COONa + H_2O$$

ほら，おなじみの反応式になったでしょ？　つまり，(＊)は加える塩基を具体的に決めていない一般的な式なんです。

問題68 標準

次の(ア)〜(カ)の混合水溶液のうち緩衝溶液であるものをすべて選べ。

(ア) 塩酸と塩化カリウムの混合水溶液

(イ) アンモニアと塩化アンモニウムの混合水溶液

(ウ) 硫酸と硫酸カリウムの混合水溶液

(エ) ホウ酸とホウ酸カリウムの混合水溶液

(オ) 水酸化ナトリウムと塩化ナトリウムの混合水溶液

(カ) ギ酸とギ酸ナトリウムの混合水溶液

ダイナミックポイント!!

緩衝溶液とは“**弱酸**＋**弱酸の塩**”または“**弱塩基**＋**弱塩基の塩**”の混合溶液のことでしたね!!

酸，塩基の強弱の見分け方については p.262 を参照せよ!!

(ア) ☞ **塩酸**（強酸の代表である）とかいってること自体**ダメ!!**

(イ) ☞ アンモニア（弱塩基）と塩化アンモニウム（弱塩基の塩）の混合水溶液であるから**緩衝溶液**である!!

(ウ) ☞ **硫酸**（強酸の代表である）とかいってること自体**ダメ!!**

(エ) ☞ 塩酸，硝酸，硫酸の BIG3 以外の酸は弱酸と考えてよい!! よって**ホウ酸**は弱酸である。（←大胆な見解　）ホウ酸（弱酸）とホウ酸カリウム（弱酸の塩）の混合水溶液であるから**緩衝溶液**であ──る!!

(オ) ☞ **水酸化ナトリウム**（強塩基の代表である）とかいってること自体**ダメ!!**

(カ) ☞ 塩酸，硝酸，硫酸の BIG3 以外の酸は弱酸と考えてよい!! よって，**ギ酸**は弱酸!!（ギ酸 HCOOH は酢酸 CH_3COOH の仲間でカルボン酸です。カルボン酸は弱酸でしたね!!）ギ酸（弱酸）とギ酸ナトリウム（弱酸の塩）の混合水溶液であるから，**緩衝溶液**でっせ!!

解答でござる

(イ), (エ), (カ)　…(答)

もう少し，本格的に緩衝液とつきあってみませんか？

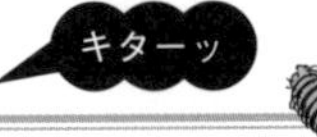

問題69　モロ難

次の文の(ア)〜(ク)に適当な式・数値を入れよ。

0.20mol/L の酢酸 CH_3COOH と 0.10mol/L の酢酸ナトリウム CH_3COONa を含む水溶液がある。酢酸ナトリウムは，水溶液中では完全に電離して，［(ア)］mol/L の酢酸イオン CH_3COO^- と［(イ)］mol/L のナトリウムイオン Na^+ を生成する。酢酸はその一部が電離し，x mol/L の水素イオン H^+ と［(ウ)］mol/L の酢酸イオン CH_3COO^- を生成したとすると，溶液中には酢酸 CH_3COOH は［(エ)］mol/L 存在し，酢酸イオン CH_3COO^- は［(オ)］mol/L 存在することになる。

一方，酢酸 CH_3COOH の電離定数 K_a は K_a =［(カ)］で与えられる。この式に上で求めた酢酸イオン CH_3COO^-，酢酸 CH_3COOH，水素イオン H^+ の各濃度を代入し，酢酸の電離度は小さいことを考慮すると，K_a =［(キ)］とみなされる。$K_a = 2.0 \times 10^{-5}$(mol/L) とすると，この溶液の pH はおよそ［(ク)］である。ただし，$\log_{10}2 = 0.30$ とする。

ダイナミック解説

0.10(mol/L) の酢酸ナトリウム CH_3COONa は完全に電離する!!

$$CH_3COONa \longrightarrow CH_3COO^- + Na^+$$

より，0.10(mol/L) の CH_3COONa から **0.10**(ア) (mol/L) の CH_3COO^- と **0.10**(イ) (mol/L) の Na^+ が生成する。

これはあたりまえだ!!

酢酸 CH_3COOH の一部が電離し，H^+ が $\boldsymbol{x}$ (mol/L) 生じたとすると，CH_3COO^- も $\boxed{\boldsymbol{x}}$ (ウ) (mol/L) 生じる。

$CH_3COOH \rightleftarrows 1CH_3COO^- + 1H^+$

まとめると…

	CH_3COOH	$\rightleftarrows$ CH_3COO^-	+ H^+
(反応前)	0.20 (mol/L)	0 (mol/L)	0 (mol/L)
(反応量)	$-\boldsymbol{x}$ (mol/L)	$+\boldsymbol{x}$ (mol/L)	$+\boldsymbol{x}$ (mol/L)
(平衡時)	$\mathbf{0.20}-\boldsymbol{x}$ (mol/L)	$\boldsymbol{x}$ (mol/L)	$\boldsymbol{x}$ (mol/L)

(+

よって!!

平衡時の CH_3COOH の濃度は $\boxed{\mathbf{0.20}-\boldsymbol{x}}$ (エ) (mol/L)

CH_3COO^- の濃度は(ア)+(ウ)より $\boxed{\mathbf{0.10}+\boldsymbol{x}}$ (オ) (mol/L)

CH_3COONa からも CH_3COO^- が生じたことを忘れるな!!

そうだった…

この段階で…

$$[CH_3COOH] = 0.20 - x \text{ (mol/L)} \quad \cdots①$$
$$[CH_3COO^-] = 0.10 + x \text{ (mol/L)} \quad \cdots②$$
$$[H^+] = x \text{ (mol/L)} \quad \cdots③$$

とゆーことになる!!

一方，CH_3COOH の電離定数 K_a は，

$$K_a = \boxed{\frac{[CH_3COO^-][H^+]}{[CH_3COOH]}} \text{(カ)} \quad \cdots④$$

である。

④に①，②，③を代入すると…

$$K_a = \frac{(0.10+x)x}{0.20-x} \quad \cdots⑤$$

となる。

ところが，CH_3COOH の電離度が小さいということから…

CH_3COOH はあまり電離せず，CH_3COO^- と H^+ は生じないということになるので，x（mol/L）はかなり小さい値であるといえます。

$$0.20 - x \fallingdotseq 0.20 \quad \cdots ⑥ \qquad 0.10 + x \fallingdotseq 0.10 \quad \cdots ⑦$$

⑥，⑦を⑤に用いると…

$$K_a = \frac{0.10 \times x}{0.20}$$

$$= \boxed{\frac{x}{2}}_{(キ)} \quad \cdots ⑧$$

$K_a = \dfrac{(0.10 + x)\ x}{0.20 - x} \cdots ⑤$（$0.10 + x \to 0.10$，$0.20 - x \to 0.20$）

化学の問題なので… $\dfrac{0.10x}{0.20}$ のままでも OK!!

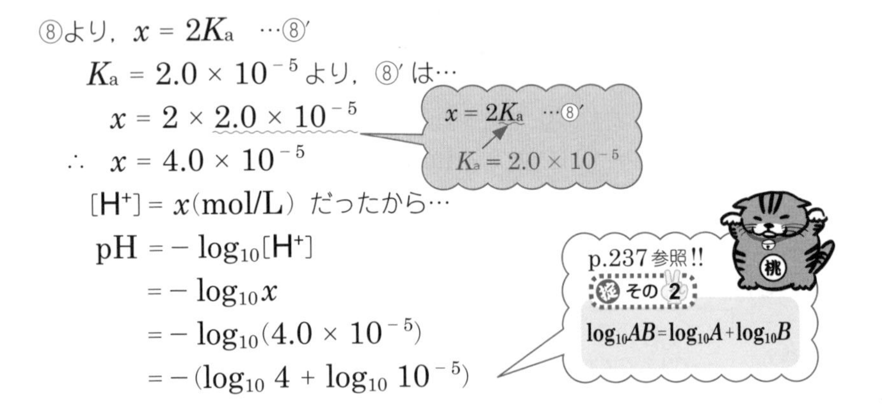

⑧より，$x = 2K_a \quad \cdots ⑧'$

$K_a = 2.0 \times 10^{-5}$ より，⑧′ は…

$$x = 2 \times 2.0 \times 10^{-5}$$

$$\therefore \quad x = 4.0 \times 10^{-5}$$

$[H^+] = x$（mol/L）だったから…

$$\begin{aligned} pH &= -\log_{10}[H^+] \\ &= -\log_{10}x \\ &= -\log_{10}(4.0 \times 10^{-5}) \\ &= -(\log_{10} 4 + \log_{10} 10^{-5}) \end{aligned}$$

$$= -(\log_{10}2^2 + \log_{10}10^{-5})$$
$$= -(2\log_{10}2 - 5)$$
$$= -(2 \times 0.30 - 5)$$
$$= \boxed{4.4}_{(ク)}$$

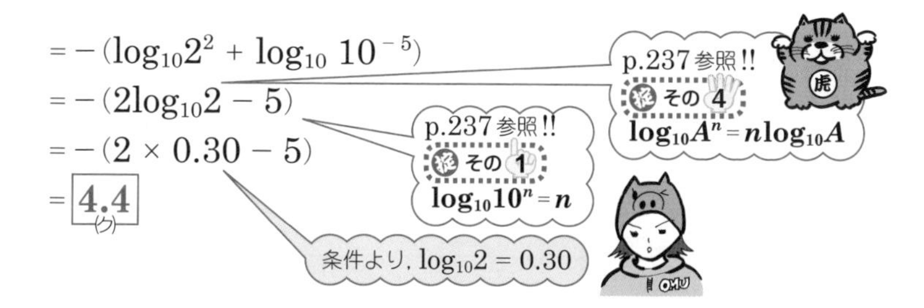

解答でござる

(ア) **0.10**　(イ) **0.10**　(ウ) x　(エ) $0.20 - x$　(オ) $0.10 + x$

(カ) $\dfrac{[CH_3COO^-][H^+]}{[CH_3COOH]}$　(キ) $\dfrac{x}{2}$　(ク) **4.4**

参考でござる

CH_3COONa の最初のモル濃度を c_s(mol/L)，CH_3COOH の最初のモル濃度を c_a(mol/L)とする。この話は，④，⑤式のあたりのお話でしたね♥

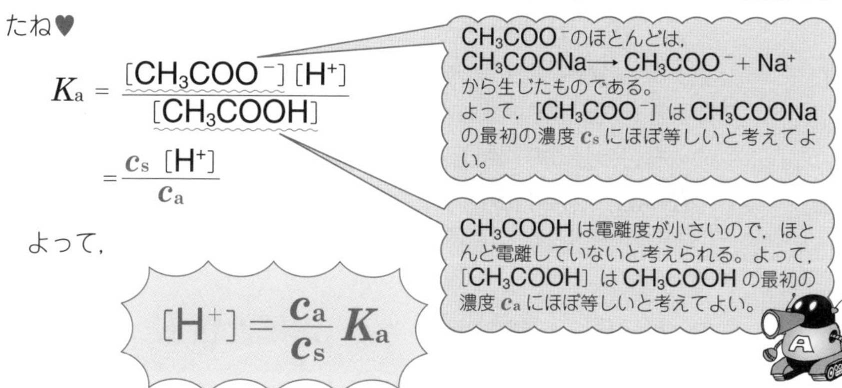

$$K_a = \frac{[CH_3COO^-][H^+]}{[CH_3COOH]}$$
$$= \frac{c_s[H^+]}{c_a}$$

よって，

$$[H^+] = \frac{c_a}{c_s}K_a$$

となります。

Theme 29 沈殿するのかい？　しないのかい??

溶解度積とは…

難溶性の（溶けにくい）塩 AB が次のような平衡状態にあるとき，

$$AB\text{（固体）} \rightleftarrows A^+ + B^-$$

A^+ のモル濃度［A^+］と B^- のモル濃度［B^-］の積［A^+］［B^-］は，温度が一定であれば一定値をとる。この一定値を**溶解度積**と呼びます。

つまり，溶解度積を K_{sp} とすると…

$$K_{sp} = [A^+][B^-]$$

とゆーことになる。

注 今までどおり，平衡定数を K とおくと…

$$K = \frac{[A^+][B^-]}{[AB]} \quad \cdots①$$

このとき，AB は固体なもんで［AB］＝一定と考えてよい。

①で，右辺の分母の［AB］を左辺に移すと…

$$\underbrace{K[AB]}_{一定} = [A^+][B^-] \quad \cdots②$$

となる。

②で，K[AB] ＝一定です。これが **溶解度積 K_{sp}** である!!

沈殿するか？　沈殿しないか？

上記のお話のつづきです。A^+ を含む溶液と B^- を含む溶液を混合する!!

A^+ のモル濃度と B^- のモル濃度の積を I_p とする。

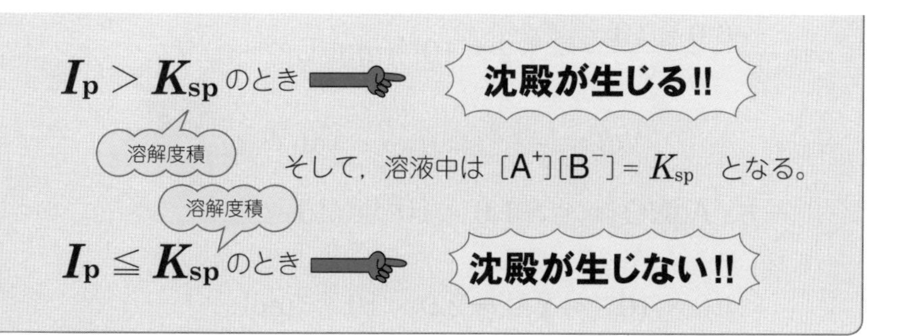

問題70 標準

塩化銀 AgCl は，25℃で水に 1.3×10^{-5}mol/L だけ溶けることができる。このとき，次の各問いに答えよ。

(1) 塩化銀 AgCl の溶解度積 K_{sp} を求めよ。

(2) 2.0×10^{-4}mol/Lの塩化ナトリウム NaCl 水溶液 3.0Lと1.0×10^{-4}mol/L の硝酸銀 $AgNO_3$ 水溶液 2.0L を混合したとき，塩化銀の沈殿は生じるか。

ダイナミック解説

(1) AgCl（固） ⇄ $Ag^+ + Cl^-$

AgCl が 1.3×10^{-5}mol/L だけ水に溶ける。

→ Ag^+ と Cl^- が 1.3×10^{-5}mol/L ずつ生じる。

→ $[Ag^+] = [Cl^-] = 1.3 \times 10^{-5}$(mol/L)

よって，溶解度積 K_{sp} は，

$$K_{sp} = [Ag^+][Cl^-] = 1.3 \times 10^{-5} \times 1.3 \times 10^{-5}$$
$$= 1.69 \times 10^{-10}$$
$$\fallingdotseq 1.7 \times 10^{-10} (\text{mol/L})^2$$ 答です!!

単位もかけ算で…
(mol/L)×(mol/L) ＝ $(\text{mol/L})^2$

(2) NaCl 水溶液 2.0×10^{-4}mol/L が 3.0L より，この中に含まれている Cl^- のモル数は…

$$2.0 \times 10^{-4} \times \mathbf{3.0} = 6.0 \times 10^{-4} (\text{mol})$$

これが水溶液 5.0L 中に存在するので，Cl^- のモル濃度は，

合計 3.0L＋2.0L＝5.0L

$$\frac{6.0 \times 10^{-4}}{5.0} = 1.2 \times 10^{-4} \text{(mol/L)} \quad \cdots ①$$

1.0L 中のモル数が知りたいから 5.0L で割る

一方，$AgNO_3$ 水溶液 1.0×10^{-4}mol/L が 2.0L より，この中に含まれている Ag^+ のモル数は…

$$1.0 \times 10^{-4} \times \mathbf{2.0} = 2.0 \times 10^{-4} \text{ (mol)}$$

これが水溶液 5.0L 中に存在するので，Ag^+ のモル濃度は，

合計 3.0L +2.0L = 5.0L

モル濃度= 1.0L 中のモル数

$$\frac{2.0 \times 10^{-4}}{5.0} = 0.4 \times 10^{-4} = 4.0 \times 10^{-5} \text{(mol/L)} \quad \cdots ②$$

よって!!

①，②より，Cl^- のモル濃度と Ag^+ のモル濃度の積 $\boldsymbol{I_p}$ は，

$$I_p = 1.2 \times 10^{-4} \times 4.0 \times 10^{-5} = 4.8 \times 10^{-9} \text{(mol/L)}^2$$

とゆーわけで…

$$4.8 \times 10^{-9} > 1.7 \times 10^{-10}$$

(1)で求めた溶解度積です!!

したがって，

解答でござる

(1)　$\boldsymbol{K_{sp} = 1.7 \times 10^{-10}}$(mol/L)^2　　(2)　沈殿は生じる。

みんなに嫌われる酸化還元反応と電池＆電気分解

酸化・還元の定義は多い

RUB OUT 1 酸化・還元の定義いろいろ

定義 Part I 酸素のやりとりに着目

酸素原子と結びつく反応  酸化

酸素原子を失う反応 ☛ 還元

例 $2Cu + O_2 \longrightarrow 2CuO$

この場合，Cuは酸素原子と結びつきCuOとなっているので，**Cuは酸化されている。**

例 $CuO + H_2 \longrightarrow Cu + H_2O$

この場合，CuOは酸素原子を失いCuとなっているので，**CuOは還元されている。**

定義 Part II 水素のやりとりに着目

水素原子を失う反応  酸化

水素原子と結びつく反応  還元

例 $2H_2S + SO_2 \longrightarrow 3S + 2H_2O$

この場合，H_2Sは水素原子を失いSとなっているので，**H_2Sは酸化されている。**

例 $Cl_2 + H_2 \longrightarrow 2HCl$

この場合，Cl_2は水素原子と結びつきHClとなっているので，**Cl_2は還元されている。**

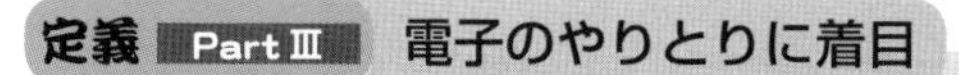

定義 Part III　電子のやりとりに着目

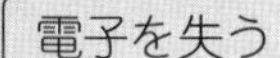

- 電子を失う  **酸化**
- 電子を受け取る  **還元**

例　$2Cu + O_2 \longrightarrow 2CuO$…①

これを電子のやりとりに注目して分析すると…

$2Cu \longrightarrow 2Cu^{2+} + 4e^-$…②

$O_2 + 4e^- \longrightarrow 2O^{2-}$……③

②よりCuは電子を失ってCu^{2+}となっているので**Cuは酸化されている。**

③よりO_2は電子を受け取って$2O^{2-}$となっているので**O_2は還元されている。**

定義 Part III からもわかりますが，じつはどのような化学反応においても

酸化と還元は同時に起こる!!

ということを押さえておいてください。

ザ・まとめ

酸化
- ①　酸素原子と結びつく
- ②　水素原子を失う
- ③　電子を失う

還元
- ①　酸素原子を失う
- ②　水素原子と結びつく
- ③　電子を受け取る

RUB OUT 2 酸化数のお話

酸化数なるナゾの数字がありまして，ある原子に注目したとき，

{ その原子の**酸化数が増加していれば**その原子は**酸化**されたことになり，
その原子の**酸化数が減少していれば**その原子は**還元**されたことになる。

じつに便利な数字です!! では，この酸化数はどのように決められるのでしょうか?? そこで!!

酸化数の決め方

掟 その1 単体の原子の酸化数は0（ゼロ）とする

例 O_2のOの酸化数は0（ゼロ），N_2のNの酸化数は0，Cl_2のClの酸化数は0，Naの酸化数は0，Alの酸化数は0，Cuの酸化数は0 などなど…

掟 その2 化合物中の水素原子の酸化数は＋1とする

例 H_2O，HCl，H_2SO_4，NH_3中のHの酸化数はすべて＋1

掟 その3 化合物中の酸素原子の酸化数は－2とする

例 H_2O，CO_2，H_2SO_4，CuO中のOの酸化数はすべて－2

掟 その4 単原子イオンの酸化数はその価数に等しい

例 Na^+のNaの酸化数は＋1，Ca^{2+}のCaの酸化数は＋2
Cl^-のClの酸化数は－1，I^-のIの酸化数は－1

掟 その5 化合物中の各原子の酸化数の総和は0

例 H_2Oの場合…Hの酸化数は＋1，Oの酸化数は－2です。

合計は$(+1)\times\underset{\sim}{2}+(-2)=\mathbf{0}$

Hは2つ!!

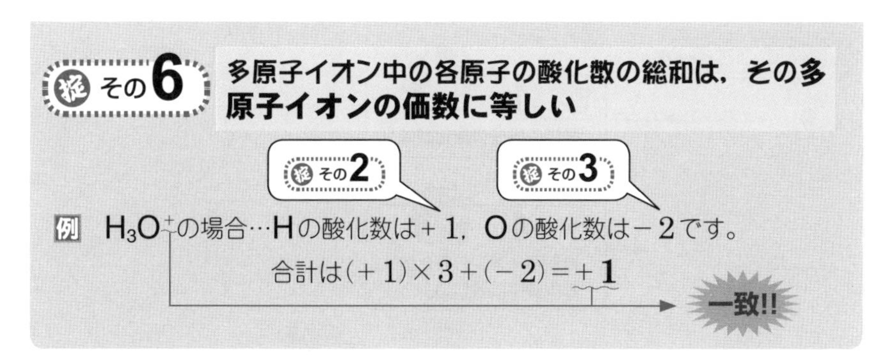

これらを組み合わせることにより，酸化数が未知である原子の酸化数を求めることができます。実際にやってみましょう!!

問題71　キソ

次の化合物の下線の原子の酸化数を求めよ。

(1) $\underline{O}_3$　(2) $\underline{Mg}^{2+}$　(3) $H\underline{N}O_3$　(4) $\underline{S}O_4^{2-}$　(5) $\underline{Cu}_2O$
(6) $\underline{P}O_4^{3-}$　(7) $Ca\underline{C}_2$　(8) $H\underline{Cl}O_3$　(9) $\underline{N}H_4^+$　(10) $H_2\underline{O}_2$

ダイナミック解説

かいつまんで解説します。

(3) Nの酸化数を x とする。Hの酸化数が+1，Oの酸化数が−2，化合物中の各原子の酸化数の総和は0であるから，

$$(+1)+x+(-2)\times 3=0$$

$$\therefore\ x=+5$$

（掟 その2）（掟 その3）（掟 その5）（$H\underline{N}O_3$，x）

答でーす!!

(4) Sの酸化数を x とする。Oの酸化数が−2，多原子イオン中の各原子の酸化数の総和は，その多原子イオンの価数に等しいから，

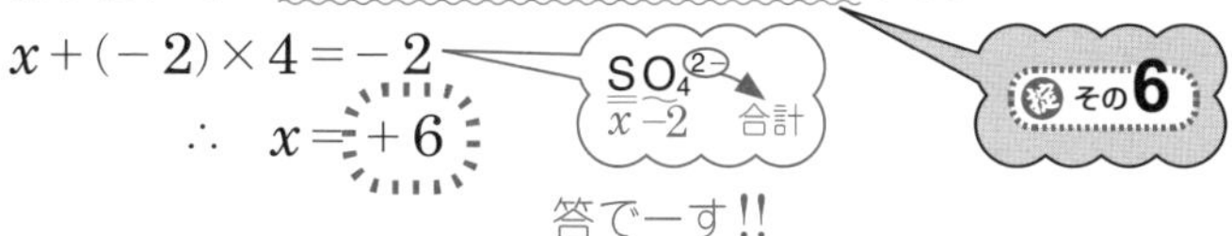

$$x+(-2)\times 4=-2$$

$$\therefore\ x=+6$$

答でーす!!

他もすべて同様です。ではLet's Try!!

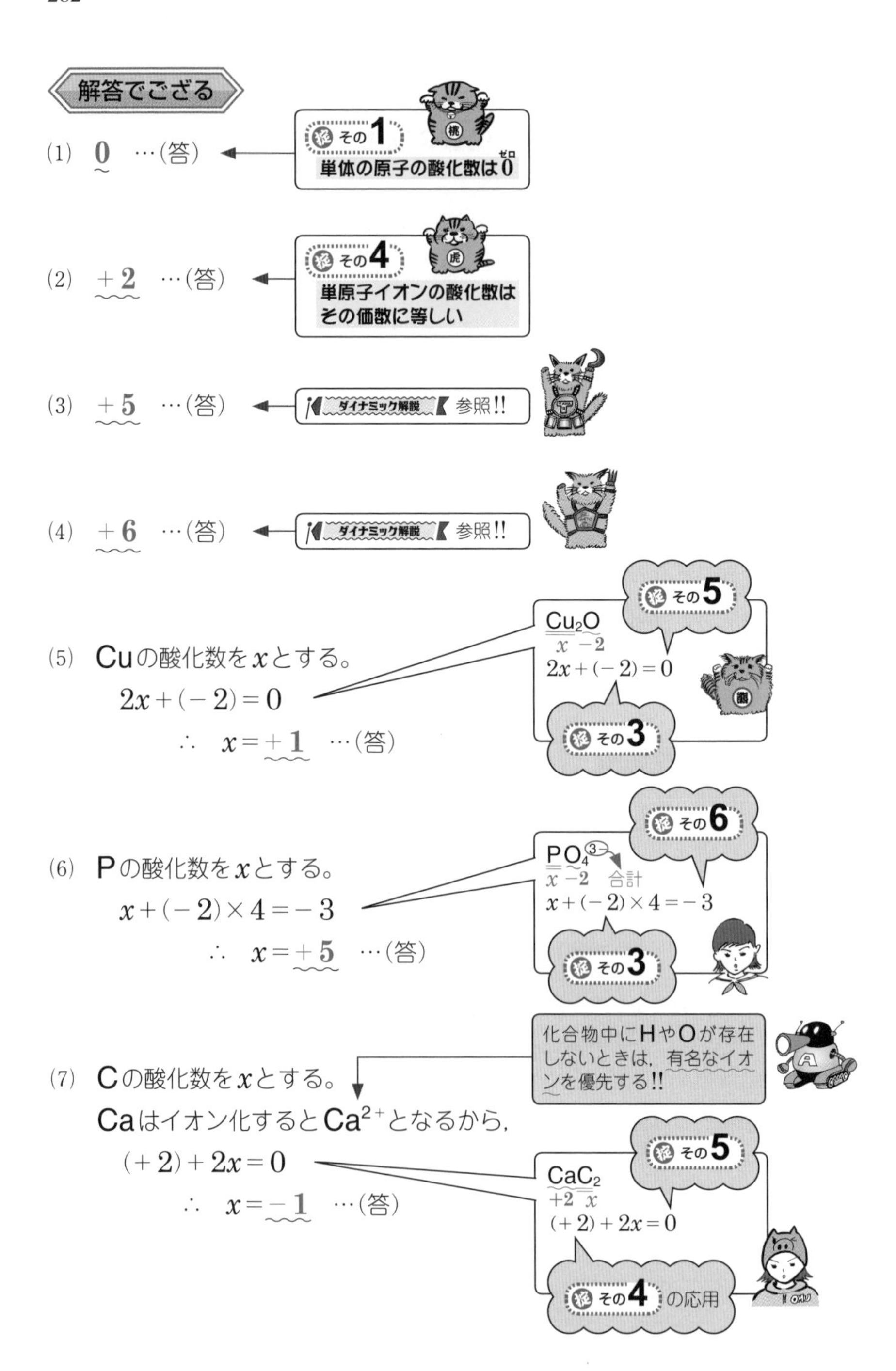

解答でござる

(1) $\underset{\sim}{0}$ …(答)

(2) $+2$ …(答)

(3) $+5$ …(答)

(4) $+6$ …(答)

(5) Cuの酸化数をxとする。

$$2x+(-2)=0$$

$\therefore\ x=+1$ …(答)

(6) Pの酸化数をxとする。

$$x+(-2)\times4=-3$$

$\therefore\ x=+5$ …(答)

(7) Cの酸化数をxとする。

Caはイオン化するとCa^{2+}となるから,

$$(+2)+2x=0$$

$\therefore\ x=-1$ …(答)

(8)　Clの酸化数をxとする。

$$(+1)+x+(-2)\times 3=0$$

$\therefore\quad x=\underline{+5}$　…(答)

(9)　Nの酸化数をxとする。

$$x+(+1)\times 4=+1$$

$\therefore\quad x=\underline{-3}$　…(答)

(10)　有名な例外です!!　H_2O_2(過酸化水素)の場合，
Oの酸化数は-2ではありません
そこで，Oの酸化数をxとする。

$$(+1)\times 2+2x=0$$

$\therefore\quad x=\underline{-1}$　…(答)

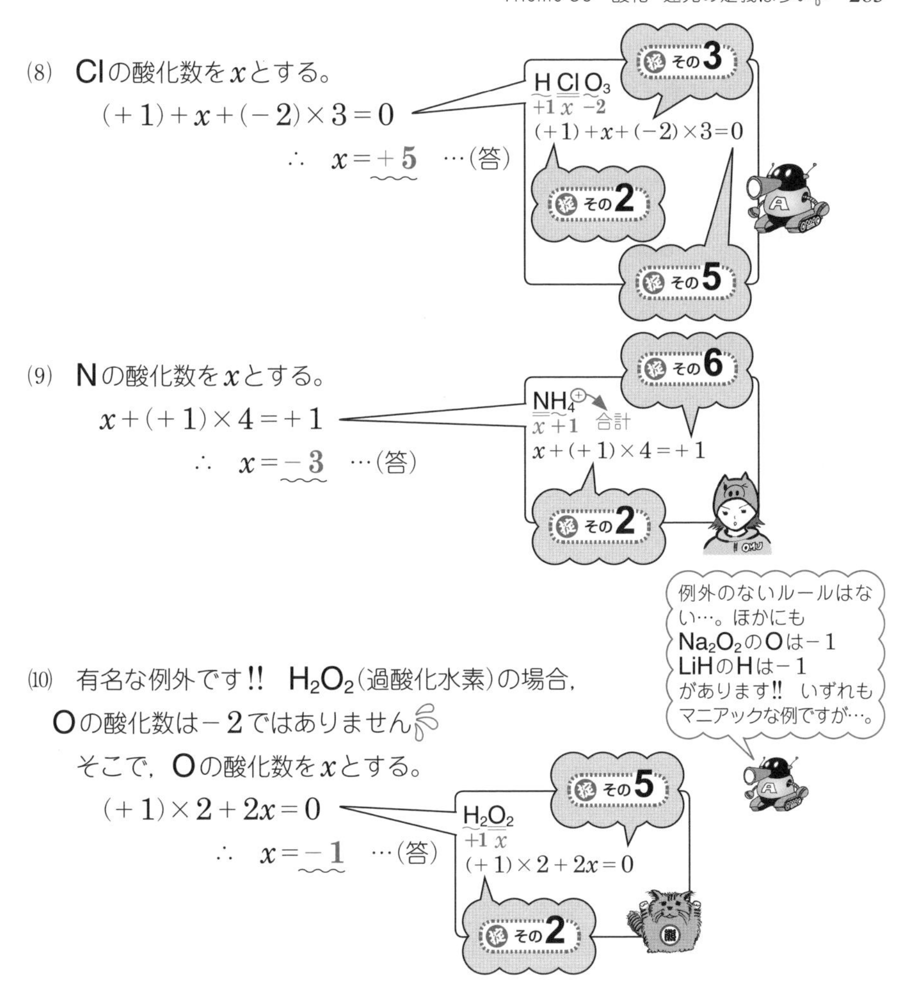

では，この酸化数のお話を酸化・還元のお話につないでいきまーす!!

問題72　キソ

次の(1)〜(6)の変化において，下線の原子は，酸化されたか，還元されたかを答えよ。

(1)　$\underline{Cu} \longrightarrow \underline{Cu}SO_4$　　(2)　$\underline{Cl}_2 \longrightarrow H\underline{Cl}$

(3)　$\underline{S}O_2 \longrightarrow H_2\underline{S}$　　(4)　$\underline{Mn}O_2 \longrightarrow \underline{Mn}O_4^-$

(5)　$\underline{Sn}Cl_2 \longrightarrow \underline{Sn}Cl_4$　　(6)　$\underline{Cr}_2O_7^{2-} \longrightarrow \underline{Cr}O_4^{2-}$

酸化数が増える 

酸化

酸化数が減る 

解答でござる

(1) $0 \longrightarrow +2$

酸化数が増加しているので，酸化された　…(答)

> SO_4^{2-}が有名!!
>
> $CuSO_4 \rightarrow x+(-2)=0$　(Cu: x, SO_4: -2)　$\therefore\ x=+2$
>
> 絶その6の応用!!

(2) $0 \longrightarrow -1$

酸化数が減少しているので，還元された　…(答)

(3) $+4 \longrightarrow -2$

酸化数が減少しているので，還元された　…(答)

> $SO_2 \rightarrow x+(-2)\times 2=0$　(S: x, O: -2)　$\therefore\ x=+4$
>
> $H_2S \rightarrow (+1)\times 2+x=0$　(H: $+1$, S: x)　$\therefore\ x=-2$

(4) $+4 \longrightarrow +7$

酸化数が増加しているので，酸化された　…(答)

> $MnO_2 \rightarrow x+(-2)\times 2=0$　(Mn: x, O: -2)　$\therefore\ x=+4$
>
> $MnO_4^- \rightarrow x+(-2)\times 4=-1$　(Mn: x, O: -2)　$\therefore\ x=+7$

(5) $+2 \longrightarrow +4$

酸化数が増加しているので，酸化された　…(答)

> $SnCl_2 \rightarrow x+(-1)\times 2=0$　(Sn: x, Cl: -1)　$\therefore\ x=+2$
>
> $SnCl_4 \rightarrow x+(-1)\times 4=0$　(Sn: x, Cl: -1)　$\therefore\ x=+4$

(6) $+6 \longrightarrow +6$

酸化数が変化していないので，どちらでもない…(答)

> $Cr_2O_7^{2-} \rightarrow 2x+(-2)\times 7=-2$　(Cr: x, O: -2)　$\therefore\ x=+6$
>
> $CrO_4^{2-} \rightarrow x+(-2)\times 4=-2$　(Cr: x, O: -2)　$\therefore\ x=+6$

イオン化傾向と電池

RUB OUT 1 金属のイオン化傾向

金属が水溶液中で電子を放って陽イオンになろうとする性質を金属の**イオン化傾向**と呼ぶ。

で!! 数ある金属のうち主なものをピックアップして(さらに水素(H_2)も加えて)，イオン化傾向の大きいものから順に並べたものを金属の**イオン化列**と呼ぶ。イオン化列は次のとおり!!

金属のイオン化列

リッチに借りようかなまああてにすんなひどすぎる借金

Li K Ca Na Mg Al Zn Fe Ni Sn Pb (H_2) Cu Hg Ag Pt Au

大 ← イオン化傾向 → 小

RUB OUT 2 イオン化傾向と化学的性質

例えば…
$Na \longrightarrow Na^+ + e^-$
0　　　+1
酸化数が増えてます!!

(i) **空気中での酸化**(陽イオンになる  酸化される!!)

Li K Ca Na	Mg Al	Zn Fe Ni Sn Pb (H_2) Cu Hg	Ag Pt Au
常温で速やかに酸化される!! →			
加熱(燃焼)すれば酸化される!! →	→		
強熱すればなんとか酸化される!! →	→	→	酸化されない!!

さすが!!
貴金属!!

(ii) 水との反応

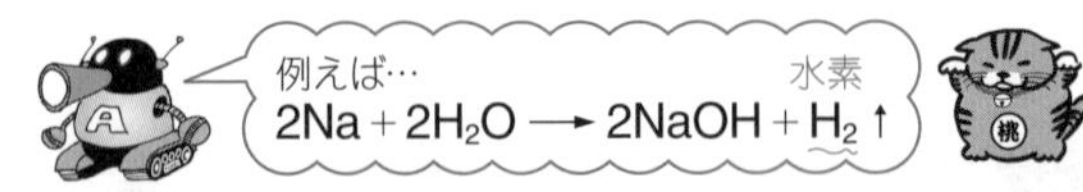

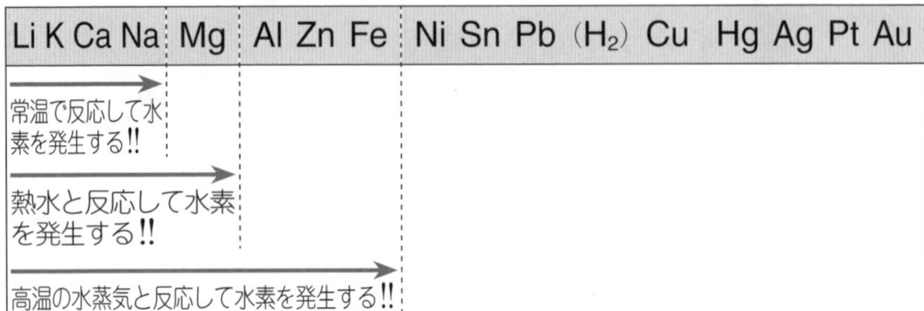

例えば…
水素
$2Na + 2HCl \rightarrow 2NaCl + H_2\uparrow$

今回のH_2は無視してください

(iii) 酸との反応

Li K Ca Na Mg Al Zn Fe Ni Sn Pb (H₂) Cu Hg Ag Pt Au

- → 希酸(希塩酸など)と反応して水素を発生する。（Li ～ Pb）
- Pbは微妙…
- → 酸化力のある強い酸(HNO_3や熱濃H_2SO_4)と反応する。（Li ～ Ag）
- → 王水と反応する。（Li ～ Au）

王水とは濃HNO_3と濃HClを1：3の体積比で混合した溶液です。

以上のことから，**イオン化傾向が㊅＝反応性が㊅**であることが理解できます。

解法のコツを伝授します♥

問題73 標準

6種類の金属A，B，C，D，E，Fがある。これらの金属はAg，Al，Cu，K，Mg，Niのいずれかであることはわかっている。

金属A，B，C，D，E，Fを次の①～③の事実に基づいて決定せよ。

① A，B，C，Eは希硫酸に溶解して水素を発生するが，D，Fは溶解しない。

② 室温において，Aは乾燥した空気中で内部まで酸化されるのに対し，

B，C，Dは表面に酸化膜ができる程度である。Eはこれらの中間の性質を示し，Fは全く酸化されない。

③ A，C，Eの酸化物は水素で還元することは困難であるが，B，D，Fの酸化物は水素で還元できる。

ダイナミックポイント!!

先ほどの表をバカ正直に暗記することはない!! だいたいでよろしい。とにかく，

イオン化傾向㊅＝反応性㊅

とゆーことです。

① 酸に溶けやすい ➡ 反応性㊅ ➡ イオン化傾向㊅

よって，イオン化傾向の大小関係は…

A，B，C，E＞D，F …㋑

であることがわかる。

② 酸化されやすい ➡ 反応性㊅ ➡ イオン化傾向㊅

よって，イオン化傾向の大小関係は…

A＞E＞B，C，D＞F …㋺

であることがわかる。

③ 酸化物が還元されるとは…??

つまり…

酸化物が還元されやすい ➡ イオン化したものが元に戻りやすい

➡ イオン化傾向㊊

よって，イオン化傾向の大小関係は…

A，C，E ＞ B，D，F …㊇

A，C，E：酸化物が還元されにくい ＝ イオン化傾向㊅

B，D，F：酸化物が還元されやすい ＝ イオン化傾向㊉

以上㋑㋺㊇から…

イオン化傾向の大小関係は，

A＞E＞C＞B＞D＞F

となる。あとは，金属たちをイオン化列の順に当てハメればOK!!

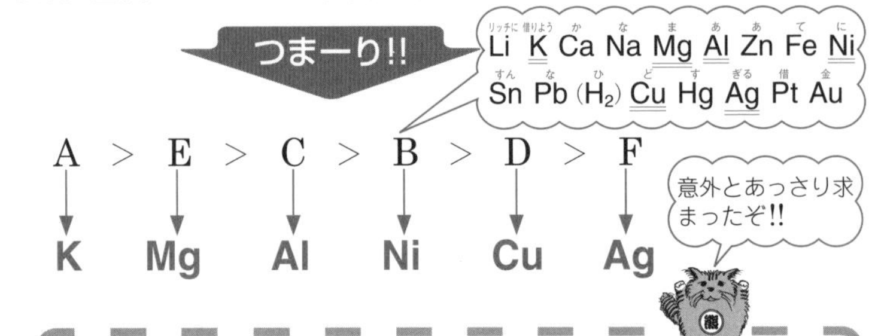

解答でござる A…K　B…Ni　C…Al　D…Cu　E…Mg　F…Ag

RUB OUT 3 トタンとブリキの物語

トタン とは…

鉄（Fe）に**亜鉛**（Zn）をめっきした薄い鋼板を**トタン**と呼びます。

Zn / Fe　時が流れて…　Zn / Fe（おーっと，キズが…!!）

Znのほうが，Feよりイオン化傾向が大きいので，表面にキズがついたとき，内部のFeに代わってZnが溶けてくれます。つまり，内部のFeを表面のZnが保護することになります。

ブリキとは…

鉄(**Fe**)に**スズ**(**Sn**)をめっきした薄い鋼板を**ブリキ**と呼びます。

Sn
Fe

Snのほうが，**Fe**よりイオン化傾向が小さいので，**Sn**は**Fe**より溶けにくい!!　よって，表面にキズがつかない限り，表面の**Sn**が内部の**Fe**をガードします。

しかしながら，キズがついてしまうと，内部の**Fe**が溶けやすくなってしまうため，キズがつかないことが前提です。缶詰などの缶に使用されます。

RUB OUT 4　ボルタ電池

亜鉛板と銅板を希硫酸に浸し，導線でつなぐと，**亜鉛板が負極**，**銅板が正極**となって電流が流れる。

つまり，電池ができたわけです。この電池を**ボルタ電池**と呼び，次のような式で表されます。

ボルタ電池の式

$$(-)\mathbf{Zn}\ |\ \mathbf{H_2SO_4\ aq}\ |\ \mathbf{Cu}(+)$$

なぜ電流が流れるの一っ??

① Zn と Cu をつなぐとイオン化の対決が始まる!!

② Zn のほうが Cu よりイオン化傾向が大きいので，Zn が e^- を放ち Zn^{2+} となり水溶液中に溶け出す。このとき e^- は，e^- が通りやすい導線へ…

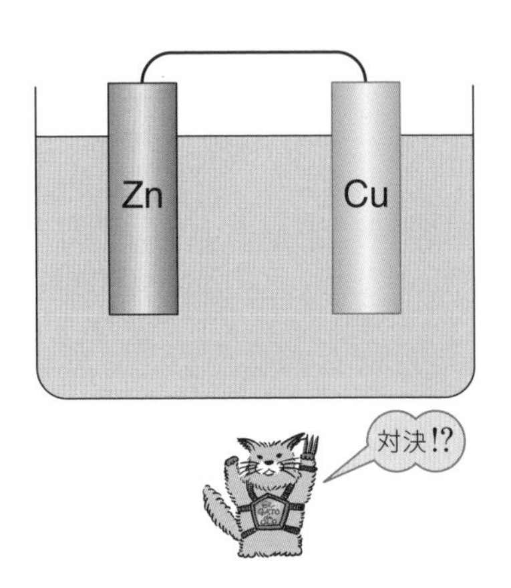

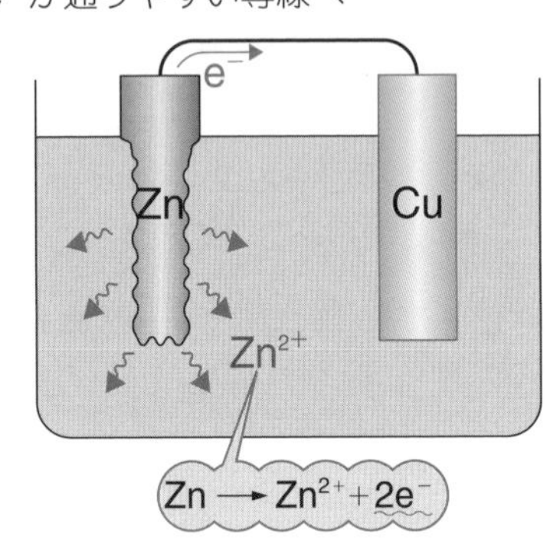

③ 導線を伝わり Cu 側にやってくる e^- は，水溶液中の H^+ が責任をもってキャッチする!!

④ Cu 側では，$2H^+ + 2e^- \longrightarrow H_2$ により**水素が発生**!!

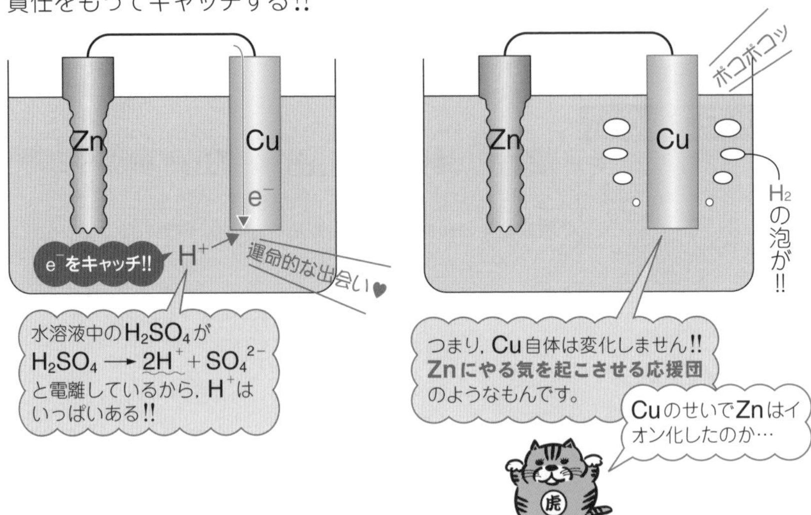

この①〜④が連続的に起こることにより，Zn板からCu板へと電子が流れつづける。つまり，**電流はCu板からZn板へと流れる!!**

中学校で習ったよね!!
電流の流れる方向は電子の流れる方向と**逆**!!

よって!!

Zn板が負極，Cu板が正極となります!!

電流は**正極から負極へと流れる**!!
これも中学校で習ったよ。

ボルタ電池の問題点

Cu板に発生するH_2の泡が，Cu板の表面に付着し，電池のシステムを阻害します。（👉 専門用語を使うと"起電力が低下する"と表現します。）

この現象を電池の**分極**と呼び，この分極を防ぐためにニクロム酸カリウムなどの**酸化剤**を加えておきます。そうすればH_2が酸化されてH^+にもどるのでH_2の泡が消えていきます。

酸化数0　酸化数1

このような役目を果たす酸化剤のことを**減極剤**（**消極剤**）と呼びます。

ぶっちゃけ!!　すべての電池では…

考えればわかることですよ!!

イオン化傾向の大きいほう　👉　負極

イオン化傾向の小さいほう　👉　正極

ということになります。

電池内で酸化還元反応に直接関わる物質を**活物質**と申します。負極で還元剤としてはたらく物質を**負極活物質**，正極で酸化剤としてはたらく物質を**正極活物質**と呼びます。名前だけ押さえておいて!!

ちなみにボルタ電池では負極活物質がZn（電子e^-を出す奴），正極活物質はH^+（電子e^-を受け取る奴）になります。

ちょっとした問題を…

次の図のように，金属を組み合わせて希硫酸に浸した。

(A)

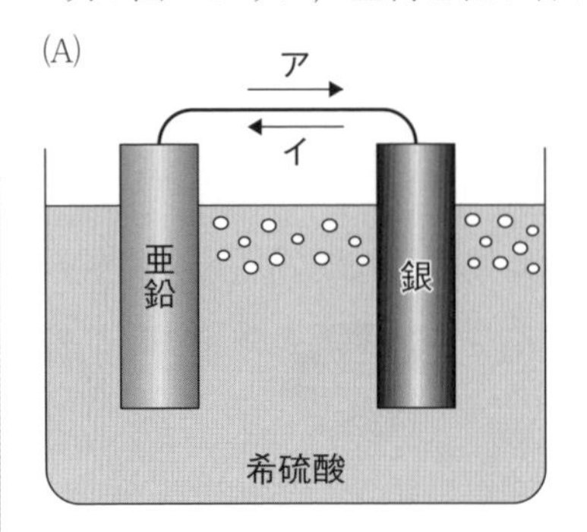

(B)

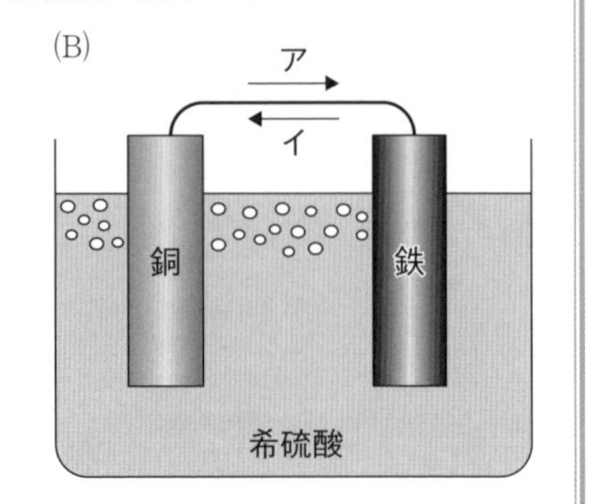

(A)，(B)について，次の各問いに答えよ。

(1)　導線中を流れる，電子の向きは，それぞれ**ア**，**イ**のどちらか。

(2)　導線中を流れる，電流の向きは，それぞれ**ア**，**イ**のどちらか。

(3)　酸化された金属は，それぞれどちらか。

(4)　(A)と(B)を比較すると，起電力が大きいのはどちらか。

ダイナミックポイント!!

ズバリ!!　ボルタ電池の応用問題です。ボルタ電池のお話がしっかり理解できていれば問題なし!!

(1)～(3)は，これを押さえていれば楽勝です。

(4)　イオン化傾向の差が大きいほど，起電力も大きくなります。滝を思い浮かべてみて!!　高低の差が激しいほど，流れ落ちる水の勢いも激しくなるでしょ!?　これと同じ理屈です。

では，イオン化傾向の差を比較してみましょう!!

(A)　Li K Ca Na Mg Al (Zn) Fe Ni Sn Pb (H_2) Cu Hg (Ag) Pt Au

大きい!!

(B)　Li K Ca Na Mg Al Zn (Fe) Ni Sn Pb (H_2) (Cu) Hg Ag Pt Au

小さい!!

一目瞭然!!　(A)のほうがイオン化傾向の差が大きいですね!!

よって，起電力が大きいほうは(A)です!!

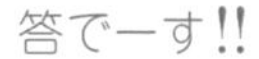

解答でござる

(1)　(A)　ア　　(B)　イ

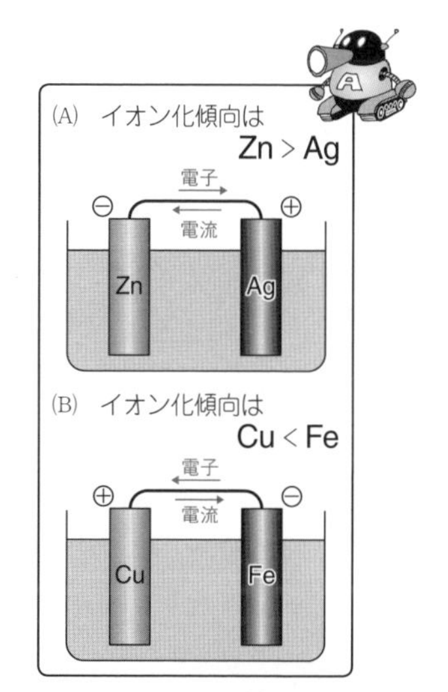

(2)　(A)　イ　　(B)　ア

(3)　(A)　亜鉛　　(B)　鉄　←　イオン化傾向が大きいほうです!!

(4)　(A)

RUB OUT 5 ダニエル電池

うすい硫酸亜鉛水溶液に亜鉛板を入れたものと，濃い硫酸銅(Ⅱ)水溶液に銅板を入れたものとの間を素焼き板などで仕切った電池を**ダニエル電池**と呼ぶ。ボルタ電池同様，**亜鉛板が負極**，**銅板が正極**となる。

ダニエル電池のシステム

① ZnとCuをつなぐと対決が始まる!!

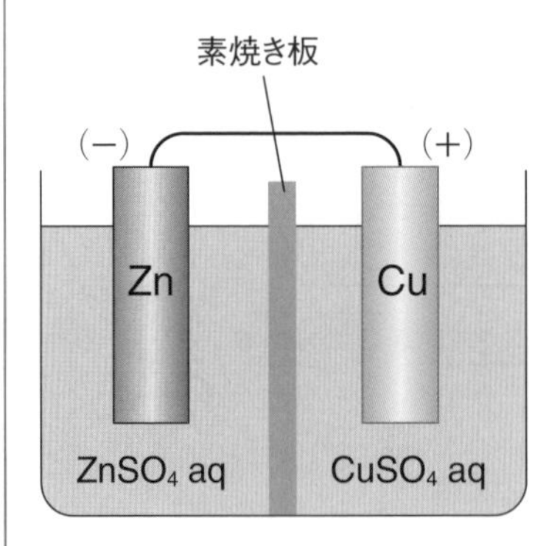

② ZnのほうがCuよりイオン化傾向が大きいので，Znがe^-を放ちZn^{2+}となり，水溶液中に溶け出す。このときe^-はe^-が通りやすい導線へ…

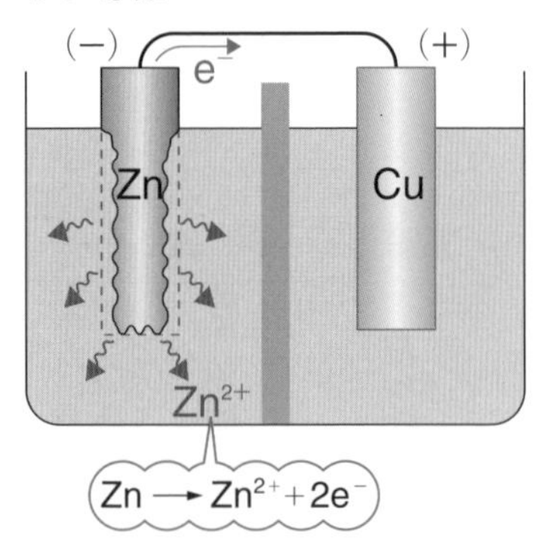

③　導線を伝わりCu側にやってくるe^-は，水溶液中のCu^{2+}が責任をもってキャッチ!!

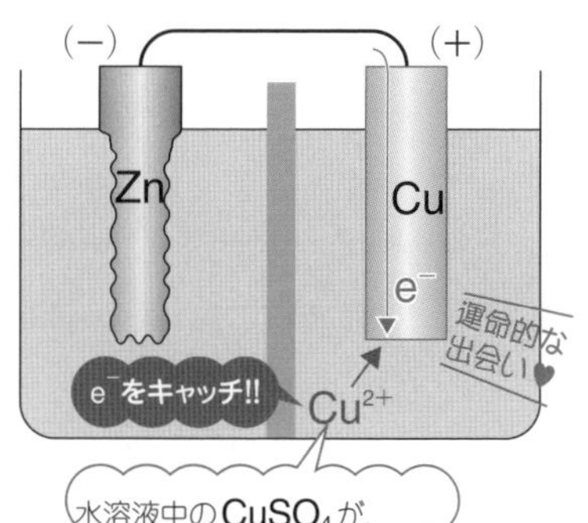

水溶液中の$CuSO_4$が，
$CuSO_4 \longrightarrow Cu^{2+} + SO_4^{2-}$
と電離することにより，Cu^{2+}はいっぱいある!!

④　Cu板側では…

$Cu^{2+} + 2e^- \longrightarrow Cu$

により**Cuが析出!!**

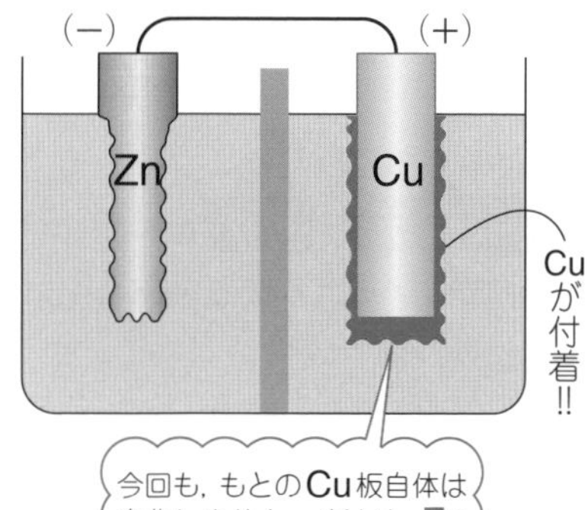

今回も，もとのCu板自体は変化しません。やはり，**Znにやる気を起こさせる応援団**だったんですね。

この①～④が連続的に起こることにより，Zn板からCu板へと電子が流れつづける。つまり，**電流はCu板からZn板へと流れる!!**

補足事項

☞　ダニエル電池では，負極活物質（負極で電子e^-を出す奴）は**Zn**，正極活物質（正極で電子e^-を受け取る奴）は**Cu^{2+}**ということです。

☞　ダニエル電池はボルタ電池と違って，Cu板側にH_2の泡が生じません。よって電池の**分極は起こらない!!**

☞　素焼き板などでつくった仕切りは，イオンを通すことができます。

Zn板側では，Zn^{2+}が水溶液中に溶け出してZn^{2+}が増加し，Cu板側ではSO_4^{2-}がとり残されていくのでSO_4^{2-}が増加します。

$CuSO_4 \longrightarrow Cu^{2+} + SO_4^{2-}$
余る!!

$Cu^{2+} + 2e^- \longrightarrow Cu$
により，Cu^{2+}はCuになるので，なくなっていく!!

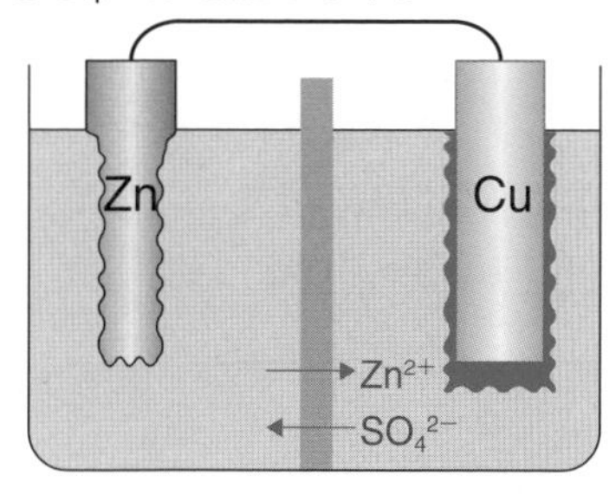

このZn^{2+}とSO$_4^{2-}$は，自由に仕切りを通過できるので，溶液内の電気的なバランスがかたよることはない。

ちなみに，ダニエル電池の起電力は約1.1V（ボルト）である。

まとめておこう!!

問題75 標準

下図はダニエル電池の構造を示している。これについて，次の各問いに答えよ。

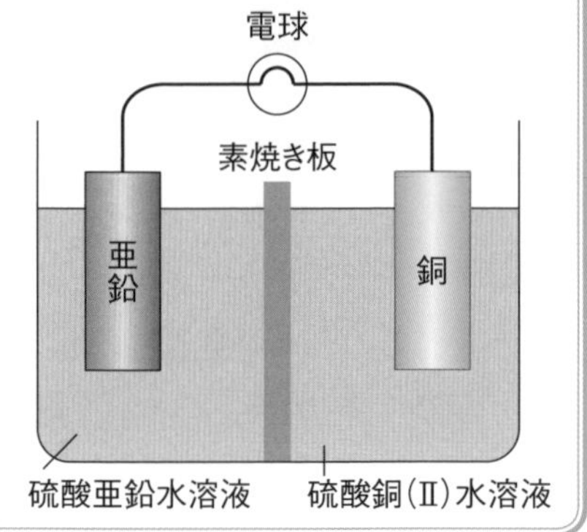

(1) 正極の金属を元素記号で答えよ。

(2) 負極での変化をイオン反応式で表せ。

(3) 酸化が起こったのは正極・負極のどちらか。

(4) 放電中，硫酸銅(Ⅱ)水溶液の濃度は，どのように変化するか。

解答でござる

(1) イオン化傾向が小さいほうの金属が正極となります。
よって，正極は**Cu** …(答)

(2) $Zn \longrightarrow Zn^{2+} + 2e^-$

(3) 負極

(4) Cu^{2+}が消費されていくので，結果としてCuSO$_4$の物質量は減少する。よって，CuSO$_4$水溶液の濃度は減少する …(答)

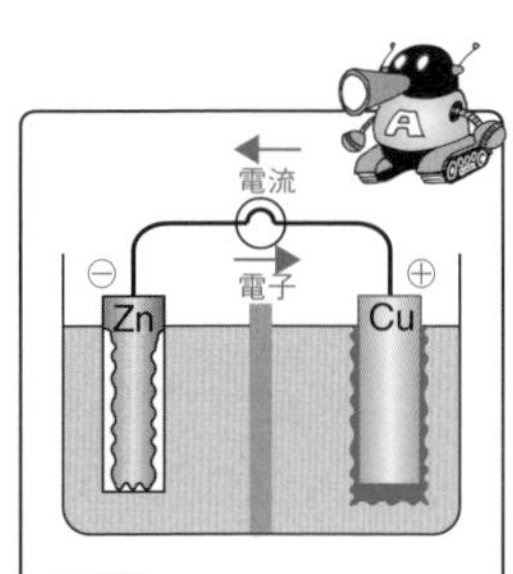

(負極)
$Zn \longrightarrow Zn^{2+} + 2e^-$
亜鉛が**酸化されて**水溶液中に溶け出す!!

(正極)
$Cu^{2+} + 2e^- \longrightarrow Cu$
水溶液中のCu^{2+}が**還元されて**Cuとなり析出する!!

なるほど!!

RUB OUT 6　マンガン乾電池

皆さんがよく知ってる乾電池は，**マンガン乾電池**です。

マンガン乾電池の電池式

$$(-)\mathrm{Zn} \mid \mathrm{ZnCl_2\ aq},\ \mathrm{NH_4Cl\ aq} \mid \mathrm{MnO_2}(+)$$

負極活物質であるZnが電子を出してZn^{2+}となり，正極活物質である酸化マンガン（Ⅳ）MnO_2が電子を受け取ります。

最近では**アルカリマンガン乾電池**もあります。

アルカリマンガン乾電池の電池式

$$(-)\mathrm{Zn} \mid \mathrm{KOH\ aq} \mid \mathrm{MnO_2}(+)$$

まぁ，長持ちしたり，電流も大きくなったり改良されたってことさ

RUB OUT 7　鉛蓄電池（なまりちくでんち）

鉛蓄電池の式

$$(-)\mathrm{Pb} \mid \mathrm{H_2SO_4\ aq} \mid \mathrm{PbO_2}(+)$$

この鉛蓄電池は**二次電池**と呼ばれ，充電（じゅうでん）が可能です。つまり，くり返し使用することができます。今まで登場した乾電池などは，充電ができない使い切りタイプで，**一次電池**と呼ばれます。

ポイントはこれだ!!

放電の際…

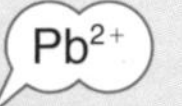

Pbと**PbO_2**はともに**$PbSO_4$**となる!!

このときの反応式は書けないとダメ!! しかし，丸暗記することはありませんよ!!

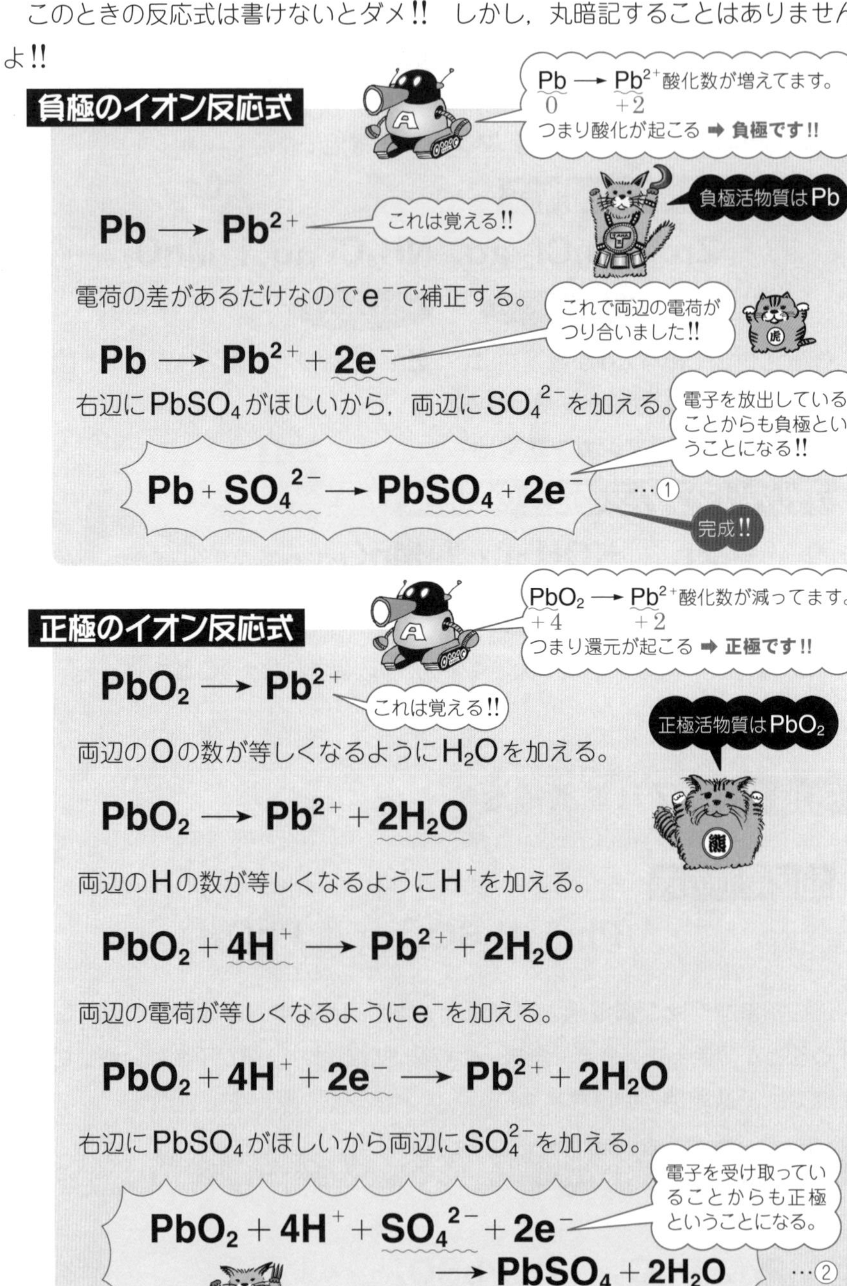

負極のイオン反応式

$$Pb \longrightarrow Pb^{2+}$$

電荷の差があるだけなのでe^-で補正する。

$$Pb \longrightarrow Pb^{2+} + 2e^-$$

右辺に$PbSO_4$がほしいから，両辺に$SO_4{}^{2-}$を加える。

$$Pb + SO_4{}^{2-} \longrightarrow PbSO_4 + 2e^- \quad \cdots ①$$

正極のイオン反応式

$$PbO_2 \longrightarrow Pb^{2+}$$

両辺のOの数が等しくなるようにH_2Oを加える。

$$PbO_2 \longrightarrow Pb^{2+} + 2H_2O$$

両辺のHの数が等しくなるようにH^+を加える。

$$PbO_2 + 4H^+ \longrightarrow Pb^{2+} + 2H_2O$$

両辺の電荷が等しくなるようにe^-を加える。

$$PbO_2 + 4H^+ + 2e^- \longrightarrow Pb^{2+} + 2H_2O$$

右辺に$PbSO_4$がほしいから両辺にSO_4^{2-}を加える。

$$PbO_2 + 4H^+ + SO_4{}^{2-} + 2e^- \longrightarrow PbSO_4 + 2H_2O \quad \cdots ②$$

このとき，①＋②としてe^-を消去すると，鉛蓄電池の放電の全反応を表すことができます。

$$
\begin{array}{lrcll}
 & Pb + SO_4^{2-} & \longrightarrow & PbSO_4 + 2e^- & \cdots ① \\
+) & PbO_2 + 4H^+ + SO_4^{2-} + 2e^- & \longrightarrow & PbSO_4 + 2H_2O & \cdots ② \\
\hline
 & Pb + PbO_2 + \underbrace{4H^+ + 2SO_4^{2-}}_{\text{まとめられます!!}\ 2H_2SO_4} & \longrightarrow & 2PbSO_4 + 2H_2O &
\end{array}
$$

$$Pb + PbO_2 + 2H_2SO_4 \longrightarrow 2PbSO_4 + 2H_2O$$

これが放電の反応式です。充電の反応式は矢印を逆にすればOK!!

鉛蓄電池全体としての化学反応式

$$Pb + PbO_2 + 2H_2SO_4 \rightleftharpoons 2PbSO_4 + 2H_2O$$

これらの反応式は自力でつくれるようにしておこう!!

問題76　**標準**

右図は鉛蓄電池の構造を表している。これについて，次の各問いに答えよ。

(1)　正極，負極の化学式をそれぞれ答えよ。

(2)　放電を続けると，正極，負極はそれぞれどのような化合物に変化していくか。化学式で答えよ。

(3)　放電を続けると硫酸の濃度はどのように変化するか。

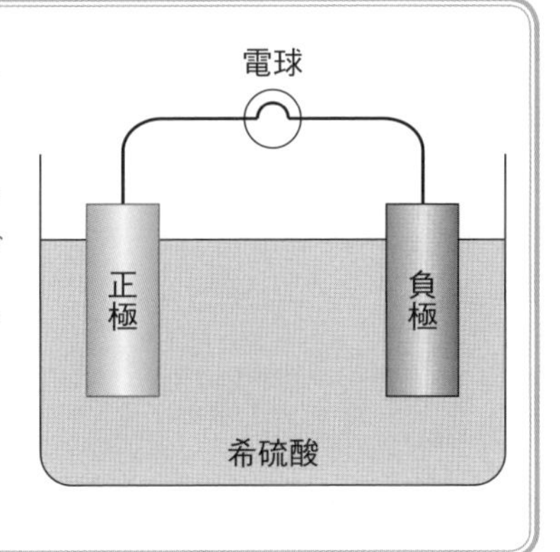

ダイナミックポイント!!

(3)　放電のときの鉛蓄電池全体としての化学反応式は，

$$Pb + PbO_2 + 2H_2SO_4 \longrightarrow 2PbSO_4 + 2H_2O$$

したがって，希硫酸中のH_2SO_4は，放電に伴って消費されることになります。

硫酸の濃度は減少する!!

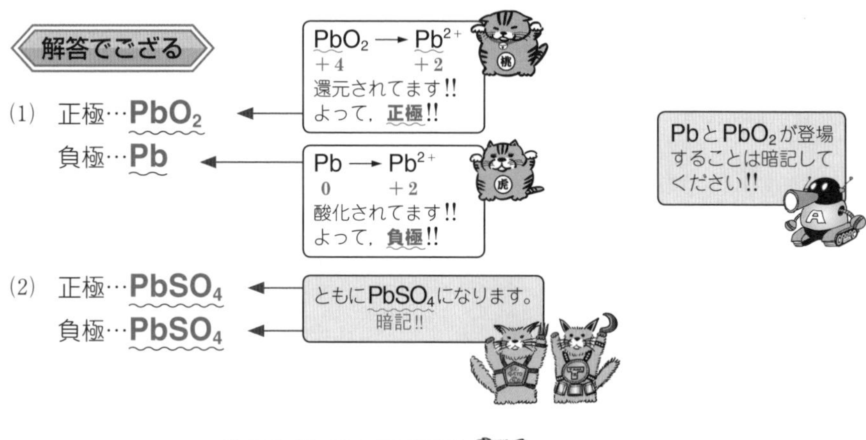

解答でござる

(1)　正極…PbO_2
　　負極…Pb

(2)　正極…$PbSO_4$
　　負極…$PbSO_4$

(3)　減少する

水素H_2を燃焼させると次の反応が起こる。

$$2H_2 + O_2 \longrightarrow 2H_2O \quad \cdots(*)$$

このとき生じる熱エネルギーを装置を使って電気エネルギーに変えて，電流を取り出す電池を**燃料電池**と申します。

イメージコーナー

燃料電池にもいろいろあります。その中でも最も有名なリン酸型燃料電池について簡単にまとめておきます。

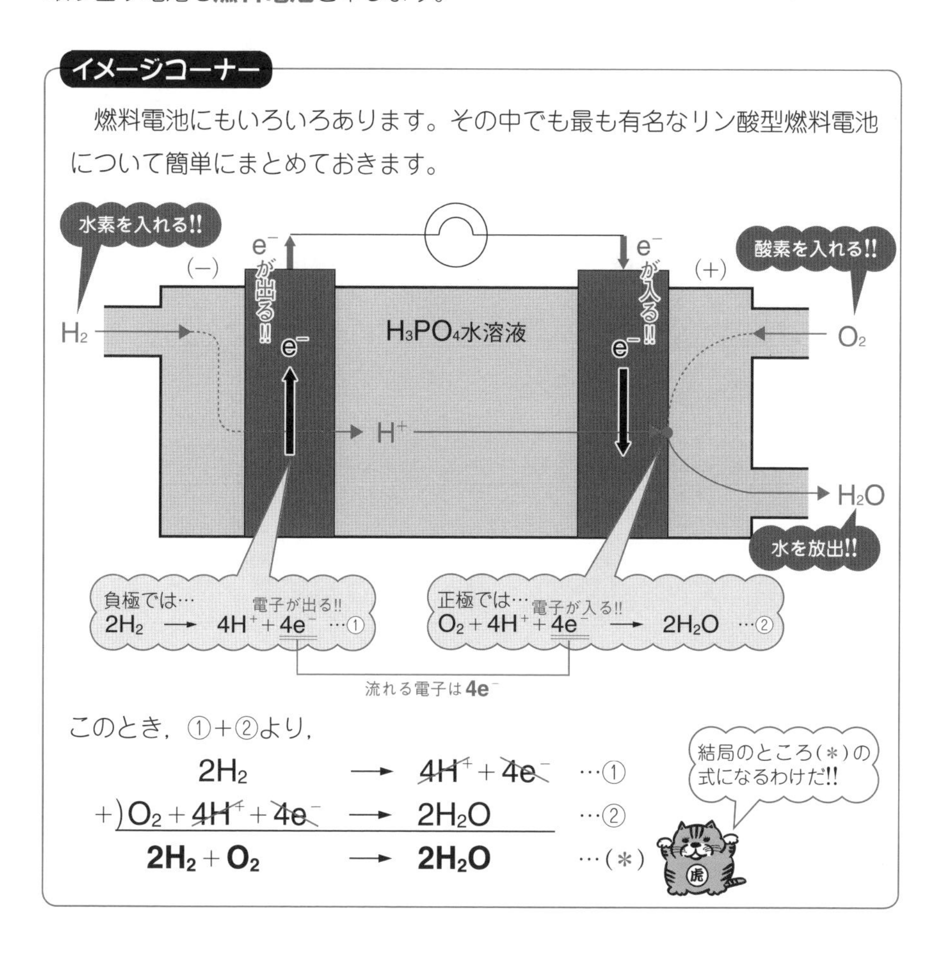

このとき，①＋②より，

$$
\begin{array}{rcll}
2H_2 & \longrightarrow & \cancel{4H^+} + \cancel{4e^-} & \cdots① \\
+)\ O_2 + \cancel{4H^+} + \cancel{4e^-} & \longrightarrow & 2H_2O & \cdots② \\
\hline
\mathbf{2H_2 + O_2} & \longrightarrow & \mathbf{2H_2O} & \cdots(*)
\end{array}
$$

イメージコーナーからもおわかりのように，外部に放出される物質は水H_2Oのみなので，まさにエコです!!

リン酸H_3PO_4については，他の酸か塩基でも代用可能です。

実験が大好きな無駄に熱いタイプの先生が担当になったら，きっとこの電池を作らされるよ　迷惑な話だ…。

RUB OUT 9 リチウムイオン電池

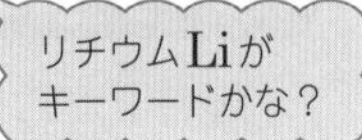

両極にリチウムLiがらみの物質を活物質として取りつけ，負極と正極の間をリチウムLi^+が移動して充電と放電が起こる鉛蓄電池のような**二次電池**である。

Theme 32 意外に簡単な電気分解

RUB OUT 1 電気量の計算

1(A)(アンペア)の電流が**1秒**流れたときの電気量が**1**(C)(クーロン)です。
これを踏まえて…

$\boldsymbol{i}$(A)の電流が$\boldsymbol{t}$(**秒**)流れたときの電気量を$\boldsymbol{Q}$(C)とすると…

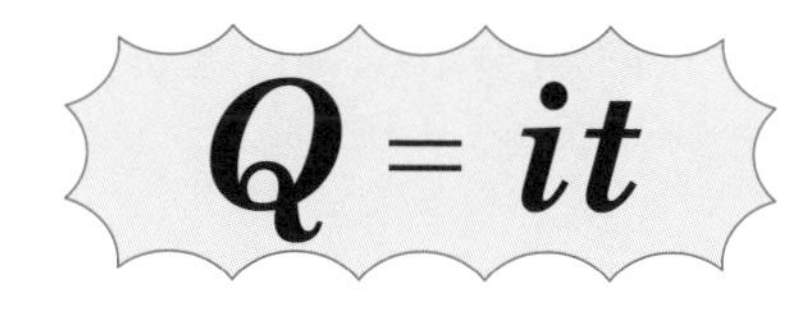

となりまーす。

計算法のチェック

6(A)の電流を5分間流したときの電気量は?

5分 = 5 × 60 = 300秒　まずは秒に変換です!

よって,流れた電気量Qは,

$Q = 6 \times 300 =$ **1800** (C)　答です!!

RUB OUT 2 ファラデー定数

1個の電子(e^-)がもつ電気量は，かなり細かい値となります。
よって，今回も1molで考えます!!

1(mol)の電子がもつ電気量＝96500(C)

この値は覚える!!

注　電子(e^-)の電荷はマイナスですが，絶対値で考えてます!!

計算法のチェック

15(A)の電流を5時間21分40秒流したときの電気量は，電子(e^-)何mol分に相当するか？

5時間21分40秒＝$5 \times 60^2 + 21 \times 60 + 40 = 19300$秒

よって，流れた電気量Qは，　$Q = it$

$Q = 15 \times 19300 = 289500$(C)

1(mol)の電子がもつ電気量は96500(C)であるから，

$$\frac{289500}{96500} = \mathbf{3}\text{(mol)}$$

答でーす!!

とゆーわけで，この役に立つ96500(C)を**ファラデー定数**と呼び，電子(e^-)1mol分の電気量であることを強調して単位を(C/mol)とします。

ファラデー定数

電子(e^-)1mol分の電気量

$$F = 96500\text{(C/mol)}$$

通常Fで表します

計算法のチェック

10(A)の電流を38600秒流したときの電気量をFで表せ。

流れた電気量Qは，（$Q=it$）

$Q = 10 \times 38600 = 386000$(C)

このとき，$F = 96500$(C/mol)であるから，

$\dfrac{386000}{96500} = 4$より，**$4F$**　答でーす!!

RUB OUT 3 電気分解のしくみ

これから登場する図は電池のときの図と似ていますが，まったく違うお話です。

電　池  自発的に酸化還元反応が起こり，外部に電流を供給するシステムをつくる!!

電気分解  外部から(電池などから)得る電気エネルギーによって，自発的には起こらない酸化還元反応を強引に起こさせる!!

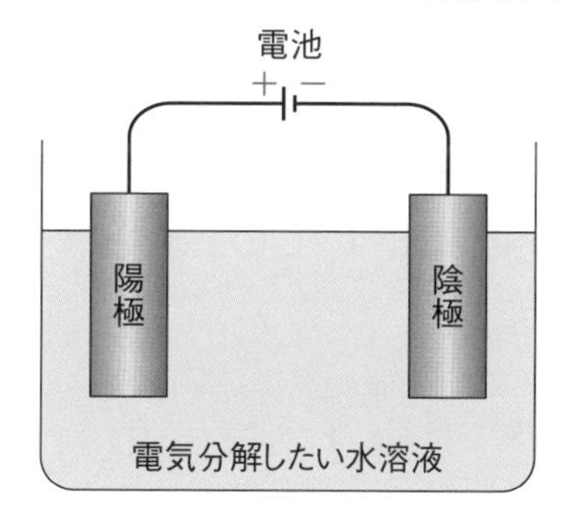

左図が電気分解の装置の略図です。ここで押さえていただきたいのは…

陽極 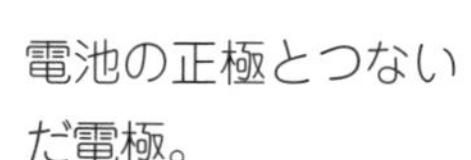 電池の正極とつないだ電極。

陰極  電池の負極とつないだ電極。

新たな用語が登場します。電池のときの正極＆負極から呼び方が変わりまっせ!!

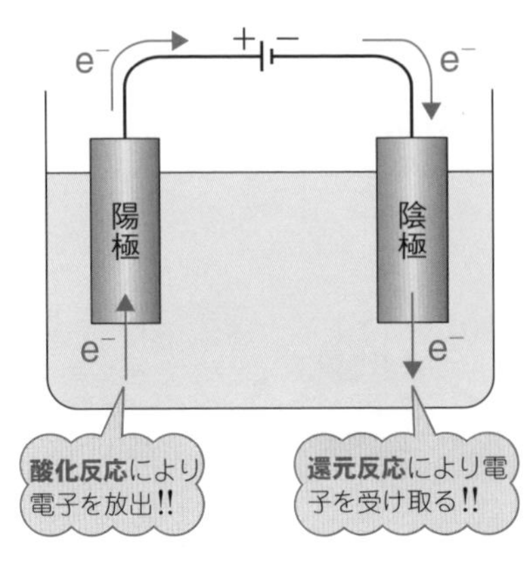

そこで!!

電気分解が行われることにより陽極側では**電子を放出する**反応，つまり，**酸化反応**が起こり，陰極側では**電子を受け取る**反応，つまり，**還元反応**が起こります。これによって，左図のように電子がうまく循環します。

では，具体的にどのような反応が??

ザ・まとめ

陽極での変化

(i) ふつう，電極には**Pt**または**C**を使用します。この場合…

① 水溶液中の陰イオンがハロゲン化物イオン(Cl^-，Br^-，I^-など)のときは，ハロゲン単体(Cl_2，Br_2，I_2)が発生します。

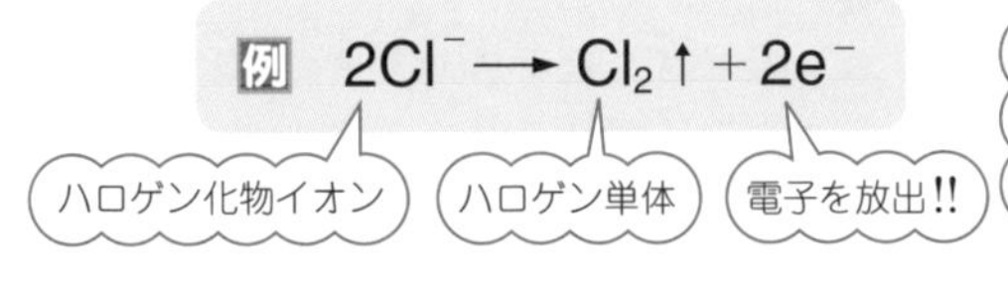

② 溶液中の陰イオンが水酸化物イオンOH^-，硫酸イオンSO_4^{2-}，硝酸イオンNO_3^-のときは，O_2が発生します。このときのイオン反応式は2種類あります。

塩基性溶液の場合

重要!!

$$4OH^- \longrightarrow 2H_2O + O_2\uparrow + \boxed{4e^-}$$

水溶液中の水が犠牲に!!

中性または酸性溶液の場合

重要!!

$$2H_2O \longrightarrow O_2\uparrow + 4H^+ + \boxed{4e^-}$$

注 どちらの反応式も電子が**4e⁻**であることを押さえておいてください!!

(ii)　例外的なタイプですが…。電極が**Ag**，**Cu**，**Zn**など(金，白金以外)の場合，水溶液中の陰イオンは関与せず，電極の金属がイオンとなって溶け出す。

例　$Ag \longrightarrow Ag^{+} + e^{-}$

電子を放出!!

陰極での変化

電極はとくに制限はない!!　(Ptの場合が多いですが…)

①　水溶液中の陽イオンが**Li^{+}**，**K^{+}**，**Ca^{2+}**，**Na^{+}**，**Mg^{2+}**，**Al^{3+}**のときは，H_2が発生します。

イオン化列のBEST6です!!
Li（リッチに） K（借りよう） Ca（か） Na（な） Mg（ま） Al（あ）
じつはBa^{2+}もなんですが…
マニアックな話ですね。

このときのイオン反応式は2種類あり…

酸性溶液の場合

重要!!

$$2H^{+} + \boxed{2e^{-}} \longrightarrow H_2\uparrow$$

中性または塩基性溶液の場合

水溶液中の水が犠牲に!!

重要!!

$$2H_2O + \boxed{2e^{-}} \longrightarrow H_2\uparrow + 2OH^{-}$$

注　どちらの反応式も電子が$2e^{-}$であることを押さえておいて!!

②　水溶液中の陽イオンが①以外の金属イオンのときは，その金属イオンが電子e^{-}を得て**金属単体となって析出**します。

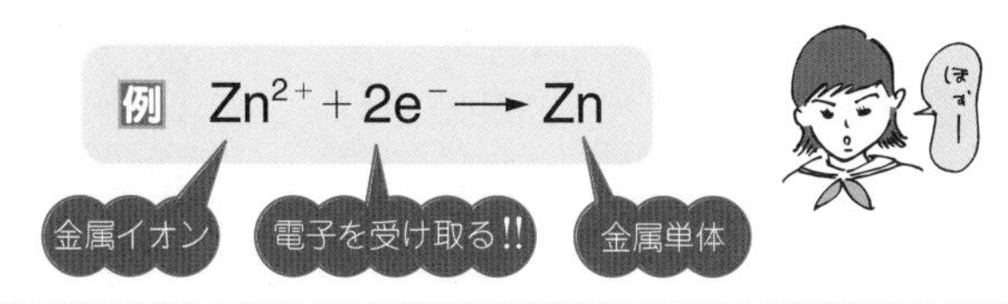

では，問題を通して知識の安定化をはかりましょう!!

問題77　ちょいムズ

次の(1)〜(6)の電気分解において，陽極，陰極で起こる変化をイオン反応式で表せ。

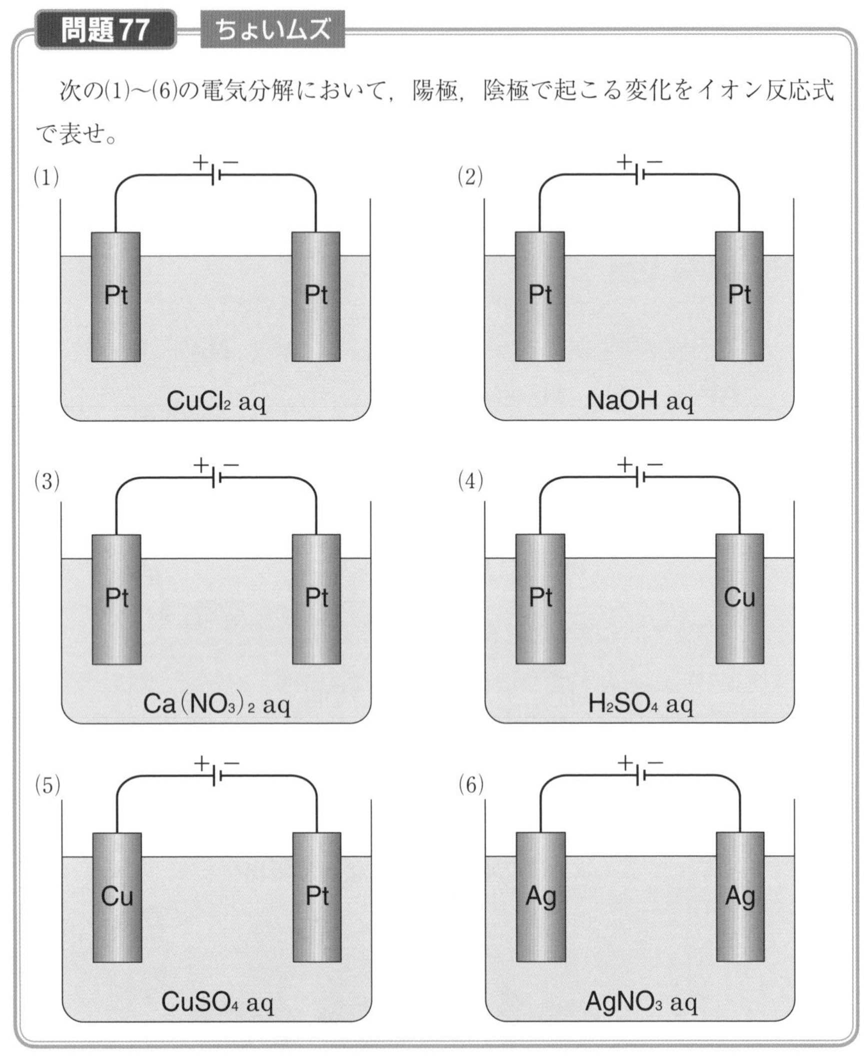

ダイナミック解説

コツさえつかめば簡単だよっ!!

RUB OUT 3 にすべてのルールは書いてあります!!

ただ，H_2が発生する場合と，O_2が発生する場合のイオン反応式がちょっとタイヘンだったですね

タイヘン!!

☞　陽極でO_2が発生するときのイオン反応式は…

塩基性溶液の場合

$$4OH^- \longrightarrow 2H_2O + O_2\uparrow + 4e^-$$

塩基性より

左辺の塩基性を表す$4OH^-$を消すために，両辺に$4H^+$を加えると中性or酸性溶液の場合のイオン反応式が得られる!!

中性or酸性溶液の場合

$$2H_2O \longrightarrow O_2\uparrow + 4H^+ + 4e^-$$

$4OH^- \rightarrow 2H_2O + O_2 + 4e^-$
$+)\ 4H^+ \qquad 4H^+$
$4H_2O \rightarrow 2H_2O + O_2 + 4H^+ + 4e^-$
両辺のH_2Oをまとめると…
$\therefore\ 2H_2O \rightarrow O_2 + 4H^+ + 4e^-$

☞　陰極でH_2が発生するときのイオン反応式は…

酸性溶液の場合

$$2H^+ + 2e^- \longrightarrow H_2\uparrow$$

酸性より

この式をベースに…

左辺の酸性を表す$2H^+$を消すために，両辺に$2OH^-$を加えると中性or塩基性溶液の場合のイオン反応式が得られる!!

中性or塩基性溶液の場合

$$2H_2O + 2e^- \longrightarrow H_2\uparrow + 2OH^-$$

$2H^+ + 2e^- \rightarrow H_2$
$+)\ 2OH^- \qquad 2OH^-$
$2H_2O + 2e^- \rightarrow H_2 + 2OH^-$

補足事項はこのくらいにして，解答へとまいりましょう!!

解答でござる

(1)　**陽極**　$2Cl^- \longrightarrow Cl_2\uparrow + 2e^-$

　　陰極　$Cu^{2+} + 2e^- \longrightarrow Cu$

(2) 陽極 $4OH^- \longrightarrow 2H_2O + O_2\uparrow + 4e^-$

陰極 $2H_2O + 2e^- \longrightarrow H_2\uparrow + 2OH^-$

(3) 陽極 $2H_2O \longrightarrow O_2\uparrow + 4H^+ + 4e^-$

陰極 $2H_2O + 2e^- \longrightarrow H_2\uparrow + 2OH^-$

(4) 陽極 $2H_2O \longrightarrow O_2\uparrow + 4H^+ + 4e^-$

陰極 $2H^+ + 2e^- \longrightarrow H_2\uparrow$

(5) 陽極 $Cu \longrightarrow Cu^{2+} + 2e^-$

陰極 $Cu^{2+} + 2e^- \longrightarrow Cu$

(6) 陽極 $Ag \longrightarrow Ag^+ + e^-$

陰極 $Ag^+ + e^- \longrightarrow Ag$

---

(2) 溶液中のイオンは,
{陽イオン…Na^+
{陰イオン…OH^-

ともに問題あり!!

Na^+…H_2Oが身がわりになりH_2が発生!!
OH^-…O_2が発生!!
NaOH aq ☞ 塩基性水溶液であることに注意せよ!!

(3) 溶液中のイオンは,
{陽イオン…Ca^{2+}
{陰イオン…NO_3^-

ともに問題あり!!

Ca^{2+}…H_2Oが身がわりになりH_2が発生!!
NO_3^-…H_2Oが身がわりになりO_2が発生!!

p.306参照

$Ca(NO_3)_2$ aq ☞ ほぼ中性であることに注意せよ!!

(4) 溶液中のイオンは,
{陽イオン…H^+ ☞ 陰極へ…
{陰イオン…SO_4^{2-}

SO_4^{2-}…H_2Oが身がわりになりO_2が発生!!
H_2SO_4 aq ☞ 酸性水溶液であることに注意せよ!!

(5) **電極に問題あり!!**
陽極がCuです!!
よって…
{陽イオン…Cu^{2+} ☞ 陰極へ…
{陰イオン…SO_4^{2-}

陽極がCuより無関係!!

(6) **電極に問題あり!!**
陽極がAgです!!
よって…
{陽イオン…Ag^+ ☞ 陰極へ…
{陰イオン…NO_3^-

陽極がAgより無関係!!

ではでは計算問題を!!

問題78　標準

硫酸銅(Ⅱ)水溶液を両極の電極にPtを用いて，0.30Aで3860秒間電気分解を行った。このとき，次の各問いに答えよ。ただし，原子量はCu = 63.5とし，ファラデー定数をFとする。

(1)　両極での変化をイオン反応式で表せ。

(2)　電気分解中に流れた電気量をFで表せ。

(3)　両極での質量の変化を有効数字2桁でそれぞれ計算せよ。

ダイナミックポイント!!

RUB OUT 2 のお話がついに登場します!!

1(mol)の電子がもつ電気量 ☞ **96500**(C)

さらに…

F = **96500**(C/mol)　です。

1mol分のe^-がもつ電気量はF(C)だよ!!

例えば…

$$Cu^{2+} + 2e^- \longrightarrow Cu$$

このイオン反応式からもわかるとおり，

1molのCuが析出するためには…
2molのe⁻が必要です。

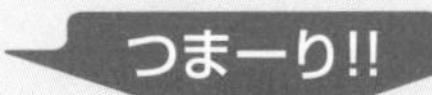

1molのCuが析出するためには…
2Fの電気量が必要です。

これらをヒントにLet' s Try!!

解答でござる

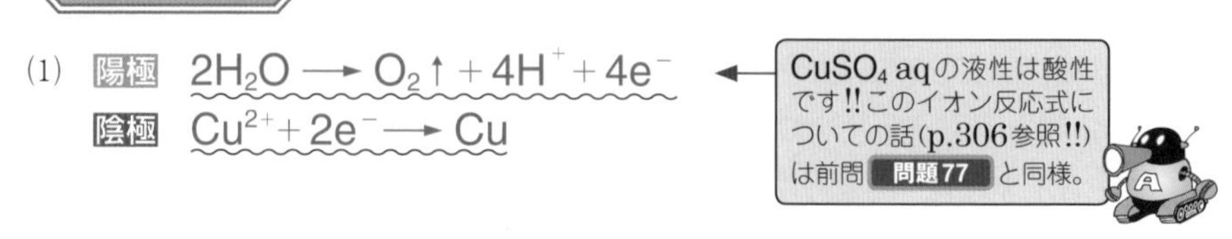

(1) **陽極** $2H_2O \longrightarrow O_2\uparrow + 4H^+ + 4e^-$

陰極 $Cu^{2+} + 2e^- \longrightarrow Cu$

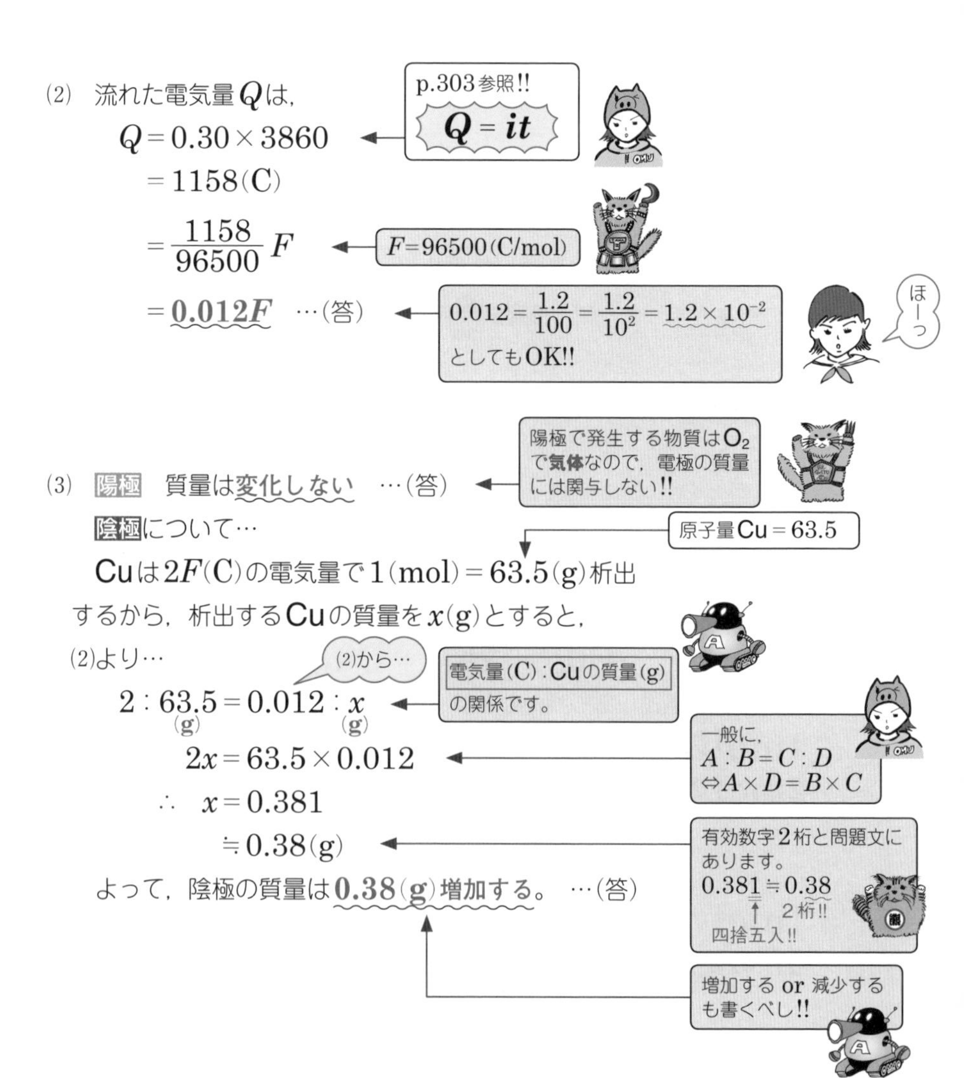

(2) 流れた電気量Qは,

$$Q = 0.30 \times 3860$$
$$= 1158\text{(C)}$$
$$= \frac{1158}{96500}F$$
$$= \underline{0.012F} \quad \cdots\text{(答)}$$

(3) **陽極** 質量は変化しない …(答)

陰極について…

Cuは$2F$(C)の電気量で1(mol) = 63.5(g)析出するから,析出するCuの質量をx(g)とすると,

(2)より…

$$2 : \underset{(g)}{63.5} = 0.012 : \underset{(g)}{x}$$
$$2x = 63.5 \times 0.012$$
$$\therefore \quad x = 0.381$$
$$\fallingdotseq 0.38\text{(g)}$$

よって,陰極の質量は0.38(g)増加する。 …(答)

まだまだいくぜーっ!!

問題79　ちょいムズ

硝酸銀水溶液を陽極にAg，陰極にPtを用いて0.20Aで5790秒間電気分解を行った。このとき，次の各問いに答えよ。ただし，原子量は，Ag＝108とし，ファラデー定数をFとする。

(1)　両極での変化をイオン反応式で表せ。

(2)　電気分解中に流れた電気量をFで表せ。

(3)　両極での質量の変化を有効数字2桁でそれぞれ求めよ。

(4)　電気分解中，硝酸銀水溶液の濃度はどのように変化するか。

ダイナミックポイント!!

陽極がAgでーす!!

陰極であれば問題なしなのですが…。陽極ですから

とゆーわけで…

陽極のAgがイオン化して溶け出す!!

このことさえ注意すれば，前問 問題78 と同じでーす。

解答でござる

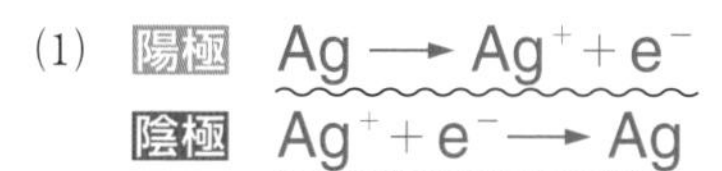

(1)　陽極　$Ag \longrightarrow Ag^{+} + e^{-}$　←　陽極がAgですから!! 例外パターンです。(p.307参照!!)

陰極　$Ag^{+} + e^{-} \longrightarrow Ag$　←　こちらは通常ルールで!!

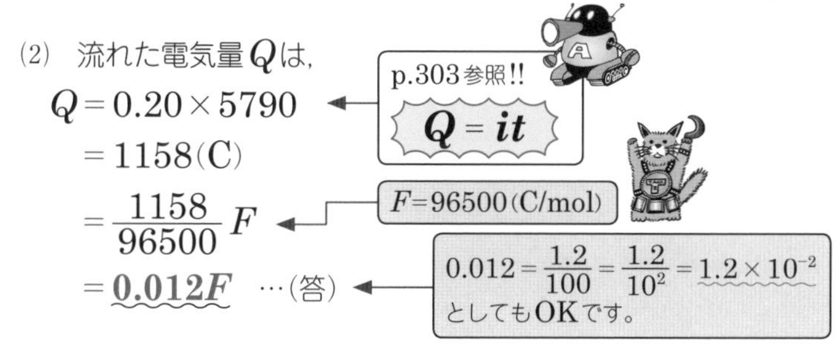

(2)　流れた電気量Qは，

$$Q = 0.20 \times 5790$$　←　p.303参照!!　$Q = it$

$$= 1158(\mathrm{C})$$

$$= \frac{1158}{96500}F$$　←　F=96500(C/mol)

$$= \mathbf{0.012}F$$　…(答)　←　$0.012 = \frac{1.2}{100} = \frac{1.2}{10^2} = 1.2 \times 10^{-2}$ としてもOKです。

(3)　AgはF(C)の電気量で1(mol)＝108(g)イオン化したり析出したりする。

陽極でイオン化して溶け出すAgの質量 ＝陰極で析出するAgの質量

であることから，これらをx(g)として，

(2)より…

$$\underset{(\mathrm{mol})}{1} : \underset{(\mathrm{g})}{108} = \underset{(\mathrm{mol})}{0.012} : \underset{(\mathrm{g})}{x}$$

$$1 \times x = 108 \times 0.012$$

$$\therefore \quad x = 1.296$$

$$\fallingdotseq 1.3(\mathrm{g})$$

よって，

陽極　質量は1.3(g)減少する。　…(答)

陰極　質量は1.3(g)増加する。　…(答)

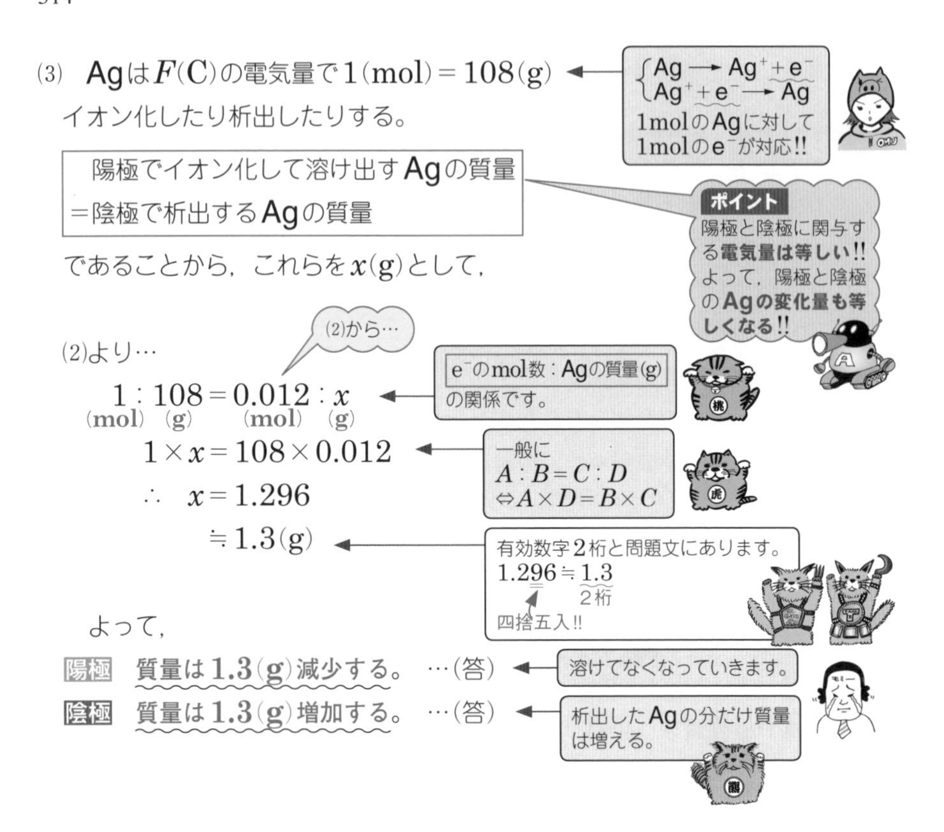

(4)　陰極で水溶液中のAg^{+}が消費されるが，これと同量のAg^{+}が陽極から溶け出してきます。よって，水溶液中のAg^{+}の量は変化しないことになります。つまり$AgNO_3$水溶液の濃度は…

変化しない　…(答)

(4)　Ag^{+}が変化しないということは，NO_3^{-}が変化することもないので，$AgNO_3$全体としても変化しないということになります!!

仕上げでーす!!

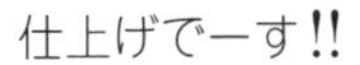

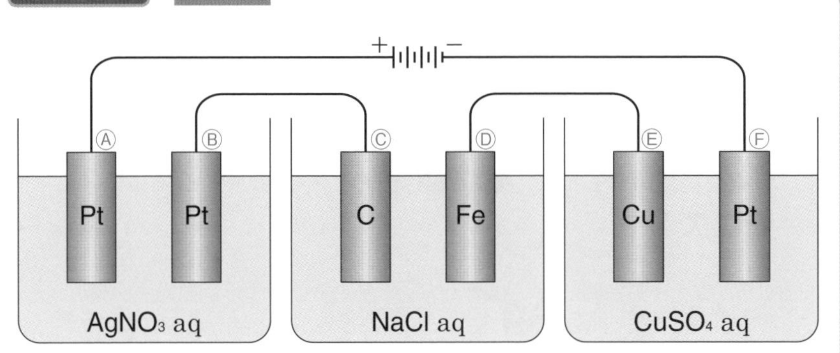

上図のような回路を組んで電気分解したところ，電極Ⓐから気体が標準状態で560mL発生した。原子量をCu＝63.5，Ag＝108として，次の各問いに答えよ。

(1)　電極Ⓐ～Ⓕでの変化をそれぞれイオン反応式で表せ。

(2)　電極Ⓐ以外で気体が発生する電極について，発生する気体の体積を標準状態でそれぞれ求めよ。

(3)　電極Ⓐ～Ⓕのうち，電極の質量が変化する場合，電極の質量の変化を有効数字2桁でそれぞれ求めよ。

ダイナミックポイント!!

すべての電極に流れる電気量は等しい!!

とゆーわけで…

① $Ag^{+} + e^{-} \longrightarrow Ag$

② $Cu^{2+} + 2e^{-} \longrightarrow Cu$

③ $2H_2O \longrightarrow O_2\uparrow + 4H^{+} + 4e^{-}$

①，②，③を比較してください!!　e^{-}の数が違いますね…。

流れる電気量が等しい　つまり…　e^{-}の数をそろえる!!

そこで!!

①はそのまま…

$$Ag^{+} + e^{-} \longrightarrow \mathbf{Ag}$$

②は両辺を2で割る!!

$$\frac{1}{2}Cu^{2+} + e^{-} \longrightarrow \mathbf{\frac{1}{2}Cu}$$

③は両辺を4で割る!!

$$\frac{1}{2}H_2O \longrightarrow \mathbf{\frac{1}{4}O_2} + H^{+} + e^{-}$$

係数に注目してください!!

よって!!

1(mol)のe^{-}に対して，

Ag…**1**mol　　Cu…$\mathbf{\frac{1}{2}}$(mol)　　O_2…$\mathbf{\frac{1}{4}}$(mol)

が関与することになります!!

つまーり!!

電気分解に関与する物質量比(モル比)は…

$$\mathbf{Ag : Cu : O_2 = 1 : \frac{1}{2} : \frac{1}{4}}$$

×4

$$= \mathbf{4 : 2 : 1}$$

となります!!

つまり，「流れた電気量が何(C)か??」は求めなくてOK!!

なるほど!

解答でござる

(1)がダメな人は 問題77 を復習してね!!

(1)　Ⓐ　$2H_2O \longrightarrow O_2\uparrow + 4H^+ + 4e^-$ ← AgNO$_3$ aqの液性は酸性です!!(p.306参照!!)

　　Ⓑ　$Ag^+ + e^- \longrightarrow Ag$

　　Ⓒ　$2Cl^- \longrightarrow Cl_2\uparrow + 2e^-$ ← 陽極はCなので問題なし!! 一般に陽極はPt, C, Auであれば大丈夫!!　ちなみに，陰極にはこれという制限はない(と考えてOK)!!

　　Ⓓ　$2H_2O + 2e^- \longrightarrow H_2\uparrow + 2OH^-$ ← NaCl aqの液性は中性です!!(p.307参照!!)

　　Ⓔ　$Cu \longrightarrow Cu^{2+} + 2e^-$ ← 陽極がCuです!! よって陽極のCuがイオン化して溶け出す!!

　　Ⓕ　$Cu^{2+} + 2e^- \longrightarrow Cu$

(2)　(1)より，Ⓐ以外で気体が発生する電極はⒸとⒹです。

e⁻の数をそろえる!!

　Ⓐで…

$$\frac{1}{2}H_2O \longrightarrow \frac{1}{4}O_2 + H^+ + e^- \quad \cdots ①$$ ← (1)のⒶのイオン反応式÷4

　Ⓒで…

$$Cl^- \longrightarrow \frac{1}{2}Cl_2 + e^- \quad \cdots ②$$ ← (1)のⒸのイオン反応式÷2

　Ⓓで…

$$H_2O + e^- \longrightarrow \frac{1}{2}H_2 + OH^- \quad \cdots ③$$ ← (1)のⒹのイオン反応式÷2

　①②③より発生する気体の物質量比(モル比)は，

$$O_2 : Cl_2 : H_2 = \frac{1}{4} : \frac{1}{2} : \frac{1}{2}$$ ← ①②③の係数に注目!!

$$= 1 : 2 : 2$$ ← 4倍しました!!

　気体の物質量比＝標準状態での気体の体積比であることと，発生したO_2が560mLであったことから…，発生したCl_2とH_2の標準状態における体積はともに，

標準状態でなくても，同温・同圧ならばOK!!

数値は問題文参照!! 電極Ⓐから生じた気体はO_2です。

$$560 \times 2 = 1120(\text{mL})$$ ← $O_2 : Cl_2 : H_2 = 1 : 2 : 2$ ともにO_2の2倍!!

となる。

　以上より，

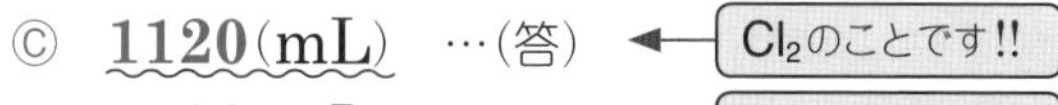

Ⓒ　**1120(mL)**　…(答) ← Cl_2のことです!!

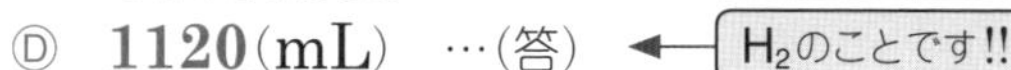

Ⓓ　**1120(mL)**　…(答) ← H_2のことです!!

(3) 電極の質量に変化がある電極は，

Ⓑ と Ⓔ と Ⓕ です。 ← 金属がかかわる電極です!!

Ⓐで…

$$\frac{1}{2}H_2O \longrightarrow \frac{1}{4}O_2 + H^+ + e^- \quad \cdots ①$$

← (1)のⒶのイオン反応式÷4

Ⓑで…

$$Ag^+ + e^- \longrightarrow Ag \quad \cdots ④$$

← このままでよし!!

Ⓔで…

$$\frac{1}{2}Cu \longrightarrow \frac{1}{2}Cu^{2+} + e^- \quad \cdots ⑤$$

← (1)のⒺのイオン反応式÷2

Ⓕで…

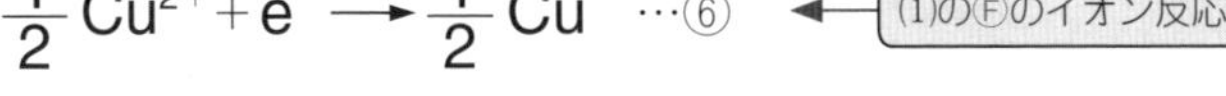

$$\frac{1}{2}Cu^{2+} + e^- \longrightarrow \frac{1}{2}Cu \quad \cdots ⑥$$

← (1)のⒻのイオン反応式÷2

e^-が1mol流れると，Ⓕで析出するCuの質量

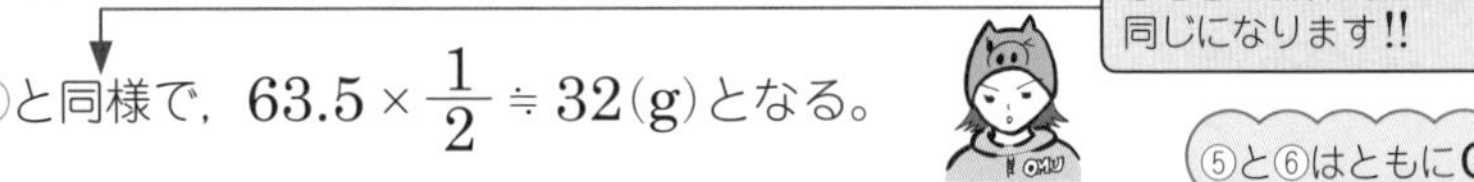

はⒺと同様で，$63.5 \times \frac{1}{2} \fallingdotseq 32$(g)となる。

ⒺとⒻの計算式はまったく同じになります!!

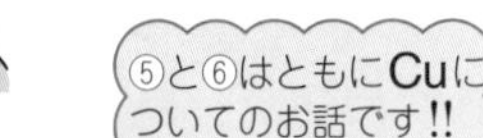

①④⑤⑥より，電気分解に関与するO_2とAgとCuの物質量比（モル比）は，

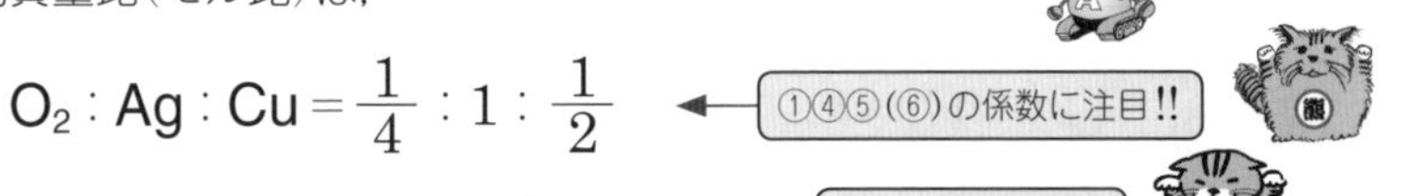

$$O_2 : Ag : Cu = \frac{1}{4} : 1 : \frac{1}{2}$$

← ①④⑤(⑥)の係数に注目!!

$$= 1 : 4 : 2 \quad \cdots ㋑$$

← 4倍にしました!!

電極Ⓐで発生したO_2の物質量（モル数）は，

$$\frac{560}{22400} = \frac{1}{40}\text{(mol)} \quad \cdots ㋺$$

となります。

標準状態における1(mol)の気体が占める体積は，
22.4(L)
＝22.4×1000
＝22400(mL)

このとき，

Ⓑで析出するAgの物質量（モル数）は㋑㋺から，

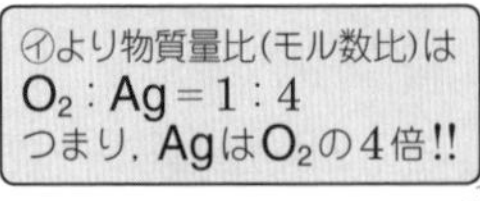

$$\frac{1}{40} \times 4 = \frac{1}{10}\text{(mol)}$$

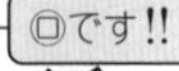

よって，析出するAgの質量は，Ag＝108より，

$$108\times\frac{1}{10}=10.8\fallingdotseq 11(\mathrm{g})$$

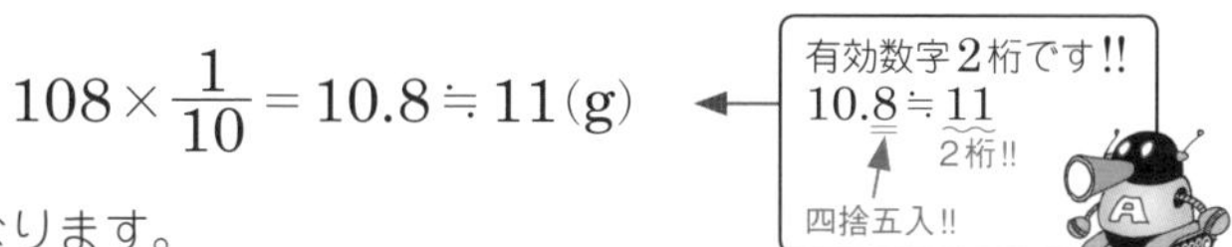

となります。

Ⓔで溶液に溶け出すCuの物質量(モル数)は㋑㋺から，

$$\frac{1}{40}\times 2=\frac{1}{20}(\mathrm{mol})$$

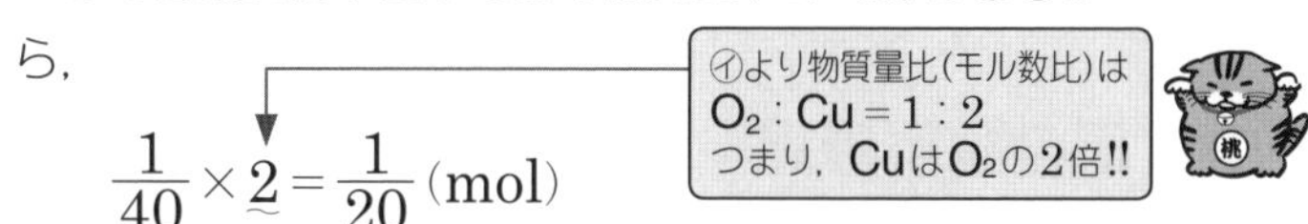

よって，溶液に溶け出すCuの質量は，Cu＝63.5より，

$$63.5\times\frac{1}{20}=3.175$$
$$\fallingdotseq 3.2(\mathrm{g})$$

以上より，

Ⓑ　**11(g)**増加する。

Ⓔ　**3.2(g)**減少する。

Ⓕ　**3.2(g)**増加する。

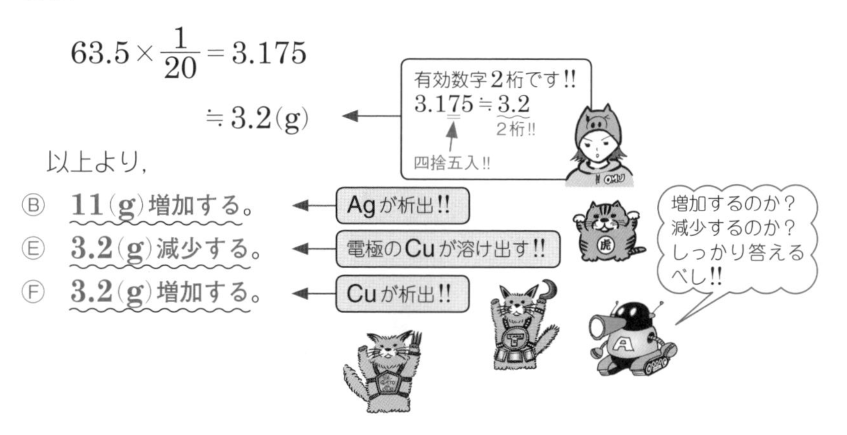

Theme 33 知っておきたい電解工業

RUB OUT 1 銅の電解精錬

陽　極 ☞ 不純物(AuやAgやZnやFeなど)を含んだ粗銅(そどう)

陰　極 ☞ 純銅(なるべく薄い板にしておくべし!!)

水溶液 ☞ 硫酸銅(Ⅱ)$CuSO_4$水溶液

(実際は硫酸銅(Ⅱ)を希硫酸に溶かしたもの)

として**電気分解**すると…

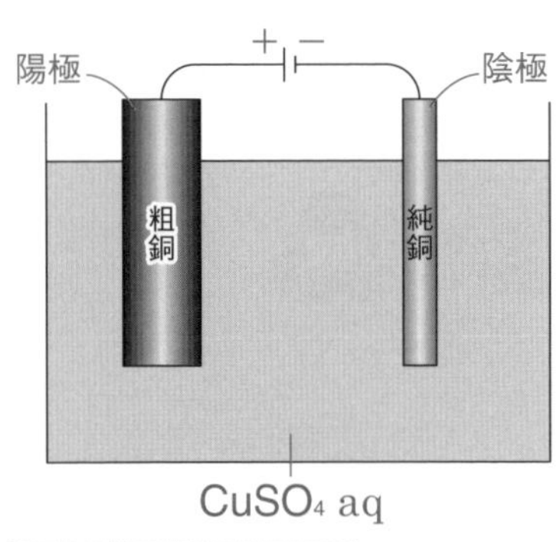

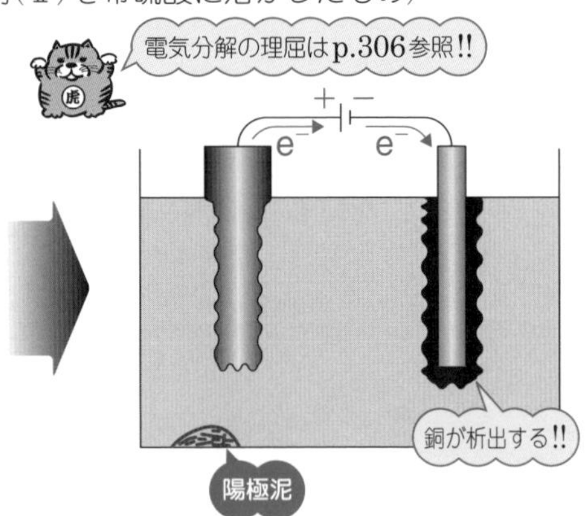

陽極での変化は…

$$Cu \rightarrow Cu^{2+} + 2e^-$$

このように，陽極の銅Cuは電子を放出し，陽イオンになります!!

このとき，Cuよりもイオン化傾向が小さい不純物(AuやAgなど)は，イオン化せず(陽イオンにならず)陽極の下に沈殿します。これを**陽極泥**(でい)と呼びます。

陰極での変化は…

$$Cu^{2+} + 2e^- \rightarrow Cu$$

このように，陰極には，銅が析出します!!

このとき，Cuよりもイオン化傾向が大きい不純物(ZnやFeなど)は**還元されずにイオンのまま**溶液中に残ります。

とゆーわけで…

陰極側で純粋な銅Cuを得ることができます。

これを銅の**電解精錬**(せいれん)と申します。

注　純粋とはいっても，純度は99.9%程度です。完璧に純粋な銅Cuを得るっていうのは難しい…

電解精錬については銅Cuのお話である!!　他の金属については考えないでよろしい!!

問題81　標準

希硫酸に硫酸銅(Ⅱ)を溶かした溶液を電解槽に入れ，不純物として，亜鉛，鉄，ニッケル，金，銀を含む粗銅を陽極，純銅を陰極にして，電気分解を行った。

電気分解後，陽極泥に含まれる金属をすべて答えよ。

ダイナミック解説

銅Cuよりもイオン化傾向が小さい金属が，陽イオンになれずに単体のまま沈殿する。これが陽極泥でしたね!!

亜鉛Zn，鉄Fe，ニッケルNi，金Au，銀Agのうち，銅Cuよりもイオン化傾向が小さい金属は，**金Au**，**銀Ag**のみです。ちなみに，銅Cuよりもイオン化傾向が大きい亜鉛Zn，鉄Fe，ニッケルNiは，陽イオンになり溶け出します。

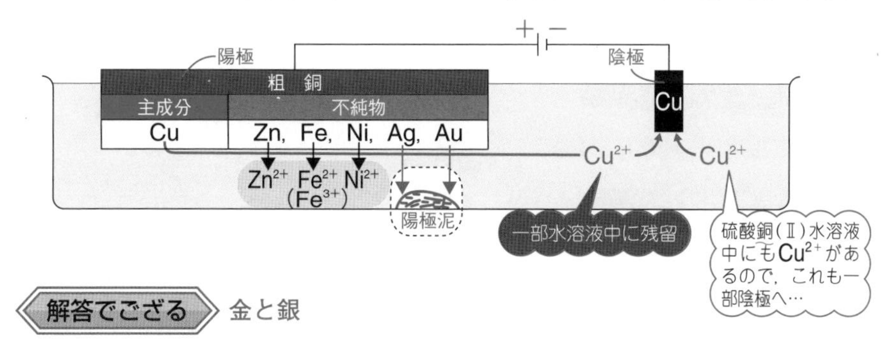

解答でござる　金と銀

RUB OUT 2 めっき

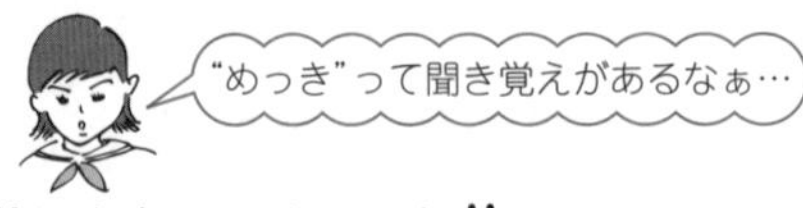

例えば RUB OUT 1 の陰極を白金Ptにかえてみましょう!!

陰極での反応は変わらないので，陰極には銅Cuが析出します。

つまり，白金Ptの表面が銅Cuによってコーティングされます。

このように，金属表面に他の金属の薄層(はくそう)をつくることを**めっき**(電気めっき)と呼びます(p.288参照!!)。

鉄をさびにくくしたいときは，さびにくい亜鉛やスズでめっきすればOK!!
鉄をゴージャスにしたいときは，ゴージャスな金や銀でめっきすればOK

RUB OUT 3 溶融塩電解(ようゆうえんでんかい)

イオン化傾向が大きい金属(Li(リッチに)，K(借りよう)，Ca(か)，Na(な)，Mg(ま)，Al(あ)，…など)のイオンは，陽イオンになりたいという情熱が強すぎるもんで，なかなか単体になってくれません!! どうしてもこれらの金属の単体がほしいときはどうしましょうか？

この夢をかなえてくれる方法こそ，**溶融塩電解**です。イオン化傾向が大きい金属の塩化物，酸化物，水酸化物などを高温にして融解し，電気分解します。すると…

陰極に，ほしかった金属の単体を得ることができます。

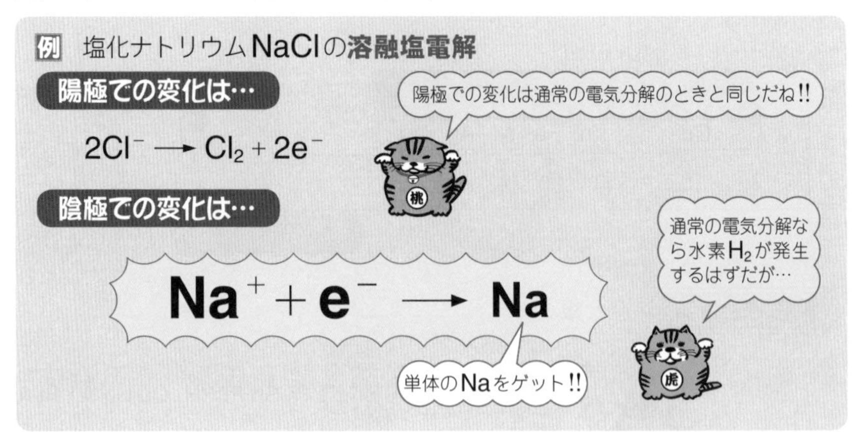

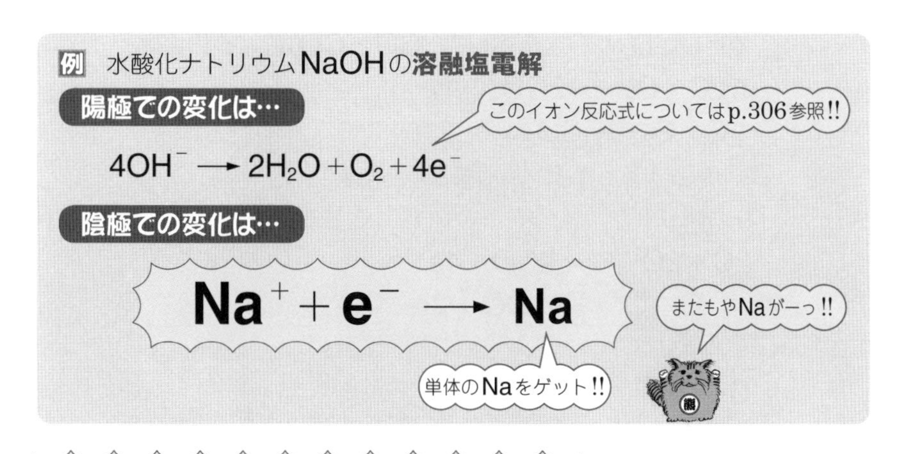

例 水酸化ナトリウム NaOH の**溶融塩電解**

陽極での変化は…

$$4OH^- \longrightarrow 2H_2O + O_2 + 4e^-$$

陰極での変化は…

$$Na^+ + e^- \longrightarrow Na$$

アルミニウムは特別です

単体のアルミニウム Al は**酸化アルミニウム Al_2O_3**(通称**アルミナ**)の溶融塩電解により得られます。

アルミナ Al_2O_3 は融点が高いので，融点を下げるために**氷晶石**(ひょうしょうせき)(主成分は Na_3AlF_6)を加えるところがポイントです。

覚える!!

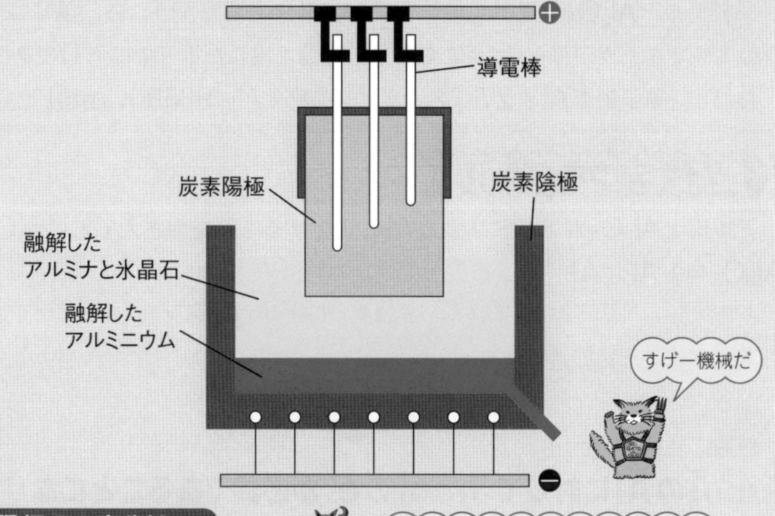

陽極での変化は…

陽極ではいつも電子が放出されたね!!

① 融解液中の O^{2-} が電子を放出して O_2 になる!!

$$2O^{2-} \longrightarrow O_2 + 4e^- \cdots ㋑$$

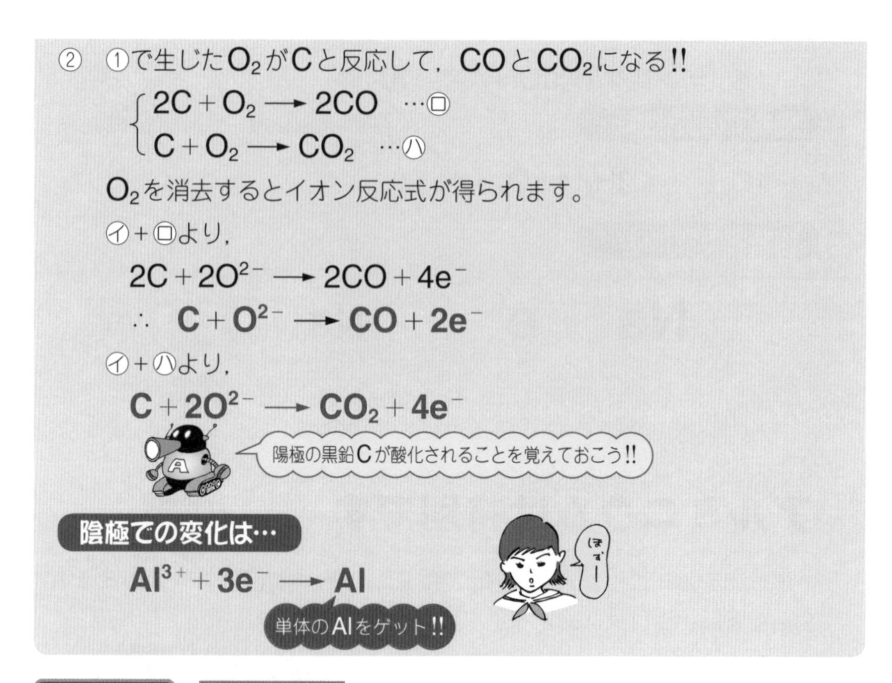

② ①で生じたO_2がCと反応して，COとCO_2になる!!

$$\begin{cases} 2C + O_2 \longrightarrow 2CO & \cdots ロ \\ C + O_2 \longrightarrow CO_2 & \cdots ハ \end{cases}$$

O_2を消去するとイオン反応式が得られます。

イ＋ロより，

$$2C + 2O^{2-} \longrightarrow 2CO + 4e^-$$

$$\therefore \quad \mathbf{C + O^{2-} \longrightarrow CO + 2e^-}$$

イ＋ハより，

$$\mathbf{C + 2O^{2-} \longrightarrow CO_2 + 4e^-}$$

陰極での変化は…

$$\mathbf{Al^{3+} + 3e^- \longrightarrow Al}$$

問題82 **ちょいムズ**

アルミナAl_2O_3を炭素電極を用いて溶融塩電解したところ，陰極に90gのアルミニウムが得られた。このとき，理論上流れた電気量は何Cであるか。ただし，原子量をAl＝27，ファラデー定数をF＝96500C/molとする。

ダイナミックポイント!!

アルミナAl_2O_3がアルミニウムAlに変化することを押さえておけばOK!!
Al_2O_3中のAlは$\mathbf{Al^{3+}}$であることに注意すれば…

$$\mathbf{Al^{3+} + 3e^- \longrightarrow Al}$$

の変化が起こったに過ぎません。

つまーり!!

係数に注意すると…

1molのAlに対して3molのe^-が必要であることになります。

とゆーことは…

1molのAlを生成させるためには3Fの電気量が必要です!!

これが理解できれば万事解決!!

解答でござる

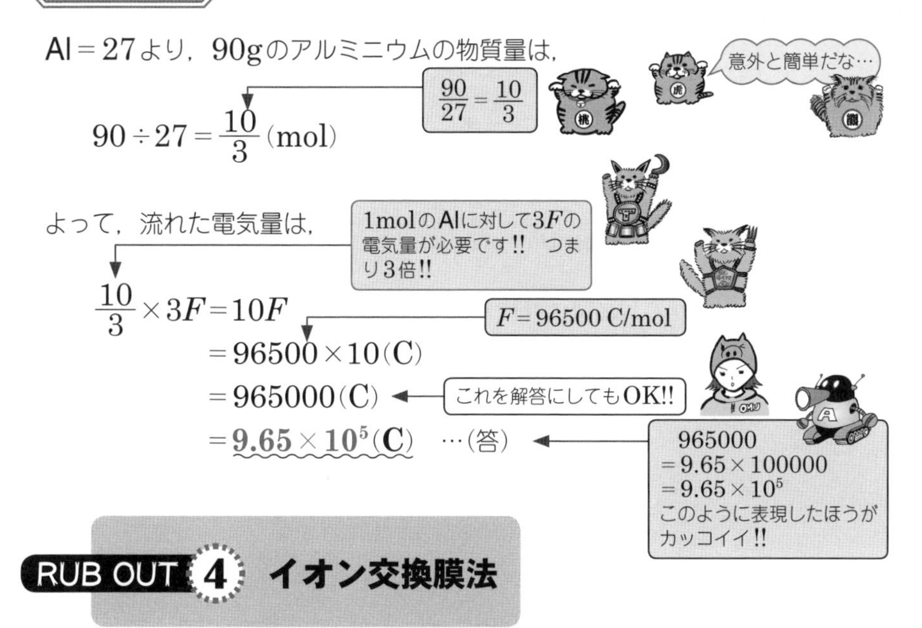

RUB OUT 4 イオン交換膜法

塩化ナトリウムNaCl水溶液を電気分解して，純度の高い水酸化ナトリウムNaOHを得るために**陽イオン交換膜**が用いられます。陽イオン交換膜とは，陽イオン(この場合はNa^+)だけ選択的に透過させるもので，陰イオンは通しません!!

陽極での変化は…

$$2Cl^- \longrightarrow Cl_2 + 2e^-$$

陰極での変化は…

$$2H^+ + 2e^- \longrightarrow H_2$$

注 ここでは，$H_2O \longrightarrow H^+ + OH^-$の$H^+$に注目して考えますが，$2H_2O + 2e^- \longrightarrow H_2 + 2OH^-$と書いてある参考書もあります。

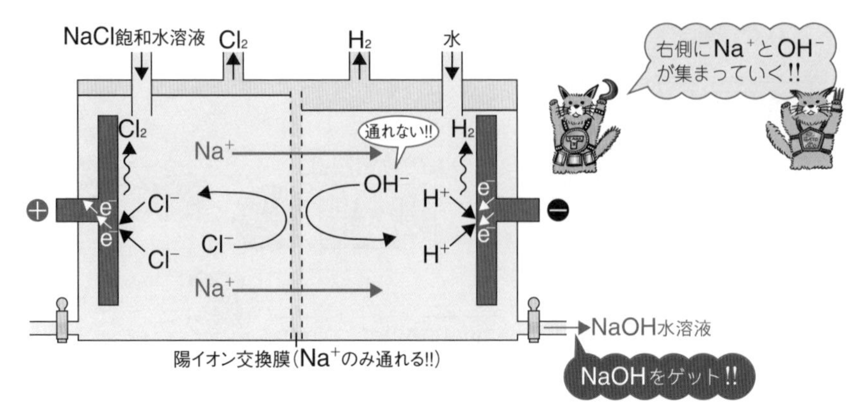

このように，右側にNa^+とOH^-が集められるので，陰極側にNaOH水溶液がつくられていくことになります。

参考資料 錯イオンの立体構造

その1 錯イオンをつくるときの配位数が **2** のとき → 陽イオンを中心に **直線構造**

例 $[Ag(NH_3)_2]^+$

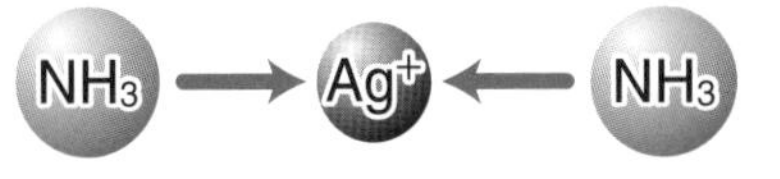

その2 錯イオンをつくるときの配位数が **4** のとき → 陽イオンを中心に **正方形構造** または **正四面体構造**

例 $[Zn(NH_3)_4]^{2+}$

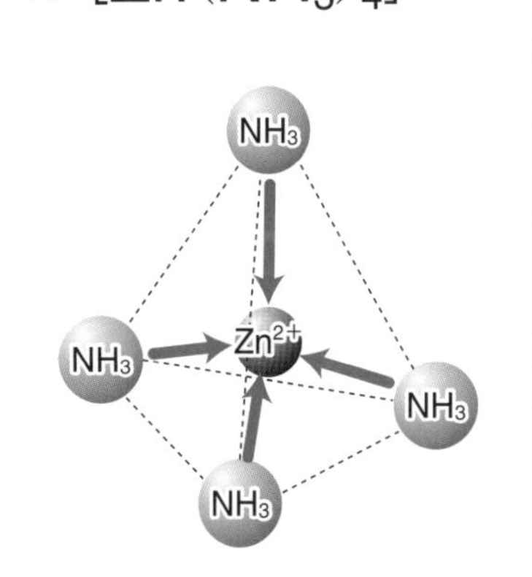

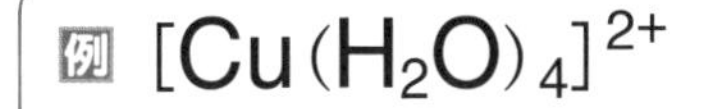

例 $[Cu(H_2O)_4]^{2+}$

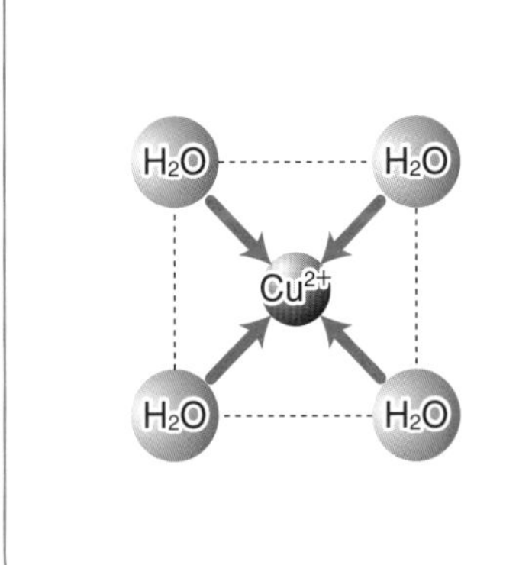

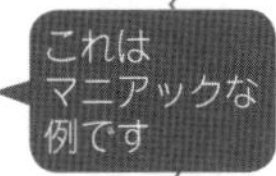

錯イオンをつくるときの配位数が **6** のとき

陽イオンを中心に
正八面体構造

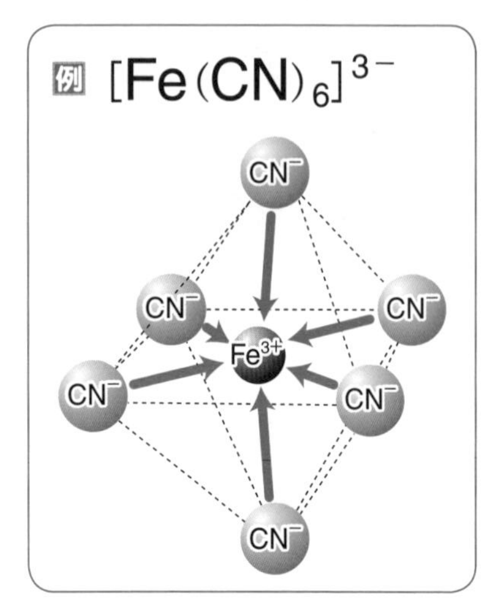

問題一覧

この本に掲載した問題を再掲載しました。

これらの問題は，「**1題解いたら，10題解くのと同じくらい**」中身のつまった良問ですから，この一覧表を利用して，たとえ一度目に解いたときには正解したとしても，あとでもう一度**復習して**みてください。復習することによって，それまで気づかなかった新たな発見がきっとあるはずです。

問題1 キソのキソ

p.16

次の各原子の電子式を書け。

(1) H　(2) He　(3) Li　(4) Be　(5) B
(6) C　(7) N　(8) O　(9) F　(10) Ne
(11) Na　(12) Mg　(13) Al　(14) Si　(15) P
(16) S　(17) Cl　(18) Ar　(19) K　(20) Ca

問題2 キソのキソ

p.18

次の各原子の不対電子の個数を答えよ。

(1) N　(2) Al　(3) Si　(4) S　(5) Ar　(6) K

問題3 キソのキソ

p.23

次の各原子がイオン化するときの反応式を，電子を e^- として示せ。

(1) H　(2) Li　(3) Be　(4) O
(5) F　(6) Na　(7) Mg　(8) Al
(9) S　(10) Cl　(11) K　(12) Ca

問題4 キソ

p.26

次の原子の組合せで，イオン結合によってできる物質の化学式と電子式を例のように表せ。

例 Na と Cl
化学式…NaCl　　電子式…$Na^+[:\ddot{\underset{..}{Cl}}:]^-$

(1) K と Cl　　(2) Mg と O
(3) Na と S　　(4) Ca と Cl

問題5 キソ

p.30

次の分子の電子式と構造式を書け。

(1) 水素 H_2　　(2) 塩素 Cl_2　　(3) 酸素 O_2
(4) 塩化水素 HCl　　(5) 硫化水素 H_2S　　(6) アンモニア NH_3
(7) メタン CH_4　　(8) 二酸化炭素 CO_2

問題6 キソ

p.32

次の分子について，非共有電子対が何対あるかを答えよ。

(1) 水　H_2O　　(2) 塩化水素　HCl
(3) 四塩化炭素　CCl_4　　(4) アンモニア　NH_3
(5) 窒素　N_2　　(6) エタン　C_2H_6

問題7 標準

p.35

次のイオンのうち，配位結合を含むものを選べ。

(1) 硝酸イオン　NO_3^-　　(2) オキソニウムイオン　H_3O^+
(3) リン酸水素イオン　HPO_4^{2-}
(4) テトラアンミン銅(Ⅱ)イオン　$[Cu(NH_3)_4]^{2+}$

問題8 標準

p.45

次の(1)〜(12)の分子について正しく説明しているものを，あとの(ア)〜(カ)より1つずつ選べ。ただし，同じものを何度選んでもよい。

(1) O_2　(2) H_2O　(3) NH_3　(4) CO_2
(5) CH_4　(6) SO_2　(7) H_2　(8) H_2S
(9) CCl_4　(10) Ar　(11) SiH_4　(12) Ne

(ア) 直線形の無極性分子
(イ) 直線形の極性分子
(ウ) 折れ線形の極性分子
(エ) 三角錐形の極性分子
(オ) 正四面体形の無極性分子
(カ) (ア)〜(オ)のいずれでもない無極性分子

問題9 標準

p.52

次の(1)〜(6)の物質を沸点が高い順に並べよ。

(1) He, Ne, Ar　(2) F_2, Cl_2, Br_2
(3) HF, HCl, HBr　(4) H_2O, H_2S, H_2Se
(5) NH_3, PH_3, AsH_3　(6) CH_4, C_2H_6, C_3H_8

問題10　ちょいムズ

p.55

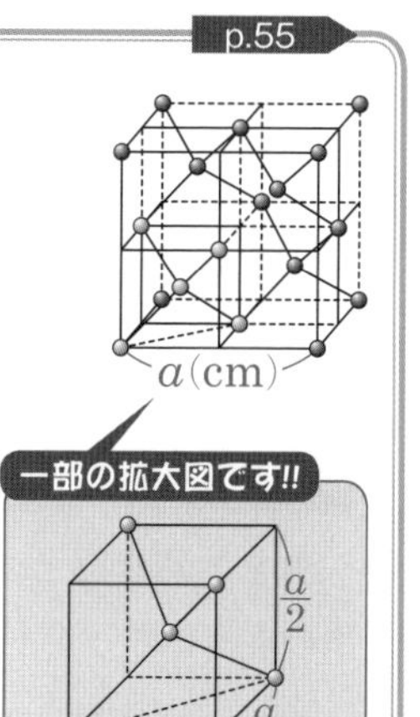

右の図はダイヤモンドの結晶格子である。

これについて次の各問いに答えよ。

(1)　この1辺 a (cm)の単位格子内に含まれる原子の個数を求めよ。

(2)　Cの原子量をC = 12, $a = 3.6 \times 10^{-8}$(cm), アボガドロ数を $N_A = 6.0 \times 10^{23}$ としたとき，ダイヤモンドの密度 d を有効数字2桁で求めよ。必要であれば $(3.6)^3 \fallingdotseq 46.7$ を活用してよい。

(3)　体心立方格子の充填率(じゅうてんりつ)68%であることを参考にして，ダイヤモンドの結晶の充填率を求めよ。

問題11　標準

p.64

原子量を M, アボガドロ数を N_A, 単位格子の1辺の長さを a (cm) として，次の各問いに答えよ。

(1)　体心立方格子の密度 (g/cm^3) を求めよ。

(2)　面心立方格子の密度 (g/cm^3) を求めよ。

問題12　標準

p.68

次の(1)～(3)の図はA原子（●）とB原子（●）からなる結晶の構造を示したものである。それぞれの結晶の組成式を A_2B_3 のように示せ。

(1)

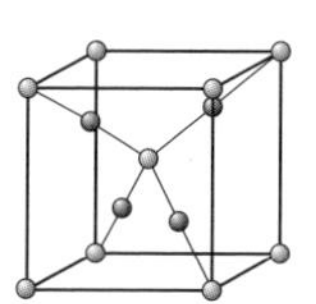

(2)

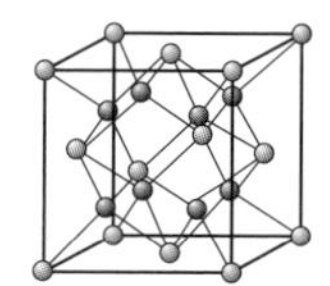

(3)

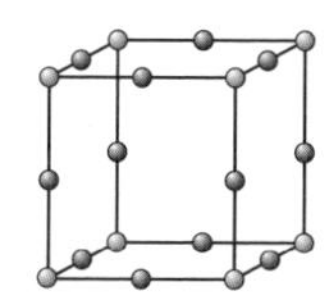

問題13 標準

p.71

ハロゲン化ナトリウム NaF，NaCl，NaBr，NaI を融点が低い順に並べよ。

問題14 キソのキソ

p.75

氷を加熱したときに加えた熱量と温度の変化をグラフに示したところ，次のようになった!!

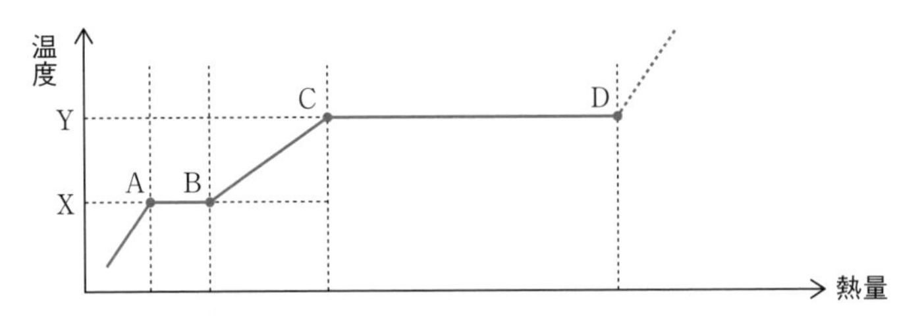

(1) 温度 X を何と呼ぶか？

(2) 温度 Y を何と呼ぶか？

(3) AB 間では，どのような状態となっているか？

(4) CD 間では，どのような状態となっているか？

問題15 キソ

p.76

0℃の氷 27g を加熱して 50℃の水にするのに必要な熱量を求めよ。ただし，氷の融解熱を 6.0kJ/mol，水の比熱を 4.2J/(g·℃)，水の分子量は H_2O = 18 とする。

問題16　標準

p.76

とある物質Xの蒸気圧曲線は右に示すとおりである。

(1)　大気圧が1.0×10^5Paのとき沸点は何℃か？

(2)　大気圧が7.0×10^4Paのとき沸点は何℃か？

(3)　沸点が20℃となるときの大気圧は何Paか？

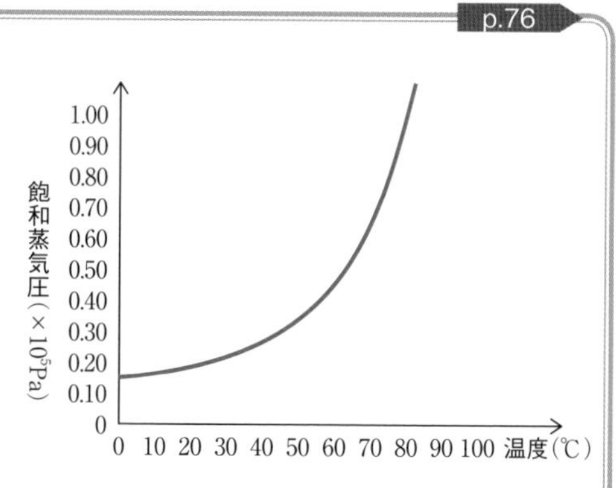

問題17　キソ

p.77

3種類の物質X, Y, Zの蒸気圧曲線は，右に示すとおりである。

X, Y, Zを蒸発しやすい物質順に並べよ。

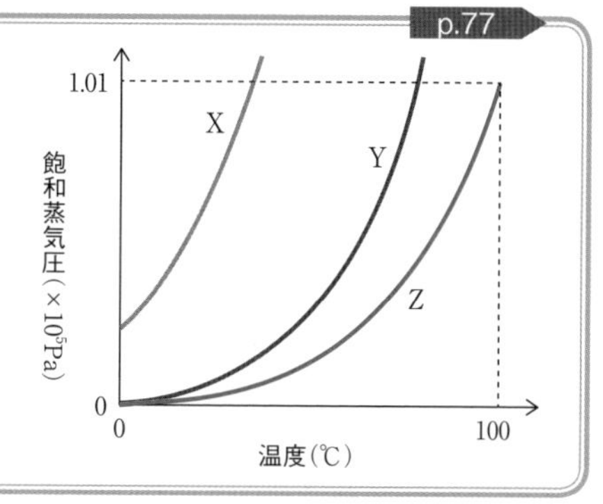

問題18 キソ

p.80

右の図は，とある純物質Xの状態図である。次の各問いに答えよ。

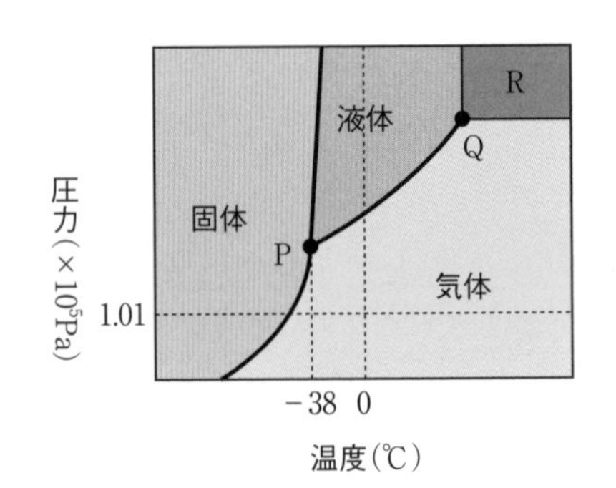

(1) 大気圧 1.01×10^5Pa の下で固体Xを加熱したとき，どのような状態変化が起こるか。漢字2文字で答えよ。

(2) 温度0℃の下で気体Xを加圧する（圧力を上げる）とき，どのような状態変化が起こるか。漢字2文字で答えよ。

(3) 点Pの名称を答えよ。　(4) 点Qの名称を答えよ。

(5) Rの領域での物質の状態を何と呼ぶか。

問題19 キソ

p.84

次の化学変化を化学反応式に反応エンタルピー（エンタルピー変化）を書き込んだ式で表せ。

(1) 1molのメタン CH_4 を完全燃焼させ，二酸化炭素と水が生成するとき，891kJの熱量を放出（熱量が発生）する。

(2) 水素 H_2 と塩素 Cl_2 から1molの塩化水素 HCl が生成するとき，185kJの熱量を放出（熱量が発生）する。

(3) 窒素 N_2 と酸素 O_2 から1molの一酸化窒素 NO が生成するとき，90kJの熱量が吸収される。

問題20　キソ　p.86

次の反応の反応エンタルピー(エンタルピー変化)を表した図を書け。

(1)　C_2H_6(気) + $\frac{7}{2}$ O_2(気) ⟶ $2CO_2$(気) + $3H_2O$(液)　$\Delta H = -1561$kJ

(2)　C(黒鉛) + H_2O(気) ⟶ CO(気) + H_2(気)　$\Delta H = 131$kJ

問題21　標準　p.87

次のメタン CH_4 の燃焼における反応エンタルピーを添えた反応式をもとにして，以下の問いに答えよ。ただし，原子量は H = 1.0，C = 12，O = 16 とする。

CH_4(気) + $2O_2$(気) ⟶ CO_2(気) + $2H_2O$(液)　$\Delta H = -890$kJ

(1)　1mol のメタン CH_4 を完全燃焼させたときの発熱量を求めよ。

(2)　3mol のメタン CH_4 を完全燃焼させたときの発熱量を求めよ。

(3)　32g のメタン CH_4 を完全燃焼させたときの発熱量を求めよ。

(4)　8g のメタン CH_4 を完全燃焼させたときの発熱量を求めよ。

問題22 標準 p.94

次の化学変化を化学反応式に反応エンタルピー（エンタルピーの変化）を書き加えて式で表せ。

(1) メタノール CH_3OH の燃焼エンタルピーは，－714kJ/mol である。

(2) 一酸化炭素 CO の燃焼エンタルピーは，－283kJ/mol である。

(3) 水素 H_2 の燃焼エンタルピーは，－286kJ/mol である。

(4) 塩化水素 HCl の生成エンタルピーは，－92kJ/mol である。

(5) 塩化ナトリウム NaCl の生成エンタルピーは，－411kJ/mol である。

(6) 一酸化窒素 NO の生成エンタルピーは，90kJ/mol である。

(7) アンモニア NH_3 の水への溶解エンタルピーは，－34kJ/mol である。

(8) 塩化ナトリウム NaCl の水への溶解エンタルピーは，3.9kJ/mol である。

(9) 希塩酸 HCl と水酸化カリウム KOH 水溶液の中和エンタルピーは，－56.5kJ/mol である。

(10) 希硫酸 H_2SO_4 と水酸化ナトリウム NaOH 水溶液の中和エンタルピーは，－56kJ/mol である。

(11) メタン CH_4 の分解エンタルピーは，74.5kJ/mol である。

(12) 二硫化炭素 CS_2(液) の分解エンタルピーは，－90kJ/mol である。

問題23 キソ p.99

次の状態変化を化学反応式に反応エンタルピー（エンタルピー変化）を書き加えた式で表せ。

(1) 黒鉛 C の昇華エンタルピーは，719kJ/mol である。

(2) 臭素 Br_2 の凝縮エンタルピーは，－31kJ/mol である。

(3) ヨウ素 I_2 の凝華エンタルピーは，－62kJ/mol である。

問題24 標準 p.100

次の各問いに答えよ。

(1) 次の生成エンタルピーの値を利用して，メタン CH_4 の燃焼エンタルピーを求めよ。

水 H_2O(液)の生成エンタルピー…−286kJ/mol
二酸化炭素 CO_2(気)の生成エンタルピー…−394kJ/mol
メタン CH_4(気)の生成エンタルピー…−75kJ/mol

(2) 次の式を利用して，エタン C_2H_6 の生成エンタルピーを求めよ。

$$C(黒鉛) + O_2(気) \longrightarrow CO_2(気) \quad \Delta H = -394\text{kJ} \cdots ①$$

$$H_2(気) + \frac{1}{2}O_2(気) \longrightarrow H_2O(液) \quad \Delta H = -286\text{kJ} \cdots ②$$

$$C_2H_6(気) + \frac{7}{2}O_2(気) \longrightarrow 2CO_2(気) + 3H_2O(液) \quad \Delta H = -1560\text{kJ} \cdots ③$$

問題25 キソ p.102

96g の水に 4g のとある粉 X を溶かしたとき，水溶液は 10℃(10K)の温度上昇を示した。この水溶液の比熱が 4.3J/(g·K)であるとき，発生した熱量(熱エネルギー)を求めよ。

問題26 標準

p.103

断熱容器(なるべく熱が逃げない容器)に48gの水を入れた。これに2.0gの水酸化ナトリウムの結晶を完全に溶かして，温度を測定したところ，下図のようなグラフが得られた。このとき，次の各問いに答えよ。

(1) この水酸化ナトリウム水溶液の温度上昇ΔTを求めよ。

(2) この水酸化ナトリウム水溶液の比熱を4.2J/(g・K)としたとき発生した熱量(熱エネルギー)Qを求めよ。

(3) 水酸化ナトリウムを水へ溶かしたときの溶解エンタルピーを求めよ。ただし，式量はNaOH = 40とする。

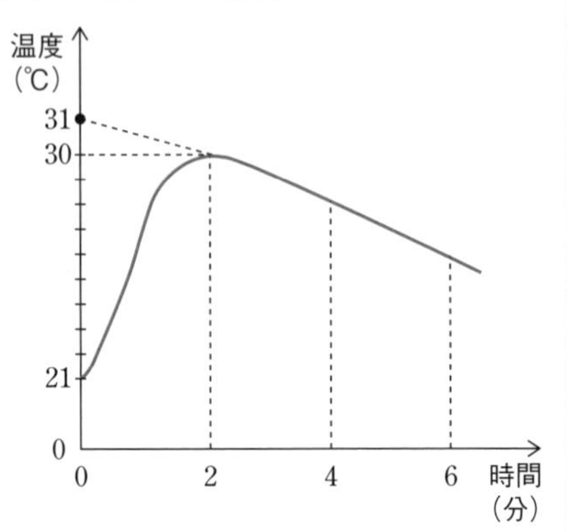

問題27 標準

p.107

次の化学反応式と反応エンタルピーを用いて，H_2O(液)の生成エンタルピーを求めよ。

$$\begin{cases} H_2(\text{気}) + \frac{1}{2}O_2(\text{気}) \longrightarrow H_2O(\text{気}) \quad \Delta H = -242\text{kJ} \quad \cdots① \\ H_2O(\text{気}) \longrightarrow H_2O(\text{液}) \quad \Delta H = -44\text{kJ} \quad \cdots② \end{cases}$$

問題28 標準

p.109

次の化学反応式と反応エンタルピーを用いて，1molのダイヤモンドから1molの黒鉛ができるときの反応エンタルピーを求めよ。

$$C(\text{ダイヤモンド}) + O_2(\text{気}) \longrightarrow CO_2(\text{気}) \quad \Delta H = -396\text{kJ} \quad \cdots①$$

$$C(\text{黒鉛}) + O_2(\text{気}) \longrightarrow CO_2(\text{気}) \quad \Delta H = -394\text{kJ} \quad \cdots②$$

問題29 ちょいムズ p.111

次の化学反応式と反応エンタルピーを用いて，メタン CH_4 の生成エンタルピーを求めよ。

C(黒鉛) + O_2(気) ⟶ CO_2(気)　$\Delta H = -394\,kJ$…①

H_2(気) + $\frac{1}{2}O_2$(気) ⟶ H_2O(液)　$\Delta H = -286\,kJ$…②

CH_4(気) + $2O_2$(気) ⟶ CO_2(気) + $2H_2O$(液)　$\Delta H = -891\,kJ$…③

問題30 ちょいムズ p.113

次の化学反応式と反応エンタルピーを用いて，プロパン C_3H_8 の燃焼エンタルピーを求めよ。

C(黒鉛) + O_2(気) ⟶ CO_2(気)　$\Delta H = -394\,kJ$……①

$2H_2$(気) + O_2(気) ⟶ $2H_2O$(液)　$\Delta H = -572\,kJ$……②

$3C$(黒鉛) + $4H_2$(気) ⟶ C_3H_8(気)　$\Delta H = -105\,kJ$……③

問題31 標準 p.115

次の結合エンタルピーを用いて，HCl（気）の生成エンタルピーを求めよ。

結合エンタルピー

H−H : 436kJ/mol　Cl−Cl : 243kJ　H−Cl : 432kJ/mol

問題32 キソ

p.122

次の各問いに答えよ。

(1) 27℃, 1.5×10^5Pa で 10L の気体は，127℃, 1.0×10^5Pa では何 L となるか。

(2) 2.5×10^5Pa で 2.0L の水素を，温度を変えずに 5.0L としたとき，圧力は何 Pa となるか。

(3) −73℃で 2.0L の酸素を，圧力を変えずに 6.0L としたとき，温度は何℃となるか。

問題33 標準

p.124

次の各問いに答えよ。

(1) −23℃, 2.0×10^3hPaで5.0×10^2mL の気体は 27℃, 6.0×10^3hPa では何mLとなるか。

(2) −73℃, 1.0×10^3hPa で 2.0L の気体を127℃で 5.0L としたとき，圧力は何Paとなるか。

問題34 標準

p.127

標準状態（0℃, 1.013×10^5Pa）で，1molの気体が占める体積が22.4Lであることを利用して，気体定数Rの値を有効数字3桁で求めよ。

問題35 キソ

p.128

次の各問いに答えよ。ただし，気体定数を
$R = 8.3 \times 10^3$(Pa·L/(mol·K)) とする。

(1) 3.32Lの容器に2.0molの気体を入れて密封し，27℃に保つと，この気体の圧力は何Paとなるか。有効数字2桁で答えよ。

(2) ある気体を2.0Lの容器に入れて密封し，127℃まで加熱したところ，圧力は1.5×10^3hPaを示した。この気体の物質量は何molであるか。有効数字2桁で答えよ。

問題36　標準

p.130

次の各問いに答えよ。ただし，有効数字は2桁とし，気体定数を $R = 8.3 \times 10^3$(Pa·L/(mol·K)) とする。

(1) 酸素ガスを2.0Lの容器に入れて密封し，27℃に保ったところ，圧力が 2.5×10^5Paとなった。このとき，容器内の酸素は何gか。ただし，O = 16とする。

(2) ある気体25gを10Lの容器に入れて密封し，127℃まで加熱したところ，圧力が 2.0×10^5Paとなった。このとき，この気体の分子量を求めよ。

問題37　キソのキソ

p.133

次の各問いに答えよ。ただし，有効数字は2桁とする。

(1) 標準状態での酸素ガスの密度は何g/Lか。ただし，O = 16とする。

(2) 標準状態での密度が1.96g/Lである気体の分子量を求めよ。

問題38　標準

p.134

気体の密度 d (g/L) を，分子量 M，気体定数 R (Pa·L/(mol·K))，圧力 P (Pa) を用いて表せ。

問題39　標準

p.136

次の各問いに答えよ。ただし，気体定数を $R = 8.3 \times 10^3$ Pa·L/(mol·K) とし，有効数字は2桁とする。

(1) 27℃，2.0×10^5 Paにおける窒素ガスの密度は何g/Lか。ただし，N = 14とする。

(2) 127℃，1.6×10^5 Paにおいて，ある気体の密度が1.5g/Lであったとき，この気体の分子量を求めよ。

問題40 標準

p.140

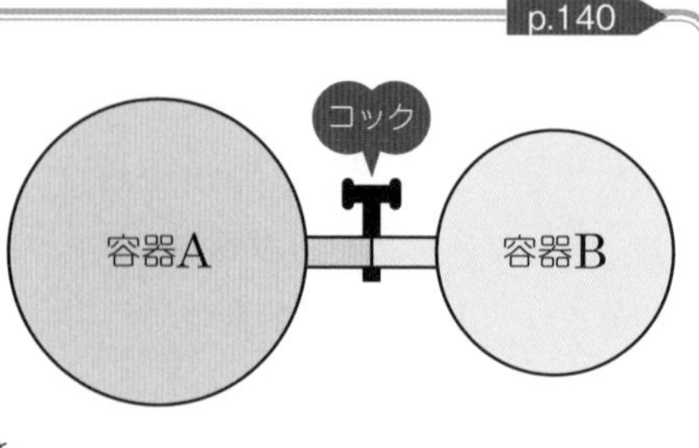

1.0×10^5Pa の水素が入った容積 3.0L の容器 A と，3.0×10^5Pa の窒素が入った容積 2.0L の容器 B を右図のように連結し，コックを開けて温度を一定に保ちながら混合気体とした。このとき，

(1) 混合気体中の水素だけに注目した圧力を求めよ。

(2) 混合気体中の窒素だけに注目した圧力を求めよ。

(3) 混合気体全体に注目した圧力（混合気体の圧力）を求めよ。

問題41 標準

p.142

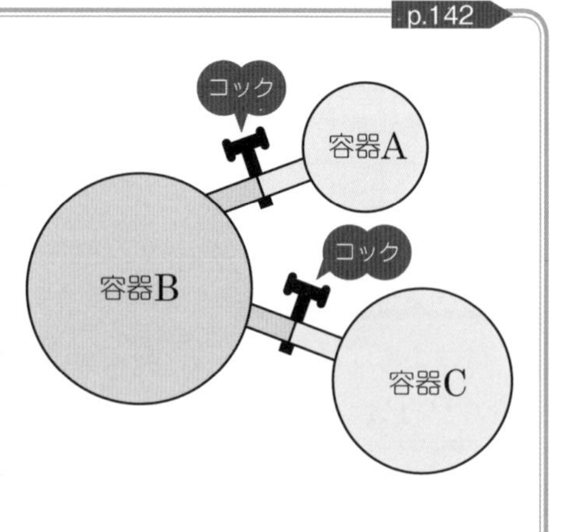

2.0×10^5Paの水素が入った容積2.0Lの容器Aと，1.0×10^5Paのヘリウムが入った容積5.0Lの容器Bと，2.0×10^5Paの窒素が入った容積3.0Lの容器Cを右図のように連結し，2つのコックを開けて温度を一定に保ちながら混合気体とした。ただし，各気体は化学反応しないものとする。このとき，

(1) 混合後の水素の分圧を求めよ。

(2) 混合後のヘリウムの分圧を求めよ。

(3) 混合後の窒素の分圧を求めよ。

(4) 混合気体の全圧を求めよ。

問題42　標準

p.144

27℃でメタンCH_4 1.6gとエチレンC_2H_4 1.4gの混合気体を容器に入れて密封したところ，この混合気体の全圧は1.2×10^5Paとなった。気体定数を$R=8.3\times10^3$(Pa・L/(mol・K))，H＝1.0，C＝12として，次の各問いに答えよ。

(1)　メタンの分圧P_1を求めよ。　(2)　エチレンの分圧P_2を求めよ。

(3)　この容器の体積は何Lか。

問題43　キソ

p.151

次の文章の[(イ)]～[(ヘ)]にあてはまる語句を答えよ。

注　同じ語句の入る空欄には，あらかじめ同じ記号が入っています。ややこしくならないように，同じ記号が2回以上登場する際，赤字で示してあります。

気体の状態方程式が厳密に成立する気体を[(イ)]という。実在気体は気体の状態方程式に厳密にはあてはまらない。その原因は，分子と分子の間に[(ロ)]が働くことと，分子自身に[(ハ)]があることの2点が挙げられる。これらが無視できる条件の下では実在気体にも気体の状態方程式が適用できる。実在気体でも，分子量が[(ニ)]ほど[(イ)]に近い性質を示す。

また，[(ホ)]い温度，[(ヘ)]い圧力に設定することによっても，実在気体を[(イ)]に近づけることができる。

問題44 ちょいムズ

p.152

下の表は，水素，メタン，および二酸化炭素の標準状態における1molの体積を表す。また，図は，これらの気体について，温度Tを一定（273K）にして，圧力P（Pa）を変えながら，n（mol）あたりの体積V（L）を測定し，$\dfrac{PV}{RT}$の値を求め，圧力Pとの関係を示したものである（Rは気体定数である）。

表

実在気体1molの標準状態における体積	
気体	体積（L）
H_2	22.424
CH_4	22.375
CO_2	22.256

図　実在気体の理想気体からのずれ
（温度273Kのとき）

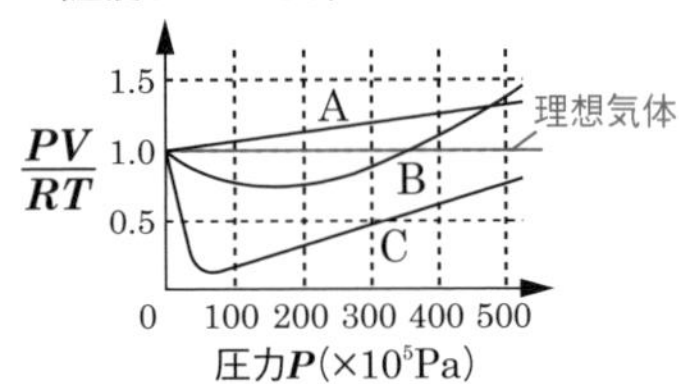

(1)　理想気体とは，厳密に気体の何という式にしたがう気体のことか。

(2)　実在気体は理想気体と何が異なるか。相違点を2つ書け。

(3)　表中の下の気体ほど体積が小さくなっている理由を説明せよ。

(4)　図中の曲線A，B，Cはそれぞれ，水素，メタン，二酸化炭素のどれに該当するか。

(5)　実在気体の理想気体からのずれは，圧力が高いほど，どう変化するか。次の(ア)〜(ウ)から選べ。

(ア)　ずれが大きくなる　　(イ)　ずれが小さくなる　　(ウ)　変化しない

(6)　実在気体の理想気体からのずれは，温度が高いほど，どう変化するか。次の(ア)〜(ウ)から選べ。

(ア)　ずれが大きくなる　　(イ)　ずれが小さくなる　　(ウ)　変化しない

問題45　標準

p.155

n (mol) の理想気体の性質に関して，正しい関係を表しているものを，次のグラフ(a)〜(i)のうちからすべて選び出せ。ただし，T は絶対温度，P は圧力，V は体積とし，$T_1 > T_2$，$P_1 > P_2$，$V_1 > V_2$ とする。

(a)

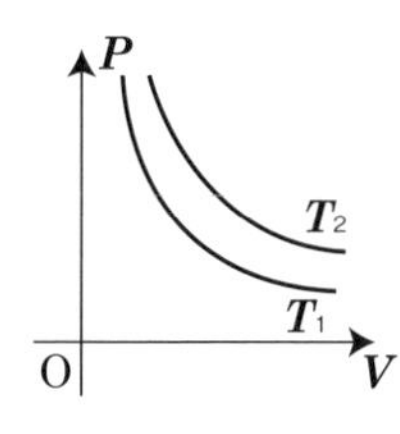

(b)

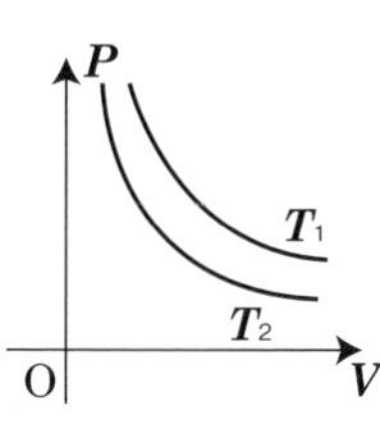

(c)

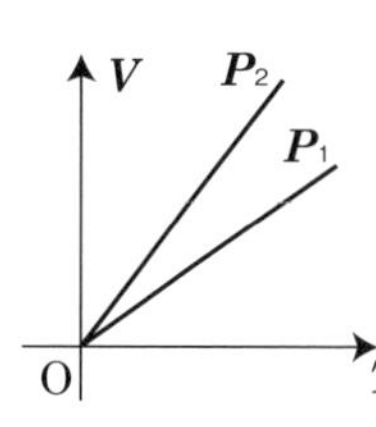

(d)

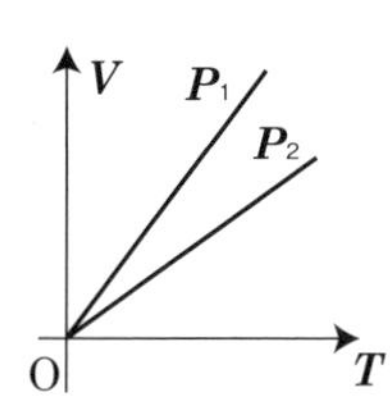

(e)

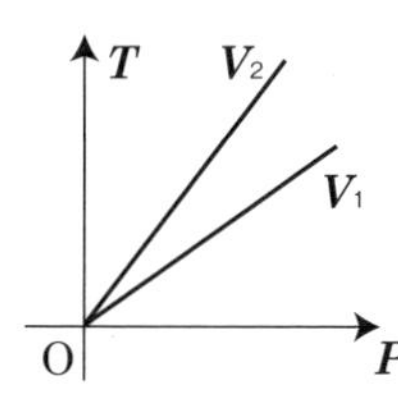

(f)

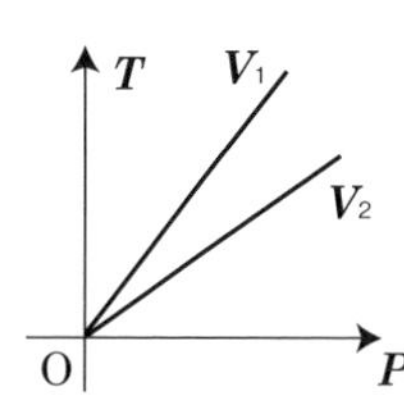

(g)

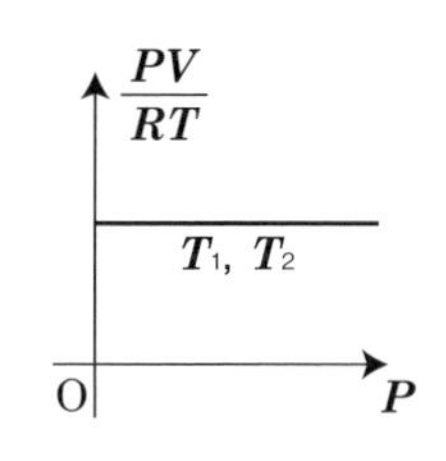

(h)

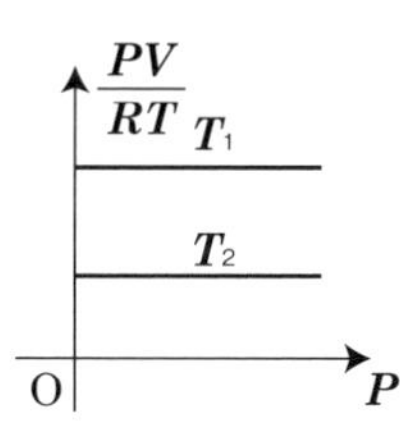

(i)

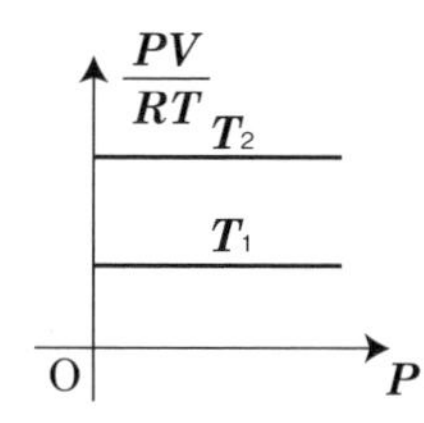

問題46 キソ

p.167

ある水に溶けにくい気体Xは，ある温度，圧力P(Pa)の下で1Lの水に質量w(g)，物質量n(mol)，体積v(mL)溶ける。このとき，次の各問いに答えよ。

(1) 温度を変えずに，圧力を$2P$(Pa)としたとき，1Lの水に溶けるこの気体Xの質量(g)と物質量(mol)と体積(mL)を求めよ。

(2) 温度を変えずに，圧力を$10P$(Pa)としたとき，1Lの水に溶けるこの気体Xの質量(g)と物質量(mol)と体積(mL)を求めよ。

(3) 温度を変えずに，圧力を$5P$(Pa)としたとき，3Lの水に溶けるこの気体Xの質量(g)と物質量(mol)と体積(mL)を求めよ。

(4) 温度を変えずに，圧力を$3P$(Pa)としたとき，1Lの水に溶けるこの気体Xの質量(g)と物質量(mol)と圧力P(Pa)における体積(mL)を求めよ。

(5) 温度を変えずに，圧力を$8P$(Pa)としたとき，4Lの水に溶けるこの気体Xの質量(g)と物質量(mol)と圧力$4P$(Pa)における体積(mL)を求めよ。

問題47 標準

p.172

酸素は0℃，1.0×10^5Paにおいて，水1Lに49mL溶ける。このとき，次の各問いに答えよ。ただし，原子量はO＝16とし，気体定数は$R=8.31\times10^3$ Pa·L/(mol·K)とする。

(1) 0℃，1.0×10^5 Paの下で，水1Lに溶ける酸素の質量(g)を有効数字2桁で求めよ。

(2) 0℃, 3.0×10^5 Paの下で, 水1Lに溶ける酸素の体積(mL)と質量(g)を有効数字2桁で求めよ。

(3) 0℃, 2.0×10^5 Paの下で, 水3Lに溶ける酸素の体積(mL)と質量(g)を有効数字2桁で求めよ。

問題48 標準

p.173

窒素は0℃, 1.0×10^5 Pa において, 水 1L に 24 mL 溶ける。このとき, 次の各問いに答えよ。ただし, 原子量は N = 14 とし, 気体定数は $R = 8.31\times10^3$ Pa·L/(mol·K) とする。

(1) 1.0×10^5 Pa の窒素が 0℃の水 1L に溶け込む質量は何 g か。有効数字 2 桁で求めよ。

(2) 1.0×10^5 Pa の空気を 0℃の水 1L に接触させておいたとき, 溶け込む窒素の質量と体積を有効数字 2 桁で求めよ。ただし, 空気は酸素と窒素の体積比が 1：4 の混合気体だとする。

(3) 4.0×10^5 Pa の空気を 0℃の水 1L に接触させておいたとき, 溶け込む窒素の質量と体積を有効数字 2 桁で求めよ。ただし, 空気は酸素と窒素の体積比が 1：4 の混合気体だとする。

問題49 キソ

p.178

次の(ア)～(エ)の物質を同じ量の水に指定されたモル数だけ溶かしたとき, 水溶液の凝固点が低い順に並べよ。

(ア) NaCl（塩化ナトリウム）を 1.6mol

(イ) $MgCl_2$（塩化マグネシウム）を 1.2mol

(ウ) $C_6H_{12}O_6$（ブドウ糖（とう））を 2.8mol

(エ) $C_{12}H_{22}O_{11}$（ショ糖）を 3.0mol

問題50 標準

p.180

次の各問いに答えよ。ただし，水の凝固点は0℃，沸点は100℃とする。

(1) 水100gに，分子量180のある非電解質を9.0g溶かしたとき，この水溶液の凝固点と沸点を小数第2位まで求めよ。ただし，水のモル凝固点降下は1.86K·kg/mol，水のモル沸点上昇は0.52K·kg/molとする。

(2) 水200gに$MgCl_2$ 0.020molを溶かしたとき，この水溶液の凝固点と沸点を小数第2位まで求めよ。ただし，水のモル凝固点降下は1.86K·kg/mol，水のモル沸点上昇は0.52K·kg/molとする。

(3) 水500gにある非電解質を5.0g溶かしたところ，凝固点が−0.31℃であった。このとき，この物質の分子量を求めよ。ただし，水のモル凝固点降下は1.86K·kg/molとする。

問題51 キソ

p.186

右図のように，2種類の溶液A，Bの間に半透膜を挟んだ。溶液A，Bを次の(1)～(3)のように組み合わせたとき，浸透はA→B，B→Aのどちらの方向に起こるか。

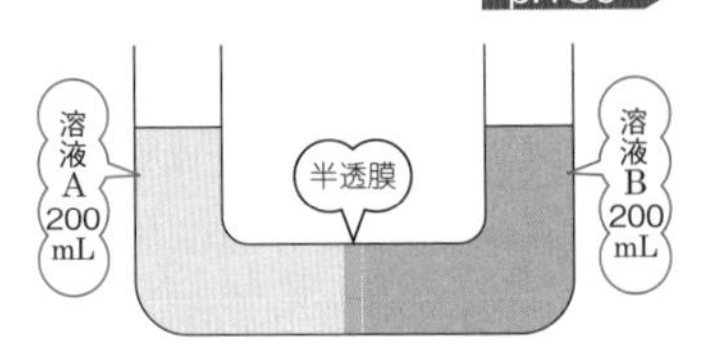

(1) Aは，0.010molのブドウ糖($C_6H_{12}O_6$)を水に溶かして200mLにした水溶液

Bは，0.020molのショ糖($C_{12}H_{22}O_{11}$)を水に溶かして200mLにした水溶液

(2) Aは，0.010molのブドウ糖($C_6H_{12}O_6$)を水に溶かして200mLにした水溶液

Bは，0.0050molの硫酸カリウム(K_2SO_4)を水に溶かして200mLにした水溶液

(3) Aは，0.010molの塩化ナトリウム(NaCl)を水に溶かして200mLにした水溶液

Bは，0.0050molの塩化マグネシウム($MgCl_2$)を水に溶かして200mLにした水溶液

問題52　標準

p.189

次の各問いに答えよ。

(1)　9.0g のブドウ糖($C_6H_{12}O_6$)を水に溶かし，600mL とした水溶液の27℃における浸透圧(Pa)を有効数字 2 桁で求めよ。ただし，原子量を H = 1.0，C = 12，O = 16 とし，気体定数を $R = 8.31 \times 10^3$(Pa·L/(mol·K))とする。

(2)　0.020mol/L の塩化マグネシウム水溶液の 27℃における浸透圧(Pa)を有効数字 2 桁で求めよ。ただし，気体定数を $R = 8.31 \times 10^3$ (Pa·L/(mol·K))とする。

(3)　ヒトの血液の浸透圧は 37℃で 7.6×10^5 Pa である。これと同じ浸透圧の生理食塩水を 500mL つくるとき，必要な塩化ナトリウム(食塩)の質量(g)を有効数字 2 桁で求めよ。ただし，原子量を Na = 23，Cl = 35.5 とし，気体定数を $R = 8.31 \times 10^3$(Pa·L/(mol·K))とする。

問題53　標準

p.195

硫黄のコロイド溶液に電圧をかけると，硫黄粒子が陽極へ移動する。次のイオンのうち，最も少量で硫黄粒子を凝析させるイオンを次の(ア)～(カ)より選べ。

(ア)　K^+　　(イ)　Ca^{2+}　　(ウ)　Al^{3+}

(エ)　Cl^-　　(オ)　NO_3^-　　(カ)　SO_4^{2-}

問題54 キソ p.201

図は，$A_2 + B_2 \longrightarrow 2AB$という反応のエネルギー変化を示す。このとき，次の各問いに答えよ。

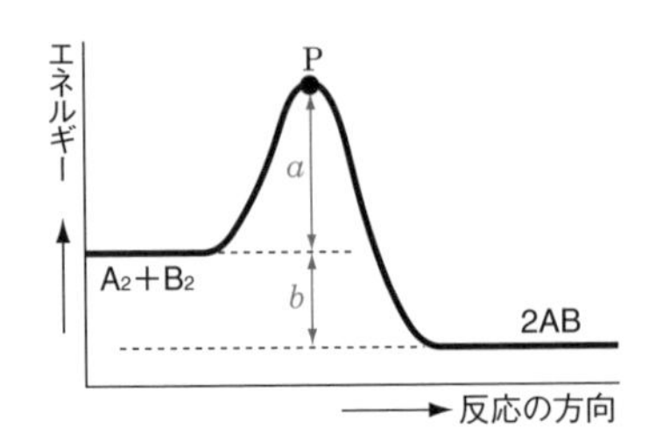

(1) この反応は発熱反応か，吸熱反応か。

(2) aは何を表しているか。

(3) bは何を表しているか。

(4) $2AB \longrightarrow A_2 + B_2$の反応の活性化エネルギーはいくらになるか。

(5) 反応物質のエネルギーが点Pの状態にあるとき，この状態を何と呼ぶか。

(6) 触媒を加えたとき，a，bの値はどのように変化するか。適当なものを次の(ア)～(ケ)より選べ。

(ア) a，bともに大きくなる。

(イ) a，bともに小さくなる。

(ウ) aは大きくなるが，bは小さくなる。

(エ) aは小さくなるが，bは大きくなる。

(オ) aは変化しないが，bは大きくなる。

(カ) aは変化しないが，bは小さくなる。

(キ) aは大きくなるが，bは変化しない。

(ク) aは小さくなるが，bは変化しない。

(ケ) a，bともに変化しない。

問題55　キソ

p.203

次の文章の［(イ)］～［(ワ)］にあてはまる語句を答えよ。

注　同じ語句の入る空欄には，あらかじめ同じ記号が入っています。ややこしくならないように，同じ記号が2回以上登場する際，赤字で示してあります。

気体や液体の反応において，［(イ)］上昇とともに反応速度は［(ロ)］なる。その理由は［(イ)］上昇とともに反応物の［(ハ)］が激しくなり，［(ニ)］以上のエネルギーをもつ分子の割合が増えるからである。また，反応物の［(ホ)］が大きくなると，分子どうしの［(ヘ)］回数が多くなるため，反応速度は［(ロ)］なる。

固体と液体あるいは固体と気体の反応では，固体の［(ト)］が大きいほど，すなわち［(チ)］粉末ほど反応速度が大きくなる。

反応の速さに影響を与える因子には，［(イ)］と反応物の［(ホ)］のほかに，気体の［(リ)］の影響や第三の物質の存在の影響，すなわち［(ヌ)］がある。

一般に，［(ヌ)］は［(ニ)］を［(ル)］して，反応を促進させるもので，［(ヲ)］を変えたり，反応終了時の［(ワ)］の量を多くしたりはしない。

問題56　標準

p.207

水素 2.0 mol とヨウ素 2.0 mol を 4.0L の容器に入れ，800 ℃に保ったところ，次の可逆反応が平衡状態となり，ヨウ化水素が 3.2mol 生じた。

$$H_2 + I_2 \rightleftarrows 2HI$$

このとき，次の各問いに答えよ。

(1)　この反応の 800 ℃における平衡定数を求めよ。

(2)　水素 1.0 mol とヨウ素 1.0 mol を 2.0L の容器に入れ，800℃に保つと，何 mol のヨウ化水素が生じるか。

(3)　8.0L の容器で 800 ℃において平衡時（平衡状態のとき）に水素が 1.0 mol，ヨウ化水素が 2.0 mol 存在していた。このとき，ヨウ素は何 mol 存在するか。

問題57 標準

p.214

次に示す気体の可逆反応について以下の問いに答えよ。

$$N_2 + 3H_2 \rightleftarrows 2NH_3$$

(1) この反応の平衡状態について正しく説明している文を次の(ア)〜(オ)から選べ。

(ア) 反応が完全に停止している状態

(イ) 窒素（N_2）と水素（H_2）からアンモニア（NH_3）が生じる速さと，アンモニア（NH_3）から窒素（N_2）と水素（H_2）が生じる速さが等しくなった状態

(ウ) 窒素（N_2）と水素（H_2）とアンモニア（NH_3）の分子数の比が，1：3：2となった状態

(エ) 窒素（N_2）と水素（H_2）の分子数の和よりもアンモニア（NH_3）の分子数が多くなった状態

(オ) 窒素（N_2）と水素（H_2）の分子数の和とアンモニア（NH_3）の分子数が等しくなった状態

(2) 窒素2.0molと水素5.0molを6.0Lの容器に入れ，ある温度に保ったところ，上の可逆反応は平衡状態となり，アンモニアが2.0mol生じた。この温度における平衡定数を求めよ。

問題58 標準

p.221

NO_2とN_2O_4は，次の可逆反応より平衡状態となる。

$$2NO_2 \rightleftarrows N_2O_4$$

ある温度において，体積一定のもとでNO_2を8.0kPa入れたところ，全圧が5.0kPaとなり平衡状態となった。このとき，次の各問いに答えよ。

(1) 平衡時のNO_2の分圧P_{NO_2}とN_2O_4の分圧$P_{N_2O_4}$を求めよ。

(2) 圧平衡定数K_pを求めよ。

問題59 ちょいムズ p.224

二酸化炭素と赤熱したコークス(C)から一酸化炭素が生成する反応は可逆反応であり，次のように表される。

$$CO_2(気) + C(固) \rightleftarrows 2CO(気)$$

ある温度において，体積一定のもとで赤熱したコークスに二酸化炭素を6.0kPa入れて反応させたところ，全圧は8.0kPaであった。このとき，次の各問いに答えよ。ただし，平衡時にコークスは残っており，コークスの体積は無視できるものとする。

(1) 平衡時の二酸化炭素の分圧を求めよ。

(2) 圧平衡定数 K_p を求めよ。

問題60 標準

p.232

次の(1)～(15)の可逆反応が平衡状態にあるとき，(　　)に示した条件によって平衡はどちらに移動するか。「右」「左」「移動しない」のいずれかで答えよ。

(1) $2NH_3 \rightleftarrows N_2 + 3H_2$ （NH_3 を加える）

(2) $NH_3 + H_2O \rightleftarrows NH_4^+ + OH^-$ （NH_4Cl を加える）

(3) $NH_3 + H_2O \rightleftarrows NH_4^+ + OH^-$ （水で薄める）

(4) $2SO_2 + O_2 \rightleftarrows 2SO_3$ （SO_3 を除く）

(5) $H_2 + I_2 \rightleftarrows 2HI$　$\Delta H = -9.0\,\mathrm{kJ}$ （温度を上げる）

(6) $H^+ + OH^- \rightleftarrows H_2O$　$\Delta H = -56.4\,\mathrm{kJ}$ （冷却する）

(7) $2O_3 \rightleftarrows 3O_2$　$\Delta H = -285\,\mathrm{kJ}$ （圧力を加える）

(8) C(固) $+ H_2O$(気) $\rightleftarrows CO$(気) $+ H_2$(気)　$\Delta H = 132\,\mathrm{kJ}$
（減圧する）

(9) $N_2 + O_2 \rightleftarrows 2NO$　$\Delta H = 180\,\mathrm{kJ}$ （加圧する）

(10) $CH_3COOH \rightleftarrows CH_3COO^- + H^+$
（CH_3COONa を加える）

(11) $NaCl \rightleftarrows Na^+ + Cl^-$ （$NaOH$ を加える）

(12) $N_2O_4 \rightleftarrows 2NO_2$　$\Delta H = 57\,\mathrm{kJ}$ （触媒を加える）

(13) $N_2 + 3H_2 \rightleftarrows 2NH_3$　$\Delta H = -92\,\mathrm{kJ}$
（全圧を一定に保ち，Ar を加える）

(14) $N_2 + 3H_2 \rightleftarrows 2NH_3$　$\Delta H = -92\,\mathrm{kJ}$
（体積を一定に保ち，Ar を加える）

(15) $H_2S + 2H_2O \rightleftarrows 2H_3O^+ + S^{2-}$ （アンモニア水を加える）

問題61 キソ

p.238

$\log_{10}2 = 0.30$，$\log_{10}3 = 0.48$ として，次の値を計算せよ。

(1) $\log_{10}6$　　(2) $\log_{10}18$

(3) $\log_{10}(8 \times 10^3)$　　(4) $\log_{10}\left(\dfrac{3}{2} \times 10^{-5}\right)$

問題62 キソ p.239

$\log_{10}2 = 0.30$，$\log_{10}3 = 0.48$として，次の(1)～(4)のpHを小数第1位までで計算せよ。

(1) 0.020mol/Lの塩酸HCl

(2) 0.0030mol/Lの硫酸H_2SO_4

(3) 0.030mol/Lの水酸化ナトリウム$NaOH$水溶液

(4) 0.0020mol/Lの水酸化カルシウム$Ca(OH)_2$水溶液

問題63 キソ p.243

次の各問いに答えよ。

(1) 0.20mol/Lの酢酸CH_3COOHの水溶液がある。この酢酸の電離度が0.015であるとき，水素イオンのモル濃度[H^+]を求めよ。

(2) 0.30mol/LのアンモニアNH_3の水溶液がある。このアンモニアの電離度が0.020であるとき，水酸化物イオンのモル濃度[OH^-]を求めよ。

問題64 ちょいムズ p.251

25℃における酢酸の電離定数K_aは$K_a = 1.8 \times 10^{-5}$(mol/L)である。25℃において0.020 mol/Lの酢酸水溶液の電離度αと水素イオン濃度（水素イオンのモル濃度）[H^+]を求めよ。さらに，水素イオン指数pHを求めよ。ただし$\log_{10}2 = 0.30$，$\log_{10}3 = 0.48$とする。

問題65 ちょいムズ p.254

25℃におけるアンモニアの電離定数K_bは$K_b = 1.0 \times 10^{-5}$(mol/L)である。25℃において0.0040mol/Lのアンモニア水の電離度αを有効数字2桁で求めよ。さらに，pHを小数第1位までで求めよ。ただし，$\log_{10}2 = 0.30$とする。

問題66 標準

p.261

次の(1)〜(8)の塩を水に溶かしたとき，それぞれの水溶液は酸性，塩基性，中性のいずれを示すか。

(1) 炭酸カリウム K_2CO_3　(2) 硫酸アンモニウム $(NH_4)_2SO_4$

(3) 硝酸ナトリウム $NaNO_3$　(4) 酢酸アンモニウム CH_3COONH_4

(5) 塩化カルシウム $CaCl_2$　(6) 硝酸アンモニウム NH_4NO_3

(7) 炭酸水素ナトリウム $NaHCO_3$　(8) 硫酸水素ナトリウム $NaHSO_4$

問題67 モロ難

p.263

酢酸ナトリウムを水に溶かすと，完全に CH_3COO^- と Na^+ に電離し，生じた CH_3COO^- の一部は水と反応して，次のような平衡状態となる。

$$CH_3COO^- + H_2O \rightleftarrows \boxed{\quad(イ)\quad}$$

この平衡定数 K_h は，

$$K_h = \boxed{\quad(ロ)\quad}$$ と表され，

酢酸の電離定数 K_a は，

$$K_a = \boxed{\quad(ハ)\quad}$$ と表される。

このとき，次の各問いに答えよ。

(1) (イ)に入れるべき式を答えよ。

(2) モル濃度(体積モル濃度)を $[CH_3COO^-]$ などと表し，(ロ)に入れるべき式を答えよ。

(3) (2)と同じ要領で(ハ)に入れるべき式を答えよ。

(4) 水のイオン積を K_w として K_h を K_a，K_w を用いて表せ。

(5) (4)の結果を利用して $0.20\,\mathrm{mol/L}$ の酢酸ナトリウム水溶液の pH を求めよ。ただし，酢酸の電離定数 K_a は $K_a = 2.0\times10^{-5}\,(\mathrm{mol/L})$，水のイオン積 K_w は $K_w = 1.0\times10^{-14}\,(\mathrm{mol/L})^2$ とする。

問題68 標準 p.269

次の(ア)〜(カ)の混合水溶液のうち緩衝溶液であるものをすべて選べ。

(ア)　塩酸と塩化カリウムの混合水溶液

(イ)　アンモニアと塩化アンモニウムの混合水溶液

(ウ)　硫酸と硫酸カリウムの混合水溶液

(エ)　ホウ酸とホウ酸カリウムの混合水溶液

(オ)　水酸化ナトリウムと塩化ナトリウムの混合水溶液

(カ)　ギ酸とギ酸ナトリウムの混合水溶液

問題69 モロ難 p.270

次の文の(ア)〜(ク)に適当な式・数値を入れよ。

0.20mol/Lの酢酸CH_3COOHと0.10mol/Lの酢酸ナトリウムCH_3COONaを含む水溶液がある。酢酸ナトリウムは，水溶液中では完全に電離して，［(ア)］mol/Lの酢酸イオンCH_3COO^-と［(イ)］mol/LのナトリウムイオンNa^+を生成する。酢酸はその一部が電離し，x mol/Lの水素イオンH^+と［(ウ)］mol/Lの酢酸イオンCH_3COO^-を生成したとすると，溶液中には酢酸CH_3COOHは［(エ)］mol/L存在し，酢酸イオンCH_3COO^-は［(オ)］mol/L存在することになる。

一方，酢酸CH_3COOHの電離定数K_aはK_a =［(カ)］で与えられる。この式に上で求めた酢酸イオンCH_3COO^-，酢酸CH_3COOH，水素イオンH^+の各濃度を代入し，酢酸の電離度は小さいことを考慮すると，K_a =［(キ)］とみなされる。$K_a = 2.0 \times 10^{-5}$(mol/L)とすると，この溶液のpHはおよそ［(ク)］である。ただし，$\log_{10}2 = 0.30$とする。

問題70 標準 p.275

塩化銀 AgCl は，25℃で水に 1.3×10^{-5}mol/L だけ溶けることができる。このとき，次の各問いに答えよ。

(1) 塩化銀 AgCl の溶解度積 K_{sp} を求めよ。

(2) 2.0×10^{-4}mol/L の塩化ナトリウム NaCl 水溶液 3.0L と 1.0×10^{-4}mol/L の硝酸銀 $AgNO_3$ 水溶液 2.0L を混合したとき，塩化銀の沈殿は生じるか。

問題71 キソ p.281

次の化合物の下線の原子の酸化数を求めよ。

(1) $\underline{O}_3$　(2) $\underline{Mg}^{2+}$　(3) $H\underline{N}O_3$　(4) $\underline{S}O_4^{2-}$　(5) $\underline{Cu}_2O$

(6) $\underline{P}O_4^{3-}$　(7) $Ca\underline{C}_2$　(8) $H\underline{Cl}O_3$　(9) $\underline{N}H_4^{+}$　(10) $H_2\underline{O}_2$

問題72 キソ p.283

次の(1)～(6)の変化において，下線の原子は，酸化されたか，還元されたかを答えよ。

(1) $\underline{Cu} \longrightarrow \underline{Cu}SO_4$　(2) $\underline{Cl}_2 \longrightarrow H\underline{Cl}$

(3) $\underline{S}O_2 \longrightarrow H_2\underline{S}$　(4) $\underline{Mn}O_2 \longrightarrow \underline{Mn}O_4^{-}$

(5) $\underline{Sn}Cl_2 \longrightarrow \underline{Sn}Cl_4$　(6) $\underline{Cr}_2O_7^{2-} \longrightarrow \underline{Cr}O_4^{2-}$

問題73 標準

p.286

6種類の金属A，B，C，D，E，Fがある。これらの金属はAg，Al，Cu，K，Mg，Niのいずれかであることはわかっている。

金属A，B，C，D，E，Fを次の①〜③の事実に基づいて決定せよ。

① A，B，C，Eは希硫酸に溶解して水素を発生するが，D，Fは溶解しない。

② 室温において，Aは乾燥した空気中で内部まで酸化されるのに対し，B，C，Dは表面に酸化膜ができる程度である。Eはこれらの中間の性質を示し，Fは全く酸化されない。

③ A，C，Eの酸化物は水素で還元することは困難であるが，B，D，Fの酸化物は水素で還元できる。

問題74 キソ

p.292

次の図のように，金属を組み合わせて希硫酸に浸した。

(A)

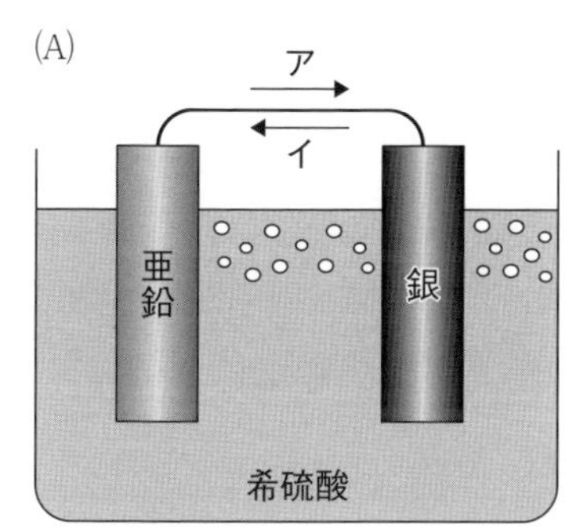

(B)

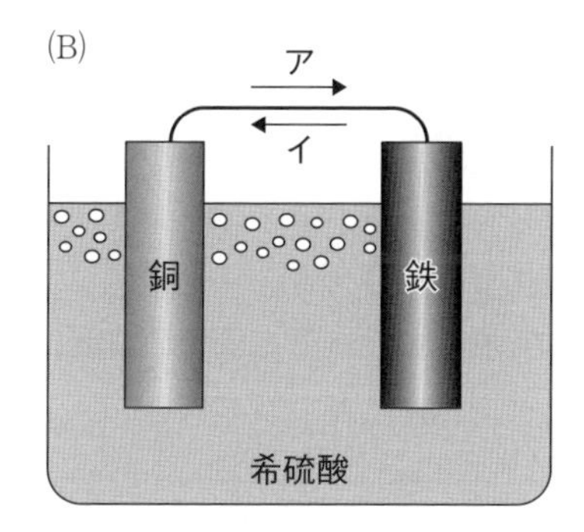

(A)，(B)について，次の各問いに答えよ。

(1) 導線中を流れる，電子の向きは，それぞれア，イのどちらか。

(2) 導線中を流れる，電流の向きは，それぞれア，イのどちらか。

(3) 酸化された金属は，それぞれどちらか。

(4) (A)と(B)を比較すると，起電力が大きいのはどちらか。

問題75 標準 p.296

下図はダニエル電池の構造を示している。これについて，次の各問いに答えよ。

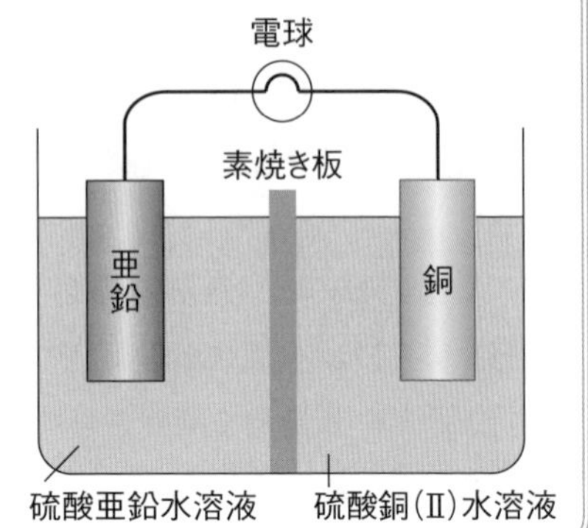

(1) 正極の金属を元素記号で答えよ。

(2) 負極での変化をイオン反応式で表せ。

(3) 酸化が起こったのは正極・負極のどちらか。

(4) 放電中，硫酸銅(Ⅱ)水溶液の濃度は，どのように変化するか。

問題76 標準 p.299

右図は鉛蓄電池の構造を表している。これについて，次の各問いに答えよ。

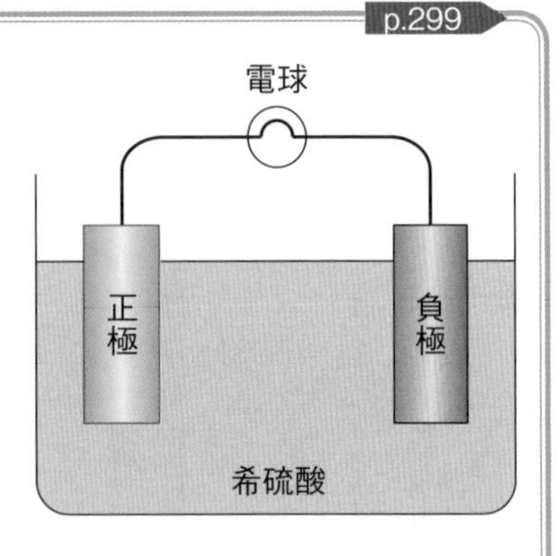

(1) 正極，負極の化学式をそれぞれ答えよ。

(2) 放電を続けると，正極，負極はそれぞれどのような化合物に変化していくか。化学式で答えよ。

(3) 放電を続けると硫酸の濃度はどのように変化するか。

問題77　ちょいムズ

p.308

次の(1)〜(6)の電気分解において，陽極，陰極で起こる変化をイオン反応式で表せ。

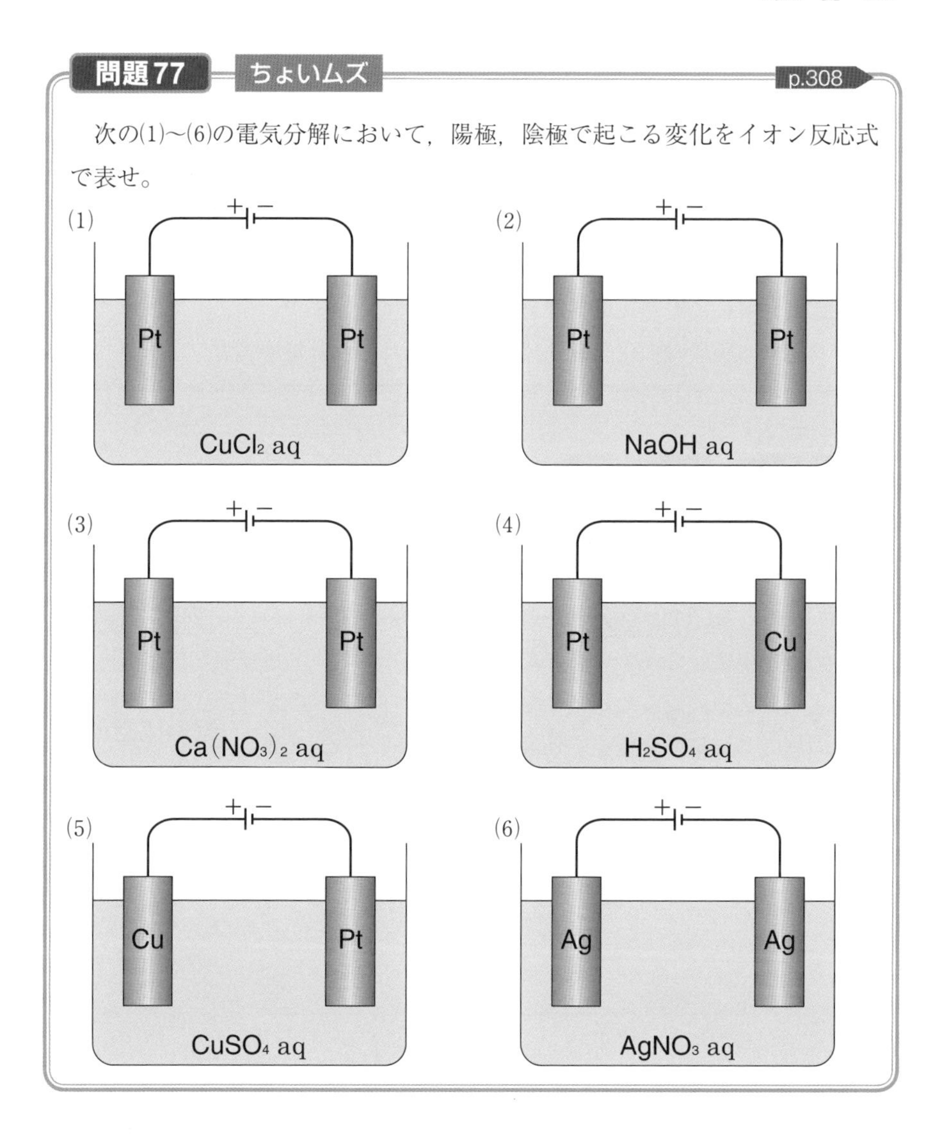

問題78 標準

p.311

硫酸銅(Ⅱ)水溶液を両極の電極にPtを用いて，0.30Aで3860秒間電気分解を行った。このとき，次の各問いに答えよ。ただし，原子量は Cu = 63.5とし，ファラデー定数をFとする。

(1) 両極での変化をイオン反応式で表せ。

(2) 電気分解中に流れた電気量をFで表せ。

(3) 両極での質量の変化を有効数字2桁でそれぞれ計算せよ。

問題79 ちょいムズ

p.313

硝酸銀水溶液を陽極にAg，陰極にPtを用いて0.20Aで5790秒間電気分解を行った。このとき，次の各問いに答えよ。ただし，原子量は，Ag = 108とし，ファラデー定数をFとする。

(1) 両極での変化をイオン反応式で表せ。

(2) 電気分解中に流れた電気量をFで表せ。

(3) 両極での質量の変化を有効数字2桁でそれぞれ求めよ。

(4) 電気分解中，硝酸銀水溶液の濃度はどのように変化するか。

問題80 モロ難 p.315

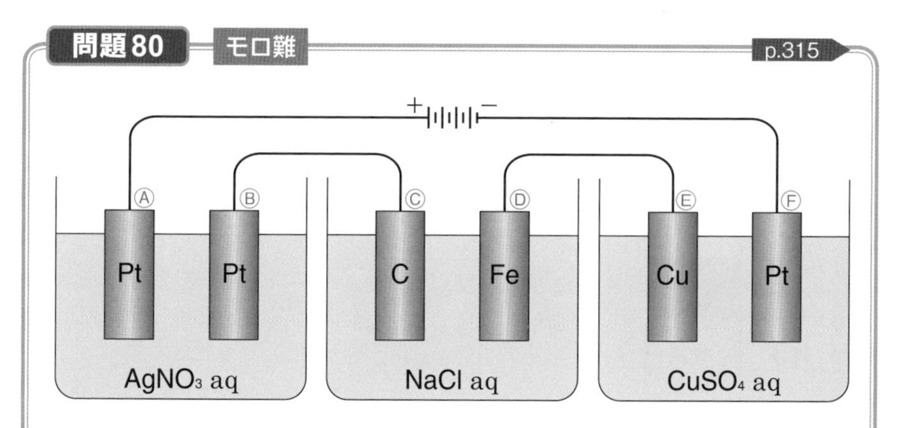

上図のような回路を組んで電気分解したところ，電極Ⓐから気体が標準状態で560mL発生した。原子量をCu＝63.5，Ag＝108として，次の各問いに答えよ。

(1)　電極Ⓐ～Ⓕでの変化をそれぞれイオン反応式で表せ。

(2)　電極Ⓐ以外で気体が発生する電極について，発生する気体の体積を標準状態でそれぞれ求めよ。

(3)　電極Ⓐ～Ⓕのうち，電極の質量が変化する場合，電極の質量の変化を有効数字2桁でそれぞれ求めよ。

問題81 標準 p.321

希硫酸に硫酸銅(Ⅱ)を溶かした溶液を電解槽に入れ，不純物として，亜鉛，鉄，ニッケル，金，銀を含む粗銅を陽極，純銅を陰極にして，電気分解を行った。

電気分解後，陽極泥に含まれる金属をすべて答えよ。

問題82 ちょいムズ p.324

アルミナAl_2O_3を炭素電極を用いて溶融塩電解したところ，陰極に90gのアルミニウムが得られた。このとき，理論上流れた電気量は何Cであるか。ただし，原子量をAl＝27，ファラデー定数をF＝96500C/molとする。

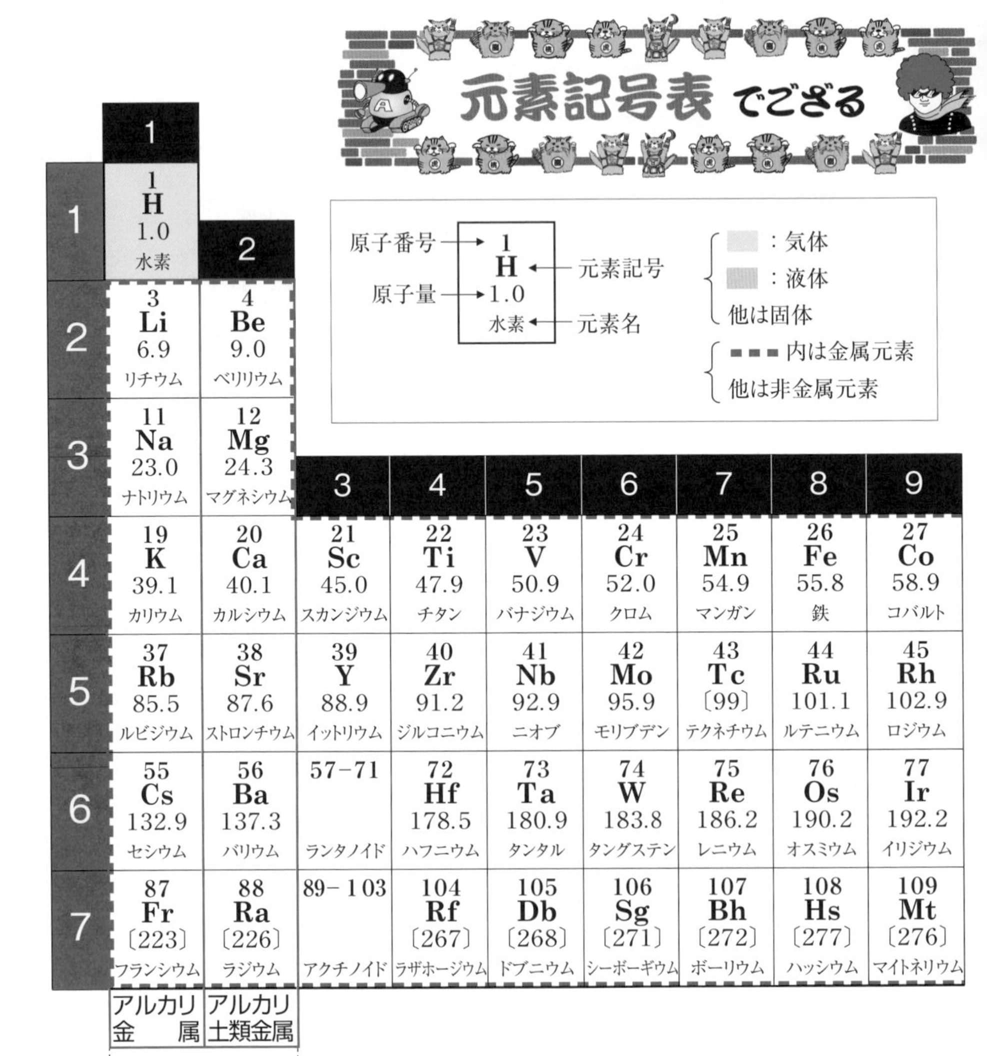

周期＼族	1	2	3	4	5	6	7	8	9
1	1 **H** 1.0 水素								
2	3 **Li** 6.9 リチウム	4 **Be** 9.0 ベリリウム							
3	11 **Na** 23.0 ナトリウム	12 **Mg** 24.3 マグネシウム							
4	19 **K** 39.1 カリウム	20 **Ca** 40.1 カルシウム	21 **Sc** 45.0 スカンジウム	22 **Ti** 47.9 チタン	23 **V** 50.9 バナジウム	24 **Cr** 52.0 クロム	25 **Mn** 54.9 マンガン	26 **Fe** 55.8 鉄	27 **Co** 58.9 コバルト
5	37 **Rb** 85.5 ルビジウム	38 **Sr** 87.6 ストロンチウム	39 **Y** 88.9 イットリウム	40 **Zr** 91.2 ジルコニウム	41 **Nb** 92.9 ニオブ	42 **Mo** 95.9 モリブデン	43 **Tc** 〔99〕 テクネチウム	44 **Ru** 101.1 ルテニウム	45 **Rh** 102.9 ロジウム
6	55 **Cs** 132.9 セシウム	56 **Ba** 137.3 バリウム	57−71 ランタノイド	72 **Hf** 178.5 ハフニウム	73 **Ta** 180.9 タンタル	74 **W** 183.8 タングステン	75 **Re** 186.2 レニウム	76 **Os** 190.2 オスミウム	77 **Ir** 192.2 イリジウム
7	87 **Fr** 〔223〕 フランシウム	88 **Ra** 〔226〕 ラジウム	89−103 アクチノイド	104 **Rf** 〔267〕 ラザホージウム	105 **Db** 〔268〕 ドブニウム	106 **Sg** 〔271〕 シーボーギウム	107 **Bh** 〔272〕 ボーリウム	108 **Hs** 〔277〕 ハッシウム	109 **Mt** 〔276〕 マイトネリウム
	アルカリ金属	アルカリ土類金属							

←典型元素→←遷移元素

10	11	12	13	14	15	16	17	18
								2 **He** 4.0 ヘリウム
			5 **B** 10.8 ホウ素	6 **C** 12.0 炭素	7 **N** 14.0 窒素	8 **O** 16.0 酸素	9 **F** 19.0 フッ素	10 **Ne** 20.2 ネオン
			13 **Al** 27.0 アルミニウム	14 **Si** 28.1 ケイ素	15 **P** 31.0 リン	16 **S** 32.1 硫黄	17 **Cl** 35.5 塩素	18 **Ar** 39.9 アルゴン
28 **Ni** 58.7 ニッケル	29 **Cu** 63.5 銅	30 **Zn** 65.4 亜鉛	31 **Ga** 69.7 ガリウム	32 **Ge** 72.6 ゲルマニウム	33 **As** 74.9 ヒ素	34 **Se** 79.0 セレン	35 **Br** 79.9 臭素	36 **Kr** 83.8 クリプトン
46 **Pd** 106.4 パラジウム	47 **Ag** 107.9 銀	48 **Cd** 112.4 カドミウム	49 **In** 114.8 インジウム	50 **Sn** 118.7 スズ	51 **Sb** 121.8 アンチモン	52 **Te** 127.6 テルル	53 **I** 126.9 ヨウ素	54 **Xe** 131.3 キセノン
78 **Pt** 195.1 白金	79 **Au** 197.0 金	80 **Hg** 200.6 水銀	81 **Tl** 204.4 タリウム	82 **Pb** 207.2 鉛	83 **Bi** 209.0 ビスマス	84 **Po** 〔210〕 ポロニウム	85 **At** 〔210〕 アスタチン	86 **Rn** 〔222〕 ラドン
110 **Ds** 〔281〕 ダームスタチウム	111 **Rg** 〔280〕 レントゲニウム	112 **Cn** 〔285〕 コペルニシウム	113 **Nh** 〔284〕 ニホニウム	114 **Fl** 〔289〕 フレロビウム	115 **Mc** 〔288〕 モスコビウム	116 **Lv** 〔293〕 リバモリウム	117 **Ts** 〔294〕 テネシン	118 **Og** 〔294〕 オガネソン
							ハロゲン	貴ガス

← 典型元素 →（13〜18族）

坂田　アキラ（さかた　あきら）
N予備校講師。
1996年に流星のごとく予備校業界に現れて以来、ギャグを交えた巧みな話術と、芸術的な板書で繰り広げられる“革命的講義”が話題を呼び、抜群の動員力を誇る。
現在は数学の指導が中心だが、化学や物理、現代文を担当した経験もあり、どの科目を教えても受講生から「わかりやすい」という評判の人気講座となる。
著書に『改訂版　坂田アキラの　医療看護系入試数学Ⅰ・Aが面白いほどわかる本』『改訂版　坂田アキラの　数列が面白いほどわかる本』などの数学参考書のほか、理科の参考書として『改訂版　大学入試　坂田アキラの　化学基礎の解法が面白いほどわかる本』『完全版　大学入試　坂田アキラの　物理基礎・物理の解法が面白いほどわかる本』（以上、KADOKAWA）など多数あり、その圧倒的なわかりやすさから、「受験参考書界のレジェンド」と評されることもある。

改訂版　大学入試　坂田アキラの
化学［理論化学編］の解法が面白いほどわかる本

2024年1月26日　初版発行

著者／坂田　アキラ

発行者／山下　直久

発行／株式会社KADOKAWA
〒102-8177　東京都千代田区富士見2-13-3
電話　0570-002-301（ナビダイヤル）

印刷所／株式会社加藤文明社印刷所

製本所／株式会社加藤文明社印刷所

●お問い合わせ
https://www.kadokawa.co.jp/（「お問い合わせ」へお進みください）
※内容によっては、お答えできない場合があります。
※サポートは日本国内のみとさせていただきます。
※Japanese text only

定価はカバーに表示してあります。

ISBN 978-4-04-605340-4　C7043